国家科技重大专项
大型油气田及煤层气开发成果丛书
（2008—2020）

卷 37

煤层气勘探地质理论及关键技术

陈振宏　何东博　孙粉锦　等编著

石油工业出版社

内容提要

本书主要介绍我国不同煤阶煤层气富集成藏条件和富集规律，系统开展全国煤层气资源有效性评价成果，深入剖析不同煤阶煤层气富集高产控制因素和"甜点区"形成机理，建立了我国煤层气勘探地质理论，开发储层动态评价、"甜点区"地球物理预测等关键技术。

本书可供煤层气勘探、开发和利用领域的研究人员、工程技术人员和决策管理人员阅读参考，也可供高等院校相关专业师生参考。

图书在版编目（CIP）数据

煤层气勘探地质理论及关键技术 / 陈振宏等编著 .
—北京：石油工业出版社，2023.5
（国家科技重大专项·大型油气田及煤层气开发成果丛书：2008—2020）
ISBN 978-7-5183-5986-8

Ⅰ.①煤… Ⅱ.①陈… Ⅲ.①煤层—地下气化煤气—地质勘探 Ⅳ.① P618.110.8

中国国家版本馆 CIP 数据核字（2023）第 073922 号

责任编辑：张　贺　吴英敏
责任校对：郭京平
装帧设计：李　欣　周　彦

出版发行：石油工业出版社
　　　　（北京安定门外安华里 2 区 1 号　100011）
　　网　　址：www.petropub.com
　　编辑部：（010）64523546　图书营销中心：（010）64523633
经　　销：全国新华书店
印　　刷：北京中石油彩色印刷有限责任公司

2023 年 5 月第 1 版　2023 年 5 月第 1 次印刷
787×1092 毫米　开本：1/16　印张：17.5
字数：440 千字

定价：180.00 元

（如出现印装质量问题，我社图书营销中心负责调换）
版权所有，翻印必究

《国家科技重大专项·大型油气田及煤层气开发成果丛书（2008—2020）》编委会

主　　任：贾承造

副主任：（按姓氏拼音排序）

常　旭　陈　伟　胡广杰　焦方正　匡立春　李　阳
马永生　孙龙德　王铁冠　吴建光　谢在库　袁士义
周建良

委　　员：（按姓氏拼音排序）

蔡希源　邓运华　高德利　龚再升　郭旭升　郝　芳
何治亮　胡素云　胡文瑞　胡永乐　金之钧　康玉柱
雷　群　黎茂稳　李　宁　李根生　刘　合　刘可禹
刘书杰　路保平　罗平亚　马新华　米立军　彭平安
秦　勇　宋　岩　宋新民　苏义脑　孙焕泉　孙金声
汤天知　王香增　王志刚　谢玉洪　袁　亮　张　玮
张君峰　张卫国　赵文智　郑和荣　钟太贤　周守为
朱日祥　朱伟林　邹才能

《煤层气勘探地质理论及关键技术》

编写组

组　长：陈振宏

副组长：何东博　孙粉锦

成　员：（按姓氏拼音排序）

　　　　陈　浩　陈艳鹏　承　磊　邓　泽　李贵中　李树新

　　　　李五忠　李亚男　林建东　孟凡斌　申　健　孙　斌

　　　　孙钦平　田文广　王　刚　王玫珠　王生维　许　浩

　　　　杨　青　杨焦生　杨敏芳　张继东　赵　洋

丛书·序

能源安全关系国计民生和国家安全。面对世界百年未有之大变局和全球科技革命的新形势，我国石油工业肩负着坚持初心、为国找油、科技创新、再创辉煌的历史使命。国家科技重大专项是立足国家战略需求，通过核心技术突破和资源集成，在一定时限内完成的重大战略产品、关键共性技术或重大工程，是国家科技发展的重中之重。大型油气田及煤层气开发专项，是贯彻落实习近平总书记关于大力提升油气勘探开发力度、能源的饭碗必须端在自己手里等重要指示批示精神的重大实践，是实施我国"深化东部、发展西部、加快海上、拓展海外"油气战略的重大举措，引领了我国油气勘探开发事业跨入向深层、深水和非常规油气进军的新时代，推动了我国油气科技发展从以"跟随"为主向"并跑、领跑"的重大转变。在"十二五"和"十三五"国家科技创新成就展上，习近平总书记两次视察专项展台，充分肯定了油气科技发展取得的重大成就。

大型油气田及煤层气开发专项作为《国家中长期科学和技术发展规划纲要（2006—2020年）》确定的16个民口科技重大专项中唯一由企业牵头组织实施的项目，以国家重大需求为导向，积极探索和实践依托行业骨干企业组织实施的科技创新新型举国体制，集中优势力量，调动中国石油、中国石化、中国海油等百余家油气能源企业和70多所高等院校、20多家科研院所及30多家民营企业协同攻关，参与研究的科技人员和推广试验人员超过3万人。围绕专项实施，形成了国家主导、企业主体、市场调节、产学研用一体化的协同创新机制，聚智协力突破关键核心技术，实现了重大关键技术与装备的快速跨越；弘扬伟大建党精神、传承石油精神和大庆精神铁人精神，以及石油会战等优良传统，充分体现了新型举国体制在科技创新领域的巨大优势。

经过十三年的持续攻关，全面完成了油气重大专项既定战略目标，攻克了一批制约油气勘探开发的瓶颈技术，解决了一批"卡脖子"问题。在陆上油气勘探、陆上油气开发、工程技术、海洋油气勘探开发、海外油气勘探开发、非常规油气勘探开发领域，形成了6大技术系列、26项重大技术；自主研发20项重大工程技术装备；建成35项示范工程、26个国家级重点实验室和研究中心。我国油气科技自主创新能力大幅提升，油气能源企业被卓越赋能，形成产量、储量增长高峰期发展新态势，为落实习近平总书记"四个革命、一个合作"能源安全新战略奠定了坚实的资源基础和技术保障。

《国家科技重大专项·大型油气田及煤层气开发成果丛书（2008—2020）》（62卷）是专项攻关以来在科学理论和技术创新方面取得的重大进展和标志性成果的系统总结，凝结了数万科研工作者的智慧和心血。他们以"功成不必在我，功成必定有我"的担当，高质量完成了这些重大科技成果的凝练提升与编写工作，为推动科技创新成果转化为现实生产力贡献了力量，给广大石油干部员工奉献了一场科技成果的饕餮盛宴。这套丛书的正式出版，对于加快推进专项理论技术成果的全面推广，提升石油工业上游整体自主创新能力和科技水平，支撑油气勘探开发快速发展，在更大范围内提升国家能源保障能力将发挥重要作用，同时也一定会在中国石油工业科技出版史上留下一座书香四溢的里程碑。

在世界能源行业加快绿色低碳转型的关键时期，广大石油科技工作者要进一步认清面临形势，保持战略定力、志存高远、志创一流，毫不放松加强油气等传统能源科技攻关，大力提升油气勘探开发力度，增强保障国家能源安全能力，努力建设国家战略科技力量和世界能源创新高地；面对资源短缺、环境保护的双重约束，充分发挥自身优势，以技术创新为突破口，加快布局发展新能源新事业，大力推进油气与新能源协调融合发展，加大节能减排降碳力度，努力增加清洁能源供应，在绿色低碳科技革命和能源科技创新上出更多更好的成果，为把我国建设成为世界能源强国、科技强国，实现中华民族伟大复兴的中国梦续写新的华章。

中国石油董事长、党组书记
中国工程院院士　戴厚良

丛书·前言

石油天然气是当今人类社会发展最重要的能源。2020年全球一次能源消费量为 134.0×10^8 t 油当量，其中石油和天然气占比分别为 30.6% 和 24.2%。展望未来，油气在相当长时间内仍是一次能源消费的主体，全球油气生产将呈长期稳定趋势，天然气产量将保持较高的增长率。

习近平总书记高度重视能源工作，明确指示"要加大油气勘探开发力度，保障我国能源安全"。石油工业的发展是由资源、技术、市场和社会政治经济环境四方面要素决定的，其中油气资源是基础，技术进步是最活跃、最关键的因素，石油工业发展高度依赖科学技术进步。近年来，全球石油工业上游在资源领域和理论技术研发均发生重大变化，非常规油气、海洋深水油气和深层—超深层油气勘探开发获得重大突破，推动石油地质理论与勘探开发技术装备取得革命性进步，引领石油工业上游业务进入新阶段。

中国共有500余个沉积盆地，已发现松辽盆地、渤海湾盆地、准噶尔盆地、塔里木盆地、鄂尔多斯盆地、四川盆地、柴达木盆地和南海盆地等大型含油气大盆地，油气资源十分丰富。中国含油气盆地类型多样、油气地质条件复杂，已发现的油气资源以陆相为主，构成独具特色的大油气分布区。历经半个多世纪的艰苦创业，到20世纪末，中国已建立完整独立的石油工业体系，基本满足了国家发展对能源的需求，保障了油气供给安全。2000年以来，随着国内经济高速发展，油气需求快速增长，油气对外依存度逐年攀升。我国石油工业担负着保障国家油气供应安全，壮大国际竞争力的历史使命，然而我国石油工业面临着油气勘探开发对象日趋复杂、难度日益增大、勘探开发理论技术不相适应及先进装备依赖进口的巨大压力，因此急需发展自主科技创新能力，发展新一代油气勘探开发理论技术与先进装备，以大幅提升油气产量，保障国家油气能源安全。一直以来，国家高度重视油气科技进步，支持石油工业建设专业齐全、先进开放和国际化的上游科技研发体系，在中国石油、中国石化和中国海油建立了比较先进和完备的科技队伍和研发平台，在此基础上于2008年启动实施国家科技重大专项技术攻关。

国家科技重大专项"大型油气田及煤层气开发"（简称"国家油气重大专项"）是《国家中长期科学和技术发展规划纲要（2006—2020年）》确定的16个重大专项之一，目标是大幅提升石油工业上游整体科技创新能力和科技水平，支撑油气勘探开发快速发展。国家油气重大专项实施周期为2008—2020年，按照"十一五""十二五""十三五"3个阶段实施，是民口科技重大专项中唯一由企业牵头组织实施的专项，由中国石油牵头组织实施。专项立足保障国家能源安全重大战略需求，围绕"6212"科技攻关目标，共部署实施201个项目和示范工程。在党中央、国务院的坚强领导下，专项攻关团队积极探索和实践依托行业骨干企业组织实施的科技攻关新型举国体制，加快推进专项实施，攻克一批制约油气勘探开发的瓶颈技术，形成了陆上油气勘探、陆上油气开发、工程技术、海洋油气勘探开发、海外油气勘探开发、非常规油气勘探开发6大领域技术系列及26项重大技术，自主研发20项重大工程技术装备，完成35项示范工程建设。近10年我国石油年产量稳定在2×10^8t左右，天然气产量取得快速增长，2020年天然气产量达$1925\times10^8m^3$，专项全面完成既定战略目标。

通过专项科技攻关，中国油气勘探开发技术整体已经达到国际先进水平，其中陆上油气勘探开发水平位居国际前列，海洋石油勘探开发与装备研发取得巨大进步，非常规油气开发获得重大突破，石油工程服务业的技术装备实现自主化，常规技术装备已全面国产化，并具备部分高端技术装备的研发和生产能力。总体来看，我国石油工业上游科技取得以下七个方面的重大进展：

（1）我国天然气勘探开发理论技术取得重大进展，发现和建成一批大气田，支撑天然气工业实现跨越式发展。围绕我国海相与深层天然气勘探开发技术难题，形成了海相碳酸盐岩、前陆冲断带和低渗—致密等领域天然气成藏理论和勘探开发重大技术，保障了我国天然气产量快速增长。自2007年至2020年，我国天然气年产量从$677\times10^8m^3$增长到$1925\times10^8m^3$，探明储量从$6.1\times10^{12}m^3$增长到$14.41\times10^{12}m^3$，天然气在一次能源消费结构中的比例从2.75%提升到8.18%以上，实现了三个翻番，我国已成为全球第四大天然气生产国。

（2）创新发展了石油地质理论与先进勘探技术，陆相油气勘探理论与技术继续保持国际领先水平。创新发展形成了包括岩性地层油气成藏理论与勘探配套技术等新一代石油地质理论与勘探技术，发现了鄂尔多斯湖盆中心岩性地层大油区，支撑了国内长期年新增探明 10×10^8t 以上的石油地质储量。

（3）形成国际领先的高含水油田提高采收率技术，聚合物驱油技术已发展到三元复合驱，并研发先进的低渗透和稠油油田开采技术，支撑我国原油产量长期稳定。

（4）我国石油工业上游工程技术装备（物探、测井、钻井和压裂）基本实现自主化，具备一批高端装备技术研发制造能力。石油企业技术服务保障能力和国际竞争力大幅提升，促进了石油装备产业和工程技术服务产业发展。

（5）我国海洋深水工程技术装备取得重大突破，初步实现自主发展，支持了海洋深水油气勘探开发进展，近海油气勘探与开发能力整体达到国际先进水平，海上稠油开发处于国际领先水平。

（6）形成海外大型油气田勘探开发特色技术，助力"一带一路"国家油气资源开发和利用。形成全球油气资源评价能力，实现了国内成熟勘探开发技术到全球的集成与应用，我国海外权益油气产量大幅度提升。

（7）页岩气、致密气、煤层气与致密油、页岩油勘探开发技术取得重大突破，引领非常规油气开发新兴产业发展。形成页岩气水平井钻完井与储层改造作业技术系列，推动页岩气产业快速发展；页岩油勘探开发理论技术取得重大突破；煤层气开发新兴产业初见成效，形成煤层气与煤炭协调开发技术体系，全国煤炭安全生产形势实现根本性好转。

这些科技成果的取得，是国家实施建设创新型国家战略的成果，是百万石油员工和科技人员发扬艰苦奋斗、为国找油的大庆精神铁人精神的实践结果，是我国科技界以举国之力团结奋斗联合攻关的硕果。国家油气重大专项在实施中立足传统石油工业，探索实践新型举国体制，创建"产学研用"创新团队，创新人才队伍建设，创新科技研发平台基地建设，使我国石油工业科技创新能力得到大幅度提升。

为了系统总结和反映国家油气重大专项在科学理论和技术创新方面取得的重大进展和成果，加快推进专项理论技术成果的推广和提升，专项实施管理办公室与技术总体组规划组织编写了《国家科技重大专项·大型油气田及煤层气开发成果丛书（2008—2020）》。丛书共62卷，第1卷为专项理论技术成果总论，第2~9卷为陆上油气勘探理论技术成果，第10~14卷为陆上油气开发理论技术成果，第15~22卷为工程技术装备成果，第23~26卷为海洋油气理论技术装备成果，第27~30卷为海外油气理论技术成果，第31~43卷为非常规油气理论技术成果，第 44~62 卷为油气开发示范工程技术集成与实施成果（包括常规油气开发 7 卷，煤层气开发 5 卷，页岩气开发 4 卷，致密油、页岩油开发 3 卷）。

各卷均以专项攻关组织实施的项目与示范工程为单元，作者是项目与示范工程的项目长和技术骨干，内容是项目与示范工程在 2008—2020 年期间的重大科学理论研究、先进勘探开发技术和装备研发成果，代表了当今我国石油工业上游的最新成就和最高水平。丛书内容翔实，资料丰富，是科学研究与现场试验的真实记录，也是科研成果的总结和提升，具有重大的科学意义和资料价值，必将成为石油工业上游科技发展的珍贵记录和未来科技研发的基石和参考资料。衷心希望丛书的出版为中国石油工业的发展发挥重要作用。

国家科技重大专项"大型油气田及煤层气开发"是一项巨大的历史性科技工程，前后历时十三年，跨越三个五年规划，共有数万名科技人员参加，是我国石油工业史上一项壮举。专项的顺利实施和圆满完成是参与专项的全体科技人员奋力攻关、辛勤工作的结果，是我国石油工业界和石油科技教育界通力合作的典范。我有幸作为国家油气重大专项技术总师，全程参加了专项的科研和组织，倍感荣幸和自豪。同时，特别感谢国家科技部、财政部和发改委的规划、组织和支持，感谢中国石油、中国石化、中国海油及中联公司长期对石油科技和油气重大专项的直接领导和经费投入。此次专项成果丛书的编辑出版，还得到了石油工业出版社大力支持，在此一并表示感谢！

中国科学院院士 贾承造

《国家科技重大专项·大型油气田及煤层气开发成果丛书（2008—2020）》

分卷目录

序号	分卷名称
卷 1	总论：中国石油天然气工业勘探开发重大理论与技术进展
卷 2	岩性地层大油气区地质理论与评价技术
卷 3	中国中西部盆地致密油气藏"甜点"分布规律与勘探实践
卷 4	前陆盆地及复杂构造区油气地质理论、关键技术与勘探实践
卷 5	中国陆上古老海相碳酸盐岩油气地质理论与勘探
卷 6	海相深层油气成藏理论与勘探技术
卷 7	渤海湾盆地（陆上）油气精细勘探关键技术
卷 8	中国陆上沉积盆地大气田地质理论与勘探实践
卷 9	深层—超深层油气形成与富集：理论、技术与实践
卷 10	胜利油田特高含水期提高采收率技术
卷 11	低渗—超低渗油藏有效开发关键技术
卷 12	缝洞型碳酸盐岩油藏提高采收率理论与关键技术
卷 13	二氧化碳驱油与埋存技术及实践
卷 14	高含硫天然气净化技术与应用
卷 15	陆上宽方位宽频高密度地震勘探理论与实践
卷 16	陆上复杂区近地表建模与静校正技术
卷 17	复杂储层测井解释理论方法及CIFLog处理软件
卷 18	成像测井仪关键技术及CPLog成套装备
卷 19	深井超深井钻完井关键技术与装备
卷 20	低渗透油气藏高效开发钻完井技术
卷 21	沁水盆地南部高煤阶煤层气L型水平井开发技术创新与实践
卷 22	储层改造关键技术及装备
卷 23	中国近海大中型油气田勘探理论与特色技术
卷 24	海上稠油高效开发新技术
卷 25	南海深水区油气地质理论与勘探关键技术
卷 26	我国深海油气开发工程技术及装备的起步与发展
卷 27	全球油气资源分布与战略选区
卷 28	丝绸之路经济带大型碳酸盐岩油气藏开发关键技术

序号	分卷名称
卷 29	超重油与油砂有效开发理论与技术
卷 30	伊拉克典型复杂碳酸盐岩油藏储层描述
卷 31	中国主要页岩气富集成藏特点与资源潜力
卷 32	四川盆地及周缘页岩气形成富集条件、选区评价技术与应用
卷 33	南方海相页岩气区带目标评价与勘探技术
卷 34	页岩气气藏工程及采气工艺技术进展
卷 35	超高压大功率成套压裂装备技术与应用
卷 36	非常规油气开发环境检测与保护关键技术
卷 37	煤层气勘探地质理论及关键技术
卷 38	煤层气高效增产及排采关键技术
卷 39	新疆准噶尔盆地南缘煤层气资源与勘查开发技术
卷 40	煤矿区煤层气抽采利用关键技术与装备
卷 41	中国陆相致密油勘探开发理论与技术
卷 42	鄂尔多斯盆缘过渡带复杂类型气藏精细描述与开发
卷 43	中国典型盆地陆相页岩油勘探开发选区与目标评价
卷 44	鄂尔多斯盆地大型低渗透岩性地层油气藏勘探开发技术与实践
卷 45	塔里木盆地克拉苏气田超深超高压气藏开发实践
卷 46	安岳特大型深层碳酸盐岩气田高效开发关键技术
卷 47	缝洞型油藏提高采收率工程技术创新与实践
卷 48	大庆长垣油田特高含水期提高采收率技术与示范应用
卷 49	辽河及新疆稠油超稠油高效开发关键技术研究与实践
卷 50	长庆油田低渗透砂岩油藏 CO_2 驱油技术与实践
卷 51	沁水盆地南部高煤阶煤层气开发关键技术
卷 52	涪陵海相页岩气高效开发关键技术
卷 53	渝东南常压页岩气勘探开发关键技术
卷 54	长宁—威远页岩气高效开发理论与技术
卷 55	昭通山地页岩气勘探开发关键技术与实践
卷 56	沁水盆地煤层气水平井开采技术及实践
卷 57	鄂尔多斯盆地东缘煤系非常规气勘探开发技术与实践
卷 58	煤矿区煤层气地面超前预抽理论与技术
卷 59	两淮矿区煤层气开发新技术
卷 60	鄂尔多斯盆地致密油与页岩油规模开发技术
卷 61	准噶尔盆地砂砾岩致密油藏开发理论技术与实践
卷 62	渤海湾盆地济阳坳陷致密油藏开发技术与实践

本卷·前言

我国是产煤大国，经过前期煤层气勘探，煤层气将可能成为常规天然气重要的现实补充能源之一。开发煤层气，既能充分有效利用资源，改善能源供给结构，保障国家能源需求，还能有效遏制煤矿瓦斯灾害，维护人民生命与国家财产安全，也能保护大气环境，促进经济环境可持续发展，可谓一举三得。近年来，随着科技的进步和产业政策的完善，我国的煤层气勘探开发取得了长足的发展和进步。"十二五"以来，我国煤层气产业进入了快速发展阶段，以沁水盆地和鄂尔多斯盆地为勘探开发重点，兼顾东北、南方煤层气分布区，加强目标评价研究和有利区块预探。截至 2022 年底，全国已累计探明煤层气地质储量 $8038 \times 10^8 m^3$，2022 年实现煤层气年产量 $96.2 \times 10^8 m^3$，基本形成了沁水盆地南部和鄂尔多斯盆地东缘两大煤层气产业基地。

但是由于我国煤层气开发起步较晚，与美国相比，我国煤层气地质条件复杂，煤层气储层具有低压、低渗透、低饱和及非均质性强的"三低一强"现象，在理论和技术方面都存在很多的关键性难题。从长远的战略目标来看，深层煤层气资源及勘探开发潜力评价、煤层气及煤系地层游离气富集规律与有利区块预测、煤层气勘探战略选区等也需要进一步深化研究。这些基础地质理论的突破需要深入研究并结合规模试验，进而取得完善和创新，形成适合我国煤储层条件的独特地质理论。

本书以全国煤层气资源有效性评价为基础，重点解剖中国典型高、中、低煤阶煤含气盆地，对我国不同煤阶煤层气富集成藏条件和富集规律进行研究，系统开展全国煤层气资源有效性评价，深入剖析不同煤阶煤层气富集高产控制因素和"甜点区"形成机理，建立中国煤层气勘探地质理论，开发储层动态评价、"甜点区"地球物理预测等关键技术，填补国内不同煤阶煤层气勘探在高产地质规律、"甜点区"地球物理预测与含气量高精度测试等方面的空白，落实了有效资源潜力，为实现煤层气产业有序接替储备资源和关键技术，有效指导了

"十二五"以来我国煤层气的勘探开发。

全书共 11 章。前言由陈振宏、何东博执笔，第一章、第二章、第三章由陈振宏、何东博等执笔，第四章由陈振宏、何东博、王刚、李树新等执笔，第五章由邓泽、孙粉锦等执笔，第六章由许浩、陈振宏、杨焦生、赵洋、王生维等执笔，第七章由陈振宏、何东博、李玉忠、田文广、杨青等执笔，第八章由孟凡斌、林建东等执笔，第九章由陈浩、陈振宏等执笔，第十章由陈振宏、孙粉锦、孙钦平等执笔，第十一章由陈振宏、孙粉锦、何东博等执笔。全书最终由陈振宏、何东博和孙粉锦统稿。

全书汇集了国内煤层气勘探实践的大量实际资料，是中国石油勘探开发研究院十年来研究成果的总结，也饱含着全国煤层气地质工作者的辛勤劳动，本书是集体智慧的结晶。在本书编写过程中，得到了中石油煤层气有限责任公司、中国石油华北油田公司、中国石油长庆油田公司、中国石油新疆油田公司、中国石油吐哈油田公司的大力支持，得到了农业农村部沼气科学研究所、中国煤炭地质总局地球物理勘探研究院、内蒙古自治区煤田地质局、黑龙江省煤田地质局、中国矿业大学、中国矿业大学（北京）、中国地质大学（北京）、中国地质大学（武汉）、中国石油大学（北京）及山东科技大学的有关技术人员和博士、研究生的大力协助，在此向为本书倾注心血的领导、专家和同事表示真诚的谢意，也向本书引用参考文献的作者表示感谢。

由于水平有限，本书中的观点与表述或有不妥之处，敬请广大同行与读者指正。

目 录

第一章 高煤阶煤层气"甜点区"高产地质理论 ··················· 1
第一节 煤层气"三元耦合"富集规律 ··················· 1
第二节 煤层气双重控渗机制 ··················· 7
第三节 煤层气"甜点区"类型及预测方法 ··················· 11
第四节 沁水盆地煤层气"甜点区"预测评价 ··················· 15

第二章 中低煤阶煤层气"多源成藏"富集理论 ··················· 24
第一节 中国低煤阶煤层气地质特殊性 ··················· 24
第二节 典型低煤阶煤层气盆地生烃模拟特征 ··················· 34
第三节 次生生物气生气潜力及形成途径 ··················· 40
第四节 中低煤阶煤层气"多源成藏"富集规律 ··················· 48

第三章 深层煤层气及煤系气"同源叠置"富集规律 ··················· 60
第一节 高温高压条件下煤层气吸附/解吸特征 ··················· 60
第二节 深层煤层气及煤系气富集主控因素 ··················· 66
第三节 深层煤层气及煤系气"同源叠置"立体成藏模式 ··················· 69
第四节 深层煤层气及煤系气有利资源评价 ··················· 70
第五节 深层煤层气及煤系气勘探方向 ··················· 77

第四章 煤层气资源有效性评价技术 ··················· 79
第一节 中国煤层气资源再评价 ··················· 79
第二节 煤层气有效资源含义与评价体系 ··················· 84
第三节 刻度区解剖 ··················· 86
第四节 有效资源潜力 ··················· 90

第五章 煤层含气性测试评价技术 …… 92

第一节 低煤阶煤层含气量测定技术 …… 92
第二节 深部煤层游离气预测技术 …… 101
第三节 煤岩高温高压等温吸附测试方法 …… 109

第六章 煤储层全尺度定量表征与无损分析技术 …… 116

第一节 煤储层全尺度定量表征 …… 116
第二节 基于核磁共振的褐煤无损测试技术 …… 123

第七章 厚煤层复杂裂隙评价技术 …… 140

第一节 煤岩垂向层序与空间分布 …… 140
第二节 裂隙系统发育特征及控制因素 …… 142
第三节 不同煤岩类型煤质特征与煤岩石力学性质 …… 149

第八章 低煤阶煤层气"甜点区"地球物理评价与预测技术 …… 156

第一节 低煤阶含气性与煤层气储层弹性参数关系 …… 156
第二节 地震谱距法多属性反演方法 …… 167
第三节 综合地震属性预测煤层高渗区方法 …… 169
第四节 井约束条件下叠前多弹性参量反演预测煤层气富集区方法 …… 170

第九章 煤层气生物工程理论与技术 …… 178

第一节 煤层气生物工程理论内涵 …… 178
第二节 微生物生气增产与碳减排模拟 …… 181
第三节 微生物储层改性增产模拟 …… 196
第四节 我国煤层气生物工程技术潜在试验区优选 …… 199

第十章 "三新"区块煤层气地质特征与资源潜力 …… 201

第一节 二连盆地群中低煤阶煤层气规模开发区块优选评价 …… 201
第二节 渤海湾盆地中低煤阶煤层气规模开发区块优选评价 …… 211

第三节　鄂尔多斯盆地深层煤层气规模开发区块优选评价 …………………… 219
第四节　宁武盆地中低煤阶煤层气规模开发区块优选评价 …………………… 224
第五节　吐哈—三塘湖盆地煤系气有利区块优选评价 ………………………… 230

第十一章　煤层气产业发展趋势 ………………………………………………… 243
第一节　面临的挑战与攻关方向 ………………………………………………… 243
第二节　中深层煤地下原位清洁转化技术 ……………………………………… 249
第三节　CO_2 封存—驱替煤层气强化开发技术 ………………………………… 252

参考文献 …………………………………………………………………………… 255

第一章 高煤阶煤层气"甜点区"高产地质理论

"十一五"以来,以国家油气重大专项子项目"煤层气富集规律及有利区块预测评价"和"中低煤阶煤层气规模开发区块优选评价"为依托,以全国煤层气资源评价为基础,以沁水盆地南部和鄂尔多斯盆地东缘为重点,发展了中高煤阶煤层气"三元耦合"高产地质控制理论认识,实现了煤层气由富集区向高产区的深化,奠定了煤层气有效开发的地质理论基础,指导了我国高煤阶煤层气选区评价,提高了单井产量,使我国煤层气产业进入规模化商业性开发阶段。

第一节 煤层气"三元耦合"富集规律

一、沉积体系决定煤储层展布规律及封盖能力

封盖层对于煤层气的保存与富集具有十分重要的作用。良好的封盖层可以减少煤层气的向外渗流运移和扩散散失,保持较高的地层压力,维持最大的吸附量,减弱地层水对煤层气造成的散失(钱凯等,1997;苏现波等,2001)。同时,良好的封盖层能够减弱地层水穿层流动,阻止煤层割理裂隙被矿化充填,使煤层保持良好的渗透性。在不同沉积环境下形成的不同类型封盖层具有不同的封盖能力。一般情况下,煤层泥岩、页岩等直接盖层厚5m以上,平面上连续稳定分布,对煤层气保存有利。

沉积体系不仅控制了煤层厚度及横向稳定性,也控制了煤层段岩性组合,进而影响煤层气的封盖能力。研究表明,潟湖—潮坪、浅湖相、三角洲间湾相带煤层连续、厚度大,分布连续,非均质性较弱,其中潟湖—潮坪相、三角洲间湾相多发育泥岩顶板,封盖能力强(陈振宏等,2007)。

鄂尔多斯盆地东缘含煤地层沉积时期,该地区属于克拉通内部盆地,主要发育障壁—潟湖—潮坪、浅水三角洲、河流、湖泊、冲积扇等沉积体系。在不同的沉积体系中,煤层与顶底板甚至顶底板附近一定距离内的围岩构成不同的组合关系,在区域上形成具有一定展布规律的储盖类型,按照封盖能力的强弱,将该区划分为4种储盖组合类型,不同的储盖组合类型受不同沉积体系的控制(表1-1-1)。

不同盖层组合类型具有不同的封盖能力,优势组合煤层顶(底)板为厚层泥岩,封盖能力最强,煤储层含气量大,主要发育于太原组障壁—潟湖—潮坪沉积体系的潟湖—潮坪相及山西组陆相湖泊沉积体系的滨浅湖相带(图1-1-1、图1-1-2)。陆相冲积扇—辫状河上游相带主要发育于山西组,冲积扇沿下倾方向过渡为河流体系。扇顶区为含砾

粗砂岩沉积，扇中区朵叶体之间、废弃扇体间湾地带和扇尾区及辫状河上游冲积平原是聚煤场所。煤层顶底板厚层砂岩—泥质岩顶板与泥质岩底板组合，围岩封盖能力总体上极差。该顶底板组合主要分布在鄂尔多斯盆地东缘的准格尔旗及以北山西组。

表1-1-1　鄂尔多斯盆地东缘煤层顶底板组合类型划分

特征类型	顶底板组合	盖层划分	沉积相	封盖能力	实例
优势组合	厚层泥岩顶板与底板组合	Ⅰ类盖层：厚层泥岩	（1）障壁—潟湖—潮坪沉积体系的潟湖—潮坪相带；（2）陆相湖泊沉积体系的滨浅湖相带	强	保德—兴县太原组，大宁—吉县山西组
次优势组合	中厚层泥质岩夹砂岩、砂质泥岩顶底板组合	Ⅱ类盖层：中厚层泥质岩夹砂岩、砂质泥岩	（1）三角洲前缘、三角洲间湾相带；（2）障壁—潟湖—潮坪沉积体系的潟湖—潮坪相带	较强	三交—石楼北山西组，保德—兴县太原组
一般组合	不稳定泥质岩—砂岩顶板与不稳定泥质岩底板组合、厚层灰岩顶板与泥岩底板组合	Ⅲ类盖层：不稳定泥质岩—砂岩、厚层灰岩	（1）三角洲平原分流间湾相带；（2）河流泛滥盆地相带；（3）海相陆棚潟湖相带	一般	韩城—合阳太原组，保德—兴县山西组，三交—柳林—吉县太原组
不利组合	厚层砂岩—泥质岩顶板与泥岩底板组合	Ⅳ类盖层：厚层砂岩	陆相冲积扇—辫状河上游相带	弱	准格尔旗及以北山西组

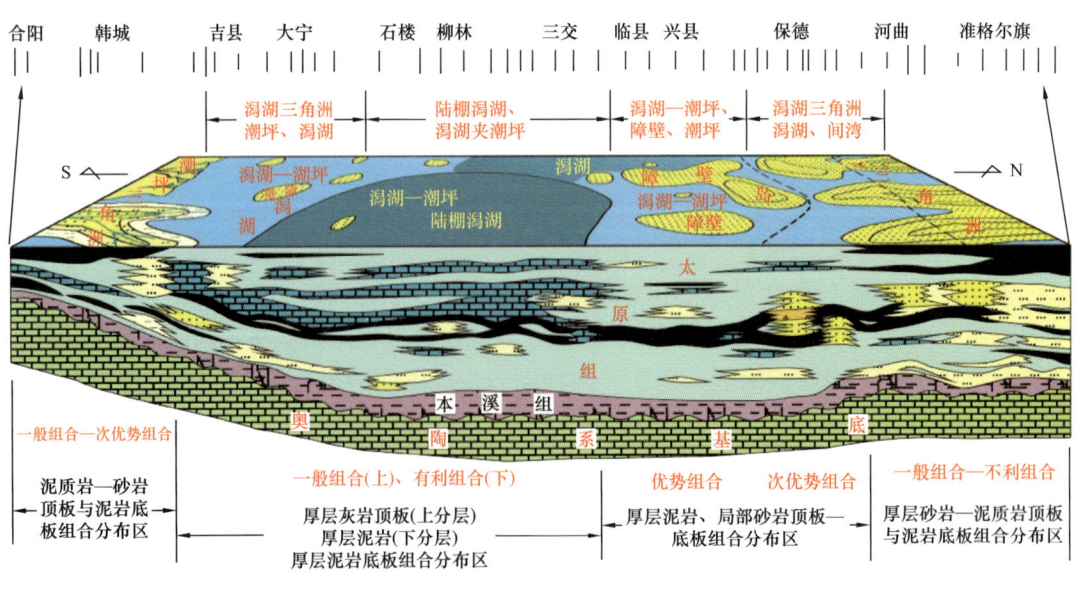

图1-1-1　鄂尔多斯盆地东缘太原组煤层顶底板组合类型与沉积相的关系

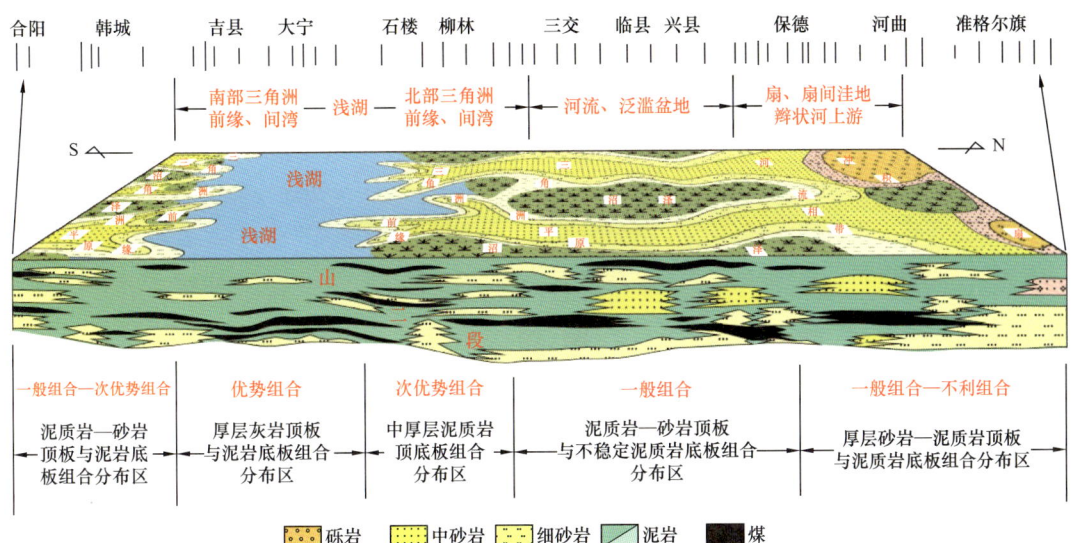

图 1-1-2 鄂尔多斯盆地东缘山西组二段煤层顶底板组合类型与沉积相的关系

潟湖—潮坪、浅湖相利于煤层气富集，煤层含气量较高。南部的韩城—合阳地区太原组煤层顶板为障壁海岸沉积体系的砂岩—泥质岩顶底板组合，山西组为三角洲沉积体系的砂岩—泥质岩顶底板组合，含气量一般为 6~10m³/t；中南部的大宁—吉县地区山西组 4+5 号煤层顶板主要为湖相泥岩顶底板组合，厚度大，封盖条件好，含气量高，一般可达 13~15m³/t，太原组 8+9 号煤层顶板为碳酸盐岩潮坪或碳酸盐岩台地相厚层灰岩，封盖能力较厚层泥岩差，且厚层灰岩岩溶裂隙含水性较强，含气量一般为 5~10m³/t，较山西组差；中部的三交—石楼北地区山西组 4+5 号煤层顶板为三角洲前缘、三角洲间湾相带中厚层泥质岩夹砂岩、砂质泥岩，为次优势组合，煤层含气量一般为 10~12m³/t，太原组 8+9 号煤层顶板为碳酸盐岩潮坪或碳酸盐岩台地相厚层灰岩，含气量一般为 6~8m³/t，低于山西组 4+5 号煤层；北部的保德地区太原组 8+9 号煤层顶板为潮坪相或沼泽相粉砂质泥岩及潟湖相泥岩，顶底板组合类型为优势组合—次优势组合，山西组 4+5 号煤层顶板为三角洲平原分流间湾相带和河流泛滥盆地相带的不稳定泥质岩—砂岩顶板与不稳定泥质岩底板组合，含气量一般低于太原组；北端的河曲—准格尔旗地区靠近北部物源区太原组为河流泛滥盆地相带，山西组为陆相冲积扇—辫状河上游相带，煤层顶底板组合为不稳定泥质岩—砂岩顶板与不稳定泥质岩底板组合，顶底板组合类型为一般组合—不利组合，封盖能力较差，含气量一般为 1~3m³/t（图 1-1-3）。

二、水动力承压—滞留区利于煤层气富集

地下水的补给、径流和排泄可引起煤层气富集、储层压力、渗透率等储层条件的改变，通过对地下水的研究，可以从动态的观点来分析煤层气的赋存状态和运移特征，更有效地进行储层评价。研究证实，滞留区为地下水高势区，水动力运移缓慢，溶解作用弱，散失小，利于煤层气富集。水动力冲洗物理模拟实验也表明，活跃的地下水导致含气量下降（Parkash et al.，1986；Beecy et al.，2001；Baldocchi，2003）。

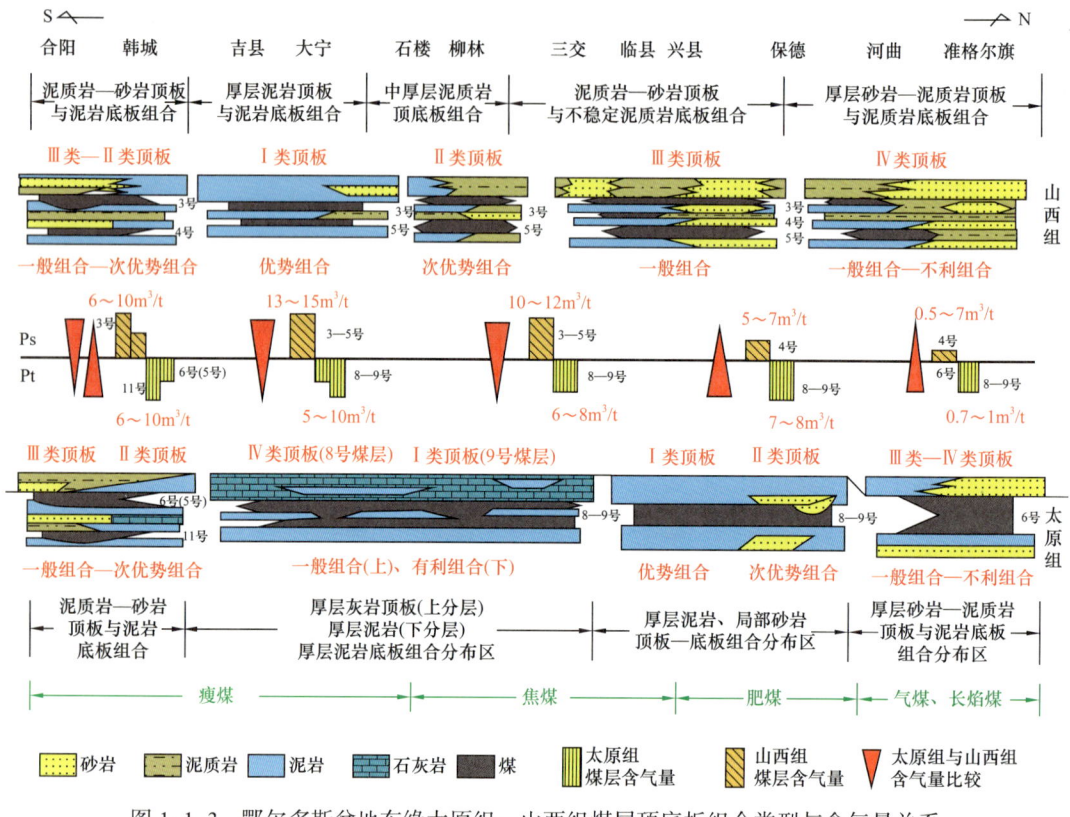

图 1-1-3　鄂尔多斯盆地东缘太原组—山西组煤层顶底板组合类型与含气量关系

1. 水动力条件控制煤层气的富集成藏

从含气量的分布特征来看，其值大小与水动力场分区具有明显关系，即滞流区或弱径流区富气，径流区及强径流区的含气量较低。同一系统的水动力分区内，低势区的含气量较高势区大，其原因为水动力的流动方向是从高势区流向低势区，即从折算水位高值区流向低值区。以樊庄区块为例，东部强径流区折算水位大于580m，含气量基本上小于10m³/t；中部弱径流区分布范围较大，自东向西折算水位逐渐减小，含气量呈逐渐增大的趋势，总体上大于18m³/t；西部和南部的部分地区为滞流区，折算水位小于520m，含气量很高，大于20m³/t，局部在26m³/t以上。同时，强径流区及附近煤层气含量较低，各离子的含量很低，主要离子为HCO_3^-和$Na^+ + K^+$，总毫克当量数仅为34；滞流区的煤层含气量一般较高，Cl^-、HCO_3^-、$Na^+ + K^+$含量均较高，最大特点是Cl^-含量明显增加，甚至超过HCO_3^-的含量，总毫克当量数可达100；弱径流区含气量则介于强径流区和滞流区之间，HCO_3^-、$Na^+ + K^+$含量最高，总毫克当量数一般介于50~60。

鄂尔多斯盆地东缘北部煤层气井产水量明显大于南部，煤层气井产出水Ca^{2+}、Mg^{2+}含量总体上在北段保德地区较高（图1-1-4），中段三交—柳林地区及南段韩城地区总体上较低，吉县—韩城地区最低，说明地下水动力条件在北段最为强烈，在南段相对较弱，由北向南水动力条件依次减弱，煤层含气量、甲烷浓度逐渐增加。

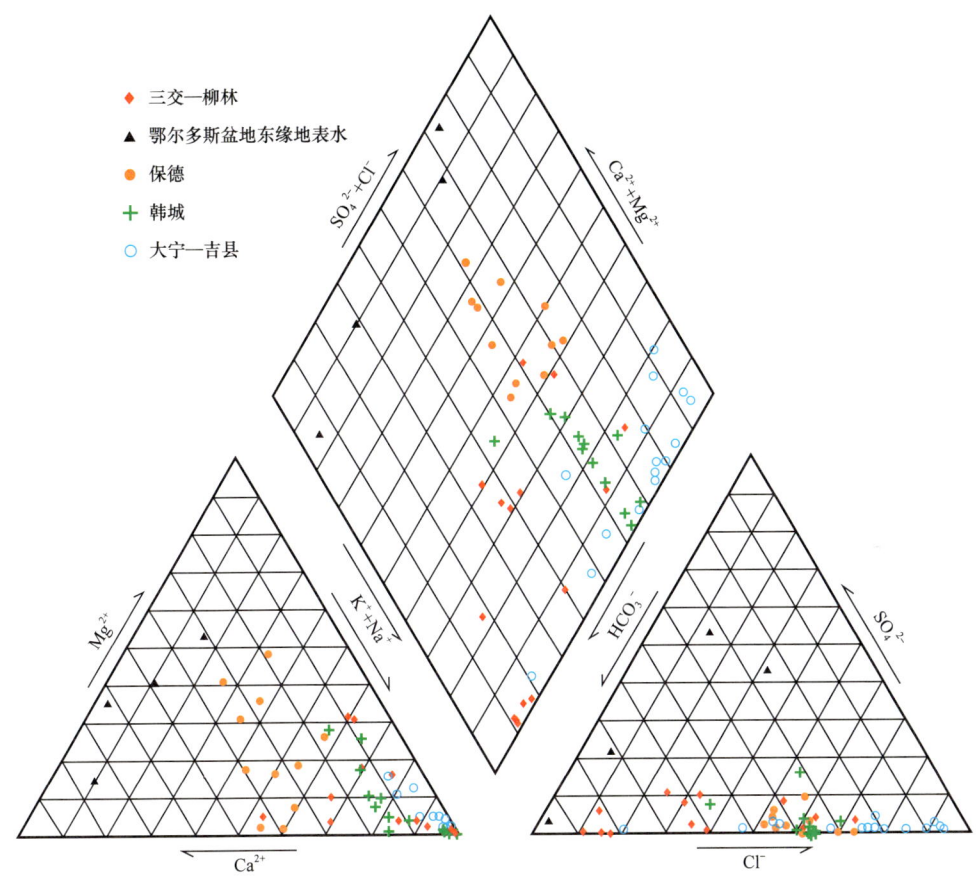

图 1-1-4　煤层气井产出水阴、阳离子在 Piper 三线图上的分布

2. 水溶解作用与水动力运移速度控制着煤层气组分及甲烷碳同位素的分布

水溶解作用不仅使煤的含气量降低，气体组分变轻，同时通过游离气与吸附气的交换作用和甲烷碳同位素的累积效应使煤层甲烷碳同位素发生了明显的分馏作用。水是弱极性溶剂，$^{13}CH_4$ 极性大于 $^{12}CH_4$，根据相似相溶原理，$^{13}CH_4$ 在水中的溶解性大于 $^{12}CH_4$。水溶解作用会倾向于先把 $^{13}CH_4$ 带走，剩下较多的 $^{12}CH_4$，使游离气中甲烷碳同位素变轻。游离气中 $^{12}CH_4$ 再与煤中的吸附气发生交换，部分 $^{12}CH_4$ 变成吸附气，把吸附气中部分 $^{13}CH_4$ 交换出来变成游离气，交换出来的 $^{13}CH_4$ 再被水溶解带走。这种过程不断发生，气藏不断遭到破坏，通过累积效应，煤层气中 $^{12}CH_4$ 大量富集，煤层气甲烷碳同位素变轻。水动力的运移速度越快，这种累积效应越大，对煤层气的控制作用越明显，煤层含气量越低，甲烷碳同位素越轻（Pang et al., 1998；汤达祯等, 2003）。

因此，影响煤层气富集的主要水文参数包括钠氯系数和脱硫系数，影响煤层气高产的主要参数包括氢、氧同位素，并建立了煤层气富集高产的水文地质指标（表 1-1-2），优选 HG 井区、HX 井区及 HP 井区为煤层气高产区块。沁水盆地南部其他区块可通过地质条件类比，地质条件类似的区块可利用此水文地质指标优选煤层气高产区。

表 1-1-2　煤层气富集高产的水文地质指标

区块划分	不富集区	过渡区	较富集区	富集区	
				高产区	非高产区
水动力	补给区，水力交替最活跃	中等径流区，水力交替较强	弱径流区，水力交替较活跃	阻滞—弱还原区，地下水径流弱	
水成因	以大气降水或地表水渗入为主		以渗入成因水为主	以渗入成因水为主	
矿化度/(mg/L)	<1600	1600~2000	2000~2300	>2300	
钠氯系数	>9	1~9		<6	
脱硫系数	>5	1~5		<1	
水型	$SO_4^{2-} \cdot HCO_3^- - Ca^{2+} \cdot Mg^{2+}$	$SO_4^{2-} \cdot HCO_3^- - Ca^{2+} \cdot Mg^{2+}$	$HCO_3^- \cdot Cl^- - Na^+$	$HCO_3^- \cdot Cl^- - Ca^{2+} \cdot Na^+$	
$\Delta\delta D/\delta^{18}O$	—	—	—	<0.5	>0.5

三、局部构造调整煤层气富集区展布特征

现今煤层气藏的富集程度是聚煤盆地回返抬升和后期演化对煤层气保持和破坏的综合叠加结果。研究证明，构造未调整或调整弱煤层气藏有利于煤层气富集，而煤层气成藏后期构造破坏严重的不利于煤层气保存。沁水盆地调整型煤层气藏至少包括燕山期、喜马拉雅早期两期成藏（姚艳斌等，2007；秦勇，2012）。在喜马拉雅早期北东—南西向挤压作用下，燕山期北东—南西向褶皱遭受改造，但改造程度弱，继承了原生气藏的大部分成藏优势（秦勇等，2008）。煤层气藏的规模主要取决于新一轮构造变形叠加后气藏的规模。樊庄区块的固县北背斜及TL006西背斜属于该类气藏。固县北背斜位于固县背斜南高点，喜马拉雅期受寺头左旋走滑断层的影响，在燕山期北东—南西向褶皱背景上叠加了新的一期构造变形，走向调整为北北西向（图1-1-5），煤层气藏未遭受明显的破坏，主力煤层含气量高，3号煤层含气量总体上介于22~26m³/t，单井平均日产气量在3000m³左右。

樊庄区块中部的玉溪背斜和东部的樊庄背斜为典型的改造型煤层气藏（图1-1-6）。玉溪背斜受寺头断层影响，走向由北东—南西向调整为北北西向，受断层切割影响，煤层气大量散失，煤层气单井平均日产气量仅几百立方米。

此外，开放性断层导致煤层气大量散失，调整煤层气富集区分布。开放性断层切割煤层，破坏顶底板的封存条件，释放储层压力，导致煤层气大量散失。樊庄—郑庄地区靠近寺头断层区域，受断裂影响，煤层含气量普遍偏低，距离寺头断层越近，含气量越低。沁南—夏店地区五阳井田多发育张性开放断层，煤层含气量明显降低，多分布在8~12m³/t之间。

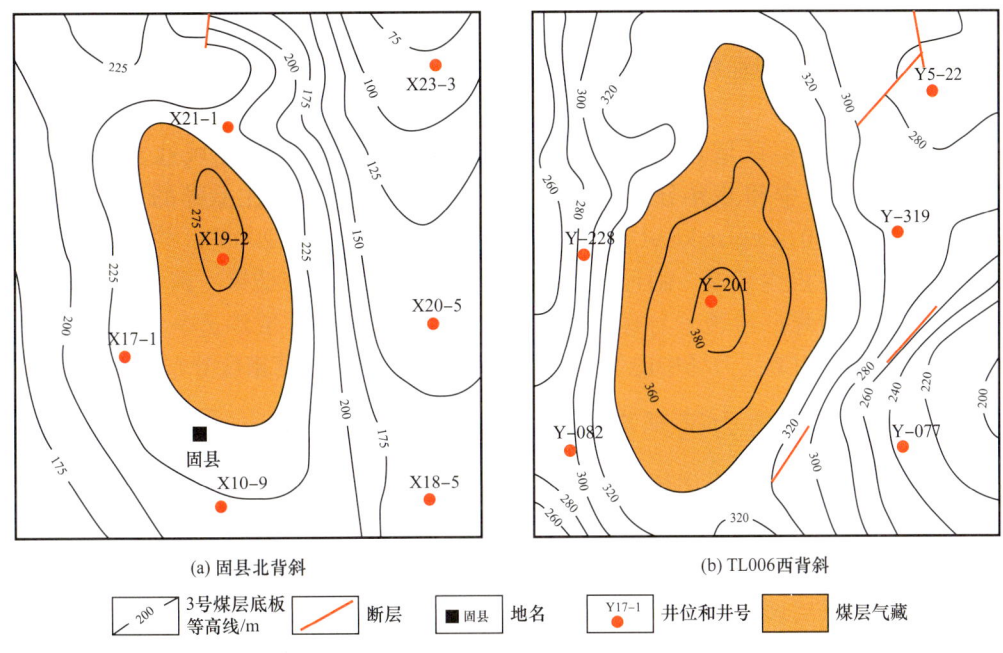

图 1-1-5　沁南地区樊庄区块调整型煤层气藏示意图

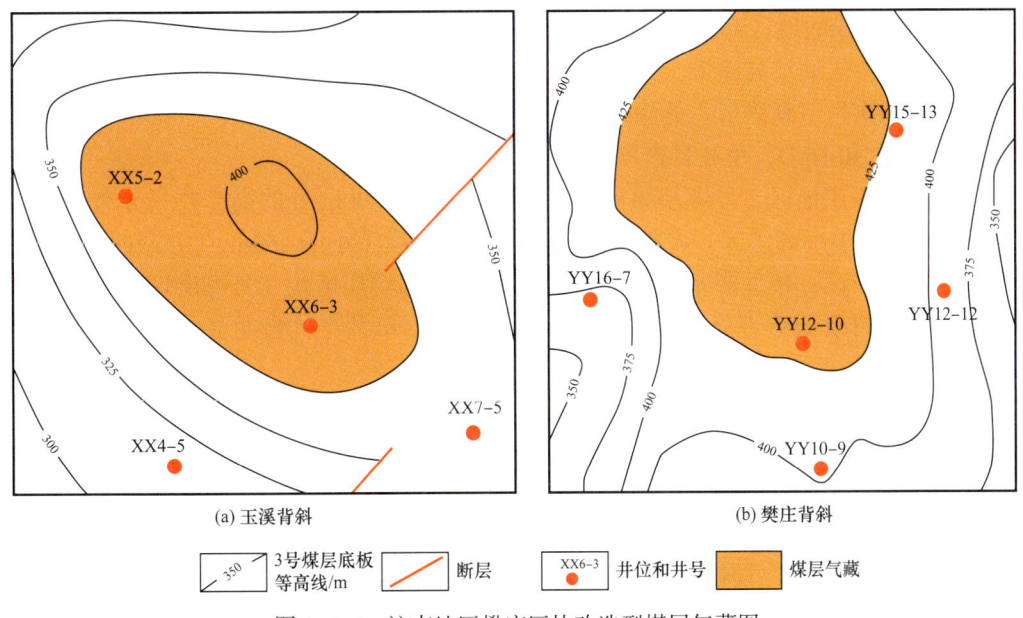

图 1-1-6　沁南地区樊庄区块改造型煤层气藏图

第二节　煤层气双重控渗机制

渗透率是影响煤层气可采性及煤层气井产量的关键因素。埋深通过对地应力的影响控制着煤储层渗透率的大小。由于煤层本身塑性较强，地应力增大使煤体被压缩，导致基质压缩，基质渗透率降低；而裂隙则是决定煤层渗透性的关键因素，在地应力作用下，当煤储层主要裂隙的割理面法向力为压应力时，裂隙被压缩变形，壁距减小甚至封闭，导致煤层渗透性变差。

区域应力场产生区域性的裂隙系统控制着煤储层渗透率区域性分布，而局部构造地带的应力集中和差异分布，则是渗透率在不同区块存在差异的重要原因之一（Cunningham，1980；Ceglarska et al.，2005；Siriwardane et al.，2008）。外生裂隙是构造应力的直接产物，内生裂隙（割理）是构造应力下煤化作用的结果，两者都受构造应力场的影响。通过对煤层渗透率与有效应力的相关研究发现，煤层渗透率与地应力增加呈指数关系降低，古构造应力场中的低地应力分布区往往是裂缝高密度分布带。

一、浅部低地应力区易高产

浅部地区由于地应力作用较弱，处于伸张带，煤层渗透率较高。对沁水盆地南部不同区块主力煤层试井渗透率与煤层埋深的统计分析发现，煤层渗透率具有随埋深增大而递减的趋势，并根据渗透率大小划分出高渗带、中渗带、低渗带和致密带（图1-2-1）。高渗带一般位于煤层埋深600m以浅的地区，渗透率大于1mD，同时也为高产井分布区，煤层气井单井日产气量大于3000m^3。中渗带一般位于煤层埋深450～800m的地区，渗透率介于0.1～1mD，单井日产气量大于2000m^3。通过高渗带与中渗带的对比分析发现，煤层埋深450m以浅的地区都为高渗煤储层分布区，因此可把450m以浅的地区视为低地应力控制下的原生煤储层高渗带，而450m以深地区的高渗煤储层可视为裂隙发育的较低地应力控制下的次生型高渗带。低渗带分布范围较广，一般位于埋深大于600m的地区，渗透率介于0.01～0.1mD，单井日产气量小于2000m^3。

以樊庄—潘庄地区3号煤层为例，单井产量大于2000m^3/d的高产井只分布于煤层埋深小于600m的中—高渗区。南部潘庄区块3号煤层埋深小于450m，为煤储层原生高渗带及中渗带分布区，单井产量大于2000m^3/d；中北部樊庄区块3号煤层埋深大于500m，为煤储层中渗带及低渗带分布区，与潘庄区块相比，单井产气量明显偏低，总体上介于1000～2000m^3/d。

二、深部煤层裂隙发育带易高产

虽然在一般情况下，随着埋深增加，受地应力增大的影响，煤层渗透率减小，但因为深部的煤储层裂隙发育带有利于渗透率的改善，煤层气井同样可获得高产。因此，寻找煤储层的裂隙发育带对深部煤层气的开发具有十分重要的意义。

利用测井技术可以方便高效地识别出煤储层的裂隙发育特征，在井径（CAL）测井曲线上表现为有扩径，在双侧向视电阻率曲线上表现为深浅侧向电阻率值高（大于8000Ω·m），正幅度差值大（傅雪海等，1999；彭苏萍等，2005；常锁亮等，2008）。深浅侧向电阻率值越高，正幅度差值越大，表明煤层裂隙厚度越大，煤层气井易高产。郑庄区块郑试60井3号煤层埋深在1300m左右，其深侧向电阻率（RD）高达25190Ω·m，正幅度差值为2921Ω·m（图1-2-2），相应的煤层裂隙厚度为4.2m，有效地改造了煤层的渗透率，单井产气量达到2000m^3/d。郑试64井3号煤层埋深在1200m左右（图1-2-3），

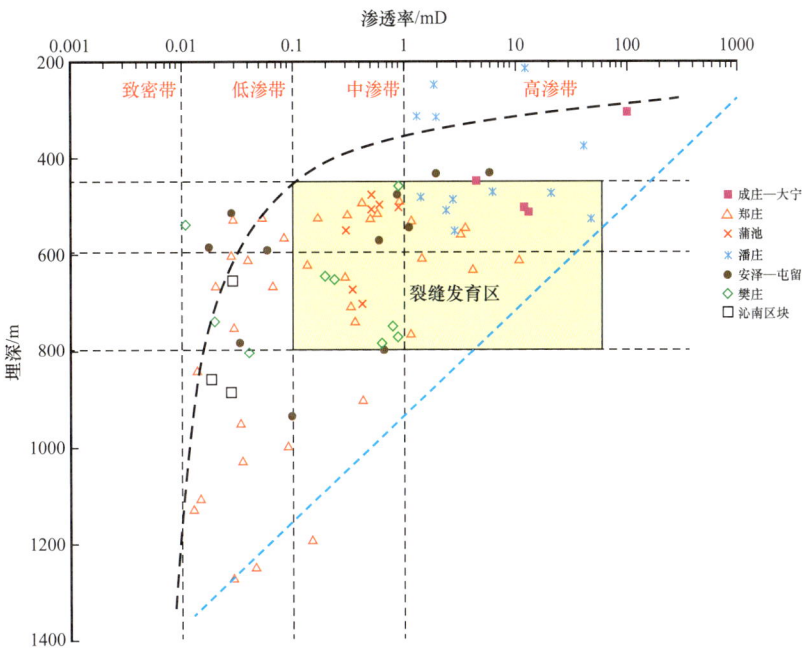

图 1-2-1 沁南地区煤储层渗透率与埋深关系

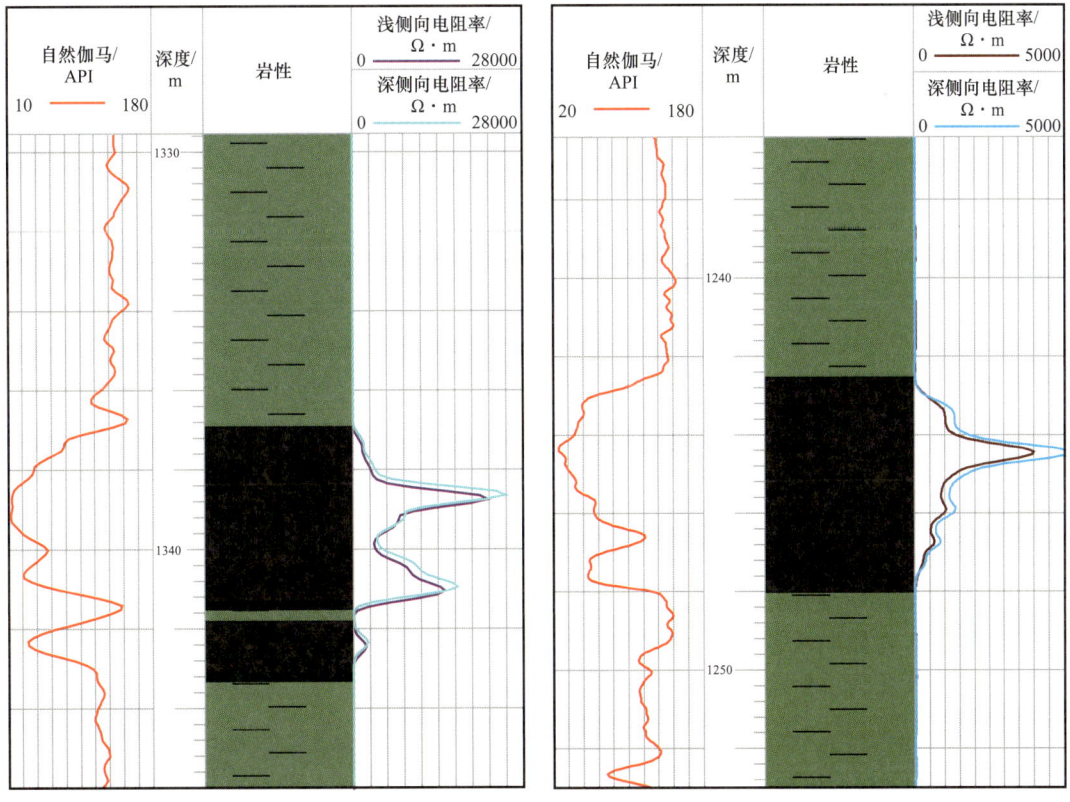

图 1-2-2 郑试 60 井综合录井图　　　　　　图 1-2-3 郑试 64 井综合录井图

其深侧向电阻率为5202Ω·m，正幅度差值为1200Ω·m，相应的煤层裂隙厚度仅为1.75m，不利于煤层渗透率的改善，单井产气量也只达到100m³/d。

三、局部构造的影响

1. 局部宽缓的构造高部位高产条件优越

早期煤层埋藏深，生气条件好，后期处于构造抬升部位的煤层埋藏相对浅，压实作用较弱，未发生显著的构造变形，原生气藏得以保存，且地应力较低，次生割理发育，渗透性好；在上覆有利盖层条件下的滞水环境中煤层割理裂隙尚未矿化，煤层气藏未被水打开；两翼又是烃类供给的指向区，易形成高含气量、高饱和度、高渗透率的富集高产区。樊庄区块稳定日产气量大于4000m³的高产直井一般分布于局部宽缓的构造高部位，蒲南1-3井达到8000m³；FzP02-3、FzP04-3和FzP04-5等水平井日产气量大于20000m³，FzP04-5井高达50000m³。通过樊庄区块樊4井组不同构造部位水平井产气特征的对比分析发现，3号煤层底板海拔高度大于220m的FzP04-3井和FzP04-5井位于构造高部位，日产气量大于20000m³；而3号煤层底板海拔高度低于210m的FzP04-1井、FzP04-2井和FzP04-4井位于构造低部位，日产气量都低于10000m³（表1-2-1）。

表1-2-1 樊庄区块樊4井组多分支水平井产气特征

井号	海拔/m	日产气量/m³	累计采气量/10⁴m³	日产水量/m³	产气特征
FzP04-3	230	23069	4740	0.5	构造高点产量高
FzP04-5	220	51809	5808	0.1	
FzP04-2	210	5995	1244	0.1	低部位与老井沟通
FzP04-4	210	8738	1403	0.2	低部位产量较低
FzP04-1	180	6977	1358	1.8	

2. 富集区的上斜坡高产条件优越

上斜坡是盆地受构造挤压或地壳不均匀抬升作用的结果，因其构造应力相对集中，构造变形相对明显而区别于盆地向斜轴部区域。以潘庄区块为例（图1-2-4），该区块整体上为一个西倾的单斜构造，发育次级褶皱构造，断层极少，煤层埋深较浅，多在600m以浅，主体埋深260～320m；且位于低地应力分布区，煤渗透率介于1.6～3.6mD，因此煤层气高产特征明显，多分支水平井单井日产气（2.0～10）×10⁴m³（FzP01-2定向羽状水平井煤层进尺4919m，单井日产气$10×10^4$m³）。

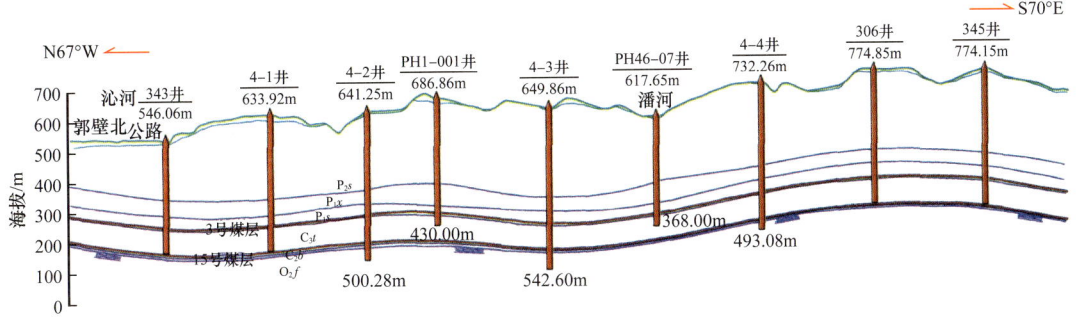

图 1-2-4　潘河煤层气田地质剖面图
546.06m 等数据为海拔标高，500.28m 等数据为井深

第三节　煤层气"甜点区"类型及预测方法

一、连续型"甜点区"与构造型"甜点区"

基于 6 个典型气藏解剖及 12 组成藏物理模拟，研究提出煤层气连续型"甜点区"与构造型"甜点区"两种类型（图 1-3-1）。该理论成果实现了煤层气富集区评价向高产区预测的深化，完善了中高煤阶煤层气成藏地质理论。

煤层气连续型"甜点区"一般位于大型单斜或宽缓向斜一翼，煤层发育较连续，水动力条件基本稳定，富集区大面积连续分布。高渗带受埋藏深度、沉积微相及局部构造控制，潟湖—潮坪、浅湖相、三角洲间湾相带煤层孔隙发育。通常地应力转换深度以浅，割理裂隙张开，发育高渗带呈带状规律分布，高渗带即为"甜点区"。一般地，平面含气量展布与优势深度区间区域叠合，煤层气高产，且随着技术进步，"甜点区"能够向外围连续拓展，储量规模进一步增大。

煤层气构造型"甜点区"通常处于应力集中的相对构造稳定的断块，断块内煤层层数多，分布不连续，煤层倾角较大，断层沟通上下含水层水力联系，水动力条件波动范围较大。高位体系域控制煤层气富集区，富集区规模较小；受高应力影响，高渗带总体受构造控制明显高，应力导致煤储层形变，发育外生裂隙，脆性变形带为高渗区，"甜点区"一般呈独立断块分布，一般不能向外围连续拓展。通常水平应力较低的断块，煤层经受一定程度的脆性变形，利于煤层气高产。

沁水盆地南部为典型连续型"甜点区"。沁南水动力条件稳定、埋深 620m 以浅的区域，潘庄—成庄—樊庄—柿庄等"甜点"成片连续分布，勘探发现沁水盆地沁南—夏店、马必—郑庄、樊庄—潘庄、沁源—安泽等多个煤层气富集区，新增煤层气探明地质储量超 $3000 \times 10^8 \mathrm{m}^3$。

蜀南地区中国石油矿权区内 2000m 以浅资源量约 $6203 \times 10^8 \mathrm{m}^3$，其中筠连区块资源量为 $1563 \times 10^8 \mathrm{m}^3$。研究认为，蜀南筠连煤层气田为典型构造型"甜点区"，上二叠统乐平群煤层受限于残留断块规模，应力较集中，规模较小，埋深变化较大（313～1168m），产状

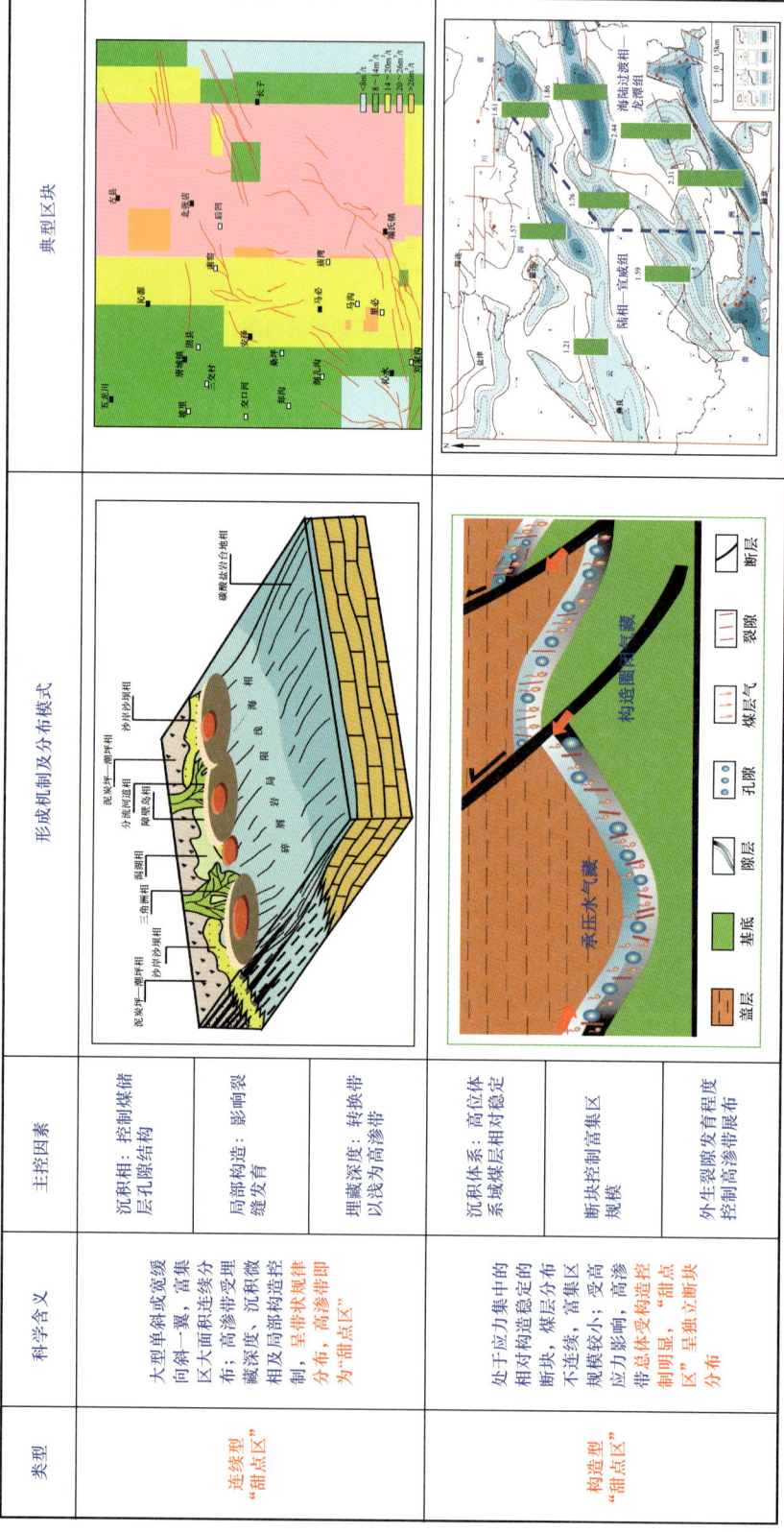

图 1-3-1 连续型"甜点区"与构造型"甜点区"形成机制及分布模式图

相对较陡。区块处于地下水滞流区—弱径流区，含气量为 $10\sim25m^3/t$，饱和度大于 85%，潮坪相泥岩发育，渗透率大于 0.3mD，单层厚 $0.5\sim3m$，煤层气呈构造型 "甜点区" 分布，其中沐爱核心区埋深为 $600\sim900m$，R_o 为 $2.63\%\sim2.9\%$，厚度为 $3.3\sim12.2m$，含气量为 $8\sim22.6m^3/t$，有利资源量为 $860.6\times10^8m^3$。目前已经实施 $2\times10^8m^3$ 先导方案，截至 2016 年 12 月 30 日，投产 230 口，产气井 166 口，日产气量约 $25\times10^4m^3$，最高单井日产气 $4366m^3$。

二、煤层气 "甜点区" 多层次模糊评价方法

1. 多层次模糊评价方法基本原理

模糊综合评价是基于评价过程的非线性特点而提出的，它是利用模糊数学中的模糊运算法则，对非线性的评价论域进行量化综合，从而得到可比的量化评价结果的过程。模糊评价利用模糊变换原理和最大隶属度原则，考虑被评价事物相关的各个因素，对其所做的综合评价。

在复杂的系统中，事物的影响因素往往是很多的，各因素之间还存在着多种层次，这时采用单层次模糊综合评判模型很难达到理想的目标。因此，首先需要将评判因素集合按照某种属性分成几类，对每一类因素进行综合评判，然后再对评判结果进行类之间的高层次综合评判。这样，就产生了多层次模糊综合评判问题。

对评判因素集合 M，按某个属性将其划分成 k 个子集，使它们满足：

$$\begin{cases} M = \sum_{i=1}^{k} M_i \\ M_i \cap M_h = \Phi (i \neq h) \end{cases}$$

这样，就得到了第二级评判因素集合：

$$M = \{M_1, M_2, \cdots, M_k\}$$

式中 $M_i = \{M_{ij}\}$（$i=1, 2, \cdots, k$；$j=1, 2, \cdots, nj$）——子集 M_i 中含有 nj 个评判因素。

对于每一个子集 M_i 中的 nj 个评判因素，按单层次模糊综合评判模型进行评判，如果 M_i 中的诸因素的权数分配为 X_i，其评判决策矩阵为 Y_i，则得到第 i 个子集 M_i 的综合评判结果：$A_i = X_i \times Y_i = [a_{i1}, a_{i2}, \cdots, a_{ij}]$

对 M 中的 k 个评判因素子集 M_i（$i=1, 2, \cdots, k$）进行综合评判，其评判决策矩阵为：

$$X = \begin{bmatrix} A_1 \\ A_2 \\ \vdots \\ A_k \end{bmatrix} = \begin{bmatrix} a_{11} & a_{12} & \cdots & a_{1j} \\ a_{21} & a_{22} & \cdots & a_{2j} \\ \vdots & \vdots & \ddots & \vdots \\ a_{k1} & a_{k2} & \cdots & a_{kj} \end{bmatrix}$$

如果 M 中各因素子集的权数分配为 Y，则可得到综合评判结果：$A^* = X \times Y$，得到的结果既是 M 的综合评判结果，也是 M 中所有评判因素的综合评判结果。其中，矩阵合成运

算常用的有两种方法：一种是主因素决定模型法，即利用逻辑算子 $M(\wedge, \vee)$ 进行取大或取小合成，该方法一般仅适用于单项最优的选择；二是普通矩阵模型法，即利用普通矩阵算法进行运算，这种方法考虑了各方面的因素，因此适用于多因素的评价方法。

若 M 的二级层次中还含有很多因素，就可以进一步划分，得到三级以至更多层次的评判模型。多层次的模糊综合评判模型能够反映评判因素的不同层次，能够避免由于因素过多而导致的难以分配权重的问题。

2. 隶属度和隶属函数的确定

应用模糊数学方法的关键是建立符合实际的隶属函数，因此首先建立完善鄂尔多斯盆地东缘、沁水盆地煤层气选区评价指标体系（表 1-3-1、表 1-3-2），为"甜点区"评价建立隶属函数提供取值范围。

表 1-3-1 富集选区评价指标体系

	富集选区评价指标		最有利	较有利	不利
鄂尔多斯盆地东缘中煤阶	储层条件	煤层累计厚度 /m	>10	5~10	<5
		灰分 /%	<10	10~30	>30
		埋深 /m	风化带~800	800~1200	<风化带，>1200
	含气性	含气量 /（m³/t）	>8	4~8	<4
		R_o/%	>3	0.7~3	<0.7
	保存条件	沉积作用	泥岩盖层	砂泥岩、致密砂岩盖层	石灰岩、砂岩盖层
		水动力	滞流区、弱径流区	过渡区	强径流区
		构造调整	简单、较简单	较复杂	复杂
	资源丰度 /（10⁸m³/km²）		>1.5	0.5~1.5	<0.5
沁水盆地高煤阶	储层条件	煤层累计厚度 /m	>5	2~5	<2
		灰分 /%	<10	10~30	>30
		埋深 /m	300~800	800~1200	<300，>1200
	含气性	含气量 /（m³/t）	>12	8~12	<8
		R_o/%	>3	0.7~3	<0.7
	保存条件	沉积作用	泥岩盖层	砂泥岩、致密砂岩盖层	石灰岩、砂岩盖层
		水动力	滞流区、弱径流区	过渡区	强径流区
		构造调整	简单、较简单	较复杂	复杂
	资源丰度 /（10⁸m³/km²）		>2	1~2	<1

表 1-3-2　高产选区评价指标体系

高产选区评价指标		最有利	较有利	不利
地层能量	临储压力比	>0.7	0.5～0.7	<0.5
	压力系数	>0.75	0.5～0.75	<0.5
渗透性	地应力	低	中	高
局部构造		宽缓斜坡、高部位、背斜轴部、裂隙发育区	向斜核部、断层切割局部构造	复杂、断层、陷落柱发育

第四节　沁水盆地煤层气"甜点区"预测评价

一、沁水盆地"甜点区"评价

根据沁水盆地储层条件、含气性、保存条件、煤及煤层气资源情况、地层能量、地应力、局部构造等研究结果，获得区块评价因素取值（表1-4-1、表1-4-2）。

表 1-4-1　沁水盆地富集区评价因素取值

区块	阳城	潘庄		夏店			寿阳		樊庄		郑庄	
煤层累计厚度/m	4	9～12	5.2～7.1	6	6.2	6.4	9～12	3.5	7～12	4～13	5.4～13.05	6.5～14.5
灰分/%	13.58	16.14	12.45	12.47	12.93	15.42	13.67	20	14.83	14.41	13.11	12.6
埋深/m	300～1500	150～1500	266～544	700	500～1500	700	150～1500	500	300～900	<800	380～1500	490～890
含气量/m³/t	18	13～35	10～40	16.5	16.6	13.8	13～35	16	>15	10～20	10～30	5.7～19.6
R_o/%	3.1	2.4	3.6	2.5	2.5	2.9	1.9	2.3	2.79	2.8	2.3	3.25
沉积作用	粉砂岩	粉砂岩	泥岩、粉砂质泥岩	泥岩	以泥岩为主	粉砂岩	粉砂岩	粉砂岩	以泥岩为主	泥岩	泥岩、粉砂质泥岩	泥岩
水动力	滞流区	强径流区	弱径流区	弱径流区	滞留—弱径流区	弱径流区	弱径流区	弱径流区	弱径流区	滞流区	弱径流区	弱径流区
构造调整	较简单—复杂	较简单	简单—复杂	简单	较简单，以褶皱为主	中等	简单	较简单	简单、平缓	宽阔平缓、简单	复杂程度Ⅱ类	中等
资源丰度/10⁸m³/km²	1.75	2.01	1.95	1.68	1.5	0.71	1.57	1.24	1.93	1.5	2.35	2.12
聚煤密度/10⁶t/km²	5.88	9.96	9.56	8.82	9.11	9.41	13.23	5.15	9.11	10.88	8.00	15.44

表 1-4-2　沁水盆地高产评价区评价因素取值

区块	临储压力比	压力系数	地应力	局部构造
安泽	0.62	0.7	地应力中等	裂缝发育区
夏店南	0.7	0.65	地应力中等	微断层发育
夏店北	0.4	0.78	地应力中等	复杂，大断层发育
马必东	0.8	0.67	地应力低	宽缓斜坡带
马必西	0.7	0.74	地应力中等	宽缓斜坡带
郑庄南	0.7	0.58	地应力中等	微裂缝发育
郑庄北	0.4	0.67	地应力高	宽缓斜坡
郑庄中	0.6	0.71	地应力中等	平缓局部，小断层较多
樊庄南	0.9	0.79	地应力低	简单平缓，发育背斜
樊庄北	0.9	0.58	地应力低	微裂缝发育
沁源	0.5	0.64	地应力高	复杂，断层发育
潘庄	0.8	0.73	地应力低	简单宽缓，斜坡带

利用针对沁水盆地建立的煤层气富集、高产评价体系，依据前文的评价参数值和各个评价指标的隶属度、隶属函数计算得到各评价指标值，计算沁水盆地富集、高产评价指标综合系数，综合评价系数及评价结果见表 1-4-3 和表 1-4-4。

表 1-4-3　沁水盆地煤层气区块富集综合评价结果

区块	储层条件			含气性		保存条件			煤及煤层气资源		评价结果
	煤层累计厚度	灰分	埋深	含气量	R_o	沉积作用	水动力	构造调整	资源丰度	聚煤密度	
阳城	0.2	0.93	0.63	0.6	1	0.72	0.6	0.5	0.8	0.2	0.61
潘庄	0.44	0.95	0.64	0.75	1	0.75	0.7	0.8	0.96	0.91	0.81
夏店	0.39	0.94	0.75	0.86	0.83	0.84	0.6	0.6	0.6	0.82	0.72
寿阳	0.84	0.93	0.7	0.45	0.62	0.52	0.4	0.6	0.66	1	0.61
樊庄	0.39	0.9	0.72	0.92	0.93	0.91	0.8	0.7	0.94	0.82	0.85

续表

区块	储层条件			含气性		保存条件			煤及煤层气资源		评价结果
	煤层累计厚度	灰分	埋深	含气量	R_o	沉积作用	水动力	构造调整	资源丰度	聚煤密度	
郑庄	0.27	0.94	0.79	1	0.76	0.83	0.6	0.5	1	0.6	0.81
阳泉	0.62	0.88	0.38	0.5	0.79	0.67	0.2	0.6	1	0.99	0.68
安泽	0.36	0.95	0.31	0.85	0.83	0.71	0.45	0.5	0.74	0.76	0.7
柿庄北	0.42	0.89	0.69	0.58	0.96	0.85	0.5	0.6	0.2	0.88	0.55
沁源	0.12	0.8	0.48	0.8	0.76	0.54	0.5	0.6	0.39	0.2	0.55
马必	0.58	0.91	0.92	0.7	0.93	0.84	0.7	0.7	0.6	1	0.73
柿庄南	0.52	0.95	0.62	0.47	1	0.76	0.5	0.5	1	1	0.7
浮山	0.51	0.91	0.58	0.45	0.67	0.64	0.45	0.5	0.35	0.43	0.47

表1-4-4 沁水盆地煤层气区块高产综合评价结果

区块	临储压力比	压力系数	渗透率	局部构造	评价结果
安泽	0.62	0.7	0.70	0.73	0.70
夏店南	0.7	0.65	0.79	0.81	0.76
夏店北	0.4	0.78	0.53	0.67	0.58
马必东	0.8	0.67	0.84	0.77	0.79
马必西	0.7	0.74	0.61	0.61	0.64
郑庄南	0.7	0.58	0.76	0.74	0.72
郑庄北	0.4	0.67	0.59	0.63	0.59
郑庄中	0.6	0.71	0.64	0.72	0.66
樊庄南	0.9	0.79	0.79	0.69	0.78
樊庄北	0.9	0.58	0.81	0.74	0.77
沁源	0.5	0.64	0.48	0.54	0.52
潘庄	0.8	0.73	0.87	0.68	0.80

二、沁水盆地"甜点区"分布规律与地下水同位素分布

以樊庄—潘庄地区 3 号煤层为例,单井产量大于 2000m³/d 的高产井只分布于煤层埋深小于 600m 的中高渗区。南部潘庄区块 3 号煤层埋深小于 450m,为煤储层原生高渗带及中渗带分布区,单井产量大于 2000m³/d;中北部樊庄区块 3 号煤层埋深大于 500m,为煤储层中渗带及低渗带分布区,与潘庄区块相比,单井产气量明显偏低,总体上介于 1000～2000m³/d。

在地应力(埋深)、煤储层裂隙发育、局部构造及水文地质指标等煤层气高产主控因素分析及前期富集区优选的基础上,预测了安泽、马必南部、郑庄南部、樊庄南部—潘庄、樊庄中北部和夏店南部 6 个煤层气富集高产区。

不同成因类型的地下水控制着煤储层的渗透率,进而影响煤层气的高产,而地下水的氢、氧同位素分布反映了煤层水的成因(Karacan et al.,2000;Nishino,2001;Denis et al.,2008;兰凤娟等,2009)。通常,渗入成因水同位素密度低,沉积成因水同位素密度高,深部热流体水中同位素密度与水的补给源有关。赋存在岩石中的地下水长期与之接触,交换作用使岩石中高密度的氢、氧同位素转入水中,故时间越长,地下水中的氢、氧同位素越重。

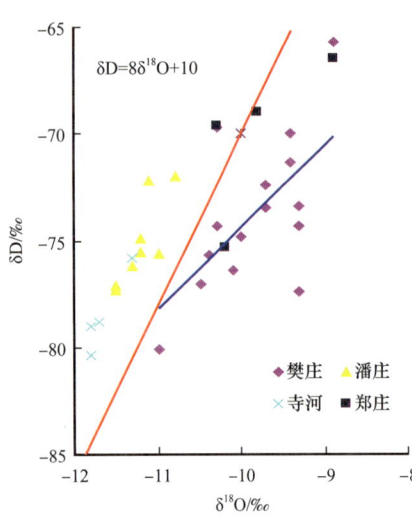

图 1-4-1 沁水盆地南部开发区块产出水氢、氧同位素分布

从沁水盆地南部樊庄、潘庄、郑庄及寺河几个开发区块的同位素分布(图 1-4-1)来看,樊庄向右偏离大气降水曲线,同位素与大气降水曲线相交点 δD 值为 -78.3‰,δ¹⁸O 值为 -11.0‰,说明沉积成因水为主体的地史形成过程中,渗入水的混合占一定比例;潘庄、寺河的同位素值向左偏离大气降水曲线,且整体趋势与大气降水曲线平行,但 δD 值与 δ¹⁸O 值较郑庄、樊庄区块偏低,说明煤层水成因以地表水渗入为主体,经受古大气降水的改造,煤层气成藏过程中水—岩作用强烈;郑庄区块氢、氧同位素多分布在大气降水标准曲线附近,说明煤层水成因以沉积成因水为主体,混入了古大气降水。

显然,不同成因类型的煤层水不仅反映了水—岩交换作用强度的差异,而且反映了储层渗透率的差异性。氢同位素较轻的区域水—岩作用强烈,水力交替作用强,渗透率较大。因此,大气降水成因煤层的渗透率最大,其次为地表水渗入成因煤层,沉积水成因煤层渗透率最小。结合沁水盆地南部目前区域上的产气情况看,明确地反映了这一特点,即潘庄区块煤储层渗透率最大,为 0.2mD,单井平均煤层气日产量为 3500m³;沁水盆地南部区域上的产气量也是很好的例证。该区氢同位素较轻的区域渗透率较大,气体易高产,氢同位素值介于 -76.5‰～-75‰的区域单井平均日产气量介于 1621～4903m³。

随着开发过程中煤层水的不断排出，煤层水的氢、氧同位素呈现逐渐变轻的特点。从统计的测试数据来看，樊庄区块的煤层水平均氢同位素由 2009 年的 –74.2‰ 依次降至 2011 年的 –76.5‰、2012 年的 –80.1‰ 及 2013 年的 –99.5‰；煤层水平均氧同位素由 2009 年的 –9.7‰ 依次降至 2011 年的 –10.2‰、2012 年的 –12.9‰ 及 2013 年的 –16.1‰（图 1-4-2）。随着排采年份的增大，煤层水氢、氧同位素越来越向右偏离大气降水曲线，说明储层的渗透性不断变好，从而有利于煤层气的产出。

为了更好地分析氢、氧同位素变化对高产的影响，笔者选用 δD/δ¹⁸O 值变化来表征同位素变化对产气量的控制。统计分析表明，δD/δ¹⁸O 值变化越小，煤层气越易高产（图 1-4-3）。从图 1-4-3 中可以看出，δD/δ¹⁸O 变化值小于 0.5 的区域煤层气易高产，单井累计产气量超过 $750×10^4m^3$。

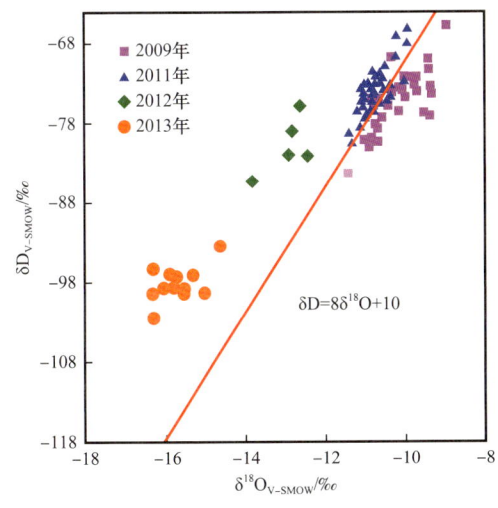

图 1-4-2　沁水盆地樊庄区块 δD—δ¹⁸O 变化趋势

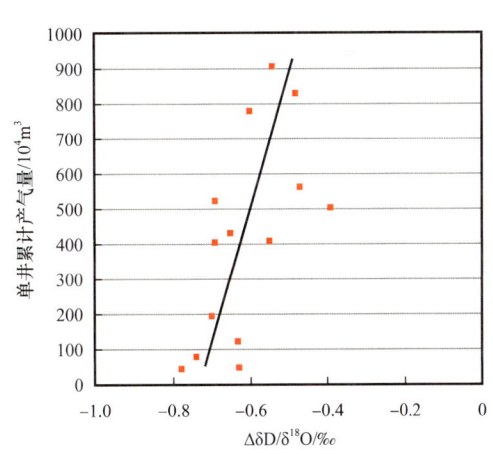

图 1-4-3　沁水盆地樊庄区块 δD/δ¹⁸O 与单井累计产气量相关图

三、沁水盆地郑庄低效井分析

1. 郑庄区块煤层气地质特征

含气量的分布特征与煤层埋藏深度变化有一定联系，表现为自盆地周边煤层露头线向盆地腹地含气量不断增大。在煤层埋藏深度小于 300m 地带，含气量一般低于 $8m^3/t$，但在晋城地区由于煤变质程度较高，煤层含气量可达 $10\sim12m^3/t$；埋藏深度为 $300\sim600m$ 时，含气量一般为 $10\sim16m^3/t$；埋藏深度为 $600\sim1000m$ 时，含气量为 $14\sim22m^3/t$；当埋藏深度接近 1500m 时，含气量则可高达 $25m^3/t$ 以上；在白壁—沁县一带，煤层埋深接近 3000m，含气量可高达 $30m^3/t$。含气量由浅到深呈逐渐变小的趋势。郑庄区块整体含气量较高，煤层气含量达 $18\sim24m^3/t$，资源基础较好。

通过构造、沉积、物性、水动力等综合研究，建立郑庄区块富集高产模式，郑 4 井区及郑 1 井区、郑 3 井区构造高点与高渗、高含气叠加区域为高产区有利区（图 1-4-4）。

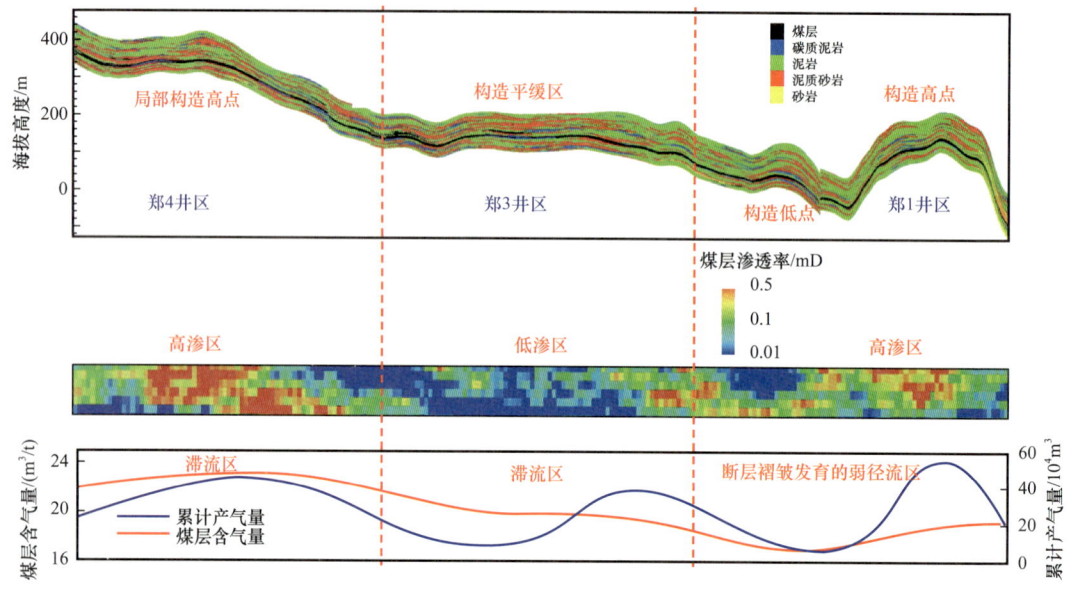

图 1-4-4 郑庄区块煤层气藏地质模式图

2. 低效井原因分析

1）挤压应力环境造成整体低渗

高煤阶煤层气储层为裂缝性储层，天然裂缝和割理裂隙为主要的渗流通道。在郑庄区块，煤层整体上较为致密，压实程度高，煤岩中裂缝渗透率主要受矿物充填和应力环境影响。郑庄区块现今水平最大主应力＞垂向应力≈水平最小主应力，岩层主要受水平挤压作用，构造裂缝在水平应力的作用下多处于闭合状态，使郑庄区块整体渗透率较低（图 1-4-5）。

2）地层能量不足影响煤层气高效产出

原始地层压力是开发之前储层的孔隙压力。本次研究中原始地层压力是由排采开始时的井底压力表征的。原始地层压力主要受埋深和储层封闭性的影响。对于煤层气藏，原始地层压力反映了煤层气的赋存条件和含气性。

郑庄区块埋深为 500～1000m，储层压力为 4.1～9.4MPa，平均值为 6.1MPa。从平面上来看，郑庄区块自南向北随着埋深逐渐加深，储层压力逐渐升高。为剔除埋深对地层压力的影响，通过计算压力系数来评估郑庄区块压力系统分布情况，整体来看，郑庄区块压力系数较高，郑 2 井区、郑 4 井区北部和郑 1 井区南部的压力系数达到了 0.9 以上，反映赋存条件良好，地层能量充足。郑 4 井区南部的部分断层发育区域压力系数小于 0.7，反映该区域断层开启，地层封闭性较差。总体上看，高储层压力系数是煤层气高产的物质和能量基础，产气量与储层压力呈正相关关系（图 1-4-6）。

3）储层改造效果未达到预期设计

压裂效果对煤层气的产能有重要影响。由于煤层的天然低渗条件，压裂改造成为改善储层渗透性的重要手段。同时由于煤岩为塑性岩石，本身天然裂缝较为发育，压裂时

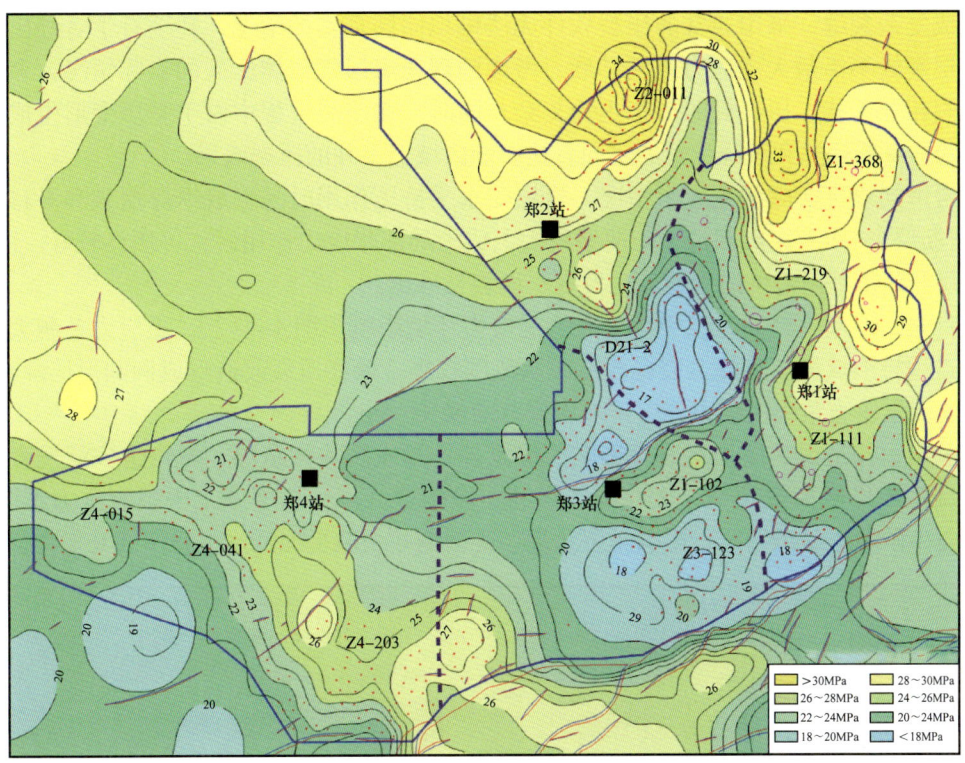

图 1-4-5　郑庄区块水平最大主应力平面分布图

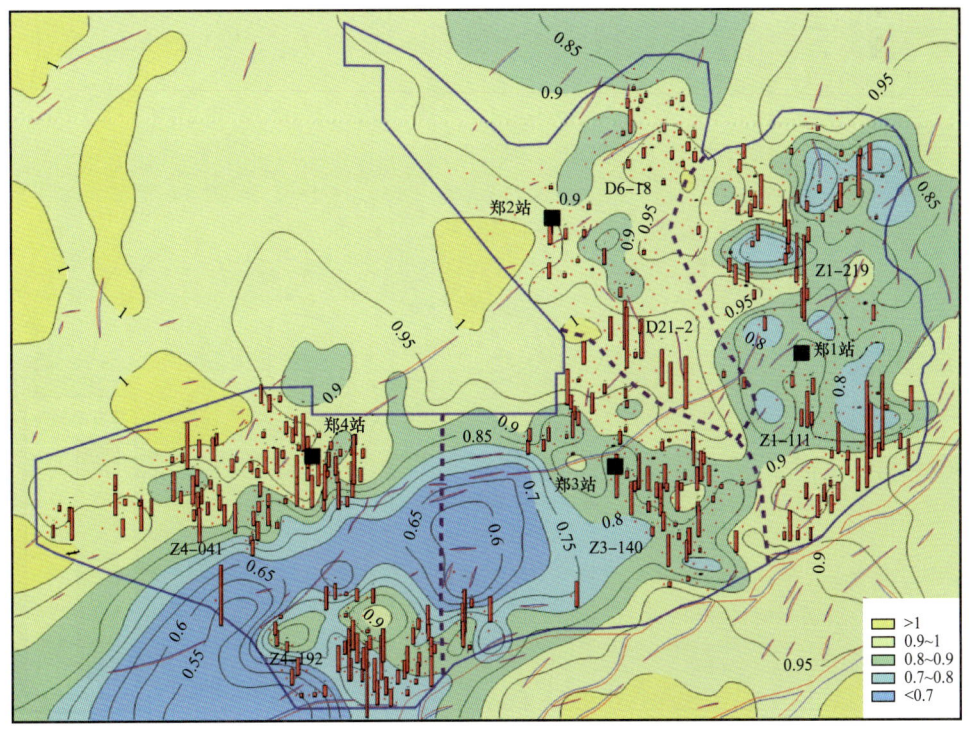

图 1-4-6　郑庄区块煤层压力系数平面分布

易形成复杂裂缝,采用通常的压裂软件无法模拟储层真实的情况,甚至有学者提出非常规储层裂缝不沿最大主应力方向扩展。考虑到现场煤层气整体压裂的实际情况,多井之间压裂相互干扰,压裂缝的形态更为复杂;同时,在压裂过程中由于基质变形生成大量的煤粉,煤粉运移和沉降位置的不同直接影响区域上多井的压裂效果。

考虑到该区实际的地应力情况,岩层受水平挤压作用时易形成纵弯褶皱和平移断层(走滑断层),褶皱突出部位(正曲率较大)成为局部张应力作用区,可压性较好。同时,在断层和陷落柱附近构造裂缝较为发育,压裂易压窜。

首先,地应力差高,压裂难度大。受应力环境影响(图1-4-7),主应力差越大,压裂改造越易形成简单单缝,裂缝改造波及范围较小。最终压裂改造形成椭圆形压降范围,极端情况下垂直最大主应力方向排采压降范围仅3～5m。

其次,构造煤、微构造发育影响裂缝延伸。郑庄区块构造煤、微构造广泛发育,在压裂施工中影响裂缝延伸。发育构造煤和小微构造区域,压裂施工中破裂压力不明显,容易发生砂堵等复杂情况,影响压裂效果。受影响井一般呈现低水平稳产的开发特征。

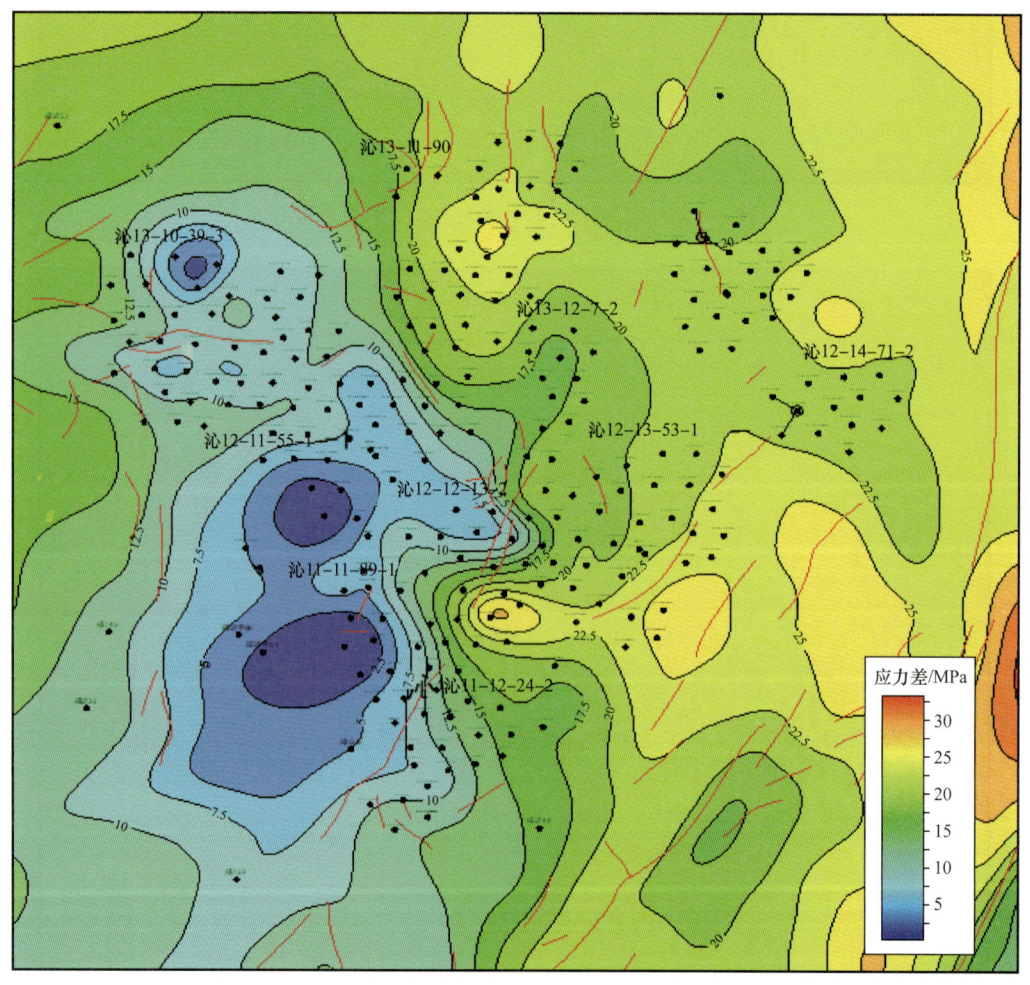

图1-4-7　郑庄区块北部应力差分布图

第三，渗透率应力敏感性造成压裂失效。在煤层气开发过程中，储层渗透率呈现动态变化特征，在达到解吸压力前，储层渗透率应力敏感性较强。以郑北地区为例，地解压差平均 5MPa，解吸前渗透率下降可达 30%。在地解压差和压降漏斗共同作用下，郑庄区块单井普遍解吸范围偏小，压降范围远大于气体解吸范围，解吸效率低。

第二章 中低煤阶煤层气"多源成藏"富集理论

"十三五"以来,以国家油气重大专项子项目"中低煤阶煤层气规模开发区块优选评价"为依托,为进一步掌控低煤阶煤层气勘探开发资源和储备针对性的关键技术,深化研究低煤阶煤层气成藏机理和富集规律,解决制约低煤阶煤层气勘探在富集规律和测试方法等方面的关键问题,创立了以"多源共生"为核心的中低煤阶煤层气富集成藏理论,实现了外源气补给对资源贡献的定量表征,引领我国煤层气勘探重点向中低煤阶转移,优选有利勘探目标区取得重要实效。

第一节 中国低煤阶煤层气地质特殊性

一、低煤阶煤盆地沉积、构造及埋藏热演化特殊性

1. 沉积特征及其差异

国内外典型的低煤阶煤层气盆地主要有加拿大的艾伯塔盆地,中国的二连、鸡西、铁法等盆地。其成煤时代以早白垩世为主,也包括苏拉特盆地(澳大利亚)、准噶尔盆地、鄂尔多斯盆地存在侏罗纪的低煤阶煤,而鄂尔多斯盆地也存在晚石炭世—早二叠世低煤阶煤(表2-1-1)。美国粉河盆地为古近纪煤,而我国云南昭通盆地为新近纪煤。除鄂尔多斯盆地晚石炭世—早二叠世的低煤阶煤为海陆过渡相以外,其他国内外典型低煤阶煤沉积环境以陆相为主,包含三角洲相、河流相、湖泊相等(Reucroft et al., 1986;冯三利等,2003;员争荣等,2003;王博洋等,2017)。

表2-1-1 不同低煤阶煤盆地沉积成煤特点

低煤阶煤盆地	成煤时代	沉积体系
艾伯塔盆地	早白垩世	扇三角洲—湖泊
苏拉特盆地	早—中侏罗世	三角洲—湖泊
粉河盆地	古近纪	山间平原河流
准噶尔盆地	侏罗纪	河流相、湖相、三角洲相
二连盆地	早白垩世	滨浅湖、扇三角洲相及河流相
鄂尔多斯盆地	晚石炭世—早二叠世、侏罗纪	海陆过渡相—陆相
鸡西盆地	早白垩世	滨前湖—沼泽相
昭通盆地	新近纪	泥炭沼泽、半深湖
铁法盆地	早白垩世	扇三角洲—湖泊

2. 构造演化与煤变形变质差异

依据板块位置的不同，可以将低煤阶煤盆地分为俯冲型会聚板块边界控制盆地和碰撞型会聚板块边界控制盆地两类。俯冲型会聚板块边界控制盆地包括苏拉特盆地、二连盆地、粉河盆地及鄂尔多斯晚古生代盆地。这些盆地又由于板块俯冲角度的差异和盆地基底性质的不同而表现出不同的演化历史，形成不同的盆地类型。碰撞型会聚板块边界控制盆地，包括鄂尔多斯中生代盆地和准噶尔盆地，前者基底为克拉通，后者为三面临造山带的古缝合带基底，离造山带及主造山期较远的昭通盆地，主要形成于走滑断裂引起的次级挤压应力场，构造活动稳定（许浩等，2010）。

除鄂尔多斯古生代盆地外，其他 6 个低中煤阶盆地均为中—新生代盆地，7 个盆地煤层赋存和变质变形特征主要受盆地所处板块构造位置及周边板块活动演化的控制。据煤层赋存特征分为两类：陡倾俯冲板块边界克拉通基底的大型克拉通盆地和碰撞板块边界前陆造山带基底的小型继承性坳陷盆地，发育厚度稳定、横向连续的煤层；陡倾俯冲板块边界古缝合带基底的断陷盆地、缓倾俯冲板块边界和碰撞板块边界克拉通基底的前陆盆地、碰撞板块边界古缝合带基底的前陆盆地，发育厚度变化大、横向不连续煤层。总结得出，鄂尔多斯古生代盆地与准噶尔盆地分别因成煤后长期的构造演化历史和发育于碰撞边界古缝合带之上，煤层变质和变形较为复杂，其余盆地变质与变形均较弱（叶建平等，1999）。

3. 沉积埋藏—热演化史差异

结合文献调研，基于研究区测井资料、镜质组反射率、磷灰石裂变径迹及包裹体测温等资料分析，确定了典型盆地沉积埋藏史和热演化史，具体描述如下。

1）吐哈盆地

吐哈盆地埋藏史总体可划分为四大阶段（侯海海等，2014）。早侏罗世—中侏罗世末期，盆地快速沉降，接受巨厚的沉积。晚侏罗世初期—古近纪中晚期，在燕山运动中期缓慢抬升剥蚀后，在古近纪中晚期又转入缓慢沉降阶段，至新近纪末期转为抬升剥蚀。煤层在晚侏罗世抬升后处于持续降温状态，西山窑组煤层经历最大古地温均小于 60℃，致使煤的变质程度较低，以褐煤为主，八道湾组在部分地区可能由于古近系—新近系大量沉积的温度补偿作用使变质程度增加，存在长焰煤、气煤等（图 2-1-1）。

2）准噶尔盆地

自侏罗纪—白垩纪末，盆地持续沉降、沉积速率表现出振荡性变化，而后由新近纪—第四纪，盆地南缘随着天山的隆升，地层发生了快速抬升剥蚀。自侏罗纪煤层沉积后，埋藏地温增加，燕山期盆地抬升剥蚀，地温亦随着地层抬升而降低（李勇等，2016）。南缘煤层在晚侏罗世—早白垩世进入第一次生烃；新生代煤层处于抬升阶段；新近纪末至今的抬升阶段为次生生物气的主要形成阶段（图 2-1-2）。

3）阜新盆地

阜新盆地的阜新组、沙海组煤埋藏经历了 3 个演化阶段：白垩纪沙海组沉积期到孙家湾组沉积期的快速沉降阶段；白垩纪孙家湾组沉积期末到古近纪初的盆地隆升阶段；

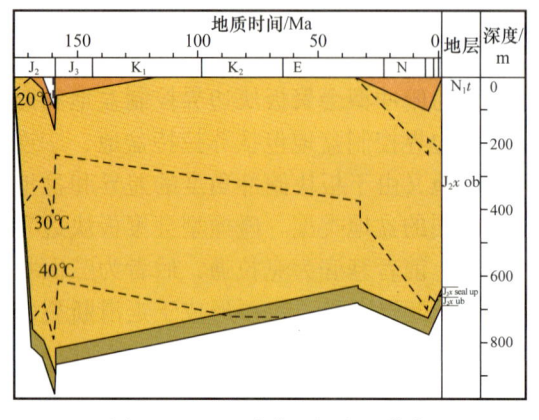

图 2-1-1 吐哈盆地沉积埋藏史

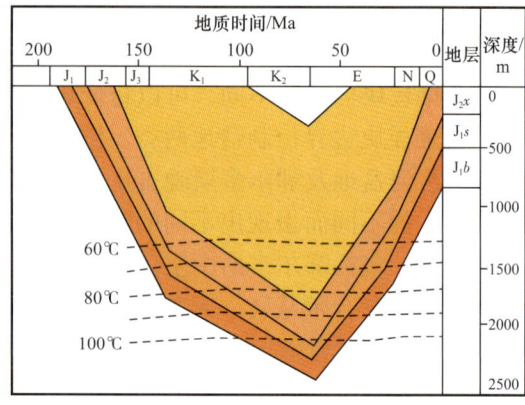

图 2-1-2 准噶尔盆地沉积埋藏史

古近纪延续至今的相对稳定阶段。同样，盆地热演化史亦可划分为3个阶段：白垩纪沙海组沉积期—孙家湾组沉积期末，煤层达到最高热演化程度；古近纪初—新近纪，盆地受喜马拉雅运动的影响，辉绿岩侵入煤层，导致古地温异常，但阜新组煤受影响较小；新近纪至今盆地基本稳定，古地温恢复正常，含次生生物气（图 2-1-3）。

4）海拉尔盆地

海拉尔盆地煤层埋藏史分为4个阶段：早白垩世的快速沉降阶段；晚白垩世早期盆地弱抬升剥蚀阶段；晚白垩世中晚期—新近纪早期盆地先稳定后沉降阶段；新近纪中晚期至今盆地处于稳定阶段。因伊敏期末经历的抬升剥蚀强度不同，盆地热演化史可分为两种：第一种，古地温普遍高于现今地温，最高古地温是在伊敏组沉积末期达到的；第二种，古地温与现今地温接近，现今地温是地层经历的最高地温，中生代以来是一升温过程（图 2-1-4）。

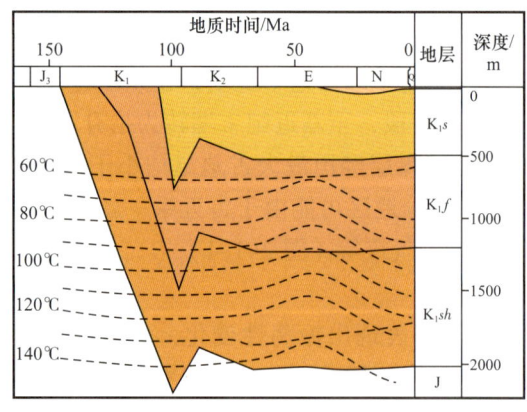

图 2-1-3 阜新盆地沉积埋藏史

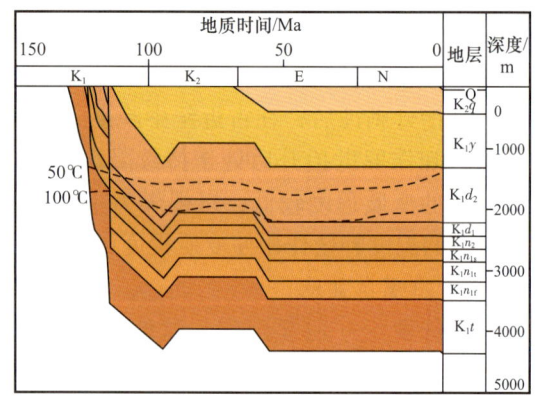

图 2-1-4 海拉尔盆地沉积埋藏史

5）鸡西盆地

鸡西盆地埋藏史可划分为3个阶段：晚侏罗世—早白垩世，快速充填城子河组和穆棱组含煤岩系及桦山群一套粗碎屑沉积；晚白垩世盆地发生褶皱，较快速抬升剥蚀；第四纪盆地持续缓慢下沉，大部分地区接受了很薄的沉积。城子河组处于盆地整体沉降期，沉积速率较快,故古地温梯度较大,快速升温,最高井底温度达到210℃;而穆棱组的古地温呈现一个逐渐降低的演化过程,其古地温在30~150℃间变化,现今底界温度在75℃左右(图2-1-5)。

6)二连盆地

二连盆地埋藏史可划分为3个阶段:早白垩世,煤层快速埋藏,煤层埋深在赛罕塔拉组沉积后达到最大;晚白垩世,整体处于抬升剥蚀期;自古近纪以来,地层缓慢下沉,总体上埋藏深度弱增加。二连盆地所有凹陷恢复的古地温梯度都高于现今地温梯度,说明盆地属于抬升型盆地,最高古地温为赛罕塔拉组沉积末期的古地温场(雷怀玉等,2010;孙粉锦等,2017;东振等,2017)。煤层所经历的最大古地温均小于60℃,致使煤的变质程度较低,以褐煤为主,少数凹陷下含煤段出现长焰煤(图2-1-6)。

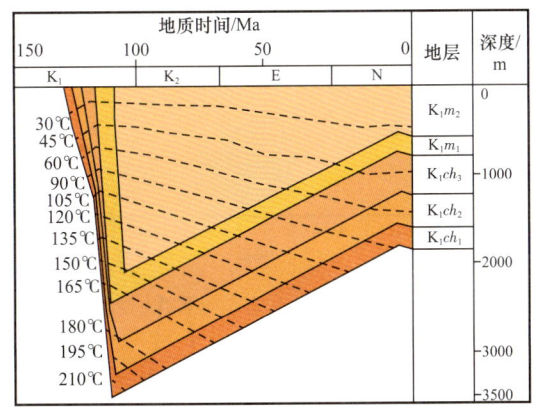

图 2-1-5　鸡西盆地沉积埋藏史

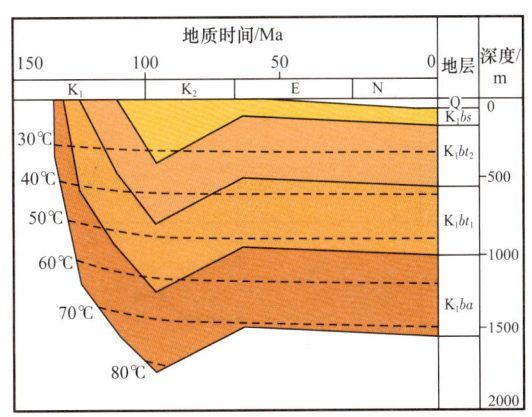

图 2-1-6　二连盆地沉积埋藏史

7)苏拉特盆地

澳大利亚苏拉特盆地埋藏史可划分为两个阶段:首先,早侏罗世—早白垩世末期,瓦隆群煤组持续埋藏,在盆地中心最大埋深超过1000m;然后,自晚白垩世早期至今,瓦隆群煤组持续抬升,煤层埋深变浅,东部和北部的煤层气开发区煤层埋深200~800m。就热演化史而言,由于侏罗纪—白垩纪平均地温梯度为35℃/km,且埋藏较浅,瓦隆群煤组的煤阶普遍较低,处于次烟煤—长焰煤阶段。

8)粉河盆地

美国粉河盆地煤层埋深在中新世早期或中新世中期达到最大,随后区域性隆起,并持续至今。热演化史:煤层埋深较浅,最大古地温较低,煤的变质程度较低,以褐煤为主。

综上,我国东北盆地总体成煤时间较晚,煤层埋藏持续时间短,古地温整体较高,古最大煤层埋深较深,抬升早,现今埋深较浅。此外,准噶尔盆地、海拉尔盆地、鸡西盆地含煤地层遭受剥蚀。而西北盆地整体成煤时间早,持续埋藏时间长,埋藏深度大,现今埋藏深。而国外的粉河盆地、苏拉特盆地,总体而言,埋藏最大深度浅,古地温低,现今埋藏浅,未剥蚀含煤地层。总之,我国低煤阶煤普遍经历了较深埋藏、较高地温、较短有效受热作用,生物气生成潜力差,二连盆地、海拉尔盆地经历与粉河盆地、苏拉特盆地具有一定相似性(图2-1-7、表2-1-2)。

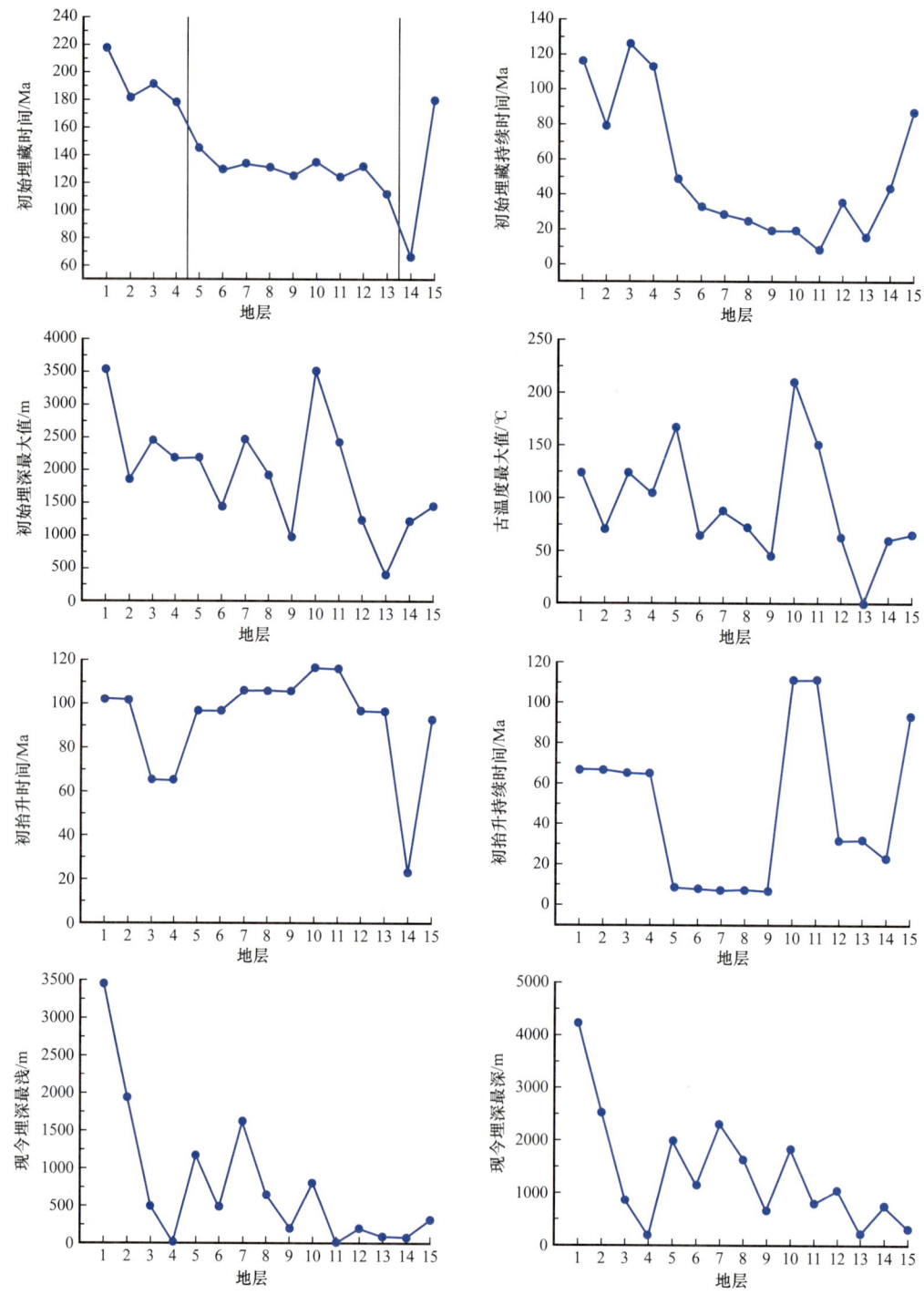

图 2-1-7 不同低煤阶煤层气盆地沉积埋藏条件对比

1—吐哈盆地八道湾组；2—吐哈盆地西山窑组；3—准噶尔盆地南缘八道湾组；4—准噶尔盆地南缘西山窑组；5—阜新盆地沙海组；6—阜新盆地阜新组；7—海拉尔盆地南屯组；8——海拉尔盆地大磨拐河组；9—海拉尔盆地伊敏组；10—鸡西盆地城子河组；11—鸡西盆地穆棱组；12—二连盆地腾格尔组；13—二连盆地赛罕塔拉组；14—粉河盆地 Fort Union 组；15—苏拉特盆地瓦隆群煤组

表 2-1-2　国内外不同低煤阶煤层气盆地沉积埋藏条件对比

盆地	含煤地层	初始埋深最大值 /m	初抬升持续时间 /Ma	现今埋深 /m
吐哈盆地	八道湾组	3530	66.7	3460～4200
	西山窑组	1840	66.7	1930～2500
准噶尔盆地南缘	八道湾组	2450	65.3	500～852
	西山窑组	2180	65.3	0～222
准噶尔盆地西缘	八道湾组	6290	无	5840～6290
	西山窑组	5840	无	5760～5840
苏拉特盆地	瓦隆群煤组	1430	至今	306
阜新盆地	沙海组	2180	8.3	1160～1980
	阜新组	1450	8.3	481～1160
海拉尔盆地	南屯组	2460	6.8	1620～2300
	大磨拐河组	1920	6.8	647～1620
	伊敏组	971	6.8	185～647
鸡西盆地	城子河组	3500	111	787～1830
	穆棱组	2420	111	0～787
二连盆地	腾格尔组	1260	32.1	188～1040
粉河盆地	Fort Union 组	1220	23.1	70～740

二、中国煤层气地质特殊性

1. 含气量

就含气量而言[图 2-1-8（a）]，苏拉特盆地含气量平均为 5.38m³/t，粉河盆地含气量平均为 2.39m³/t，艾伯塔盆地含气量平均为 7.35m³/t，铁法盆地含气量平均为 5.11m³/t，Galilee 盆地含气量平均为 1.96m³/t，二连盆地含气量平均为 3.91m³/t，海拉尔盆地含气量平均为 4.79m³/t，准噶尔盆地含气量平均为 4.15m³/t，阜新盆地含气量平均为 9.80m³/t，吐哈盆地含气量平均为 1.69m³/t。总体呈现阜新盆地＞艾伯塔盆地＞苏拉特盆地＞铁法盆地＞海拉尔盆地＞准噶尔盆地＞粉河盆地＞Galilee 盆地的趋势。

为了消除其埋深差异[图 2-1-8（b）]，进一步分析了其含气梯度（含气量/埋深）变化，苏拉特盆地含气梯度介于 0.24～4.53m³/（t·100m），平均 1.35m³/（t·100m）；粉河盆地含气梯度介于 0.43～1.04m³/（t·100m），平均 0.77m³/（t·100m）；艾伯塔盆地含气梯度介于 0.39～0.77m³/（t·100m），平均 0.58m³/（t·100m）；铁法盆地含气梯度介于 0.34～2.31m³/（t·100m），平均 0.91m³/（t·100m）；Galilee 盆地含气梯度介于 0.01～0.80

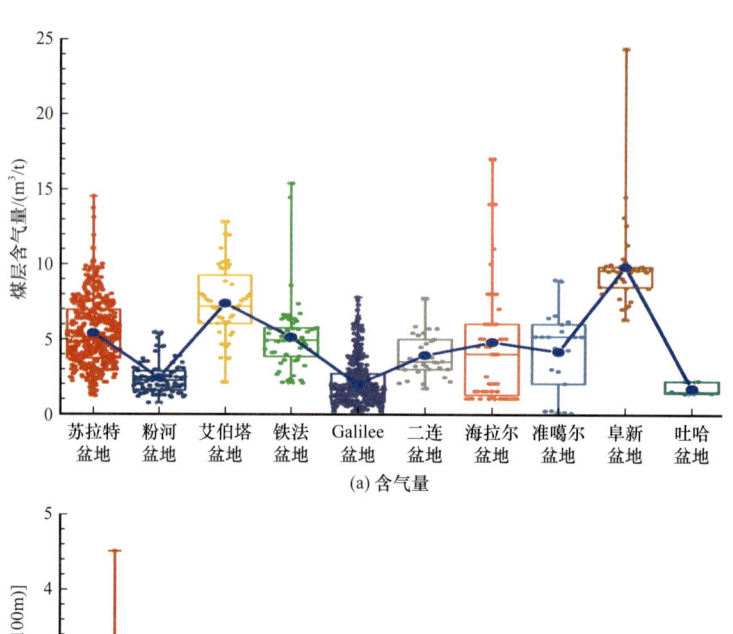

(a) 含气量

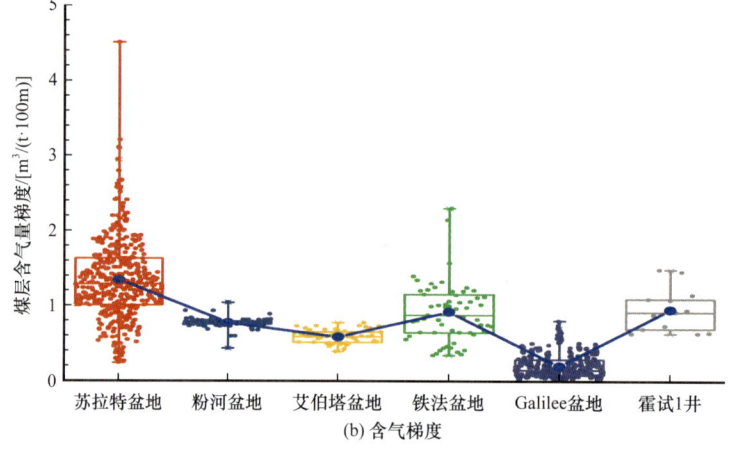

(b) 含气梯度

图 2-1-8 不同盆地煤层含气量对比

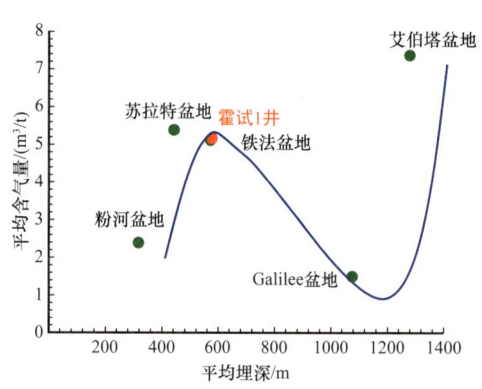

图 2-1-9 不同盆地煤层平均埋深与平均含气量关系

m³/(t·100m)，平均 0.19m³/(t·100m)；霍试 1 井含气梯度介于 0.63~1.49m³/(t·100m)，平均 0.95m³/(t·100m)；显示苏拉特盆地最高，Galilee 盆地最低，其他 3 个盆地都在 0.53m³/(t·100m) 以上。为了进一步分析埋深差异，采用平均深度和平均含量来表征，显示艾伯塔盆地最高，Galilee 盆地煤层含气量最低（图 2-1-9）。

2. 渗透率

就中位渗透率而言 [图 2-1-10（a）]，苏拉特盆地渗透率介于 3.24~2640.50mD，平均 262.28mD；粉河盆地渗透率介于 35.00~500.00mD，平均 187.29mD；艾伯塔盆地渗透率介于 0.13~6.97mD，平均 2.30mD；铁法盆地渗透率介于 0.01~7.79mD，平均

0.64mD；Galilee 盆地渗透率介于 0.11～50.00mD，平均 11.28mD；准噶尔盆地渗透率介于 0.19～1383.00mD，平均 140.83mD；阜新盆地渗透率介于 0.01～127.08mD，平均 27.20mD；吐哈盆地渗透率介于 0.45～181.90mD，平均 59.15mD。总体表现为粉河盆地略大于苏拉特盆地＞吐哈盆地＞阜新盆地＞Galilee 盆地＞准噶尔盆地＞艾伯塔盆地＞铁法盆地。为了消除其埋深差异，对比了同一盆地平均埋深与渗透率关系，随着埋深的增加，渗透率呈降低趋势，铁法盆地最低，粉河盆地和苏拉特盆地最高［图 2-1-10（b）］。

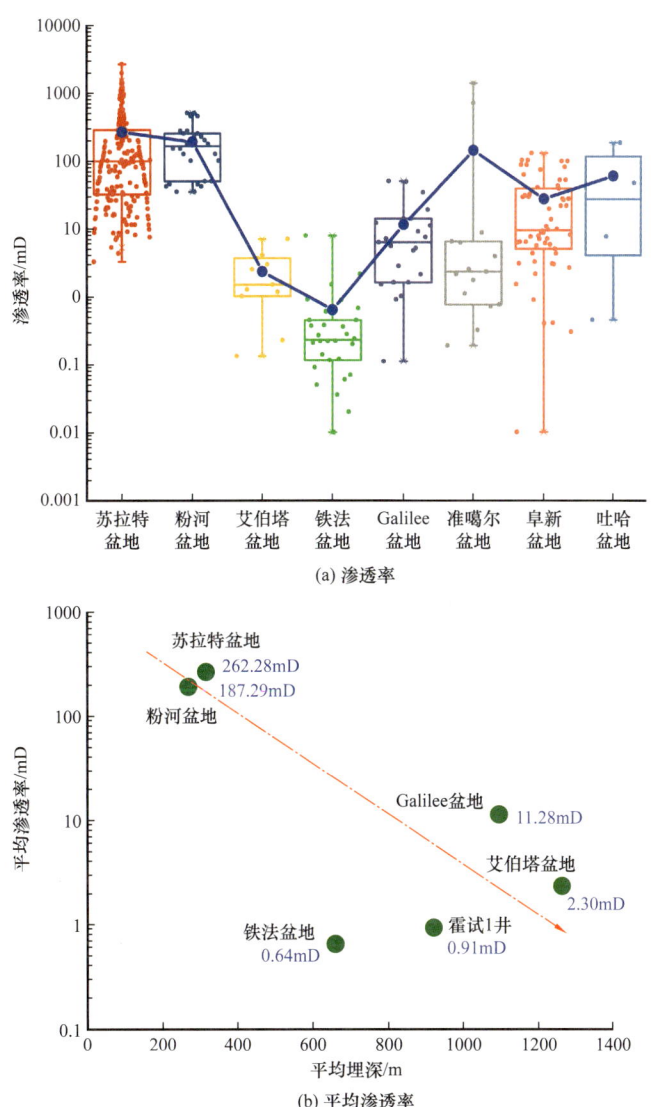

图 2-1-10 不同盆地煤层渗透率对比

3. 储层能量

就压力梯度来看（图 2-1-11），苏拉特盆地储层压力梯度为 0.97MPa/100m；粉河盆地储层压力梯度介于 0.01～2.23MPa/100m，平均 0.54MPa/100m；艾伯塔盆地储层压力梯度介于 0.18~0.90MPa/100m，平均 0.49MPa/100m；铁法盆地储层压力梯度介于 0.49~1.11MPa/100m，平均 0.80MPa/100m；Galilee 盆地储层压力梯度介于 0.96~1.08MPa/100m，平均 0.99MPa/100m；霍试 1 井平均储层压力梯度为 1.12MPa/100m。二连盆地、铁法盆地、Galilee 盆地、苏拉特盆地相当，处于正常—略微欠压状态，艾伯塔盆地处于严重欠压状态。粉河盆地在浅部处于严重欠压状态，当埋深大于 250m 后，处于欠压—略微欠压状态。

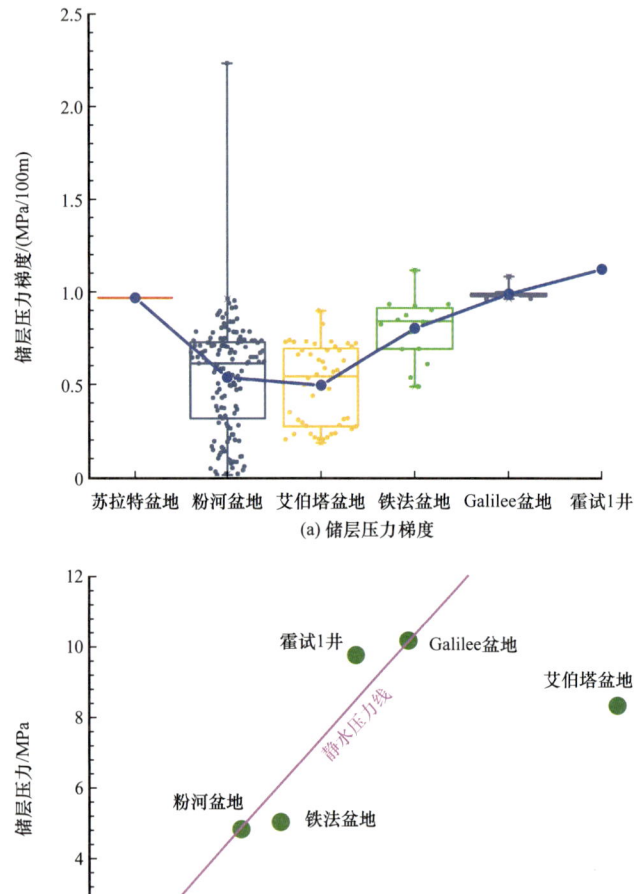

图 2-1-11 不同盆地煤层储层能量对比

4. 矿化度

如图 2-1-12 所示，苏拉特盆地矿化度介于 30.00~21794.00mg/L，平均为 8163.67mg/L；粉河盆地矿化度介于 270.00~5335.00mg/L，平均为 1085.91mg/L；艾伯塔盆地矿化度介于

401.00～2681.00mg/L，平均为1470.89mg/L；铁法盆地矿化度介于5090.00～9788.00mg/L，平均为7027.73mg/L；Galilee盆地矿化度介于329.00～15690.58mg/L，平均为3660.95mg/L；二连盆地矿化度介于508.70～2255.27mg/L，平均为1168.26mg/L；准噶尔盆地矿化度介于358.00～10649.00mg/L，平均为4266.17mg/L；保德地区矿化度介于707.00～7300.00mg/L，平均为3072.45mg/L；吐哈盆地矿化度介于13184.00～14526.00mg/L，平均为13581.40mg/L。对比矿化度来看，吐哈盆地最高、粉河盆地、艾伯塔盆地及二连盆地低，其他基本相当。除二连等盆地以外，矿化度偏高，可能不利于生物气生成。

总的来说，相对国外低煤阶煤商业开发区显示，国内低煤阶煤层气呈较高含气量、低—中渗透率、较高储层能量、高矿化度特征。

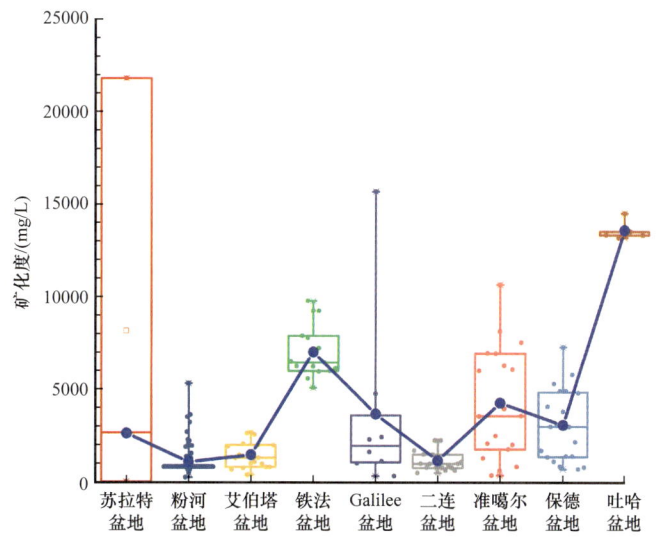

图 2-1-12　不同盆地煤层矿化度对比

三、低煤阶煤层气地球化学特征及成因类型

低煤阶煤层气成因主要有两种：一种以原生生物成因气为主，煤热演化程度低（R_o<0.5%），为早期成岩阶段，热变质作用尚未发生，易逸散，难以成藏。据文献报道，粉河盆地含有原生生物气（Walker et al., 1988；Shi et al., 2004）。另一种以次生生物气为主，热成因气为辅混合成因，处于早期热解生气阶段（0.50%<R_o<0.65%），且构造抬升会造成原始热成因气散失，因此热成因气量普遍较低，但甲烷菌的降解作用能够产生大量次生生物气，粉河盆地、苏拉特盆地、准噶尔盆地等均属于此种类型。

对我国主要煤层气区块取样，采用碳同位素用Delta Plus XP质谱计及MAT-252稳定同位素质谱计分析，所用标准为PDB国际标准，分析精度不大于±0.25‰；气体组分分析在MAT-271微量气体质谱计上测试完成。在上述实测数据的基础上，统计、分析发现，煤层甲烷$\delta^{13}C$值的总体分布范围很宽，为-80‰～-6.6‰，而且其组成与变化极为复杂。特别是在R_o值约低于1%的热演化阶段，煤层气的$\delta^{13}C_1$值分布范围极宽，为-80‰～-10‰（图2-1-13）。这是母质继承效应、分馏作用及次生生物作用等因素综合作用的结果与表现。从成因上看，低煤阶煤层气有3种成因类型，包括早期原生生物气、晚期乙酸发酵生物成因气、晚期二氧化碳还原生物气、低煤阶煤层热解生气及外来天然气补充5种气源。

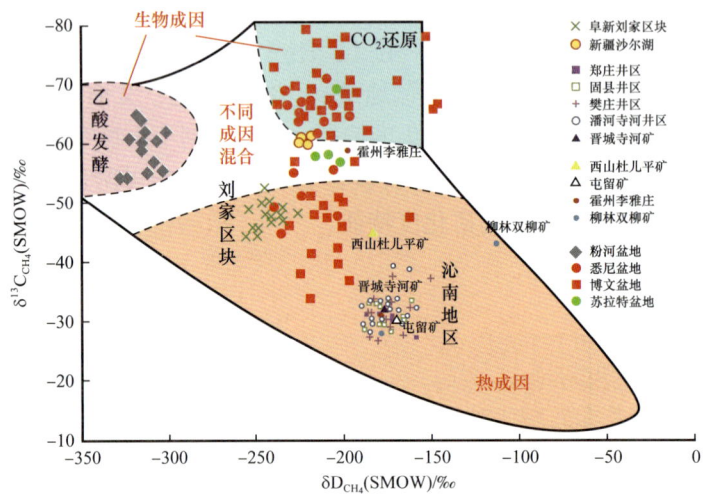

图 2-1-13 我国煤层气地球化学特征及成因图版

第二节 典型低煤阶煤层气盆地生烃模拟特征

一、全煤热模拟生烃规律

结合煤成烃物理模拟和文献调研，总结了典型低煤阶煤层气盆地，如鄂尔多斯盆地、吐哈盆地、塔里木盆地、准噶尔盆地、阜新盆地等生烃特征。影响成烃的关键因素是煤阶，煤阶与模拟温度有关；不同温度范围，气态烃总产率不同。详细描述如下（图 2-2-1）：

在 200～300℃温度范围内，气态烃总产率介于 0.01～7.22mL/g，平均为 1.78mL/g；甲烷产率介于 0.01～3.92mL/g，平均为 1.12mL/g；C_2—C_5 重烃气产率介于 0.01～4.82mL/g，平均为 0.66mL/g。

在 301～400℃温度范围内，气态烃总产率介于 0.11～85.48mL/g，平均为 16.43mL/g；甲烷产率介于 0.09～57.18mL/g，平均为 8.75mL/g；C_2—C_5 重烃气产率介于 0.02～35.56mL/g，平均为 5.71mL/g。

在 401～450℃温度范围内，气态烃总产率介于 3.81～136.98mL/g，平均为 48.19mL/g；甲烷产率介于 2.77～116.24mL/g，平均为 35.73mL/g；C_2—C_5 重烃气产率介于 1.04～26.58mL/g，平均为 9.69mL/g。

在 451～500℃温度范围内，气态烃总产率介于 21.24～174.36mL/g，平均为 84.09mL/g；甲烷产率介于 15.29～152.86mL/g，平均为 69.86mL/g；C_2—C_5 重烃气产率介于 1.53～21.50mL/g，平均为 9.00mL/g。

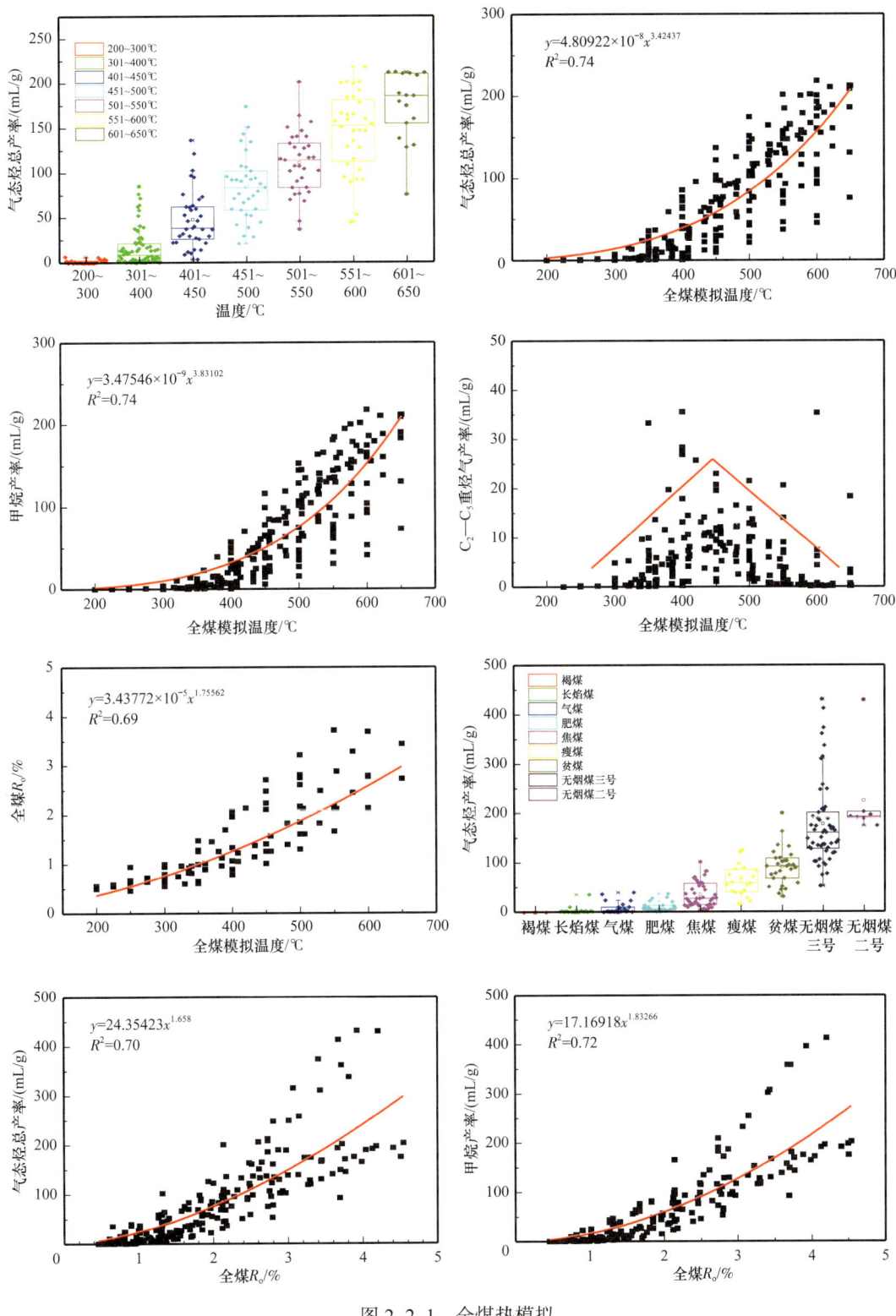

图 2-2-1 全煤热模拟

在 501~550℃温度范围内，气态烃总产率介于 37.17~201.61mL/g，平均为 111.62mL/g；甲烷产率介于 30.33~181.03mL/g，平均为 106.64mL/g；C_2—C_5 重烃气产率介于 0.47~20.58mL/g，平均为 4.98mL/g。

在 551~600℃温度范围内，气态烃总产率介于 45.13~218.45mL/g，平均为 146.34mL/g；甲烷产率介于 40.80~218.18mL/g，平均为 143.84mL/g；C_2—C_5 重烃气产率介于 0.08~35.34mL/g，平均为 2.43mL/g。

在 601~650℃温度范围内，气态烃总产率介于 75.66~212.39mL/g，平均为 174.73mL/g。甲烷产率介于 72.94~2111.94mL/g，平均为 172.89mL/g；C_2—C_5 重烃气产率介于 0.08~18.35mL/g，平均为 1.85mL/g。

随着温度升高，烃气总产率呈幂函数形式增加，快速生烃阶段温度一般大于 400℃。随着温度升高，甲烷产率与烃气总产率规律类似，呈幂函数形式增大；C_2—C_5 重烃气产率则总体呈现先增后减的趋势，在约 450℃ 出现拐点；C_2—C_5 重烃气产率均小于 40mL/g，大部分小于 20mL/g。

煤阶（R_o）为热演化直接反映，随着温度升高，煤岩 R_o 呈幂函数形式增大（低于 700℃），气态烃产率随着变质程度增加，逐渐增加。产气速率在肥煤以前较小，焦煤开始迅速增加。

由目前统计数据可得，褐煤（$R_{o,max}$<0.50%）气态烃总产率介于 0.01~0.06mL/g，平均为 0.03mL/g；甲烷产率与总产率一致，介于 0.01~0.06mL/g，平均为 0.03mL/g；没有产生 C_2—C_5 重烃气。

长焰煤（0.50%<$R_{o,max}$<0.65%）气态烃总产率介于 0.06~35.66mL/g，平均为 3.26mL/g；甲烷产率介于 0.05~2.42mL/g，平均为 1.05mL/g；C_2—C_5 重烃气产率介于 0.01~33.24mL/g，平均为 2.37mL/g。

气煤（0.65%<$R_{o,max}$<0.90%）气态烃总产率介于 0.11~39.76mL/g，平均为 8.70mL/g；甲烷产率介于 0.08~22.94mL/g，平均为 3.86mL/g；C_2—C_5 重烃气产率介于 0.02~35.56mL/g，平均为 4.60mL/g。

肥煤（0.90%<$R_{o,max}$<1.20%）气态烃总产率介于 0.47~37.17mL/g，平均为 10.26mL/g；甲烷产率介于 0.36~25.27mL/g，平均为 5.70mL/g；C_2—C_5 重烃气产率介于 0.11~11.89mL/g，平均为 3.29mL/g。

焦煤（1.20%<$R_{o,max}$<1.70%）气态烃总产率介于 3.86~102.25mL/g，平均为 36.07mL/g；甲烷产率介于 2.63~76.36mL/g，平均为 26.59mL/g；C_2—C_5 重烃气产率介于 1.01~25.51mL/g，平均为 8.52mL/g。

瘦煤（1.70%<$R_{o,max}$<2.00%）气态烃总产率介于 16.16~126.52mL/g，平均为 64.77mL/g；甲烷产率介于 11.47~81.83mL/g，平均为 42.83mL/g；C_2—C_5 重烃气产率介于 1.67~45.64mL/g，平均为 16.04mL/g。

贫煤（2.00%<$R_{o,max}$<2.50%）气态烃总产率介于 31.19~200.79mL/g，平均为 91.74mL/g；甲烷产率介于 23.47~165.45mL/g，平均为 73.62mL/g；C_2—C_5 重烃气产率介于 0.51~75.42mL/g，平均为 18.52mL/g。

无烟煤三号（2.50%＜$R_{o,max}$＜4.00%）气态烃总产率介于53.37～431.47mL/g，平均为178.64mL/g；甲烷产率介于53.16～395.63mL/g，平均为158.51mL/g；C_2—C_5重烃气产率介于0.16～83.06mL/g，平均为22.54mL/g。

无烟煤二号（4.00%＜$R_{o,max}$＜6.00%）气态烃总产率介于175.31～430.12mL/g，平均为225.82mL/g；甲烷产率介于171.96～412.50mL/g，平均为217.33mL/g；C_2—C_5重烃气产率介于0.70～17.62mL/g，平均为6.69mL/g。

进一步分析R_o与气态烃总产率的关系，显示随着煤岩R_o升高，气态烃总产率与甲烷产率变化规律类似，均呈幂函数形式增大。目前模拟情况下，气态烃/甲烷生烃门限R_o约为0.5%，换言之，要形成较为有价值的热成因煤成气反射率在0.5%以上。

（1）鄂尔多斯盆地。综合实验数据和前人研究成果，随着煤阶和模拟温度的升高，气态烃总产率呈幂指数形式增大；生烃门限介于0.4%～0.6%；初始生烃温度约为300℃，当模拟温度升至650℃时，最大气态烃总产率为212.10mL/g（图2-2-2）。

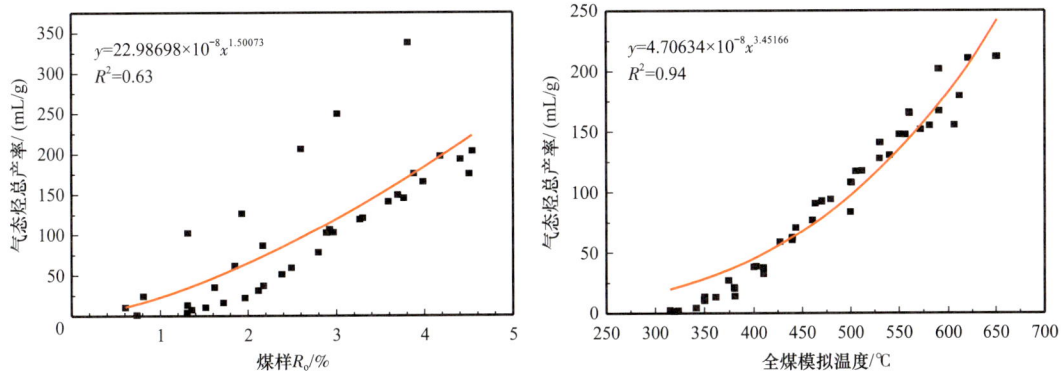

图2-2-2　鄂尔多斯盆地煤样热模拟

（2）吐哈盆地。随着煤阶和模拟温度的升高，气态烃总产率呈幂指数形式增大。生烃门限介于0.4%～0.6%，初始生烃温度约为250℃，当模拟温度为500℃时，R_o可达2.81%，最大气态烃总产率可达135.09mL/g（图2-2-3）。

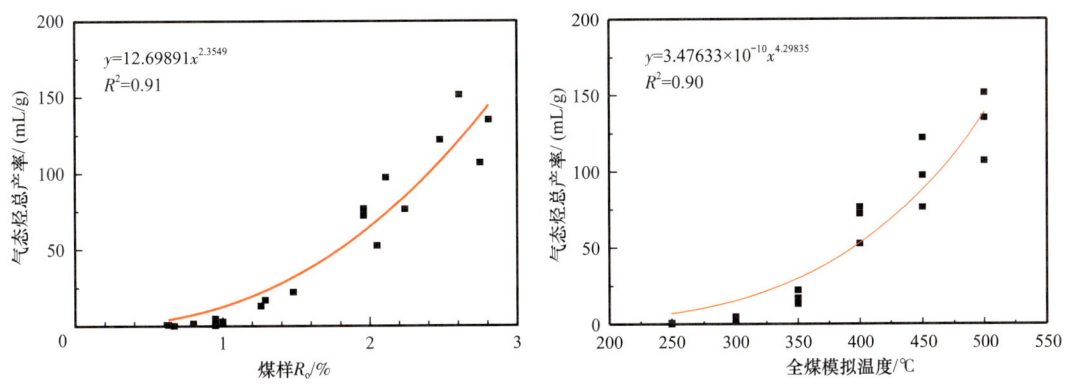

图2-2-3　吐哈盆地煤样热模拟

（3）塔里木盆地。随着煤阶和模拟温度的升高，气态烃总产率呈幂指数形式增大。生烃门限约为0.4%，初始生烃温度约为200℃。当模拟温度达到567℃时，最大气态烃总产率可达194.62mL/g（图2-2-4）。

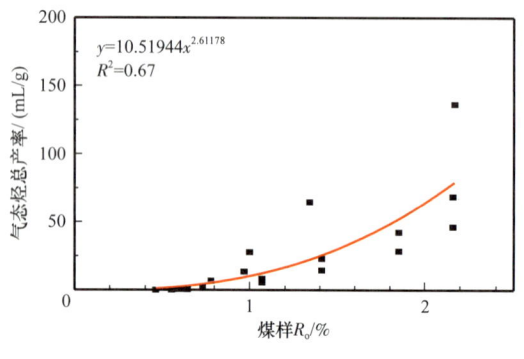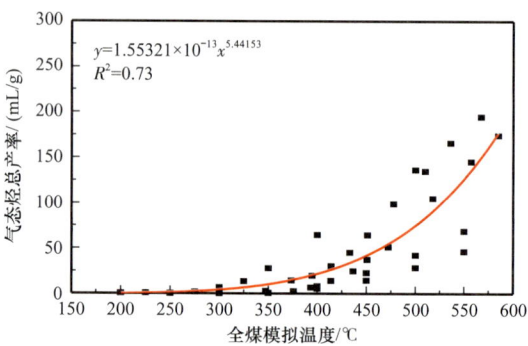

图 2-2-4　塔里木盆地煤样热模拟

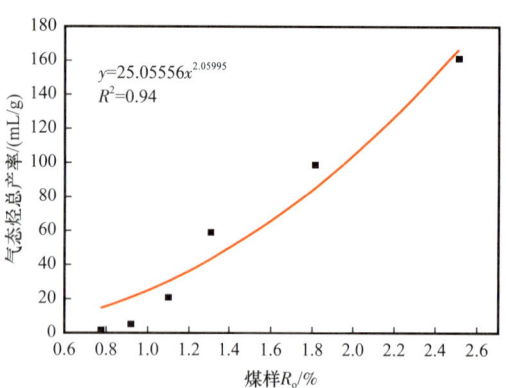

图 2-2-5　准噶尔盆地煤样热模拟

（4）准噶尔盆地。随着煤阶升高，气态烃总产率呈幂指数形式增大。生烃门限介于0.6%~0.8%。当R_o为2.51%时，气态烃最大产率可达161.18mL/g（图2-2-5）。

综上所述，不同盆地热成因生烃门限介于0.4%~0.8%，其差异主要受控于岩石学和化学组成差异。

二、生烃组分分异

热模拟试验研究表明，煤的生烃潜力受其显微组分控制。三大显微组分中，壳质组因富氢而产烃量最高，镜质组次之，惰质组最低（钟玲文，2004；唐书恒等，2004；Zofia et al.，2008；王继仁等，2008；刘曰武等，2010）。各组分生烃特征详细描述如下。

1. 镜质组

统计镜质组在250~600℃不同温度点煤样变质程度及气态烃总产率，总体而言，随着模拟温度和煤阶升高，镜质组气态烃/甲烷总产率呈幂函数形式增大。镜质组生烃门限为0.5%，在最高模拟温度600℃时，气态烃最大产率可达533.10mL/g（图2-2-6）。

2. 惰质组

随着模拟温度升高，惰质组热模拟产物中甲烷产率和气态烃总产率呈幂函数形式增大；重烃（C_2—C_5）产率变化规律不明显。惰质组生烃门限为0.5%~0.6%。在最高模拟温度600℃时，气态烃最大产率可达271.10mL/g（图2-2-7）。

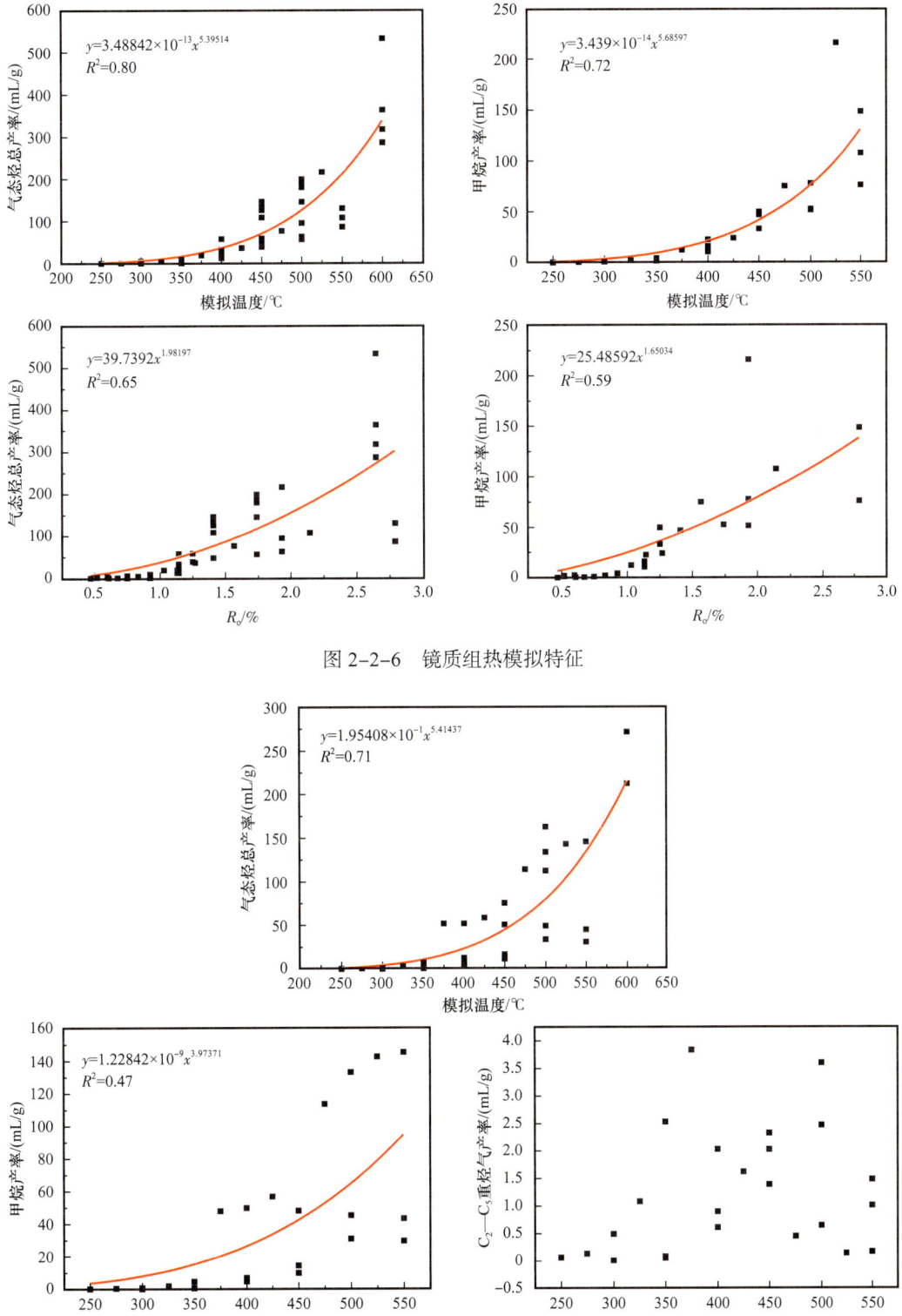

图 2-2-6　镜质组热模拟特征

图 2-2-7　惰质组热模拟特征

3. 壳质组

随着模拟温度升高,壳质组热模拟产物中甲烷、C_2—C_5重烃气产率和气态烃总产率呈幂函数形式增大。壳质组生烃门限约为0.4%。在最高模拟温度600℃时,气态烃最大产率可达420.1mL/g(图2-2-8)。

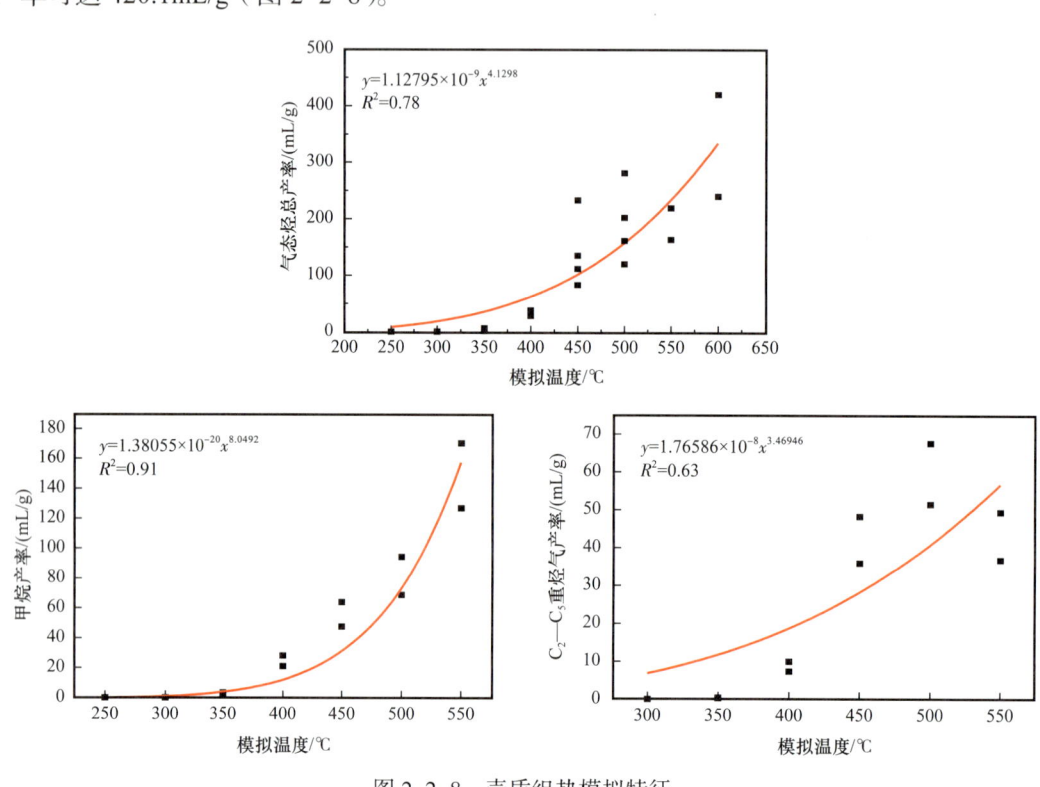

图2-2-8 壳质组热模拟特征

第三节 次生生物气生气潜力及形成途径

一、煤层生物甲烷模拟实验

为了验证低煤阶煤层生物气生成特征和产气效果,评价低煤阶煤层生物气潜力。本次研究选用了二连盆地宝发煤矿、扎哈淖尔煤矿、白音华3号露天矿和白音华4号露天矿,准噶尔盆地东缘五彩湾煤矿和北山煤矿,大同盆地虎峰矿,鄂尔多斯盆地双柳矿(柳林)以及沁水盆地镇城矿(长治)等地的煤岩作为实验样品,以低煤阶为主,双柳矿和镇城矿作为中煤阶与高煤阶样品代表进行对比分析的煤岩样品进行了生物气模拟实验,并对部分水样进行了甲烷菌检测。本次研究共完成9项实验,分别对本源菌、实验菌种的产气潜力进行模拟实验,通过添加不同外源物质分析煤层生物气的生气途径等,具体实验设计见表2-3-1。

表 2-3-1　煤层生物气富集模拟及微生物驯化实验设计

添加物	实验条件	实验目的	备注
10g 煤 +50mL 无机培养基	—	本源菌产气潜力分析	每单项取 10 组煤样，分别在 15℃、35℃和 55℃进行分装，共计 270 组
10g 煤 +50mL 无机培养基	10mL 厌氧烃降解富集物	在实验室条件下培养菌种，进行煤产气潜力分析	
10g 煤 +50mL 无机培养基	10mL 厌氧纤维素降解富集物		
10g 煤 +50mL 无机培养基	10mL 厌氧鸡毛降解富集物		
10g 煤 +50mL 无机培养基	60mL H_2	生气途径分析	
10g 煤 +50mL 无机培养基	1mL 乙酸钠（0.5mol/L）		
10g 煤 +50mL 无机培养基	1mL 甲醇（0.5mol/L）		
10g 煤 +50mL 无机培养基	对煤样进行灭菌处理	对照组	
10mL 煤层水 +40mL 无机培养基	—	煤层水菌群富集培养	

在无菌操作条件下，通过对岩样稀释并加入培养基在不同温度条件下培养之后，检测样品中的微生物种类及数量，结果在各岩样中均检测到了细菌（表 2-3-2）。

表 2-3-2　煤样的微生物检测结果

样品号	样品位置	检测温度 /℃	硫酸盐还原菌 /个 /g（样品）	产甲烷菌 /个 /g（样品）	发酵菌 /个 /g（样品）
1	宝发煤矿	30	290	1100	10000
2	扎哈淖尔煤矿	30	100	23	3400
3	白音华 3 号露天矿	30	194	16	2800
4	白音华 4 号露天矿	30	235	10	1000
5	五彩湾煤矿	30	234	56	220000
6	北山煤矿 -1	30	100	300	280000
7	北山煤矿 -2	55	650	500	30000

产气模拟实验分为三部分，即原位生物模拟实验、外加碳源刺激条件下煤炭降解产甲烷趋势模拟和外源接种物对煤炭降解产甲烷的刺激作用。

1. 原位生物模拟实验

具体实验方法如下：

（1）先将煤样研磨过 100 目筛（直径约 165μm），分装至小口瓶，抽真空充高纯 N_2，反复 3 次，在 121℃下灭菌 30min，备用。

（2）按照无机盐厌氧培养基配方配制培养基，分装 50mL 培养基至 150mL 小口瓶，在 121℃下灭菌 30min，50mL 无机盐厌氧培养基 +5g 研磨煤炭。

（3）分别在35℃及15℃静置培养。准噶尔盆地东缘五彩湾煤矿和北山煤矿煤样没有检测到甲烷的产生，其余各样品均能产生甲烷，白音华3号矿、白音华4号矿和宝发煤矿表现出较好的产甲烷潜力。白音华3号矿煤样培养74天后，每克最高可以产生0.6mL的甲烷。双柳矿、虎峰矿和镇城矿煤样为第一批次样品，采用40mL无机盐厌氧培养基+10g研磨煤炭，分别在15℃和35℃条件下培养。双柳煤矿样品培养172天后每克最高可以产生0.78mL的甲烷。

对比分析可知，35℃条件下煤炭降解产甲烷潜力均高于15℃（图2-3-1）。

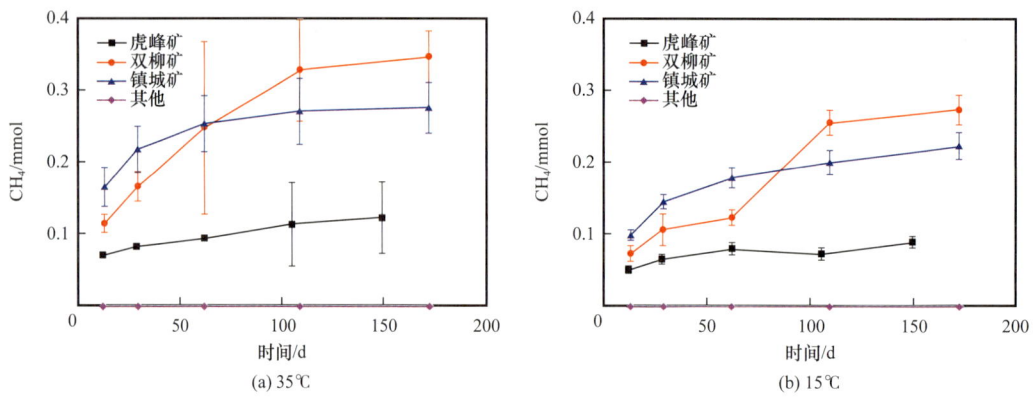

图2-3-1 煤炭降解产甲烷趋势

2. 外加碳源刺激条件下煤炭降解产甲烷趋势模拟

具体实验方法如下：分别在15℃和30℃下，添加H_2、乙酸钠、甲醇和无机盐培养基，模拟外加碳源刺激条件下煤炭降解产甲烷趋势（图2-3-2）。结果显示：

（1）35℃条件下，添加H_2和乙酸钠可以显著刺激镇城矿煤炭的产甲烷潜力，而添加甲醇后煤炭的产甲烷趋势没有明显增加，这表明利用氢和（或）乙酸营养型的产甲烷古菌可能在煤层甲烷释放过程起主要作用。

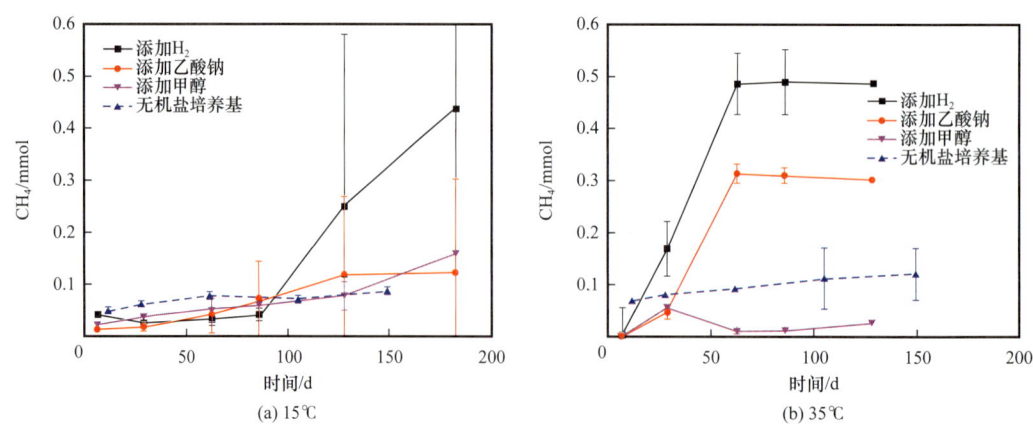

图2-3-2 不同温度下外加碳源煤炭降解产甲烷趋势

(2) 15℃条件下,添加 H_2 后,煤炭转化为甲烷的潜力最大,这表明低温条件下氢营养型产甲烷古菌可能起主导作用。

(3) 不同温度条件下,添加不同碳源后,煤炭的产甲烷潜力不同:在 15℃、35℃条件下,添加 H_2 对煤炭产甲烷的刺激作用最明显;35℃条件下,添加乙酸钠的刺激作用大于甲醇;15℃条件下,培养 180 天后(还没有进入产甲烷稳定期),添加甲醇的刺激作用大于乙酸钠。

3. 外源接种物对煤炭降解产甲烷的刺激作用

甲烷菌种的培养、驯化—接种实验是在农业部成都沼气研究所完成的。实验中采用制取悬浮性接种物方法,弃去了一次富集培养物中非活性有机物的绝大部分,再经过二次富集提高微生物的浓度与活性。用这种方法获得的接种源在试验中显示了良好的悬浮性,这是由于接种物的制作是弃去了沉淀态的非活性有机物后,进行增殖培养而获得的。

煤在不同温度下总体表现出从低温到高温产气量逐渐降低的趋势,三个煤样的产气率为 $7.05\sim7.89m^3/t$,其甲烷碳同位素为 $-60.56‰$。虽然煤样的演化程度很低,只为 $0.49\%\sim0.64\%$,推测已经历了低于 100℃ 的地温作用,在实验室引进菌种的情况下仍能产生物气。

模拟实验结果表明,煤层生物气源的重要条件就是要求煤层浅埋,并再度适合于厌氧细菌活动,才能有利于生物气的生成和聚集。鄂尔多斯盆地侏罗系、准噶尔盆地东南缘、二连盆地等地煤层气的 $\delta^{13}C$ 为 $-62.10‰\sim50.74‰$,属于生物甲烷气。

该实验不仅解释了多数浅层煤层甲烷的碳同位素组成偏轻的成因,更重要的是对煤层甲烷勘探选区具有重要的指导意义。甲烷细菌的活动需要有足够的空间。细菌的平均大小为 $1\sim10\mu m$,要求沉积岩的孔隙有 $1\sim3\mu m$ 或以上的空间进行营养活动。可以看出,当煤层抬升至 1000m 以浅时,只要存在较淡的水环境,就能再次产生生物气,经过煤层吸附,就可以形成煤层气藏。

二、二连盆地的煤炭降解产甲烷潜力研究

该实验对二连盆地的煤样原位菌系产甲烷潜力进行了研究,二连盆地样品信息见表 2-3-3,实验设计方案见表 2-3-4 和表 2-3-5。

结果显示,所有的煤样均有甲烷产生,煤样 4 在富集培养 60 天时,检测到有甲烷产生。煤样 3 和煤样 5 延滞期相对较长,在培养至 160 天时顶空中有微量甲烷生成。各煤样甲烷产量也略有不同,产气量最高的是煤样 4,每克煤样产生 $11\mu mol\pm1.4\mu mol$ 甲烷;其次是煤样 5,每克煤样产生 $8.8\mu mol\pm1.0\mu mol$ 甲烷;产气量最低的是煤样 3,每克煤样产生 $6.5\mu mol\pm1.7\mu mol$ 甲烷。在生物强化实验中,添加外源菌种,能够显著提高产甲烷速率。但最终甲烷产量差异明显,只有在煤样 3 中甲烷产量有明显增加,而且在添加外源菌群后,明显减短了产甲烷的延滞期,外源菌系能够迅速地对煤炭样品进行产甲烷作用(图 2-3-3)。这表明原位菌群的产甲烷效率较低,如果添加外源菌系对煤炭进行生物强化作用,可以起到提升产甲烷效率的作用。

表 2-3-3　二连盆地吉煤煤样信息

实验编号	实验层位	煤层编号	深度 /m
JM3	K_1bs_3	3	306～365
JM4	K_1bs_{4-2}	4-2	451～497
JM5	K_1bs_5	5	604～730

表 2-3-4　二连盆地吉煤煤样原位模拟产甲烷实验方案

实验类别	煤炭接种源 /g	培养基 /mL	外源接种物 /mL
原位模拟组	10	40	—
对照组 1（高温灭菌）	10	40	—
生物强化组	10	40	10
对照组 2（只加外源接种物）	—	40	10

表 2-3-5　二连盆地吉煤煤样原位模拟添加不同碳源产甲烷实验方案

实验类别	煤层水 /mL	碳源
实验组	10	H_2/CO_2
	10	乙酸钠
	10	三甲胺
对照组	10	—

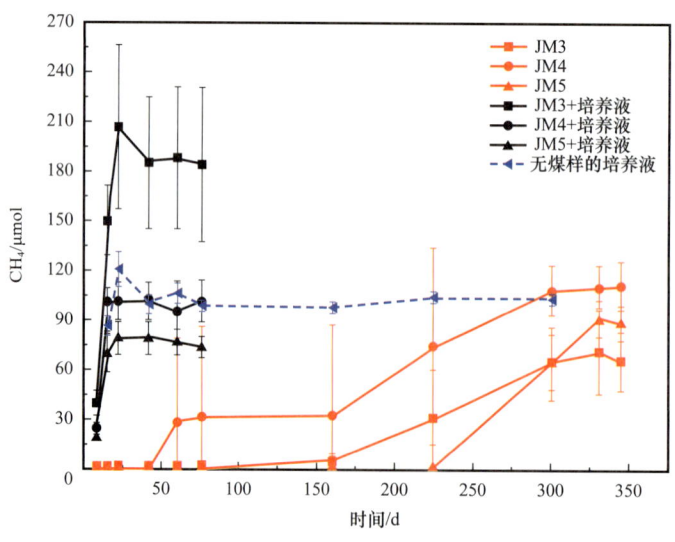

图 2-3-3　二连盆地原位菌系产甲烷趋势研究

1. 二连盆地煤样培养前后细菌菌群结构变化

为了探究原位菌群在煤样降解前后菌群结构的变化，明确何种细菌在煤样降解过程中起主导作用，对煤样培养前后的菌群进行高通量测序，结果显示原煤 3 中的优势细菌是 β- 变形菌纲（β-proteobacteria）和 γ- 变形菌纲（γ-proteobacteria），原煤 4 和原煤 5 菌群结构相似，主要菌群包括 α- 变形菌纲（α-proteobacteria）、β- 变形菌纲、γ- 变形菌纲、拟杆菌纲（Bacteroidia）、芽孢杆菌纲（Bacilli）和梭菌纲（Clostridia）（图 2-3-4）。

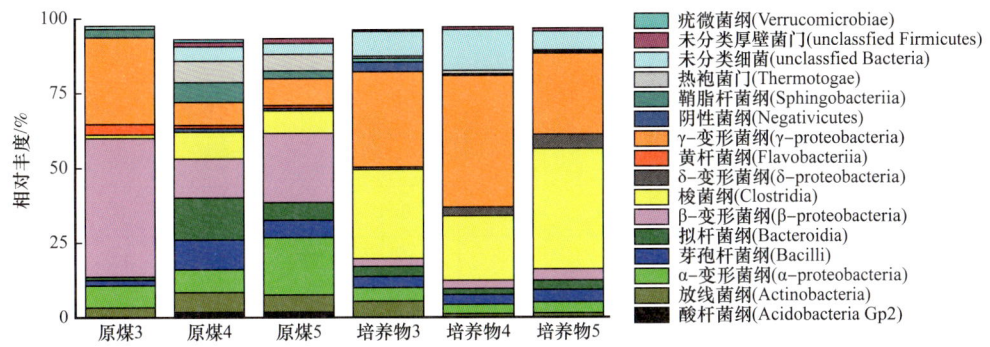

图 2-3-4　二连盆地原位煤样和培养外源菌系强化煤样的细菌菌群结构变化

经过产甲烷菌富集培养后，所有培养物菌群结构趋于一致，均以 γ- 变形菌纲（γ-proteobacteria）和梭菌纲（Clostridia）为优势菌群（丰度分别大于 27% 和 20%）。但在属水平上，各培养物的优势菌群存在差异，培养物 3 中优势菌群是柠檬酸杆菌属（*Citrobacter*）、未分类细菌（unclassified Bacteria）、未分类梭菌科（unclassified Clostridiaceae）和未分类梭菌目（unclassified Clostridiales）；培养物 4 中优势菌群是柠檬酸杆菌属（*Citrobacter*）、牦牛瘤胃菌属（*Proteiniclasticum*）和未分类细菌（unclassified Bacteria）；培养物 5 中优势菌群是埃希菌属 / 志贺菌属（*Escherichia/Shigella*）、未分类梭菌科（unclassified Clostridiaceae）和未分类梭菌目（unclassified Clostridiales）（表 2-3-6）。

表 2-3-6　煤样和培养物中细菌在属水平上的分类及丰度变化

属	丰度 /%					
	煤样 3	培养物 3	煤样 4	培养物 4	煤样 5	培养物 5
食酸菌属（*Acidovorax*）	12.1	0.2	0.6	0.1	0.5	0.1
不动杆菌属（*Acinetobacter*）	8.5	0.1	0.8	0.1	0.6	0.1
冷菌属（*Algoriphagus*）	2.0	0.1	5.3	0.1	1.5	0
柠檬酸杆菌属（*Citrobacter*）	0.3	22.5	1.4	33.9	0.8	0.8
梭菌属（*Clostridium*）	0	0.4	3.0	1.7	2.5	1.5
脱硫芽孢弯曲菌属（*Desulfosporosinus*）	0	9.1	0.1	2.8	0	3.3
脱硫弧菌属（*Desulfovibrio*）	0	0	0.2	2.0	0.1	0.3

续表

属	丰度 /%					
	煤样 3	培养物 3	煤样 4	培养物 4	煤样 5	培养物 5
肠杆菌属（Enterobacter）	0	1.3	0.1	2.5	0.1	0.1
埃希菌属 / 志贺菌属（Escherichia/Shigella）	0	0.1	0.1	0.2	0.1	16.1
黄杆菌属（Flavobacterium）	2.9	0.1	0.6	0	0.4	0
花蕾杆菌属（Gemmobacter）	3.2	0.2	1.9	0.2	11.3	0.7
地热杆菌属（Geothermobacter）	0	0	0	0	0	2.2
霍氏菌属（Hallella）	0.1	1.4	9.5	0.9	3.8	1.4
噬氢菌属（Hydrogenophaga）	8.7	0.4	4.1	0.2	6.6	0.9
广宇袍菌属（Kosmotoga）	0	0	0	0.7	0	0
乳杆菌属（Lactobacillus）	0.1	0.6	3.7	0.4	3.3	0.7
微球菌亚目（Micrococcineae）	1.6	1.4	4.9	0.5	4.5	0.8
牦牛瘤胃菌属（Proteiniclasticum）	0	0.4	0.2	7.4	0.1	1.4
假单胞菌属（Pseudomonas）	9.8	1.2	1.3	0.4	2.1	0.6
希瓦菌属（Shewanella）	0.2	0.2	0	0	0	3.5
根瘤菌属（Rhizobium）	0.5	0	1.6	0.2	2.7	0.1
球衣菌属（Sphaerotilus）	13.7	0.3	0.4	0	0.4	0
葡萄球菌属（Staphylococcus）	0.3	0.4	1.6	1.1	0.2	0.8
热厌氧杆菌属（Tepidanaerobacter）	0	2.2	0	3.5	0	0.6
四联球菌属（Tetragenococcus）	0	0.4	2.4	0.3	0.2	0.1
未分类细菌（unclassfied Bacteria）	0.8	8.3	4.7	13.7	3.6	6.1
未分类梭菌科（unclassfied Clostridiaceae）	0	5.2	0.4	1.2	0.3	16.0
未分类梭菌目（unclassfied Clostridiales）	0.2	9.8	1.0	0.7	1.0	10.5
未分类肠杆菌科（unclassfied Enterobacteriaceae）	0	2.2	0.2	2.9	0.1	0.4
阳性好氧细菌（unclassfied Gp2）	0	0.3	2.1	0.2	2.1	0.4
未分类普雷沃菌科（unclassfied Prevotellaceae）	0.1	0.4	2.7	0.2	1.1	0.3
未分类假单胞菌科（unclassfied Pseudomonadaceae）	8.2	1.2	0.5	1.4	1.7	3.6
未分类红环菌科（unclassfied Rhodocyclaceae）	5.3	0.4	1.2	0.5	8.8	0.4
未分类瘤胃球菌科（unclassfied Ruminococcaceae）	0.1	0.3	0.4	0.3	0.4	3.5
未分类热袍菌目（unclassfied Thermotogales）	0.1	0.7	6.3	0.7	4.7	0.7
未分类韦荣球菌科（unclassfied Veillonellaceae）	0	3.3	0.1	0	0.1	0.1

2. 二连盆地煤样培养前后菌群结构变化

原位煤样中古菌菌群结构也同样发生了变化，煤样中优势古菌类群是甲烷丝菌属（*Methanosaeta*）和亚硝化球菌属（*Nitrososphaera*），随着埋深的增加，甲烷八叠球菌属（*Methanosarcina*）和甲烷杆菌属（*Methanobacterium*）成为煤样4和煤样5中的优势古菌（图2-3-5）。经过产甲烷菌富集培养后，乙酸营养型产甲烷古菌 *Methanosaeta* 在各培养物中的丰度显著增加（丰度为93.8%～97.2%）。

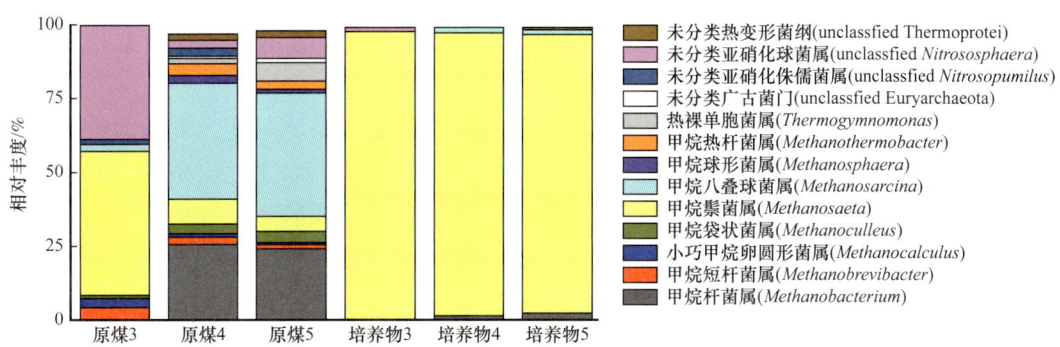

图2-3-5　二连盆地原位煤样和培养外源菌系强化煤样的古菌菌群结构变化

3. 二连盆地煤层水本源微生物鉴定及其代谢途径分析

通过对二连盆地煤层水本源微生物的鉴定和不同底物的利用情况，可以推测二连盆地产甲烷的代谢途径。结果显示4号煤层水中本源细菌主要是丛毛单胞菌科（Comamonadaceae）和醋酸杆菌属（*Acetobacterium*），本源古菌主要是氢营养型产甲烷古菌甲烷杆菌属（*Methanobacterium*）。在不同底物实验中，分别添加 H_2/CO_2、乙酸钠和三甲胺作为底物，只有添加 H_2/CO_2 的实验组能明显检测到甲烷产生（图2-3-6）。

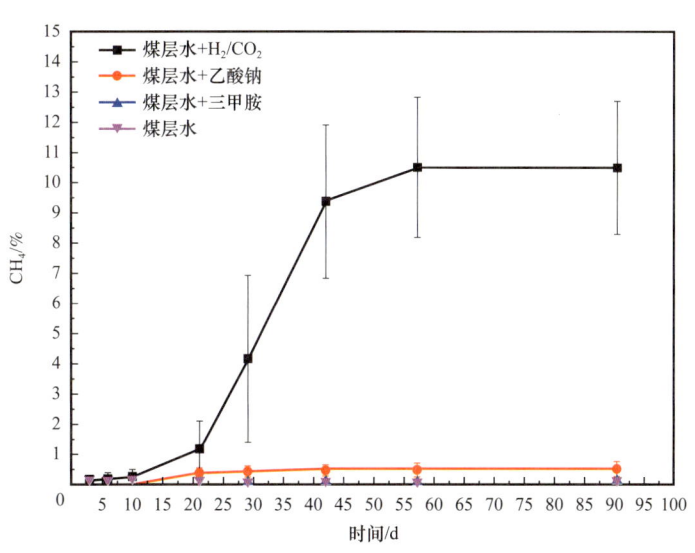

图2-3-6　二连盆地4号煤层水利用不同底物产甲烷趋势

第四节 中低煤阶煤层气"多源成藏"富集规律

通常，我国大部分含煤盆地形成后，在长期的地质历史时期经历了多期构造运动和反复抬升沉降。低煤阶盆地形成后，受构造运动的影响，煤层中吸附的气体随着盆地的抬升、压力的降低，大量散失，由于物性好，原始气藏遭到更严重的破坏；之后盆地再次沉降，接受沉积，但煤层已不再生气，由于上覆地层压力增大，煤层含气能力加大，但煤层气缺失，含气饱和状态极低。因此，后期气源的补充对低煤阶煤层气富集成藏非常重要，特别是次生生物气的补给。

同时，低煤阶储层大孔约50%，煤层气易散失，加上自身生气能力弱，因此良好的封盖条件是低煤阶富集的关键。此外，对于低煤阶煤层气藏，水文地质条件一方面影响着低煤阶煤层气的保存，另一方面在合适条件下还能促进低煤阶煤层气的生成。国外低煤阶煤层气开发较为成功的粉河盆地，因其有利的沉积环境、构造运动简单、有利于生物气生成的水文地质环境，从而使得煤层气得以成功开发。在此基础上，研究提出了中低煤阶煤层气"多源成藏"富集理论认识，提出了3种富集模式（图2-4-1）。

类型	构造部位	成因	形成机制			勘探领域	特点
			分布	科学含义	主控因素		
浅层缓坡带淡水补给生物气富集模式	盆缘	生物气	连续型	富集区连续分布；高渗带受埋藏深度、沉积微相及局部构造控制，呈带状规律分布	沉积相：控制煤储层孔系结构	盆地边缘缓流区	能够向外围连续拓展
斜坡区正向构造带状富集模式	单斜或宽缓向斜一翼	热成因气+生物气补给			局部构造：影响裂缝发育	裂缝发育的高渗区，煤层与薄层砂泥岩互层	
					埋藏深度：转换带以浅为高渗带		
断层控制多气源补给混合成因富集模式	冲断带+残留断块	生物气+外源气	非连续型	煤层不连续，富集区规模较小；受高应力影响，高渗带总体受构造控制明显，呈独立断块分布	沉积体系：高位体系域煤层相对稳定	具备外源气补给的局部构造，中深层煤系立体勘探	不能向外围连续拓展
					断块控制富集区规模		
					外生裂隙发育程度控制高渗带展布		

图2-4-1 中低煤阶煤层气"多源成藏"富集理论的内涵及3种富集模式

一、浅层缓坡带淡水补给生物气富集模式

1. 吉尔嘎朗图实例解剖

以二连盆地吉尔嘎朗图凹陷为例，吉尔嘎朗图凹陷煤层埋深一般为100～800m，最深不超过900m。腐殖组反射率为0.32%～0.47%，属于褐煤，腐殖组平均含量为79.7%，

类脂组平均含量为5.4%，惰质组平均含量为13%，矿物平均含量为1.9%，以黏土矿物为主。吉尔嘎朗图凹陷厚煤层主要分布于中洼槽的缓坡带，林7—林12—吉44井区厚度大，吉44井厚度最大，煤层厚322m，向四周减薄（图2-4-2）。吉尔嘎朗图凹陷吉煤4井组产出水矿化度为5300～6400mg/L（表2-4-1）。

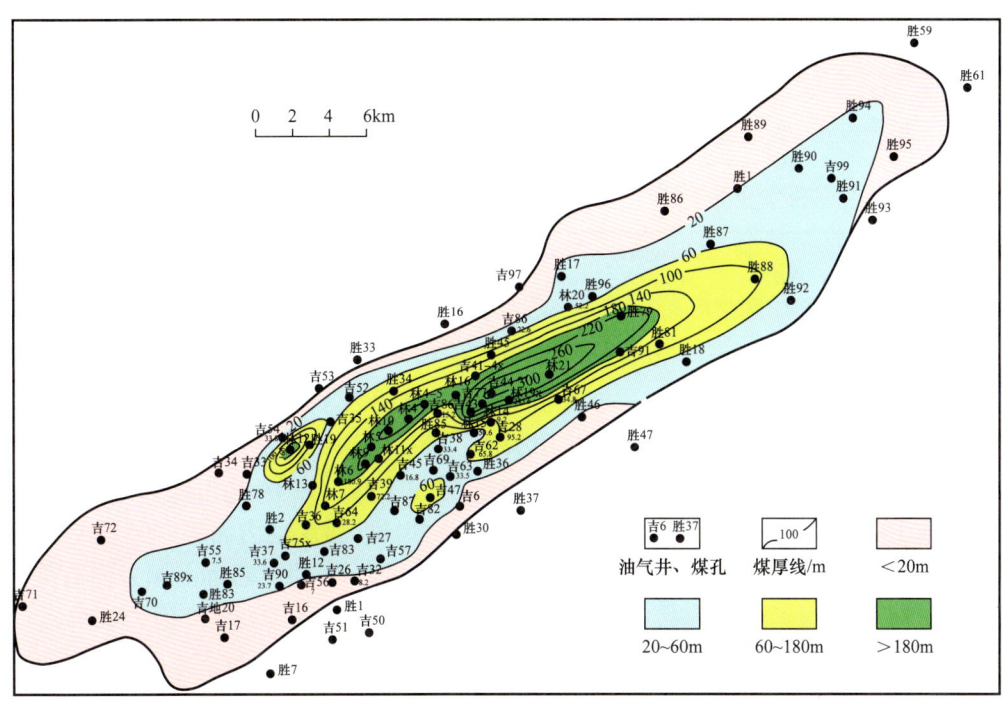

图2-4-2　吉尔嘎朗图凹陷煤层总厚度分布

表2-4-1　吉尔嘎郎图凹陷煤层气井组产出水矿化度统计

样品号	井号	总矿化度/（mg/L）
JM1-1	吉煤1	5798.7
JM1-2		5779.4
JM2-2	吉煤2	6331.6
JM2-3		6150.9
JM3-1	吉煤3	5339.4
JM3-2		5358.6
JM4-1	吉煤4	6386.8
JM4-2		6399.3
浅层		3301.9

吉尔嘎朗图凹陷实测煤层含气量为0.97~3.83m³/t，随埋深增加，含气量变大，与埋深呈正相关关系，300m以深含气量显著增加，大部分地区的甲烷含量能达到80%以上（图2-4-3）。吉尔嘎朗图地区煤层朗格缪尔体积为2.95~6m³/t，朗格缪尔压力为0.83~4.92MPa，煤层气吸附饱和度为74%~91%。

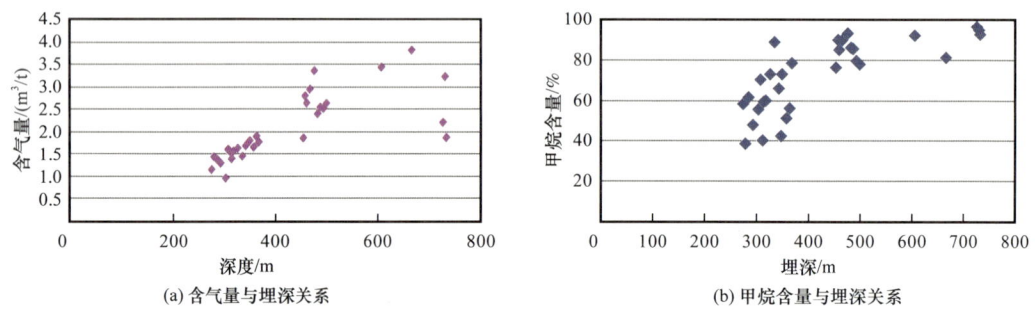

图2-4-3 吉尔嘎朗图凹陷含气量与甲烷含量随埋深变化

煤层气测异常普遍。吉44—吉91井区是主要的气测异常分布区，最高值可达82%~100%（图2-4-4）。气测异常与煤层盖层、煤层埋深关系密切。Ⅲ煤组直接盖层均为泥岩，吉44井平均气测异常值为85%，吉77井为15%，林14井和林15井分别为5%和8%，林19X井为2.4%。吉76井和林15井埋深相同，盖层均为泥岩，但是吉76井气测异常仅为1.8%，低于林15井的8%，可能与断层和吉76井更靠近上倾方向有关。吉43井和吉77井Ⅳ煤组煤层直接盖层均为砂岩，吉43井平均气测异常值为12%，吉77井为15%，但是林15井和吉28井盖层为泥岩，平均气测异常值仅为6.0%和1.9%，但是这两口井的埋深小于吉43等井，显示气测异常与煤层盖层关系不大，而与埋深关系密切。

实测结果显示，吉尔嘎朗图凹陷煤层气甲烷含量为75.16%~90.25%，氮气含量为7.22%~18.91%，二氧化碳含量为2.53%~5.93%。甲烷碳同位素为-65.3‰~-60.3‰，显示以生物气为主（图2-4-5）。

为进一步确定该区生物气形成途径，对采自吉尔嘎朗图凹陷的煤样进行本源微生物分析及原位产气模拟实验。实验样品分别在25℃和35℃条件下培养（表2-4-2），检测煤层气井排采产水本源微生物类群，通过煤岩生物标志化合物降解性、微生物DNA提取分析、产出气体同位素可对是否存在生物气进行鉴定；在实验室不添加任何物质情况下，检测厌氧降解产甲烷的潜力。

实验结果显示，原煤3中优势古菌类群是甲烷鬃菌属（*Methanosaeta*）和亚硝化球菌属（*Nitrososphaera*），原煤4和原煤5中的优势古菌是甲烷八叠球菌属（*Methanosarcina*）和甲烷杆菌属（*Methanobacterium*），经过产甲烷菌富集培养后，甲烷鬃菌属（*Methanosaeta*）在各培养物中的丰度显著增加，说明乙酸型产甲烷菌在煤层甲烷释放过程中起主导作用。模拟实验证实，吉尔嘎朗图凹陷与粉河盆地类似，煤层气均以乙酸发酵成因的原生生物气为主。

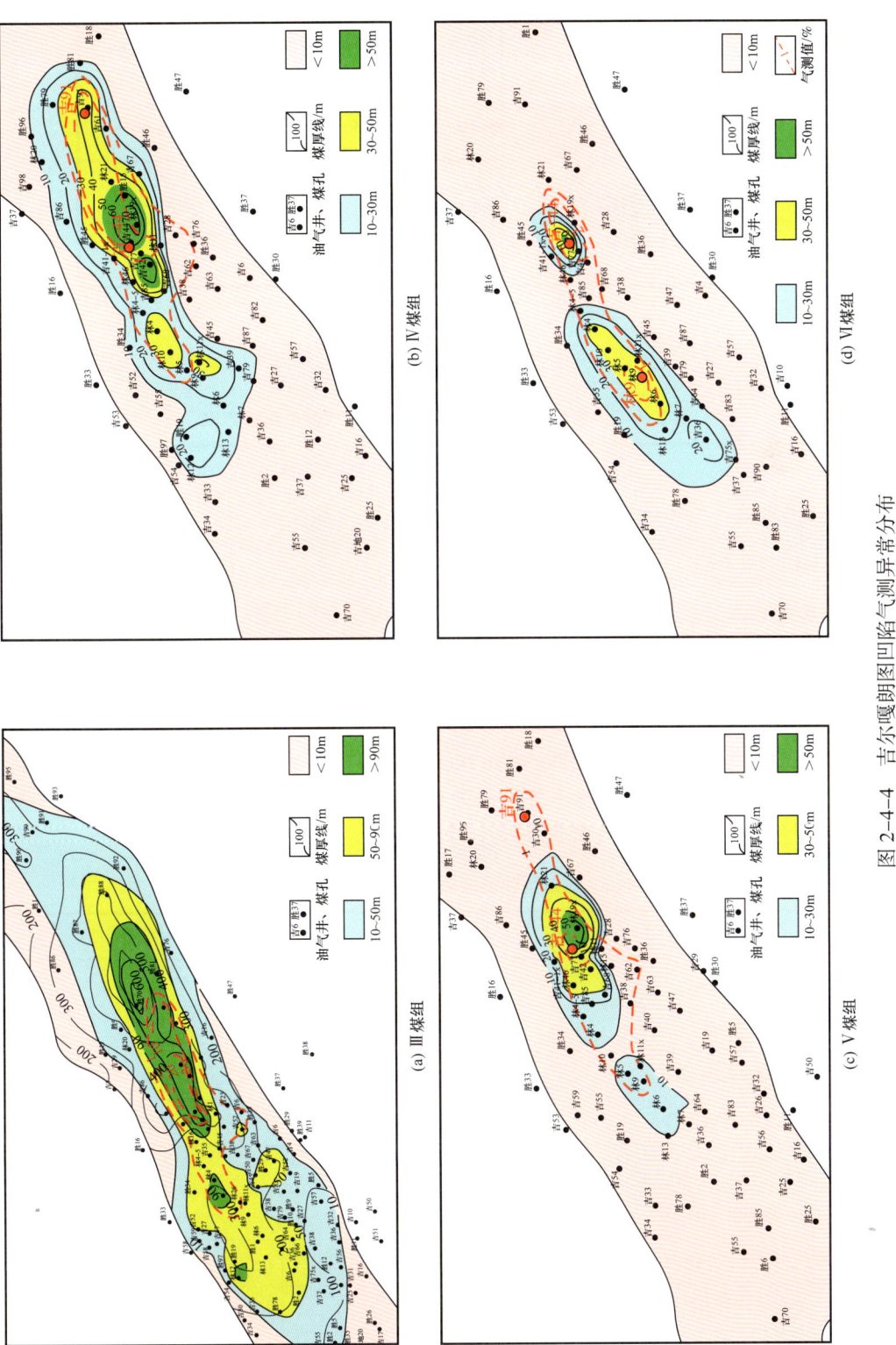

图 2-4-4 吉尔嘎朗图凹陷气测异常分布

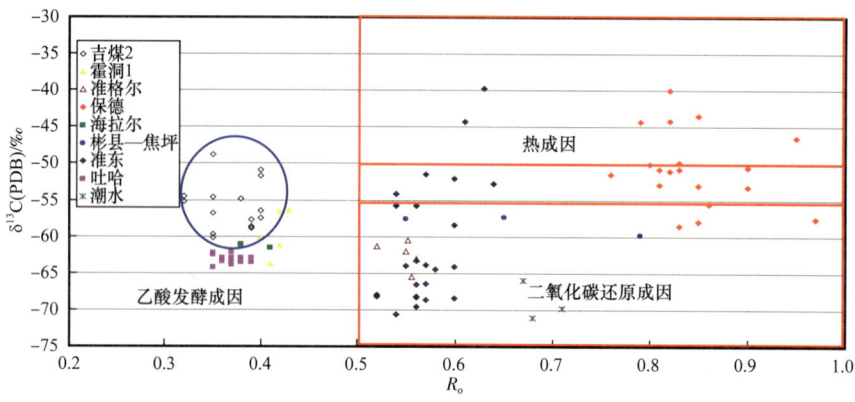

图 2-4-5　吉尔嘎朗图及其他部分低煤阶煤层气甲烷碳同位素特征及成因判识图版

表 2-4-2　吉尔嘎朗图凹陷煤样原位产气模拟实验方案

实验类别	煤炭接种源 /g	培养基 /mL	外源接种物 /mL
原位模拟组	10	40	—
对照组（高温灭菌）	10	40	—
生物强化组	10	40	10
对照组（只加外源接种物）	—	40	10

总体上看，吉尔嘎朗图凹陷白垩系含煤地层有利含气面积为 $320km^2$，煤层气资源量约 $900×10^8m^3$，资源丰度超过 $2.86×10^8m^3/km^2$。目的煤层为赛罕塔拉组Ⅲ、Ⅳ煤组，埋深 100～900m，总厚 100～200m，含气量为 1～4m^3/t，地质特征与粉河盆地相似（王帅等，2017），具备良好的煤层气富集条件（表 2-4-3）。

表 2-4-3　吉尔嘎朗图凹陷与粉河盆地地质条件对比

项目	粉河盆地	吉尔嘎朗图凹陷
地质时代	E	K_1
深度 /m	90～457	<900
镜煤反射率 /%	0.3～0.4	0.32～0.47
煤层厚 /（m/层）	12.2～30/2～5	100～200
含气量 /（m^3/t）	2～5	1～4
渗透率 /mD	10～1500	<1
储层压力梯度 /（MPa/100m）	0.7～0.97	正常—欠压
单井日产气 /10^4m^3	0.2～0.4	0.2
气源类型	生物气（乙酸发酵）	生物气（乙酸发酵）

其中，吉44—吉91井区煤层累计厚度大，厚煤层相对发育，气测异常值高，煤岩盖层以泥岩为主，构造较为简单，有利于吸附气的保存，是煤层气勘探的有利区块。

2. 浅层缓坡带淡水补给生物气富集模式的内涵

基于此，结合凹陷的构造、水文和煤层含气量发育特征，以及煤层气成因，总结了适应二连盆地群的煤层气富集成藏模式。浅层地表水通过大气降水流入煤层，煤岩热演化程度低（$R_o<0.5\%$），有利于生物气生成，气样同位素显示生物气特征，$\delta^{13}C_1$ 为 $-59.4‰\sim-65.3‰$；厚煤层资源丰度高，资源丰度 $2.81×10^8m^3/km^2$；上覆盖层条件优越，富煤区泥岩发育，封盖条件好；汇水承压区，水动力侧向封堵利于煤层气富集（图2-4-6）。围绕吉煤4井的突破，落实Ⅲ、Ⅳ、Ⅴ主力煤组"甜点区"叠合面积115km^2，控制煤层气优质资源 $285×10^8m^3$。

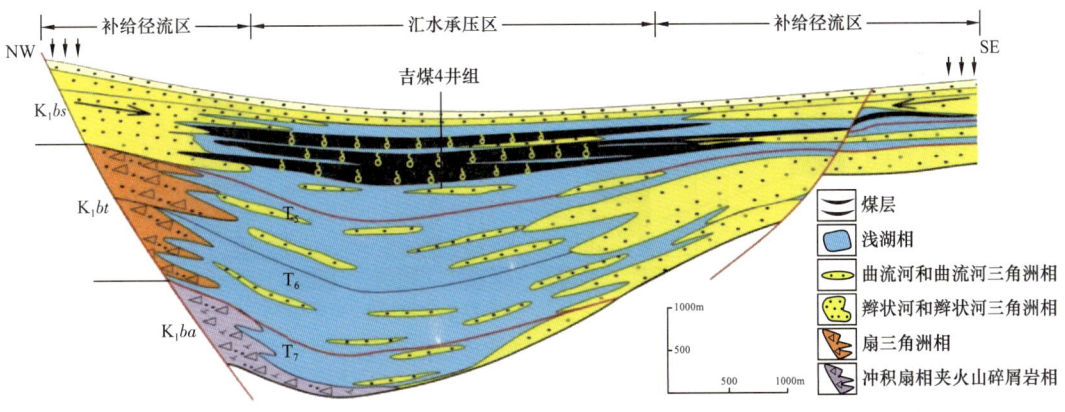

图2-4-6 浅层缓坡带淡水补给生物气富集模式

中国石油勘探开发研究院在二连盆地持续开展地质选区评价与现场试验攻关，优选吉尔嘎朗图凹陷，实施4口直井井组（图2-4-7），吉煤1井和吉煤2井实施洞穴完井；吉煤3井实施水力喷射造穴复合压裂；吉煤4井实施填砂分层、低浓度瓜尔胶压裂。其中，吉煤4井于2015年完钻，井深575m，煤层累计厚度为193m，含气量为 $0.97\sim3.83m^3/t$，渗透率为0.3mD。主煤层埋深416～482.8m，优选466～471.5m和423.68～431.76m两段实施低浓度瓜尔胶分压合采。2016年4月9日开始投入排采，30天后见套压，100天后产量达2000m^3/d。8月3日产气量已达2356m^3/d，产水量为14.6m^3/d，套压为1.47MPa，流压为2.07MPa（图2-4-8）。根据目前排采效果和低煤阶煤层气井生产特征分析，该区具有单井平均日产2000m^{3}的能力。

二、斜坡区正向构造带状富集模式

1. 保德气田实例解剖

保德地区位于山西省西北部，构造上位于鄂尔多斯盆地东缘晋西挠曲带北段，总体上表现为向西倾的单斜构造，地层倾角为5°～10°，断裂构造不甚发育。含煤地层为上石炭统太原组和山西组，主要由砂岩、泥岩和煤层组成，厚度为120～210m。区内发育煤

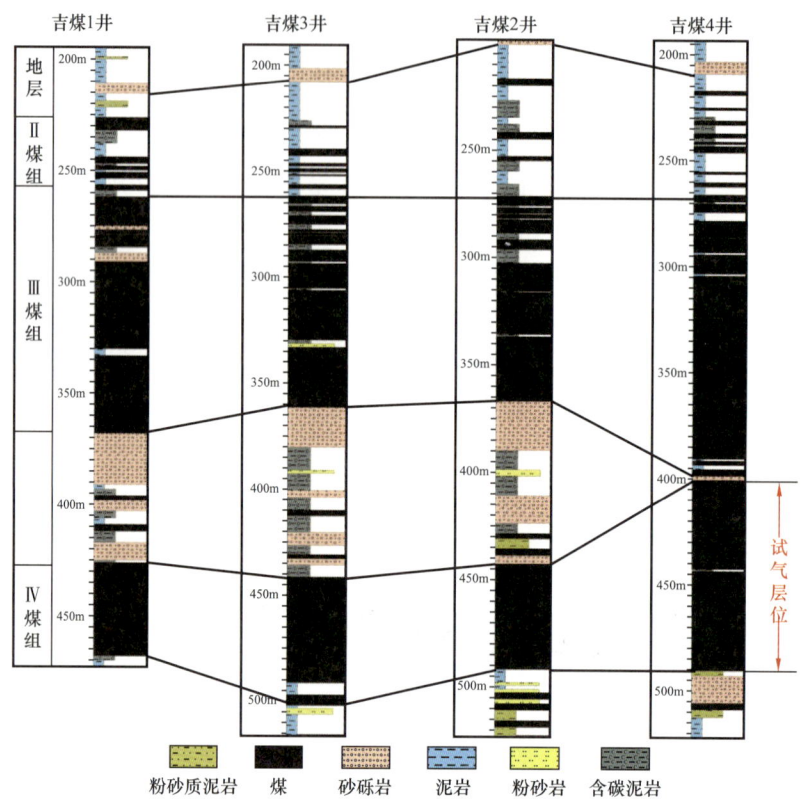

图 2-4-7 吉煤 1—吉煤 4 井煤层对比

图 2-4-8 吉煤 4 井排采曲线

层 15~16 层,总厚一般为 14~34m,山西组 4+5 号和太原组 8+9 号煤层为主要煤层。其中,4+5 号煤层单层厚度为 5~14.6m,平均 7.6m;8+9 号煤层单层厚度为 5~14.2m,平均 10.2m。

该区煤层具有镜质组含量高、灰分产率低的特征,镜质组含量一般大于 70%,灰分产率一般低于 25%。煤的镜质组最大反射率一般在 0.60%~0.97% 之间,平均在 0.8% 左右,以气煤为主。4+5 号煤层含气量一般为 4~10m³/t,平均在 6m³/t 左右;8+9 号煤层含气量多为 4~12m³/t，平均在 8m³/t 左右。

保德地区不同来源气样的甲烷碳同位素组成差别不大，煤心解吸气的 $\delta^{13}C_{CH_4}$ 为 $-55.52‰~-46.52‰$，平均 $-52.34‰$；井口排采气 $\delta^{13}C_{CH_4}$ 为 $-50.50‰~-54.10‰$，平均 $-52.85‰$。井口排采气 $\delta^{13}C_{CO_2}$ 为 $4.6‰~8.5‰$，平均 $7.1‰$；δD_{CH_4} 在 $-233‰~-225‰$ 之间，平均 $-229.89‰$。保德地区煤层气 $\delta^{13}C_{CH_4}$、δD_{CH_4} 主要分布在热成因气范围，部分分布在热成因与 CO_2 还原型生物成因范围之间，表明该区煤层气来源可能存在生物气的补充（图 2-4-9）。

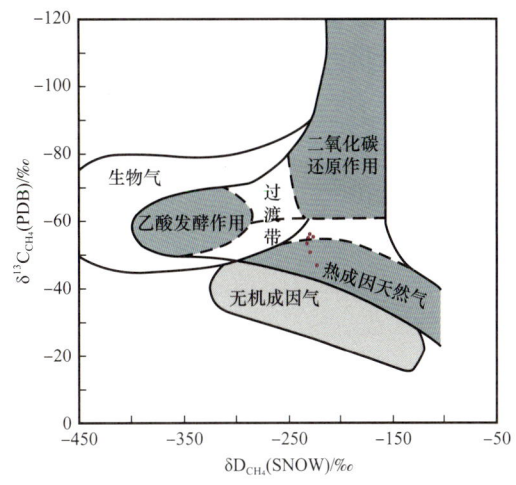

图 2-4-9　保德地区煤层气成因判识图版

综合评价保德地区含气面积为 476km²，煤层气资源量为 $983×10^8m^3$。根据保德地区煤层气富集地质条件，结合生物气形成条件，优选出保德北有利区。保德北有利区总体构造为一西倾单斜，东高西低，构造相对简单。主力煤层为山西组 4+5 号煤层、太原组 8+9 号煤层，煤层厚度一般为 10~24m，最厚达 38.2m，煤层埋深一般为 300~1200m。R_o 一般 0.68%~0.88%，平均 0.72%，以气煤为主，局部达肥煤、焦煤，以原生结构煤为主，煤储层渗透率为 2.5~12mD，含气量为 4~11m³/t。有利区面积为 159.9km²，资源量为 $373×10^8m^3$。

2. 斜坡区正向构造带富集模式的内涵

"多源共生—斜坡区正向构造带"利于中低煤阶煤层气富集高产。在地质条件上，斜坡区地层倾角平缓，构造格局相对稳定，地层封闭性好，在斜坡区的弱径流—滞流区，低水势利于富集，且易于甲烷菌的生成，从而产生次生生物气，形成气源补充；在储层条件上，煤层埋深较浅，处于过渡应力场，孔裂隙系统相对发育，正向构造带张性低应力，渗透性好；在保存条件上，由于上部地层水渗透，形成水力封堵作用，在弱滞留区富集煤层气（图 2-4-10）。

该理论成果引领我国煤层气勘探开发重点向中低煤阶煤转移，指导中国石油在鄂尔多斯盆地东缘的山西省保德区块发现了我国第一个中低煤阶整装气田。

三、断层控制多气源补给混合成因富集模式

1. 准南区块实例解剖

以准南区块为例，上部煤层在背斜轴部容易变形破裂形成有利储层，中二叠统生烃沿着断层等裂缝向上运移，构造高点、相对高压的封闭区是煤层气富集和成藏的有利部位。

白杨河矿区位于阜康市东 40km 处白杨河西岸，其位于北天山褶皱带，博格多复背斜以北，准噶尔坳陷区以南的黄山—二工河向斜北翼，总体上构造为地层南倾的单斜构造，

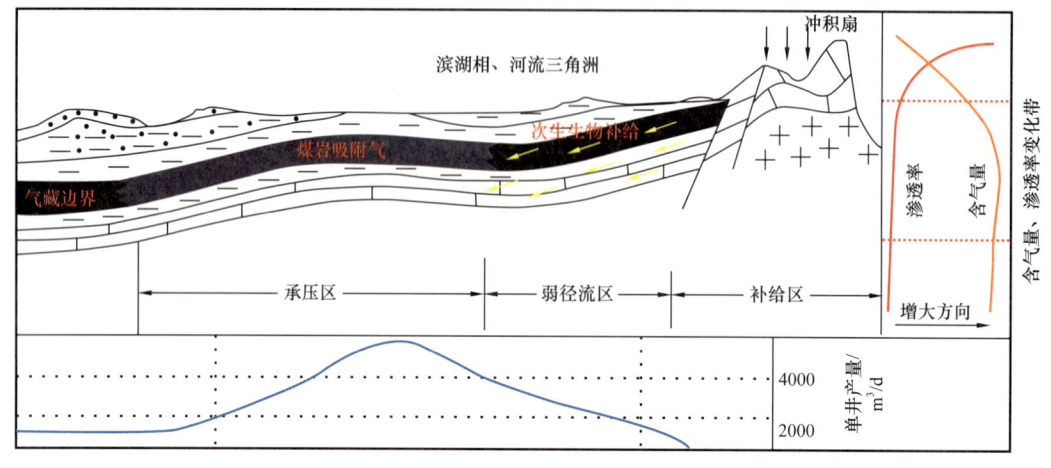

图 2-4-10 斜坡区正向构造带富集模式示意图

走向为近东西向，地层倾角 30°~58°，平均为 46°，总体产状变化不大。白杨河矿区位于阜康凹陷。白杨河矿区最下是下二叠统下芨芨槽子群，其次是上三叠统黄山街组，再往上是上侏罗统八道湾组与三工河组，最后是第四系。在白杨河矿区，煤层的露头位置及其周围存在着大片烧变岩。该矿区的主力煤层是下侏罗统八道湾组，并存在着主要的三个煤层，即 39 号、41 号和 42 号。

白杨河矿区从总体上看，是走向为近东西向的单斜构造。矿区存在较大地层倾角，平均值为 46°，属于高倾角地层。白杨河矿区的具体位置是黄山—二工河倒转向斜北侧，靠近核部。从全局看，全矿区地层不存在较大的地层倾向改变；但不同区域依旧有所不同，例如西部地层的地层倾角大于东部地层，矿区西部地层倾角平均在 45°左右，某些地区可以达到 53°。从构造复杂程度上看，阜康白杨河矿区属于简单构造类型，是简单的单斜构造。

如上所述，八道湾组（J_1b）是该矿区内的主要含煤地层，其煤层总厚度为 32.78~106.36m，其平均可采总厚度可达 60.85m，该地层的含煤系数大致为 11.3%，内含煤层 10 层。在八道湾组最主要的生煤层段是其中的下段（J_1b_1），该段地层存在三个较好煤层，分别是 42 号、41 号、39 号煤层。以上煤层在矿区分布层位稳定，其厚度随着倾向和走向变化差异小。各个煤层中存在夹层，数量为 0~4 层。

白杨河煤储层孔隙度分布从埋深上看并无明显规律，但孔隙度分布范围随埋深有逐渐减小趋势。根据资料了解到，从参数井中得到的 41 号、42 号、44 号煤层岩样，通过观察发现，在 41 号煤面发育割理，其割理面平直光滑，走向统一，长 0.52~5.53cm，高 0.51~9.0cm，其密度约为 18 条/10cm，内无充填矿物，但端割理发育不明显且具有较差的连通性。在 42 号煤层样品中，煤面割理与端割理都具有比较明显的发育，其中面割理走向统一，表现出平直光滑，长 0.51~6.0cm，高 1.1~3.0cm，密度为 10~17 条/10cm；其端割理与面割理大致呈 80°相交，长度变化比较大，一些切穿面割理，存在连续性，并且可以看到顺层裂隙发育，其构造裂隙与端割理大致呈 60°相交，内部基本不存在矿物充填，其中少许被方解石矿物充填。样品割理之间具有较好的连通性。在 44 号煤层样品中能看到发育部分垂直于层理的面割理，走向一致，长 1.0~3.1cm，高 1.2~4.4cm，密度大致为 24 条 /10cm，高度为 1.0～4.5cm。其中，能见到端割理间于 2 条面割理之中，其高度小于 1cm，密度大约为 19 条 /10cm；其内基本上无充填，连通性中等。该区的裂缝发育情况与国内其他的矿区相比属于情况较好的矿区。

测井解释结果显示，41 号煤层的渗透率为 0.005～1.45mD、42 号煤层的渗透率为 0.01～7.30mD、39 号煤层的渗透率为 0.03～4.23mD。其中，受边界影响明显的是 41 号、44 号煤层，但是 42 号煤层受边界影响不明显；再从应力角度分析，应力最高的应该是 44 号煤层，其次是 41 号煤层，其中应力最低的是 42 号煤层，进一步分析发现，应力应当是造成不同煤层渗透率差异的主要原因之一。

白杨河区域内渗透率的差异极大，例如 FC-2 井所测得的煤层 41 号和 42 号就有较好的渗透率，P11 井测得 39 号煤层也有不错的渗透率。但同样的煤层在不同的参数井所测的渗透率差异极大，其他参数井的 41 号和 42 号煤层渗透率明显要低得多。白杨河矿区与国内其他地区煤层相比，从生产开发的角度讲，41 号和 42 号煤层具有较好的渗透性，对未来的煤层气开发是一个有利的条件，对于以后煤层气开发井产能有着良好促进作用。

从该矿区的含气量特征（表 2-4-4）上来看，含气饱和度具有随深度增加而增加的趋势，最大大于 90%。其 39 号、41 号和 42 号三套主力煤储层具有厚度大、含气量大、含气饱和度较高等特点，这在未来的生产开发过程中是十分有利的条件之一。

表 2-4-4　白杨河部分参数井测得参数结果

参数井	煤层	煤储层埋深 /m	含气量 /（m³/t）	渗透率 /mD
C1	39 号	903.99～918.43	9.44	0.03
	41 号	942.94～951.45	9.12	0.005
C2	41 号	629.10～640.28	9.83	1.45
	42 号	679.67～696.98	13.26	7.3
P11	39 号	813.80～818.00	12.48	4.23
	41 号	855.50～866.30	17.57	0.25
	42 号	907.60～927.90	15.15	0.028
C3	39 号	831.86～837.80	15.81	—
	41 号	914.28～923.27	18.42	0.14
	42 号	973.37～1001.03	16.86	0.18
P15	39 号	667.30～672.90	7.42	—
	41 号	704.60～714.90	9.55	0.048
C4	39 号	453.35	—	0.35
	42 号	607.2	—	0.01

由表 2-4-5 可知，白杨河矿区八道湾组的煤类基本属于中低煤阶的气煤—肥煤。白杨河矿区八道湾组煤层工业组分大致特征显示为：水分平均为 0.92%～2.21%，挥发分为 28.45%～45.79%；碳含量为 81.3%～86.42%。

表 2-4-5　研究区煤岩 $R_{o,\,max}$ 值、工业组分一览表（平均值）

煤层	水分 /%	碳含量 /%	挥发分 /%	$R_{o,\,max}$/%
36 号	2.21	81.3	43.43	0.61
37 号	1.04	84.18	45.79	0.55
39 号	1.17	85.5	36.47	0.9
40 号	1.1	85.01	28.45	0.8
41 号	1.21	86.41	36.37	0.85
42 号	0.92	86.09	37.14	0.7
43 号	1.04	86.09	36.65	0.7
44 号	0.98	86.42	33.02	0.7

白杨河矿区八道湾组的三套主力煤层的甲烷碳同位素大致处于 -57.44‰～-65.76‰ 范围内（表 2-4-6）。通过计算，研究矿区煤层所测得甲烷与重烃的比值（C_1/C_{2+}）介于 77～745，据此同样可以证实白杨河矿区煤层气存在着热成因影响，可见该地区煤层气成因受混合影响。

表 2-4-6　各煤层甲烷碳同位素统计

煤层	埋深 /m	甲烷碳同位素 $\delta^{13}C$（PDB）/‰
39 号	635	-65.75～-62.52（-64.14）
41 号	686	-58.46～-57.35（-57.9）
42 号	801	-58.43～-55.92（-57.18）

注：括号内数值为平均值。

根据资料分析可知，在白杨河矿区的煤系地层水的矿化度为 3502～19178mg/L，pH 值为 7.7～9.1，该矿区的地层水属于高矿化度、弱碱环境。在煤层气生成过程中，会有生物甲烷菌的影响。但生物甲烷菌的生存环境要求 pH 值介于 6～8，最好介于 7.2～7.6，但目前白杨河矿区地层水 pH 值介于 7.9～9.1，并不利于生物甲烷菌的生长。白杨河区域有较高矿化度的地层水，不利于次生生物气的形成。

2. 断层控制多气源补给混合成因富集模式的内涵

深部坳陷生烃区压应力高（埋藏深），隆起区与断层发育区压应力低（应力释放区）。深部热成因气顺构造带向浅部运移，并在浅部保存条件较好的煤储层再次吸附成藏。如准南地区，既存在热成因气，也有生物气，以混合成因气为主，且热成因气具有扩散运移的特点。准噶尔盆地东南缘常规天然气多为腐殖型气，气源为来自深部侏罗系煤系地层暗色泥岩和煤层；昌吉坳陷煤层在大量生气后，气体向浅部大量运移，北天山山前大断裂为气体运移通道（图2-4-11），甲烷碳同位素测试也显示部分气源具有运移分馏的特点。

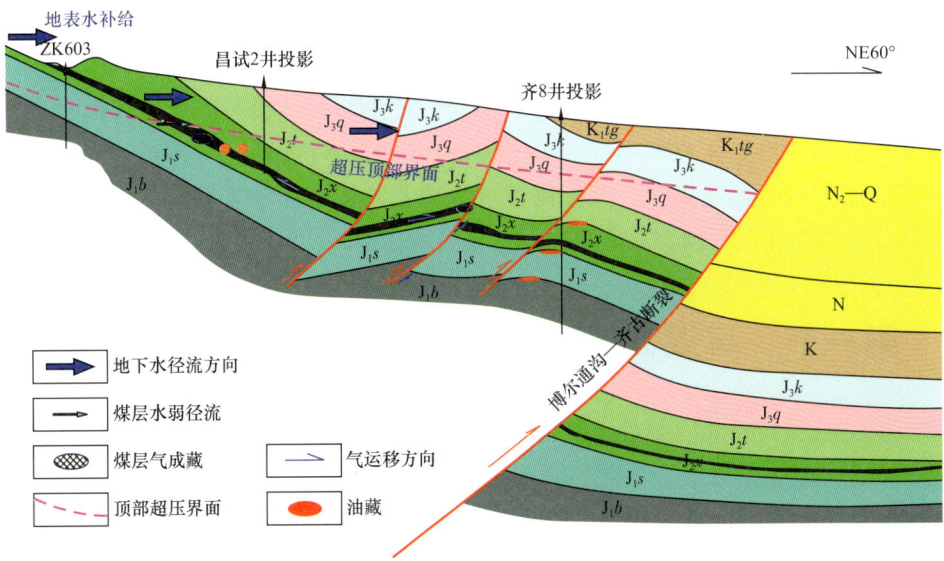

图 2-4-11　断层控制多气源补给混合成因富集模式示意图

第三章 深层煤层气及煤系气"同源叠置"富集规律

总结煤层与砂岩共生成藏的主控地质因素,提出了 4 种煤与砂岩组合类型。建立中深层煤系气同源共生立体成藏模式,丰富和拓展了煤层气的内涵与外延,开辟了煤层气勘探开发的新领域。建立煤系气共生区带优选体系,优选鄂尔多斯盆地东缘山 2 段,准噶尔盆地、吐哈盆地三塘湖、后峡煤系气富集有利区。

第一节 高温高压条件下煤层气吸附／解吸特征

深部煤层所处特殊地质条件,即深埋、高压、较高温度,含气性测试很难进行,且按照现行方法测试误差较大。因此,高温高压条件下吸附测试是分析其煤—气匹配作用、吸附—解吸动力学特性、含气性表征的有效手段。

本节研究采用容量法对高温高压(100℃,45MPa)条件下等温吸附曲线特征及吸附—解吸动力学特征进行了分析探讨。

一、样品采集

样品采自鄂尔多斯盆地东部上古生界煤,镜质组最大反射率介于 0.57%～2.87%,分别为长焰煤、气煤、焦煤、瘦煤和无烟煤(表 3-1-1)。

表 3-1-1 实验样品基础测试结果

采样点	阳坡泉矿	望田矿	南峪矿	双柳矿	毛则渠矿	象山矿	成庄矿
$R_{o,max}$/%	0.57	0.84	1.17	1.58	1.76	2.2	2.87
镜质组 /%	55.65	76.61	68.93	56.84	61.48	59.97	62.57
惰质组 /%	37.73	11.31	24.65	37.71	33.27	29.01	23.19
壳质组 /%	4.86	10.13	5.24	3.13	1.35	5.81	6.05

二、实验测试

采用容量法进行实验。实验设备为美国生产的 IS-300。基准缸和样品缸置于恒温水浴中,其温度误差为 ±0.2℃;基准缸和样品缸的实验压力由高精密压力传感器监控,精度为 3.51kPa。实验最高温度为 105℃,压力为 35MPa。为了再现储层条件,采用美国材料与试验协会(ASTM)所推荐的标准(ASTM D1412-93,1981),即在储层温度和平衡水含量条件下进行气体吸附实验。

按照GB/T 474—2008《煤样的制备方法》将样品破碎到0.25~0.18mm（60~80目）。在等温吸附实验前，按照GB/T 212—2008《煤的工业分析方法》进行样品的工业分析，以测定样品的水分、灰分、挥发分和固定碳含量。最后样品进行平衡水处理。平衡水步骤为：称取空气干燥基煤样，样重不少于35g（精确到0.1g）；将称重的煤样置于器皿中，均匀加入适量蒸馏水；将装有样品的器皿放入底部装有足量的硫酸钾过饱和溶液的密封装置中。每隔24h称重一次，直到相邻两次质量变化不超过样品质量的2%。容量法测定严格按照GB/T 19560—2008《煤的高压等温吸附试验方法》进行。

望田矿、双柳矿和成庄矿不同温度下的高压等温吸附结果如图3-1-1所示，根据GB/T 19560—2008计算望田矿、双柳矿、成庄矿朗格缪尔体积和朗格缪尔压力，结果显示：望田矿朗格缪尔体积介于15.6~26.9m³/t，朗格缪尔压力介于8.6~14.2MPa；双柳矿朗格缪尔体积介于13.4~22.9m³/t，朗格缪尔压力介于4.2~4.9MPa；成庄矿朗格缪尔体积介于45.1~46.4m³/t，朗格缪尔压力介于4.4~11.6MPa。

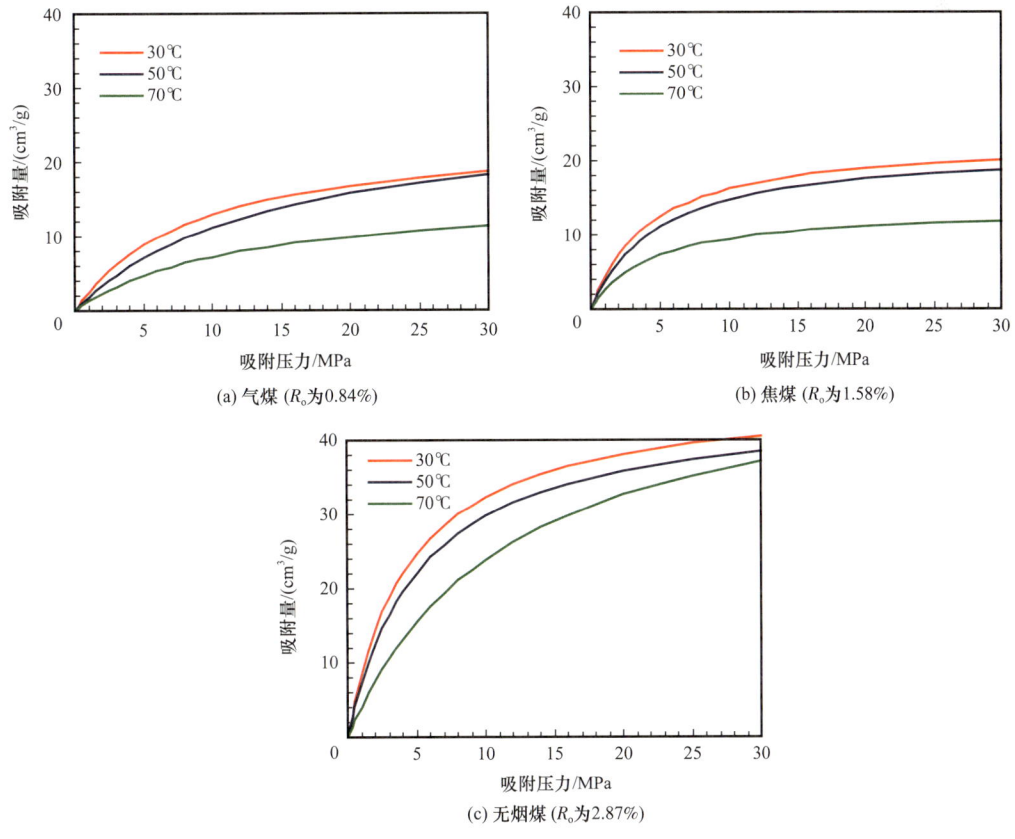

图3-1-1　不同温度下高压等温吸附曲线

对比分析各煤类吸附常数，在30~70℃温度区间，不同煤阶煤样、不同朗格缪尔常随温度的分布规律各有差异。就朗格缪尔体积来看：气煤以50℃条件下的最高，30℃次之，70℃最低；焦煤从30℃至70℃，朗格缪尔体积依次减小，尤其在50~70℃区间降幅较大；无烟煤的朗格缪尔体积在70℃最高，30℃次之，50℃最低（图3-1-1）。

实验结果表明，温度较低时，煤的甲烷吸附量随压力的增加而增加，煤阶高者吸附量大于煤阶较低的，最大吸附量超过28m³/t。吸附量随温度增加均减小，同一样品相同压力下温度每增加15℃，吸附量减少2~6m³/t（图3-1-2）。煤阶增高，同一煤样在同温度、同压力条件下的吸附量增大；温度升高，同煤阶煤样在相同压力下的吸附量减小；煤阶增高，同煤阶煤样同压力吸附量差异减小，在高煤阶阶段甚至趋同。后一规律暗示，就高煤阶煤而言，埋藏深度越大，地层温度越高，地层压力越大，温压条件对高煤阶煤吸附性的影响越弱（桑树勋等，2005；申建等，2015）。

在等压条件下，煤的甲烷吸附量随温度增高呈线性降低（于洪观等，2004）。在温度和压力综合作用下，在较低温度和压力条件下压力对煤吸附能力的影响大于温度的影响；在较高温度和压力时（大于85℃、大于30MPa），温度对煤吸附能力的影响大于压力的影响。

根据吸附动力学原理，镜质组反射率增加，有效扩散系数增大，进入高煤阶煤阶段后增幅迅速加大。有效扩散系数随温度的增加呈线性增大，同煤阶煤样达到平衡的吸附时间随温度升高而减小。吸附平衡压力增大，无烟煤有效扩散系数呈负指数形式减小，反映分子扩散驱动力主要来自游离气浓度，扩散方式以菲克型扩散和Knudsen型扩散为主（降文萍等，2006；张新民等，2006；Zarrouk et al.，2008；Wang et al.，2008；张晓逵等，2009）。

根据上述关系，采用多元非线性回归方法，建立了无烟煤有效扩散系数（D_e）计算模型：

$$D_e = 0.67T + 55.44e^{-0.15p} - 232.39$$

据此模型，可进一步预测不同温度、压力条件下煤层气的扩散速率，为进一步开展煤储层产能数值模拟等提供依据（图3-1-3）。

三、深层煤层含气量预测模型

通过温度、压力条件下吸附模拟实验或大量测试数据的数理分析，结合煤—气匹配作用、吸附—解吸动力学等理论分析，建立深部煤层含气量预测的数学模型。统计模型所依据的平衡水煤样等温吸附实验数据108件，样品主要采自华北上古生界煤层（图3-1-4），实验温度为20~70℃，镜质组最大反射率为0.52%~4.38%。

利用上述实验依据，在朗格缪尔体积/朗格缪尔压力—镜质组反射率—吸附温度单因素相关分析的基础上，利用多元非线性回归方法，建立了温度、压力条件下朗格缪尔常数的预测模型：

$$V_L = (12.08579R_{o,max} + 11.46)e^{-0.004024t} \qquad R^2 = 0.81$$

$$p_L = (0.3863R_{o,max}^2 - 1.9396R_{o,max} + 3.4934)e^{-0.01841t} \qquad R^2 = 0.53$$

式中　V_L——朗格缪尔体积，m³/t；

p_L——朗格缪尔压力，MPa；

$R_{o,max}$——镜质组最大反射率，%；

t——温度，℃。

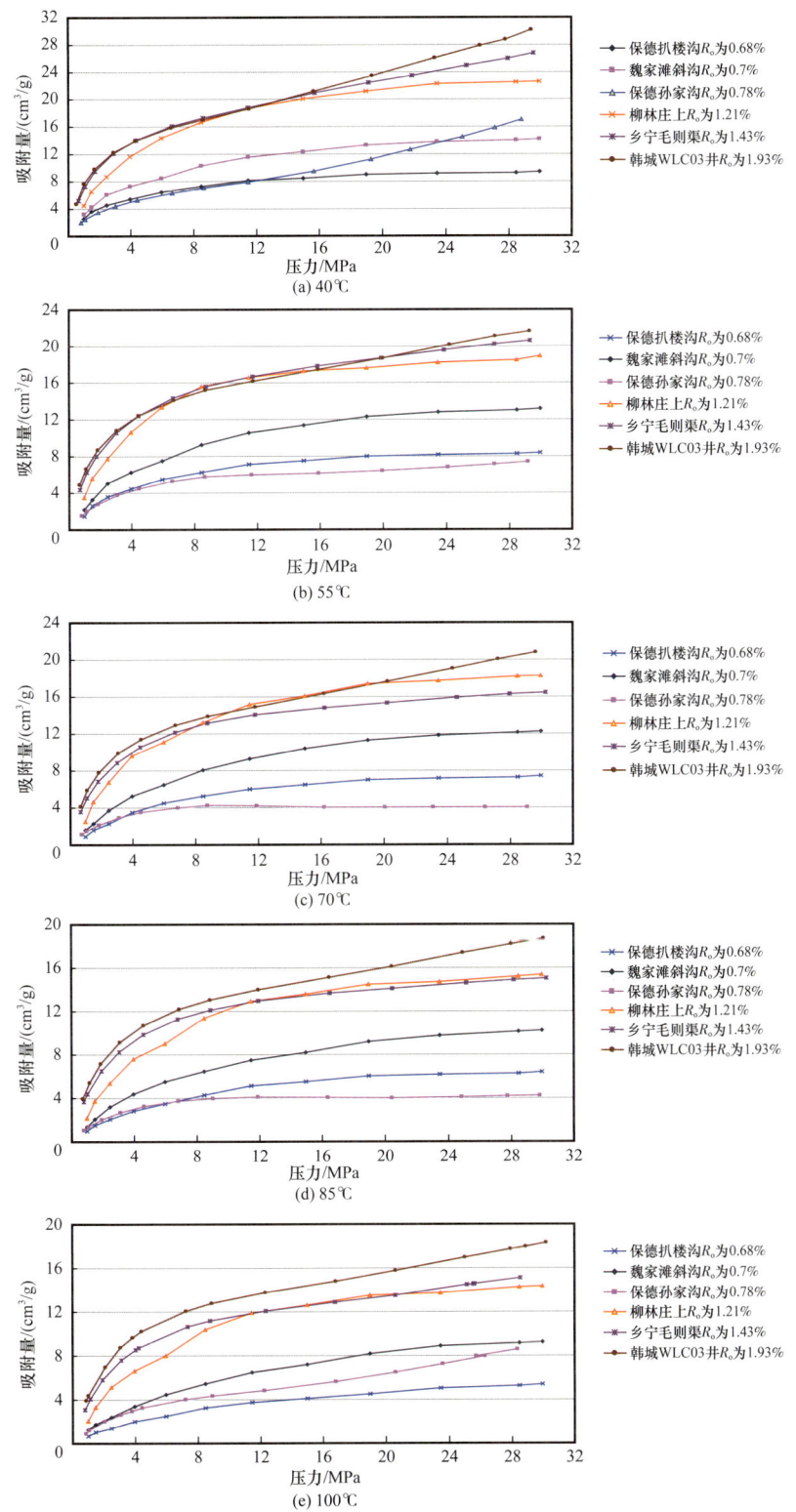

图 3-1-2　不同温度下的煤层气吸附曲线

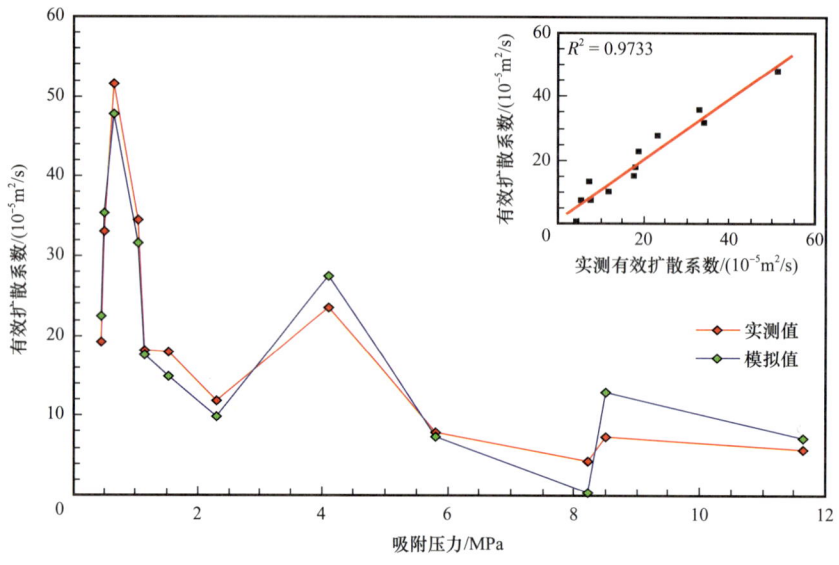

图 3-1-3 煤样吸附动力学曲线特征

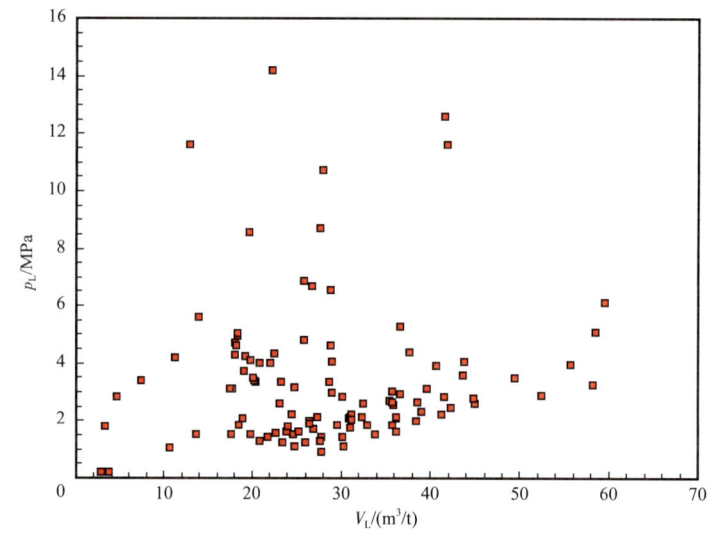

图 3-1-4 平衡水煤样等温吸附实验数据

将上述模型代入朗格缪尔等温吸附方程,得到综合煤阶、地层压力和地层温度的深部煤层含气量预测模型:

$$V = \frac{p(12.08579R_{o,\max} + 11.46)e^{-0.004024t}}{p + (0.3863R_{o,\max}^2 - 1.9396R_{o,\max} + 3.4934)e^{0.01841t}}$$

根据上述统计数学模型,绘制出深部煤层含气量与埋深、煤阶、压力梯度、地温梯度关系图版(图 3-1-5)。深部煤层含气量具有两个基本特点:其一,若地温梯度恒定,同一埋深条件下,煤阶增高,煤层含气量增大;其二,同一煤阶条件下,含气量与埋深关系存在临界深度,即浅部煤层含气量随埋深增大而增高,在一定埋深达到最大值,超过此埋深，含气量随埋深增大而趋于降低。

煤层含气量临界深度受煤阶、温度、压力的匹配控制。在模拟条件范围内，临界深度分布在700~1500m 之间。同储层压力梯度条件下，煤阶增高，临界深度变浅，但进入高煤阶煤层后不再变化，指示高煤阶煤层吸附性对储层压力的敏感性弱于中低煤阶煤层。同煤阶条件下，储层压力梯度增大，临界深度变浅。相同煤阶和相同储层压力梯度条件下，地温梯度增大，临界深度变浅。同时，临界深度变浅，临界含气量增大。这一结果，在显示预测模型对地层温度、地层压力和煤阶具有高度敏感性的同时，强烈地指示临界深度以浅地层压力的影响更为显著，临界深度以深则温度起着更为重要的作用，即深部煤层含气量不能简单采用浅部梯度进行推测。

模型预测结果与浅部煤心实测含气量分布规律相符。除煤层气风化带（含气量低于 $4m^3/t$）数据外，两个地质条件的预测曲线将鄂尔多斯盆地东部 381 件煤层含气量实测数据全部包容，预测曲线分布趋势与实测含气量—埋深趋势完全一致（图 3-1-6）。最低含气量预测曲线的模拟条件为压力梯度 0.40MPa/100m、地温梯度 4.0℃/100m、R_o 为 0.60%，最高含气量

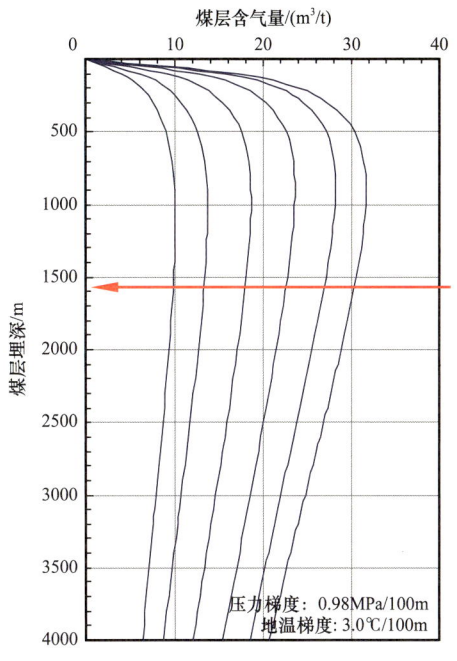

图 3-1-5 含气量与埋深、煤阶、压力梯度、地温梯度关系

图中 6 条曲线从左至右，R_o 分别为 0.6%、1.0%、1.5%、2.0%、2.5%、3.0%。红色水平线，示意该深度以浅，煤层吸附气受压力主控；而在该深度以深，温压效应超过压力的影响

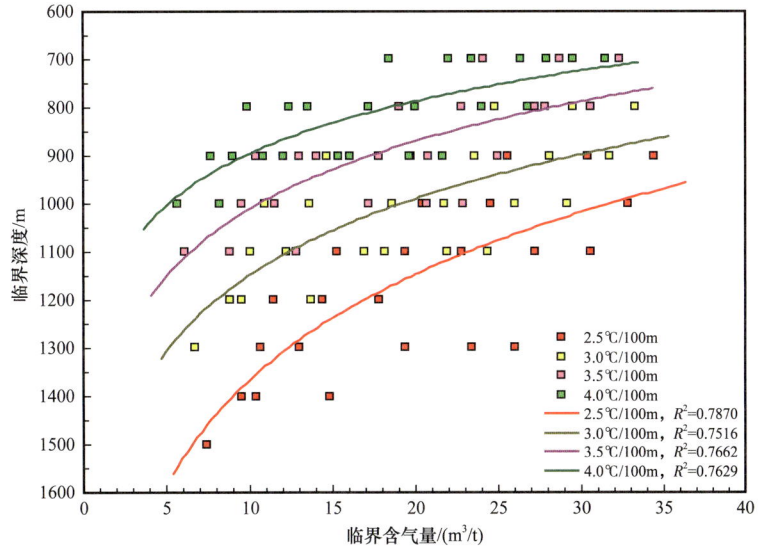

图 3-1-6 煤层临界深度与临界含气量关系

预测曲线模拟条件为压力梯度 0.98MPa/100m、地温梯度 3.5℃/100m、R_o 为 2.50%，揭示鄂尔多斯盆地东部上古生界煤层含气量的上、下限值范围。实际上，在压力梯度为 0.98MPa/100m、地温梯度为 3.0℃/100m、R_o 为 2.00% 条件下，模拟曲线基本涵盖了鄂尔多斯盆地东部 381 件煤心解吸成果，更符合深部的实际地质条件。

第二节 深层煤层气及煤系气富集主控因素

上封隔层要素包括区域性盖层、直接顶板岩性、后期构造运动的改造强度及地层倾角等，下封隔层要素包括区域性底板、直接底板岩性等。

一、区域性盖层及底板

区域性盖层指位于煤系地层上方对煤层（系）气起到整体保护的上覆岩层，区域性底板指位于煤系地层下方对煤层（系）气起到整体保护的下覆岩层。区域性盖层及底板的岩性、厚度、分布范围及稳定性决定着封闭体系的好坏，也是决定直接盖层及底板好坏的根本。借鉴常规油气盖层封闭能力标准，结合煤层（系）气的区域性盖层及底板特点，建立了煤层（系）气区域性盖层及底板封闭能力评价标准（表 3-2-1），认为良好的区域性盖层需具备以下几个条件：良好的岩性组合；泥质含量大于 50%；上覆地层有效厚度大于 150m；横向分布连续，分布面积大于 50km²；与煤储层压力系数差大于 0.1MPa/100m。只要存在良好的区域性盖层及底板，即使储层物性及直接顶底板组合具有一定的差异，也不会导致大量气体散失，既可形成煤层气藏，也可形成煤系气藏。

表 3-2-1 区域性盖层及底板的宏观封闭能力评价标准

等级	岩性	泥质含量/%	厚度/m		与煤储层压力系数差/MPa/100m	连续面积/km²
			单层	累积		
优	泥岩、碳质泥岩	>75	>20	>300	>0.3	>100
良	泥岩、含粉砂泥岩	50~75	10~20	150~300	0.2~0.3	50~100
中	粉砂岩、砂质泥岩	25~<50	2.5~<10	50~<150	0.1~<0.2	
差	泥质粉砂岩、泥质砂岩、砂岩	<25	<2.5	<50	<0.1	<50

煤层顶底板不同岩性的组合关系具有不同的封闭能力，进而直接影响着煤层气的富集。参考常规天然气盖层的评价指标，可将顶底板封盖层划分为屏障层、半屏障层和透气层三类（表 3-2-2）。

按表 3-2-2 中的分类，如果直接顶底板岩性为泥岩则是良好的屏障层，利于煤层气保存。以沁水盆地北部山西组 3 号煤层为例，该煤层顶板为厚层泥岩或粉砂质泥岩，局部为中粗粒砂岩，厚度在 5~25m 之间，泥岩在横向上连续性较好。泥岩中黏土矿物高岭石含量高于太原组底板，含有少量伊利石和伊蒙混层矿物。实测的泥岩中值孔径为

22nm，总孔体积为 0.276cm^3/g，排驱压力为 24.7MPa，基岩渗透率为 8.97×10^{-4}mD，封盖能力强。3 号煤层底板为厚层的砂质泥岩和泥质粉砂岩，厚度在 2～15m 之间，黏土矿物几乎全部为高岭石。砂质泥岩实测中值孔径为 52.4nm，总孔体积为 0.0093cm^3/g，排驱压力为 110bar❶，封盖性强。

表 3-2-2 顶底板封盖性能分类

类型	排驱压力/bar	中值孔径/nm	渗透率/mD	裂隙发育	厚度/m	代表岩性
屏障层	>100	<25	<10^{-3}	差	>5	泥岩、粉砂质泥岩、致密灰岩
半屏障层	>50	<50	<10^{-2}	中	>2	砂质页岩、泥质粉砂岩、石灰岩
透气层	<50	>50	<10^{-1}	好		粉砂岩、砂岩、石灰岩

如果直接顶底板岩性为砂岩，在良好区域性盖层良好发育的基础上，该砂岩层可成为良好的煤系气储层，在合适的圈闭条件下，则易形成煤系气藏。在沁水盆地南部郑庄区块，太原组、山西组和下石盒子组均发育数层区域性分布的泥质岩石，具有"内幕"的区域性封盖特征。根据储盖组合特征，可将该区的煤系气藏分为独立砂岩气藏和煤—砂岩互层型气藏两种类型。勘探实践表明，郑庄区块石炭系—二叠系的砂岩以次生孔隙、粒内溶孔、粒间溶孔及微裂缝为主，孔隙度峰值介于 2%～3%，渗透率峰值介于 0.01～0.1mD，属于致密砂岩气藏。郑试 31 井的 3 号煤层直接顶板为砂岩，砂岩气测显示为含气层，分析含气量为 8.7m^3/t。

二、后期构造改造

无论是煤层气还是煤系气，都存在成藏的关键时期，成藏关键时期后的构造改造强度则是影响气藏是否富集的关键。煤层气成藏（尤其是煤层经历生气高峰）以后，多数聚煤盆地会经历回返抬升和后期演化，从而控制现今煤层气藏的富集程度。以沁水煤层气藏为例，该盆地属于构造活动较弱的克拉通内断陷盆地，其构造改造强度介于其西侧的鄂尔多斯盆地与其东侧太行山以东后期构造运动强烈改造的华北东部断块含煤区之间，燕山期—喜马拉雅期中期煤层抬升至逸散带时间为 0～27Ma，抬升回返时间晚且短，有利于煤层气的保存。

煤系气成藏受后期构造改造，发生一定的抬升、剥蚀，使得储、盖层组合及成藏过程实现最佳配置组合，以苏里格气田为例，该气田成藏关键时期为晚侏罗纪—早白垩纪，在白垩纪末期，鄂尔多斯盆地发生大规模抬升和剥蚀，地层压力下降，导致煤系天然气发生解吸膨胀、运移至成藏，实现了成藏耦合与源储共生紧密结合。另外，改造后期的断层发育对煤层气的富集具有一定的控制作用，距离断层越近，煤层含气量越低。蜀南地区沐爱区块地震解释表明，断层发育区煤层含气量普遍较低；远离断层的区域煤层含

---

❶ 1bar=100kPa。

气量普遍较高。结合含气量测试结果分析，距离断层发育一个井距以内，煤层含气量低，多小于 8.7m³/t，区块内的小断层对含气量的影响范围较小。

三、地层倾角

地层倾角越小，说明构造改造程度越低，流体压力差别不显著，地层能量相对稳定，即处于均势状态，能够使气藏侧向稳定，利于煤层（系）气藏的资源规模发育。如果地层倾角较大，一般不利于煤层（系）气藏的形成，即使形成气藏，其资源规模也较小，不易形成大气藏。国内外勘探开发实践表明，资源规模大的煤层（系）气藏地层倾角大多小于 5°。地层倾角大、区域性封盖条件好的地区，尽管含气量较高，但整体规模较小。以准噶尔盆地南缘阜康水磨沟—四工河区块为例，该区块为一不对称向斜，两翼地层倾角大，南翼倾角为 60°~74°，北翼倾角为 40°~60°。南翼除 43 号煤层外，其余煤层直接与地表连通，煤层中裂隙发育，形成对外开放体系，靠近地表煤层露头部位的气体向外逸散，形成甲烷风化带，煤层气资源量仅有 $120\times10^8 m^3$。

通过对区域性盖层的稳定性、直接盖层顶底板岩性的组合关系、后期构造运动的改造强度及地层倾角等封闭体系要素进行组合分析，认为"三明治"式煤层气藏、煤层气—砂岩气共生气藏及煤成砂岩气藏三种组合类型可形成三种富集模式（表 3-2-3）。

表 3-2-3 封闭体系要素组合类型及模式

区域性盖层	煤层直接盖层	后期构造运动的改造强度	断层性质及规模	地层倾角/(°)	气藏模式
泥岩、碳质泥岩，区域展布稳定	直接顶、底板以泥岩为主	构造抬升—回返幅度小	断层封闭性好、规模小	<5	"三明治"式煤层气藏富集模式
泥岩、碳质泥岩，区域展布稳定	直接顶、底板以砂岩为主	有一定抬升、剥蚀，储盖组合配置合理	断层封闭性好、规模小	<5	煤层气—砂岩气共生气藏富集模式
泥岩、碳质泥岩，区域展布稳定	直接顶板以泥岩为主，底板以砂岩为主	有一定抬升、剥蚀，储盖组合配置合理	断层封闭性好、规模小	<5	煤成砂岩气藏富集模式

1. "三明治"式煤层气藏富集模式

区域性泥岩盖层及泥岩底板发育稳定、连续，直接顶、底板岩性致密，突破压力高，后期构造抬升—回返幅度小。煤层既是储层又是烃源岩层，从结构上看，煤层位于致密岩性之间的"夹层"，储盖组合呈现出自生自储结构，上、下封盖层均为区域性泥岩，形成了良好的封闭体系，利于气藏大面积分布，呈广覆式分布的特征。

2. 煤层气—砂岩气共生气藏富集模式

区域性泥岩盖层及泥岩底板发育稳定、连续，直接顶、底板岩性为砂岩，煤层是烃源岩层，煤层和砂岩层是共生储层，兼有自生自储及内生外储的特点。构造抬升、剥蚀引起压力降低，煤层及直接顶、底板砂岩层产生一定的裂隙，为煤层吸附气解吸、扩散及运移至砂岩层提供了储集空间，上、下封盖层均为区域性泥岩，形成了良好的封闭体系，具有煤层吸附气连续分布、砂岩游离气藏局部发育的特点。

3.煤成砂岩气藏富集模式

煤系地层区域性泥岩盖层及泥岩底板发育稳定、连续，但是煤层薄，资源规模小，不具备煤层气经济开发价值。构造抬升剥蚀产生构造裂隙和小规模的开放性断层形成良好的运移通道，又使得煤层产生的气体运移、聚集在煤层附近上下的砂岩，砂岩含气性好、物性好，在以泥岩为围岩的岩性圈闭条件下形成砂岩气藏。

第三节　深层煤层气及煤系气"同源叠置"立体成藏模式

研究发现，煤层游离气与吸附气伴生出现，两者具有相近的温压条件，存在于统一的吸附气—游离气共存系统中。煤系地层吸附气与上覆砂岩游离气具有同源共生、动态转化、立体成藏特点。煤系地层游离气处于天然气的运聚动态平衡状态。游离气和吸附气在成藏过程中，层内和层间吸附态与游离态动态转化，构造抬升加速煤系地层游离气向吸附气转变。

天然气生成以后大量吸附在煤岩表面上，随着地层抬升，地层压力下降或地温升高时，吸附气解吸并沿一定的路径自煤岩孔裂隙向煤岩外部储层中运移；温压条件改变，煤岩吸附能力增强时，由于煤层有较好的封堵能力，运移至煤岩外部的游离气难以进入煤岩孔裂隙并为煤岩重新吸附，形成煤层吸附气与游离气的不对称迁移。煤系地层吸附气与上覆砂岩游离气的运聚动态平衡状态，具有同源共生、纵向叠置机制，具备共采地质基础（图3-3-1）。

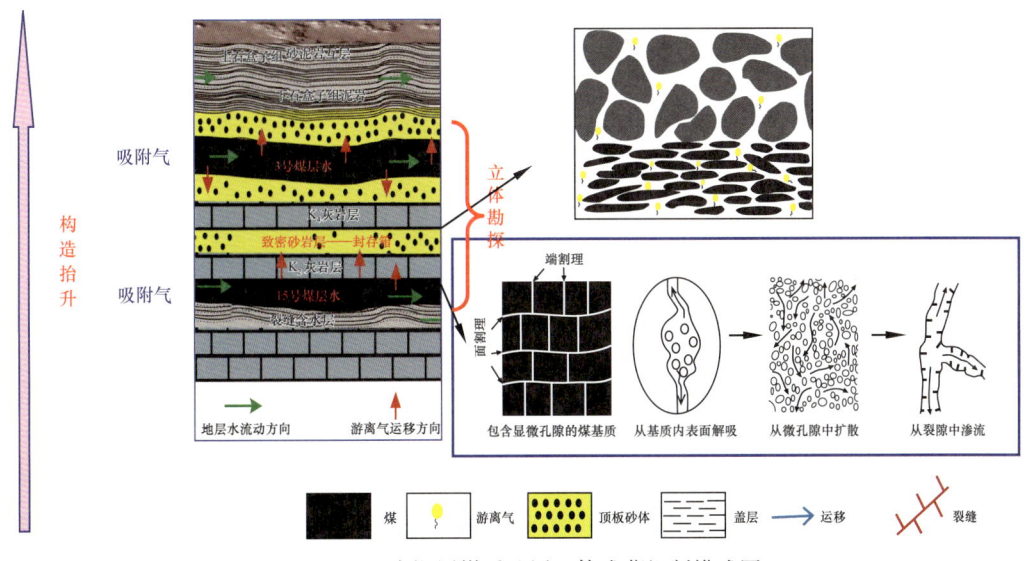

图3-3-1　中深层煤系地层立体成藏机制模式图

自生自储型煤层气藏模式分为吸附型和游离型（图3-3-2）。吸附型：例如沁水盆地郑庄区块煤层气开发已超过1200m，显示了良好的前景。如郑试60井区，煤层厚度为5.4m，埋深为1336.9m，平均日产气2100m³。游离型：准噶尔盆地彩南地区划分为东道海子凹陷和白家海凸起，区内发育石炭纪大断裂和侏罗世北东向次级小断裂，呈雁行排列，是该区煤层气运移的主要通道。煤层气主要富集于白家海凸起的高部位。由于彩南地区断裂非常发育，深部坳陷厚煤层中生成的气沿煤层向白家海凸起部位运移富集成藏，形成自生自储游离气藏模式。

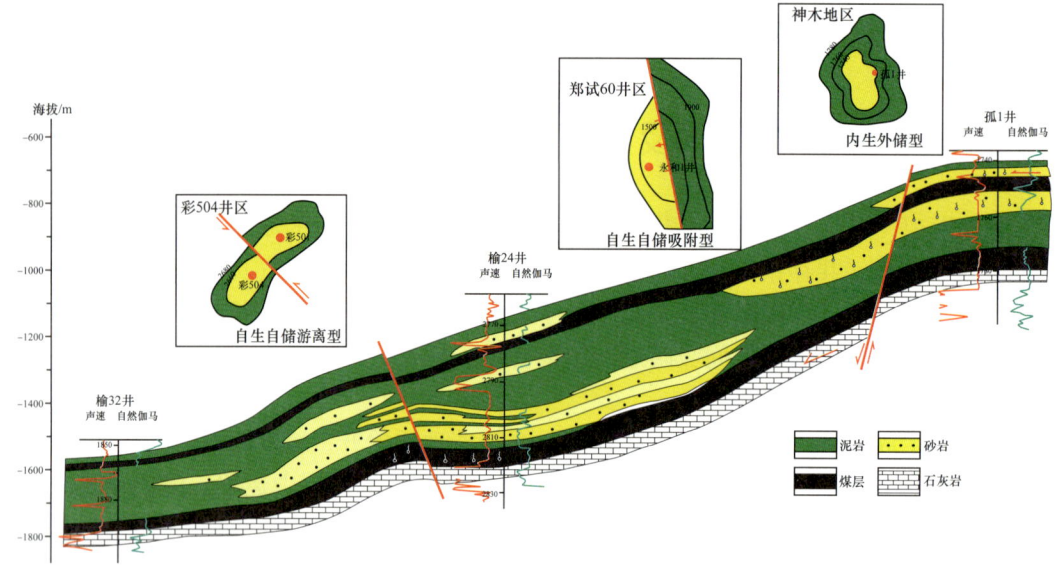

图3-3-2 中深层煤系地层立体成藏模式示意图

研究成果在将煤系地层，尤其是薄煤层与砂泥岩互层段，作为统一勘探评价目标，明显提升资源丰度，并延伸勘探的深度下限，垂向上拓展勘探空间，实现了单一浅层煤层吸附气勘探向煤系地层多元天然气勘探的拓展，同时更有利于钻完井及储层改造工艺实施。

鄂东大宁—吉县区块上古生界煤岩裂隙中的游离气与其顶、底板砂岩石中的游离气处于相同（相近）温压系统中（王佟等，2014），纵向叠置、横向分布连续，具备深部煤层气＋煤系地层砂岩气立体成藏条件。煤系地层立体勘探揭示多层系复合含气，24口试气井均获工业气流，单井平均产气量超$5 \times 10^4 m^3/d$，提交探明储量$400 \times 10^8 m^3$。

第四节 深层煤层气及煤系气有利资源评价

一、深层煤层气资源评价方法

深部煤层气有利区"四步递阶优选法"的流程具有如下四个基本步骤：

（1）通过深部地质背景分析和温压物理模拟实验，阐明深部地温场、深部应力场的基本特征，了解不同煤阶煤岩在深部温压条件下的应变特征、力学强度及其演变过程。

（2）根据数学模型或构造曲率预测深部煤层渗透性发育特征和分布格局，采用岩层压力类比法或压力梯度校正法预测深部煤层流体压力状况及其三维空间展布特征，基于吸附—煤阶数学模型预测深部煤层含气量及其变化规律。

（3）以深部煤层渗透率预测结果为基础，按渗透率相对高低划分深部煤层渗透性等级。渗透率相对较高的区块进入下一步煤层气资源富集程度和聚集规模的优选，渗透率中等和相对较低的区块留作备选，作为开采技术进一步提高后的深部煤层气开发后备区。

（4）对于上一步骤优选出来的煤层渗透率相对较高的区块，进一步开展煤层气富集程度和资源规模优选。

① 煤层埋深适中。

煤层埋深大，煤岩热演化程度高，生气量大，含气量亦大，向上逸散量小，保存条件优越，但随着煤层埋深的增大，煤岩的储集物性变差，增大了煤层气开采的难度，使经济效益降低。根据区内煤层埋深的特点，结合国内外对煤层埋深条件的要求，区内煤层埋深选在1200～3000m之间。

② 煤层厚度大，物质基础雄厚。

由于煤层气藏是煤储层中自生自储的以吸附状态赋存在煤层中的烃类气藏，煤层越厚，烃源岩生气强度越高，储集空间增大，含气量相应增加。根据区内煤岩层数较多、单层厚度变化大的特点，主力煤层的单层厚度至少大于3m，煤层总厚度应大于10m。资源规模超过 $500 \times 10^8 m^3$，资源丰度大于 $1 \times 10^8 m^3/km^2$。

③ 煤岩储层物性。

煤岩储集性能常用孔隙度、渗透率来表征，当煤岩的孔隙度及割理发育、渗透率高时，储集性能好，煤岩物性一般比砂岩差，且孔隙具双重结构。根据前面储集性能的分析，选择煤岩孔隙度大、割理发育的地区为煤层气勘探有利区域，但煤岩割理、裂缝的发育常与构造应力场的分布有关。本节采用构造曲率和煤层主压应力差代替深部煤层渗透率。

④ 煤层顶板岩性及水动力条件相互配套。

国内外煤层气的勘探实践证明，围岩的透气性对煤层甲烷含量影响极大。在考虑煤层气保存条件时，首先选择顶板为泥岩区，兼顾间接顶板为泥岩区（李五忠等，2010）。

在考虑水文地质条件时，原则以 $CaCl_2$ 水型带最优，以 Na_2CO_3 或 $NaHCO_3$ 水型带居中，避开 Na_2SO_4 水型区。由于 $CaCl_2$ 水型分布区一般煤层埋深均大于1500m，因而可适当选择 $NaHCO_3$ 型过渡水区为目标区。

建立煤系地层煤层气和致密砂岩气的富集区带优选评价体系（表3-4-1、表3-4-2），计算资源量。

二、中深层煤系气资源有利目标

1. 鄂尔多斯盆地东缘

优选鄂尔多斯盆地东缘大宁—吉县、石楼西—石楼北、临兴—三交北、神府4个煤系地层山2段富集有利区，初步预测总资源量约 $8000 \times 10^8 m^3$（山2段底1500m以深）。研究认为，鄂尔多斯盆地东缘具备煤系气富集成藏4个有利地质条件。

表 3-4-1 煤系地层煤层气富集区带优选评价体系

勘探阶段			储层评价参数		评价标准		
					I	II	III
详探阶段	预探阶段	区域勘探阶段	物性	孔隙度 /%	好	中	差
				渗透率 /mD 低煤阶	>4	1~4	<1
				渗透率 /mD 中、高煤阶	>1	0.1~1	<0.1
			资源潜力	含气量 /(m³/t) 低煤阶	>6	1~6	<1
				含气量 /(m³/t) 中煤阶	>12	4~12	<4
				含气量 /(m³/t) 高煤阶	>15	8~15	<8
				厚度 /m 低煤阶	>10	5~10	<5
				厚度 /m 中、高煤阶	>5	2~5	<2
			成藏条件	煤体结构	原生结构煤、碎裂煤	碎粒煤	糜棱煤
				构造条件	地层平缓,无断层	一般	复杂
				沉积条件	煤层稳定	一般	不稳定
				水文条件	承压区	弱径流区	径流区
	评价阶段	区块评价阶段	产能	储层压力系数	>1	0.6~1	<0.6
				煤层埋深 /m 低煤阶	200~800	>800~1200	>1200
				煤层埋深 /m 中、高煤阶	150~800	>800~1200	>1200
				含气饱和度 /%	>90	70~90	<70
				产气量 /(m³/d)	>1500	800~1500	<800

表 3-4-2 煤系地层致密砂岩气富集区带优选评价体系

类型	参数	评价级别		
		I 类	II 类	III 类
致密砂岩气	沉积相带	三角洲相、河流相	滨浅湖相、障壁海岸	冲积扇、陆棚
	砂岩厚度 /m	>20.0	10.0~20.0	<10.0
	孔隙度 /%	>7.0	5.0~7.0	<5.0
	渗透率 /mD	>0.1	0.01~0.1	<0.01
	油气显示无阻流量 /(m³/d)	>40000	20000~40000	<20000

（1）鄂尔多斯盆地东缘泥页岩段广泛发育，是煤系天然气大面积成藏的物质条件。鄂尔多斯盆地东缘上古生界本溪组—太原组—山西组，广泛发育了多套海陆过渡相三角洲前缘—潮坪—潟湖相暗色泥页岩，岩性主要为黑色泥页岩、碳质泥岩夹泥质粉砂岩及煤层、煤线。从南到北的连井剖面显示，本溪组、太原组和山西组的泥页岩均较为发育，最大累计厚度可达140m，大部分在70m左右；泥页岩相对不发育的地区，如准格尔区块，成藏条件较差。

（2）简单平缓的单斜构造，断层不发育，是煤系天然气大面积成藏的必要条件。整体呈西倾斜坡，地层倾角一般为1°~2°，是油气运移的区域性指向，构造复杂区（如韩城—合阳）不利于煤系天然气的保存。

（3）埋藏适中是煤系地层天然气富集成藏的必要条件。大宁—吉县测井解释和勘探开发实践表明，获得工业气流井埋深一般大于1900m。产气量大于$2\times10^4 m^3/d$的井，气藏埋深一般大于1900m。

（4）鄂尔多斯盆地东缘储层的有效性主要受沉积优势相带分布的控制。

大宁—吉县区块位于三角洲前缘，以中—细砂岩和砂泥岩、泥岩为主，典型的"泥包砂"，砂岩和煤储层相对含气饱和度高，一般高于50%。

准格尔区块位于冲积平原，以中—粗砂岩和含砾砂岩夹极薄的泥质岩，典型的"砂包泥"，砂岩和煤储层相对含气饱和度低，一般低于20%。

以大宁—吉县区块为例，根据气井静、动态特征（初期日产量、单位压降采气量、单井控制储量及气层厚度），将76口直井划分为三类。气井分类评价标准（表3-4-3）与结果如下：

表3-4-3 大宁—吉县区块气井分类评价标准

气井类型	初期日产量/$10^4 m^3$	单位压降采气量/$10^4 m^3/MPa$	单井控制储量/$10^4 m^3$	气层厚度/m	井数/口	比例/%
Ⅰ类井	>2	>150	>3500	>10	17	22.4
Ⅱ类井	0.5~2	30~150	1500~3500	6~10	18	23.7
Ⅲ类井	<0.5	<30	<1500	<6	41	53.9

（1）Ⅰ类气井（17口，占22.4%）生产特征：生产过程中，油套压变化平缓，压降速率小，平均单井产量高，且产量贡献率达62%，单井控制储量大，稳产能力较强。

（2）Ⅱ类气井（18口，占23.7%）生产特征：油套压波动大，压降速率较大，平均单井产量低，且产量贡献率为27%，单井控制储量小，稳产能力较差。

（3）Ⅲ类气井（41口，占53.9%）生产特征：油套压波动剧烈，压降速率很大，平均单井产量很低，且产量贡献率仅为11%，单井控制储量小，间开关井，无法稳产。

综上所述，开发区气井具有如下产气特征：

（1）产井主要受到沉积相、岩性、物性和微幅度构造的控制；Ⅰ类井主要分布在水下分支主河道内和河口坝和分支河道叠合部，砂体厚度大。Ⅰ类井均以山2_3段为主力层，且储层有效厚度大，一般在 10m 以上，平均有效厚度为 11.7m。

（2）产井的砂岩储层物性好，孔隙度、含气饱和度高（图 3-4-1、图 3-4-2）；孔隙度分布在 8.15%～11.74% 之间，平均为 9.65%；含气饱和度分布在 44.74%～62.16% 之间，平均为 52.91%。

（3）富集高产受岩性控制，山西组以山 2 段中—粗粒石英砂岩成熟度高、储集物性好；微幅度构造有利于气井高产，大吉 3-2、大吉 21 和大吉 12 等井处于小幅度鼻状构造，产量相对周围井高。

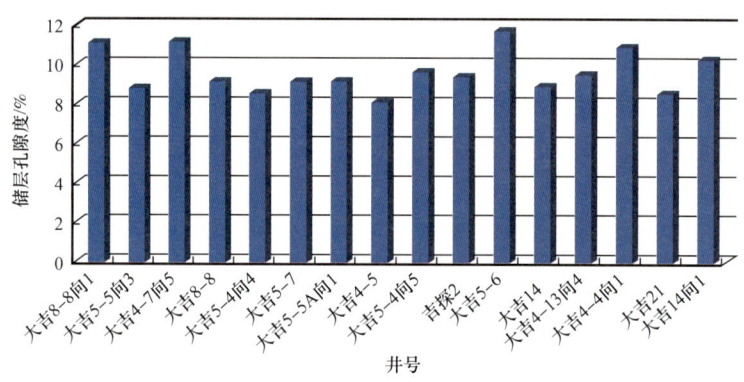

图 3-4-1　孔隙度分布直方图

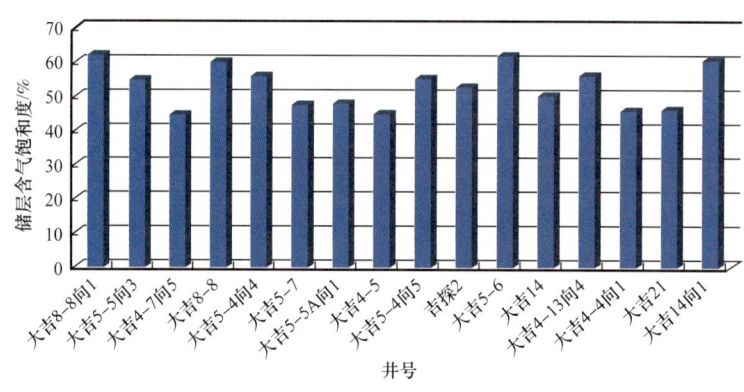

图 3-4-2　含气饱和度分布直方图

2. 准噶尔盆地

准噶尔盆地 2000m 以浅准噶尔南缘为煤层气有利目标，白家海地区分别为煤系气勘探首选突破口。煤层气总资源量为 $2.37\times10^{12}m^3$，中国石油矿权区内资源量为 $1.14\times10^{12}m^3$，占比 48%。

通过采集准噶尔盆地彩南地区白家海凸起南部阜北斜坡区和西部东道海子凹陷二叠系、三叠系、侏罗系泥岩及煤层，测试烃源岩有机质成熟度及生烃潜力，发现东道海子凹陷二叠系平地泉组（P_2p）泥岩有机质成熟度为 0.7%，是白家海凸起北部主要的烃源岩。中—下侏罗统八道湾组和三工河组泥岩成熟度较低，R_o 介于 0.49%～0.56%，尚未达到生油窗。阜康北斜坡区侏罗系烃源岩已进入生烃门限；中—上三叠统小泉沟组（$T_{2-3}xq$）泥岩处于成熟、高成熟阶段，二叠系平地泉组（P_2p）泥岩则处于高成熟—过成熟阶段。侏罗系八道湾组和三工河组泥岩有机质成熟度大于0.8%，处于生气高峰；西山窑组泥岩尚未达到成熟阶段。侏罗系八道湾组和西山窑组煤层有机质成熟度介于0.68%~0.74%，属于气煤。

西山窑组含气煤层分布面积为13500km^2，资源量为15010.5×10^{8}m^3，资源丰度高的区块为乌鲁木齐—阜康、硫磺沟和南安集海—昌吉，丰度分别为14.27×10^{8}m^3/km^2、3.55×10^{8}m^3/km^{2}和2.1×10^{8}m^3/km^2，中国石油矿权区内资源量为6302.7×10^{8}m^3。八道湾组含气煤层分布面积为9619km^2，资源量为8702×10^{8}m^3，资源丰度高的区块为乌鲁木齐—大黄山、南安集海—昌吉和硫磺沟，丰度分别为3.54×10^{8}m^3/km^2、3.07×10^{8}m^3/km^{2}和2.49×10^{8}m^3/km^2，中国石油矿权区内资源量为5111.6×10^{8}m^3。

准噶尔盆地彩南地区侏罗系煤层气烃源岩包括侏罗系煤层和泥岩、二叠系平地泉组泥岩及中—上三叠统暗色泥岩（尹淮新等，2009；白振瑞等，2015）。其中，最重要的烃源岩为稳定发育的八道湾组上部煤层，煤层厚度介于10~16m，煤岩镜质组反射率介于0.6%~1.0%，已进入大量生气阶段。此外，侏罗系泥岩分布广泛，面积为8000km^2，厚度为300~1000m，为八道湾组煤层气较重要的烃源岩。上三叠统暗色泥岩较发育，主要分布于阜康—沙湾凹陷，泥岩厚度为100~500m。白家海凸起上三叠统泥岩厚度为50~100m。二叠系泥岩分布于东道海子凹陷和阜康凹陷，面积分别为1000km^{2}和5000km^2，厚度分别为200~300m和200~600m，这两个凹陷烃源岩发育区距离彩南地区白家海凸起10~20km。

依据R_o>0.7%、砂体厚度大于30m，圈定致密砂岩气的Ⅰ类+Ⅱ类有利区域为900km^2，预测资源量为4580×10^{8}m^3，其中最有利区块（Ⅰ类）煤层直接盖层砂岩厚度为30m的面积为470km^2，资源量为2220×10^{8}m^3（图3-4-3）。

白家海凸起由于南斜坡相对稳定、构造单一，局部构造圈闭不发育，但沉积相研究表明，该区是各层系沉积环境过渡变化的区带，有利于形成岩性圈闭。阜2井区被多条张性断层切割成花状，低幅平台背景下各层系形成了规模较小的断块圈闭。

1）西山窑组成藏模式

西山窑组中上部以厚—巨厚层灰色泥岩形成区域性良好盖层，中部发育厚度较大、分布较稳定的煤层，厚度介于5~46m，平均煤厚15.3m。煤层之下为前三角洲泥岩、碳质泥岩，厚3~15m。对西山窑组煤层来说既是生气层，又是储气层，且煤层顶底板围岩均为泥岩封盖，在凸起部位易形成良好的自生自储型煤层气藏（图3-4-4）。自生自储型煤层气藏需要有良好的顶底板围岩封盖独立成藏。

2）八道湾组成藏模式

根据上述八道湾组煤系成藏组合特征，八道湾组3_2段下部煤层及泥岩为较好的烃源岩，八道湾组3_2段顶部细砂岩为储气层，八道湾组3_1段底部发育全区较为稳定的前三角洲泥岩，为较好的盖层。此外，由于研究区断裂系统较发育，在白家海凸起靠近断层区域，除了自身煤系烃源岩外，深部二叠系、三叠系烃源岩生成的气体沿断层或不整合面运移至八道湾组煤系成藏组合中，构成了源外型煤层气藏模式。气体同位素及其组分也

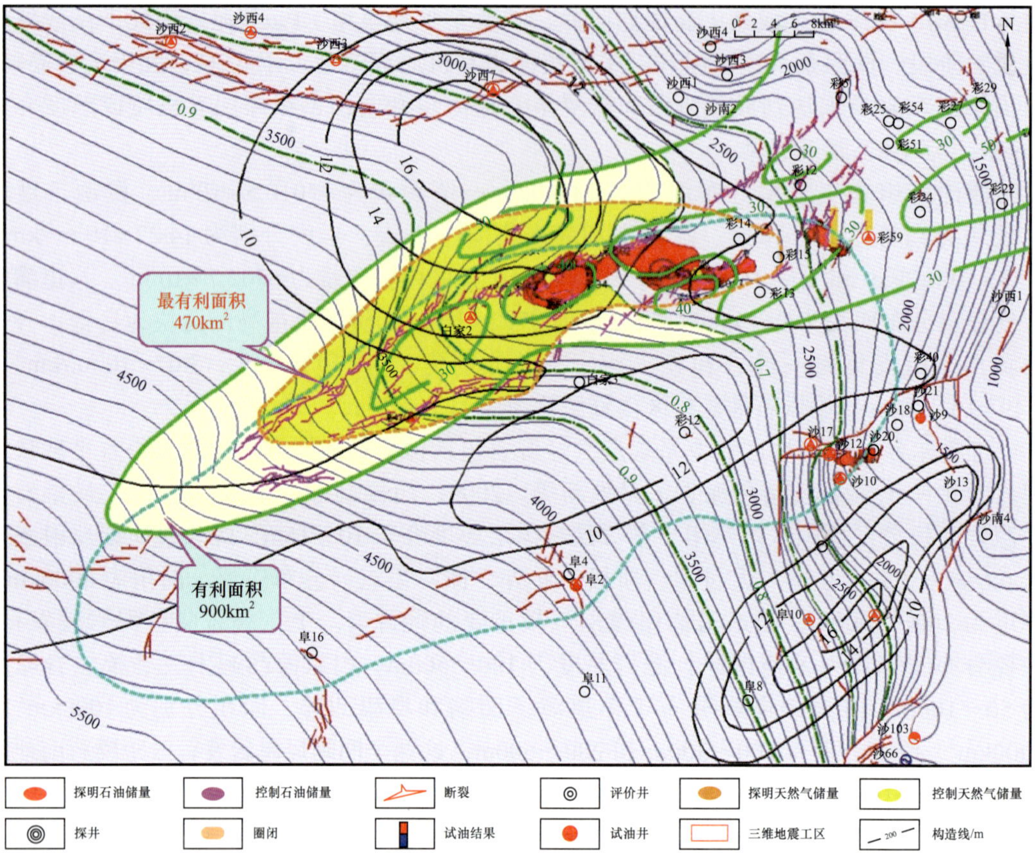

图 3-4-3　白家海地区致密砂岩气综合评价图

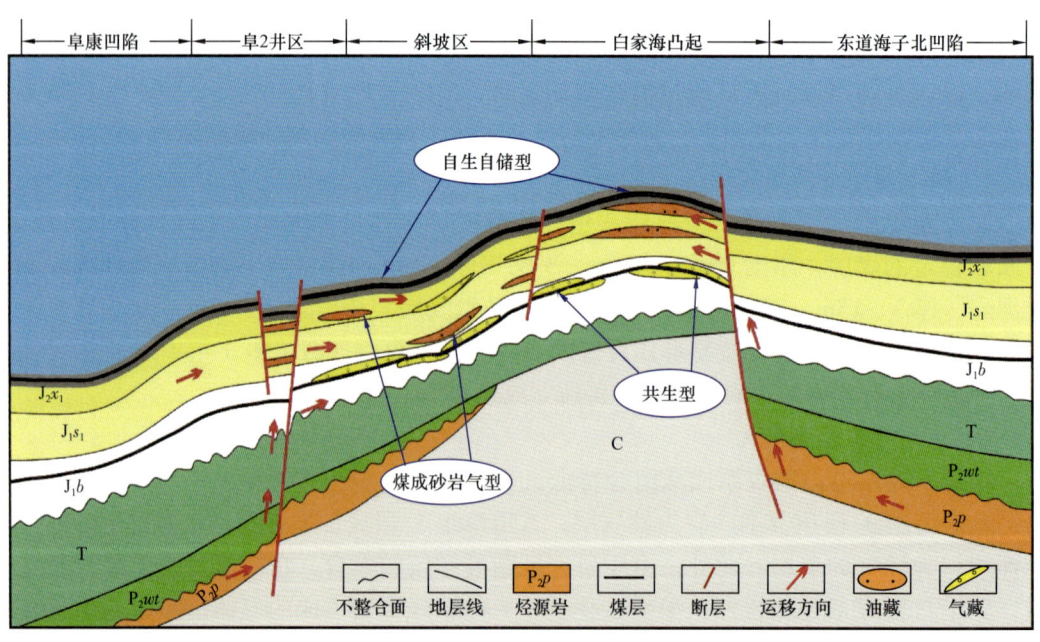

图 3-4-4　准噶尔盆地东部彩南地区含煤层气系统成藏模式图

证实了部分气源来自深部高成熟烃源岩。在白家海凸起—阜康北斜坡区由于缺少垂向上断裂的沟通，地层相对较平缓，烃源岩以八道湾组 3_2 段煤系烃源岩为主，气体向上或向下围岩中短距离运移并成藏，形成源内型煤层气藏模式。源内型煤层气藏多以致密砂岩气藏类型出现，如苏里格致密砂岩气藏、川中须家河组致密砂岩气藏等。

3. 吐哈—三塘湖盆地

依据煤砂储层参数分布和低煤阶煤层气评价选区标准，评价优选出条湖—马北、大南湖、沙尔湖、北部山前 4 个煤层气有利区（Ⅱ类区）（表 3-4-4）。

表 3-4-4 吐哈—三塘湖盆地凹陷/区带资源量统计

序号	凹陷/区带	含气量/m^3/t	厚度/m	密度/t/m^3	面积/km^2	资源量/$10^8 m^3$	丰度/$10^8 m^3/km^2$
1	哈密	3	25	1.3	1901	1853.48	0.98
2	大南湖	3.5	35	1.3	818	1302.67	1.59
3	条湖—马北	4	15	1.3	1826	1898.66	1.04
4	北部山前	5	25	1.3	319	518.37	1.62
5	疙瘩台	4	10	1.3	452	235.04	0.52
6	托克逊	5	15	1.3	136	132.6	0.97
7	沙尔湖	1.5	60	1.3	118	138.06	1.17
	合计				5570	6078.88	1.02

第五节 深层煤层气及煤系气勘探方向

中国煤系气具有储层类型多样、分布规模大的特点。据估算，我国煤层埋深 2000m 以浅的煤层气资源量为 $30.05 \times 10^{12} m^3$，埋深 2000~3000m 的煤层气资源量为 $18.47 \times 10^{12} m^3$；致密砂岩气资源量为 $(17.4 \sim 25.1) \times 10^{12} m^3$，煤系气资源潜力巨大。目前，煤系气资源量较大的盆地主要有沁水、鄂尔多斯、准噶尔、海拉尔、鸡西等盆地，不同盆地针对不同气藏类型应开展针对性的勘探工作。

煤层气勘探开发实践表明，对于浅部"三明治"式煤层气富集区，煤层气开发工艺技术较成熟，应重点开展煤层气勘探，例如沁水盆地浅层、鄂尔多斯盆地东缘浅层、准噶尔盆地南缘浅层、吐哈盆地南部、三塘湖条湖—马朗北缘等。

由于深部单一开发煤层气较难获得较好的经济效益，应重点探索煤系气综合勘探（穆福元等，2015；温声明等，2019）。针对煤层气—砂岩气共生气藏，可将煤层与砂岩互层段统一作为目的层开展煤层气+砂岩气综合勘探，该气藏类型主要分布在准噶尔盆地东部、沁水盆地深部、鄂尔多斯盆地中北部和吐哈盆地南缘斜坡带煤层与砂岩直接接触的地区，例如准噶尔盆地东部白家海地区西山窑组和八道湾组煤层气+砂岩气综合勘探取得良好的试气效果；针对煤成砂岩气藏，应重点开展砂岩气勘探，例如吐哈盆地北部山前带、鄂尔多斯盆地东部临兴、石楼西、大宁—吉县区块煤系地层砂岩气勘探均获得突破，准噶尔盆地准东斜坡带三工河组、头屯河组砂岩气勘探也有不同程度的发现，具备良好的勘探前景（表 3-5-1）。

表 3-5-1 重点盆地煤系气有利勘探方向

盆地	层系	气藏类型	有利勘探领域或方向	勘探对策
鄂尔多斯	C—P J	自生自储型煤层气藏	东缘浅层、南缘侏罗系浅层	重点开展煤层气勘探
		煤成砂岩气藏	深部煤系地层	重点开展砂岩气勘探
		煤层气—砂岩气共生气藏	深部煤系地层	重点开展煤系气综合勘探
准噶尔	J	自生自储型煤层气藏	南缘浅层	重点开展煤层气勘探
		煤成砂岩气藏	准东斜坡带三工河组、头屯河组	重点开展砂岩气勘探
		煤层气—砂岩气共生气藏	准东斜坡带煤系地层	重点开展煤系气综合勘探
吐哈—三塘湖	J	自生自储型煤层气藏	吐哈南部、三塘湖条湖—马朗北缘西山窑组	重点开展煤层气勘探
		煤成砂岩气藏	吐哈盆地北部山前带深部煤系地层	重点开展砂岩气勘探
		煤层气—砂岩气共生气藏	吐哈盆地南缘斜坡带西山窑组	重点开展煤系气综合勘探

第四章　煤层气资源有效性评价技术

通过对全国煤层气盆地进行综合评价，优选出有利区带后，开始进入有利区带研究阶段。通过对有利选区进行评价，进一步筛选出煤层气的有利目标区。国外煤层气勘探，在有利选区评价上充分考虑地质条件、资源量、供气环境及下游工程、投资效益等因素；在目标评价上充分考虑构造条件、煤层埋深、含气量、渗透率等条件。形成了一套符合我国煤层气勘探开发特点的有利目标优选与评价的指标体系和优选方法，提出了煤层气有效资源的含义与评价体系，重新评价了我国中低煤阶煤层气有效资源潜力，回答了中国煤层气有效资源潜力的问题。

第一节　中国煤层气资源再评价

本次资源评价全国共划分为四个大区，即东部区、中部区、西部区和南方区。在大区内，按主要聚煤作用差异、区域构造变形特征、煤层气赋存特征和地域上的临近关系等划分含气盆地（群）。本次资源评价全国共包括 30 个含气盆地。计算单元为本次资源评价的最小单元。计算单元按照以下原则划分：

（1）纵向上，以单一煤层为计算单元，煤岩、煤质和煤体结构特征差别不大的煤层组可以合并为一个计算单元。

（2）横向上，以单一煤层底部或煤层组中部埋深线作为边界划分计算单元。

（3）在评价计算过程中，可根据实际情况进一步划分出次一级计算单元。划分的原则是以地质边界或人为技术边界为划分依据，例如构造线、煤厚突变线、煤阶变化线、煤层含气边界、井田或采区边界、预测区边界、网格边界、水平标高线、煤炭储量级别等。

参数研究方面不仅丰富了近十年来参数井取得的基础地质参数，还在深部含气量、可采系数等关键参数取值方面丰富了方法，提高了参数可靠性。

一、资源评价方法及参数优选

本次资评选择体积法作为主要的评价方法。可采资源量计算主要是获取煤层气地质资源量/储量后，再经过可采系数校正可计算出煤层气可采资源量/储量。

1. 煤储层含气量

煤储层含气量通常采用实测法、类比法、推测法等方法获得。实测法主要针对 1000m 以浅煤层含气量选取，深部只能依靠推测法。实验证明，不同煤阶吸附量随埋深变化特征明显，均是先增加后减小；不同煤阶存在最大吸附临界深度带，低煤阶临界深度带介于 1400~2000m，中高煤阶介于 1000~2000m（图 4-1-1）。

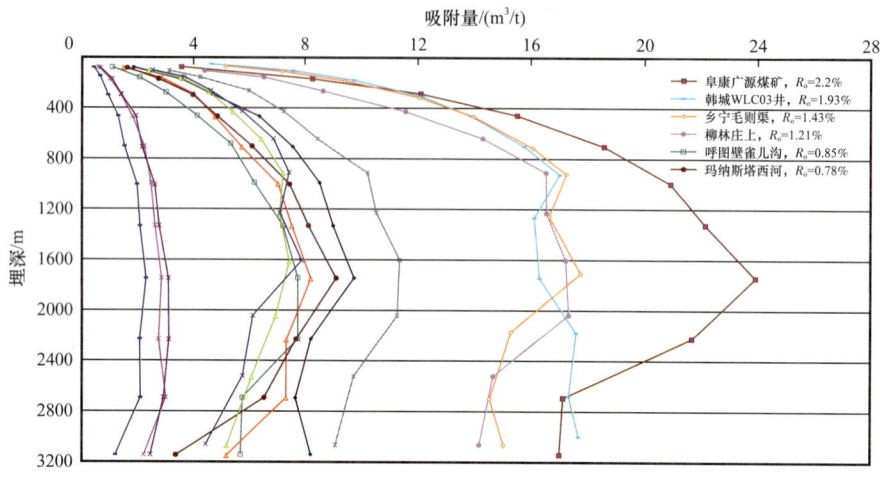

图 4-1-1　不同煤阶埋深与吸附气量关系

而低煤阶煤层实测含气量又受到测试方法的影响，由于原测试方法主要针对吸附气占主要状态的煤层，研究表明，低煤阶游离气比例远大于中高煤阶，最大可超过 50%，所以对实测数据也需要校正（梁宏斌等，2011；伊向艺等，2014）。

本轮资源评价现场含气量实测数据大大增加，而测试数值却远小于以往预期（表 4-1-1）。综合以上影响，准噶尔盆地、吐哈盆地等原勘探开发程度较低的低煤阶煤层气藏资源量明显减少。

表 4-1-1　部分煤层气探井实测含气量及校正数据

井号	深度 /m		含气量 /（m^3/t）		朗格缪尔体积 / m^3/t	朗格缪尔压力 / MPa
	顶	底	原始	校正		
石树 011	458.67	466.82	0.47	0.92	4.82	3.09
火泉 1	625.26	635.83	0.23	1.14	7.19	4.63
	892.53	897.19	0.19	1.43	8.64	4.41
DJD–01E	555.00	596.10	0.65	1.26	3.56	2.49
DJD–02E	537.26	580.27	0.22	4.05	4.65	3.08
DJD–04E	683.00	711.25	0.42	2.44	5.56	3.21
DJD–05E	760.75	823.74	0.56	2.26	6.12	2.83
DJD–06E	526.60	559.66	0.18	3.08	2.72	2.87
DJD–07E	570.30	587.67	0.16	5.02	4.04	2.95
DJD–08E	453.83	463.60	0.22	2.85	2.96	2.75
DJD–10E	361.82	404.50	0.67	0.97	4.32	4.03
	428.60	431.56	0.86	0.86	3.59	2.83

续表

井号	深度 /m		含气量 /（m³/t）		朗格缪尔体积 / m³/t	朗格缪尔压力 / MPa
	顶	底	原始	校正		
DJD–10E	483.53	485.50	0.75	0.91	4.40	3.90
	491.36	494.96	0.75	2.49	12.09	3.91
DJD–11E	489.40	511.30	0.27	2.42	4.2	3.88
DJD–13E	499.60	510.50	0.34	2.83	3.58	2.08
	583.25	623.10	0.36	1.69	2.11	1.91

2. 可采系数的确定

1）数值模拟法

保德低煤阶煤层气井组可采资源量和可采系数数值模拟研究，以 500m×500m 井距为例，如废弃年限为 20 年，其可采资源量达 $2360×10^4 m^3$，采收率为 50.99%。

2）产量递减法

如图 4-1-2 所示，从沁水盆地樊庄煤层气区块递减规律来看，该地区水平井递减率为 5.1%～27.2%，平均为 18.3%；直井递减率为 6.8%～37.5%，平均为 21.6%，水平井递减略缓。

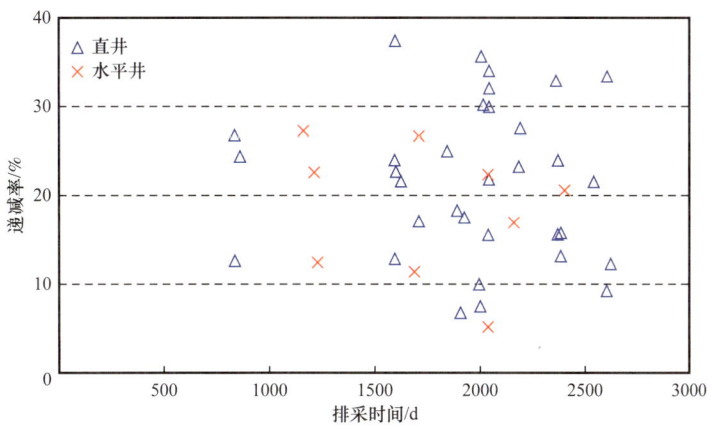

图 4-1-2 某煤层气区块不同井型产量递减率分布

二、资源量及资源量分布特征

本轮资源评价工作主要针对 30 个主要含煤层气盆地，评价地质资源量为 $30.5×10^{12} m^3$，可采资源量为 $12.51×10^{12} m^3$（表 4-1-2）。全国煤层气地质资源量大区分布，东部最多占 33%，中部和西部各占 26%，南方最少占 15%；可采资源量也以东部、西部最高，各约占 30%，中部占 24%，南方最少占 15%（图 4-1-3）。全国煤层气地质资源量层系分布，中生界和古生界各约占 50%，新生界地质资源量极少（表 4-1-3）。

表 4-1-2 全国主要含煤层气盆地资源量统计

大区	盆地（群）	地质资源量/$10^8 m^3$	可采资源量/$10^8 m^3$	大区	盆地（群）	地质资源量/$10^8 m^3$	可采资源量/$10^8 m^3$
东部	三江—穆棱河	3103.38	533.71	东部	沁水	40003.87	15256.41
	松辽	39.34	5.1		大同	1428.11	470.63
	伊兰—伊通	52.51	12.08		宁武	3643.58	1807.67
	延边	29.12	7.01	中部	鄂尔多斯	72599.12	27959.1
	敦化—抚顺	109.77	56.62		四川	6042.09	2717.48
	浑江—红阳	1186.44	683.62	西部	准噶尔	31087.7	13615
	辽西	162.19	125.47		吐哈	11644.32	6531.84
	豫西	6744.07	1756.99		三塘湖	3181.81	1812.43
	太行山东麓	4314.19	766.99		塔里木	12972.68	5959.48
	徐淮	5784.61	2429.07		柴达木	1411.76	798.21
	冀中	1773.32	761.08		河西走廊	1171.95	581.64
	京唐	1418.66	525.53		天山	16261.54	8968.25
	豫北—鲁西北	1180.73	179.54	南方	滇东黔西	34723.77	14052.43
	海拉尔	12968.57	7561.5		萍乐	339.65	149.58
	二连	11816.95	4475.41		川南黔北	10099.42	4383.39
	阴山	817.68	149.47		桂中	98.55	49.17
地质资源量总计/$10^8 m^3$		298211.5		可采资源量总计/$10^8 m^3$		125141.9	

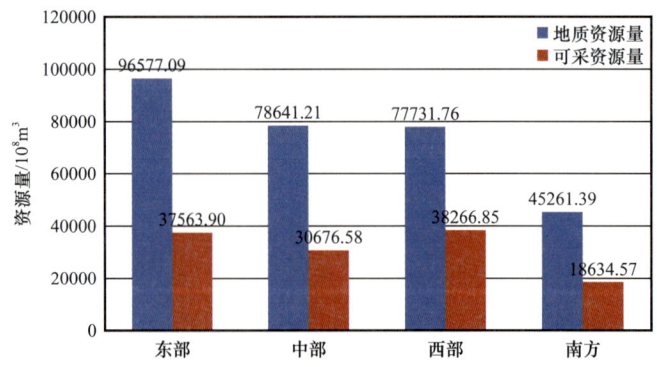

图 4-1-3 全国煤层气资源大区分布柱状图

表 4-1-3　全国煤层气资源层系分布

层位	新生界	中生界	古生界
地质资源量 /$10^8 m^3$	191.4	150004.9	148032.8
可采资源量 /$10^8 m^3$	75.71	67266.65	57800.01

全国煤层气地质资源量煤阶分布，高煤阶、低煤阶略高于中煤阶地质资源量，但由于渗透率关系低煤阶可采资源量明显高于高煤阶和中煤阶。全国煤层气地质资源量埋深分布，风化带～1000m 最大（占 37%），1500～2000m 次之（占 33%），1000～1500m 最少（占 30%）；可采资源量风化带～1000m 最大（占 35%），1000～1500m 次之（占 33%），1500～2000m 最少（占 32%）。综合煤阶、埋深分布来看，煤层气地质资源量和可采资源量高煤阶、低煤阶以 1000m 以浅为主，中煤阶以 1000～2000m 埋深为主（图 4-1-4）。

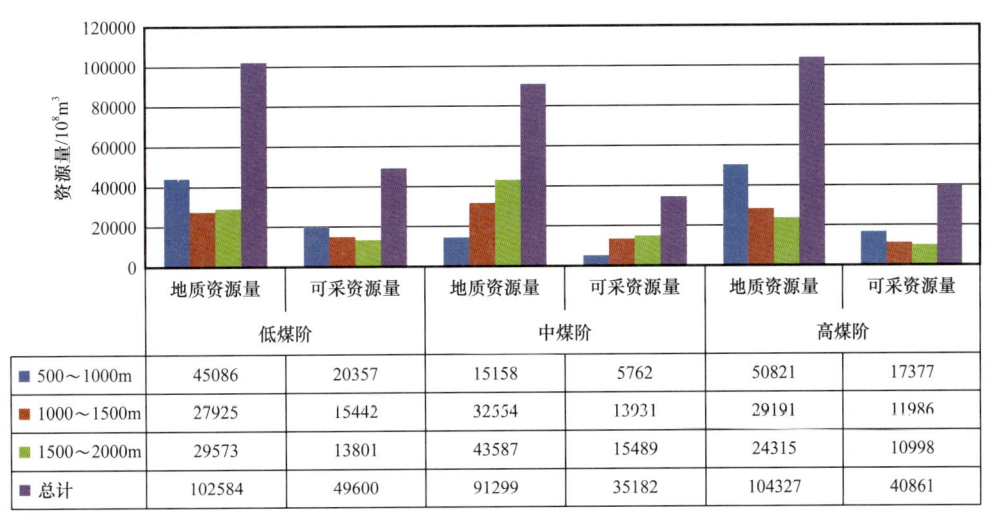

图 4-1-4　不同煤阶煤层气埋深分布规律

同时，根据矿权区分布与煤储层叠合实际，利用资源丰度与叠合面积相乘的方法预测了中国石油主要油气矿权区内煤层气地质资源量，中国石油油气矿权区内主要含煤层气盆地 15 个，油气矿权区内煤层气地质资源量约 $13.4 \times 10^{12} m^3$，占全国 44.9%；可采资源量约 $5.79 \times 10^{12} m^3$，占全国 46.3%（表 4-1-4）。由于中国石油油气矿权区主要分布在黄河以北地区，因此矿权区内煤层气资源分布规律与全国分布规律略显不同。首先，中国石油油气矿权区内以中部资源量最大，西部次之，东部、南部较少；2/3 资源量来自中生界煤储层；不同深度煤层气资源量占比 1500～2000m 埋深略多，1500～2000m 深层煤层气资源量占比达到 51%；低煤阶资源量占 51%，中煤阶占 30%，高煤阶仅为 19%。由以上资源分类特点可以看出，煤层气资源量主要集中在东部的沁水盆地、二连盆地和海拉尔盆地，中部的鄂尔多斯盆地，西部的准噶尔盆地、塔里木盆地和吐哈—三塘湖盆地。

表 4-1-4　中国石油主要油气矿权区煤层气资源量

矿权区	面积／km²	资源丰度／10⁸m³/km²	地质资源量／10⁸m³	可采资源量／10⁸m³	占盆地地质资源量的比例／%
三江—穆棱河	2004.33	1.21	2425.00	417.04	78.14
塔里木	870.26	2.21	1920.94	882.45	14.81
松辽	270.45	0.07	17.70	2.30	45.00
宁武	349.82	1.15	400.79	198.84	11.00
滇东黔西	802.76	2.16	1736.19	702.62	5.00
河西走廊	1125.20	0.21	234.39	116.33	20.00
三塘湖	4695.00	0.68	3181.81	1812.43	100.00
二连	11617.87	0.34	3938.98	1491.80	33.33
四川	19684.57	0.31	6042.09	2717.48	100.00
川南黔北	3302.18	0.92	3029.83	1315.02	30.00
沁水	13792.74	0.75	10401.01	3966.67	26.00
海拉尔	8101.21	1.00	8090.28	4717.15	62.38
吐哈	13318.00	0.87	11644.32	6531.84	100.00
鄂尔多斯（J）	54136.31	0.45	24425.27	9004.10	60.00
鄂尔多斯（C—P）	33560.55	0.76	25512.24	10361.85	80.00
准噶尔	26126.00	1.19	31087.70	13615.00	100.00
总计	193757.25		134088.54	57852.92	

第二节　煤层气有效资源含义与评价体系

目前，煤层气勘探有利区优选评价结果尚不能直接指导勘探，需要充分考虑地质条件、资源量、供气环境及下游工程、投资效益等因素，来确定可供开发利用的煤层气区块。因此，研究形成了一套符合我国煤层气勘探开发特点的资源有效性评价技术。

中低煤阶煤层气有效资源基本含义：当前经济技术条件下，具备一定规模、丰度和可动用性，通过改造能实现有效开发的煤层气资源。相比于资源评价，更注重可动用性（可流动性）、可改造型等参数指标评价。

有效资源评价包括三大类 13 小类评价指标（表 4-2-1）。其中，含气性包括构造条件、含气量、主力煤厚、资源丰度、生物气条件和保存条件六小类；可动用性包括吸附饱和度，基质渗透率和扩散系数三小类；可改造性包括显微硬度、脆度、煤体结构和埋深四小类。

表 4-2-1 煤层气有效资源指标

参数		等级			评价赋分		
		A级	B级	C级	A级	B级	C级
含气性	构造条件	简单	较简单	复杂	80	40	20
	含气量 /(m^3/t)	>2	1~2	<1	100	60	20
	主力煤厚 /m	>30	10~30	<10	80	40	20
	资源丰度 /($10^8m^3/km^2$)	>1.5	1~1.5	<1	100	60	20
	生物气条件（矿化度）	有利	较有利	不利	80	40	20
	保存条件	有利	较有利	不利	80	40	20
可动用性	吸附饱和度 /%	>80	50~80	<50	80	40	20
	基质渗透率 /mD	>0.5	0.1~0.5	<0.1	100	60	20
	扩散系数 /(m^2/s)	>10^{-3}	10^{-5}~10^{-4}	10^{-6}~10^{-5}	100	60	20
可改造性	显微硬度	有利	较有利	不利	80	40	20
	脆度	有利	较有利	不利	80	40	20
	煤体结构	原生	碎裂—原生	碎裂、碎粒	80	40	20
	埋深 /m	800	800~1000	1000~1500	80	40	20

以单井产量为考核指标，突出有利单元开发地质与开发动态评价，综合煤层气含气性、技术可采性和经济性三类要素，优选相关性大的煤层含气量、渗透率和地解比等参数，测算资源有效性评价的指标下限，建立了一套系统的煤层气有效资源的分类分级评价标准（表 4-2-2）以及多因素综合评价方法体系。

表 4-2-2 煤层气有效资源指标体系

参数	等级	分值	参数含义	权重	评价标准		
					高煤阶	中煤阶	低煤阶
埋深 /m	Ⅰ	8~10	煤层气钻井工程费用	0.25	500~1000	500~1000	300~500
	Ⅱ	4~7			1000~1500	1000~1500	500~800
	Ⅲ	0~3			>1500	>1500	>800
煤层厚度 /m	Ⅰ	8~10	煤层厚度、稳定性；资源量大小	0.15	>5	>10	>20
	Ⅱ	4~7			3~5	5~10	10~20
	Ⅲ	0~3			<3	<5	<10

续表

参数	等级	分值	参数含义	权重	评价标准 高煤阶	评价标准 中煤阶	评价标准 低煤阶
含气量 / m³/t	Ⅰ	8～10	煤阶（吸附能力）、封盖条件、构造条件和水文地质条件的综合反映	0.2	>20	>15	>2
	Ⅱ	4～7			10～20	5～15	1～2
	Ⅲ	0～3			<10	<5	<1
压力梯度 / kPa/m	Ⅰ	8～10	从地表起算的压力梯度，能量场	0.1	>9.8		
	Ⅱ	4～7			7～9.8		
	Ⅲ	0～3			<7		
渗透率 / mD	Ⅰ	8～10	渗透性；产气能力	0.25	>1		
	Ⅱ	4～7			0.1～1		
	Ⅲ	0～3			<0.1		
地面条件	Ⅰ	8～10	煤层气钻井工程费用	0.05	平原、戈壁		
	Ⅱ	4～7			丘陵		
	Ⅲ	0～3			山地		

第三节 刻度区解剖

根据现场实际成本费用数据，整理出不同区块的煤层气开发投资和经营费用单价取值标准（表4-3-1）。

表4-3-1 刻度区煤层气开发投资和经营费用单价取值标准

序号	项目名称	单位	保德刻度区	樊庄刻度区
一	单井总投资	万元/井	73	73
1	开发井投资	万元	—	—
1.1	钻前准备工程	万元/井	15	15
1.2	钻井工程	元/m	600	450
1.3	压裂工程	万元/层	35	35
1.4	排采设备及安装费	万元/套	25	25
2	地面建设工程投资	万元/井	73	73
2.1	井场工程	万元/井	30	—

续表

序号	项目名称	单位	保德刻度区	樊庄刻度区
2.2	集气输气管网	万元/km	40	
2.3	集气站	万元/座	—	
2.4	脱水增压外输站	万元/座	—	
3	其他资产	万元		
3.1	试排采费	万元/(井·月)	1.50	0.42
3.2	其他费用	万元	固定资产投资的5%	
4	基本预备费	万元	固定资产投资的10%	
5	弃置费	万元	地面建设工程投资的5%，按产量法进行摊销	
6	流动资金	万元	生产期高峰产能年份经营费用的25%	
二	经营费用	万元	—	
1	操作费用	元/m³	0.51	0.42
1.1	排采费	元/(井·d)	600	—
1.2	维修费	万元	地面建设工程投资的2.5%	
1.3	修井费	万元/(井·次)	2.5	—
2	管理费用	万元/a	0.81	0.81
3	财务费用	万元	假设全部使用自筹资金，财务费用为零	
4	销售费用	万元	销售收入的1%	

保德刻度区和樊庄刻度区按照好（一类）、中（二类）、差（三类）划分类型，比如按照产量分类（高产、中产、低产）。每一类型，按照"评价指标"计算得分，按照0.5元/m³、1元/m³、1.5元/m³、2元/m³、2.5元/m³气价计算经济评价，得到相应内部收益率和经济可采系数。

通过樊庄刻度区建立在不同油价下综合评价与内部收益率的交会图版，将不同计算单元的综合评分投进交会图版，不同气价条件对应不同的内部收益率（基准为8%），从而得出沁水盆地各计算单元在不同气价条件下的内部收益率（图4-3-1），求出评价经济技术可采资源量（图4-3-2）。

通过不同气价条件下的经济技术可采系数计算出沁水盆地各计算单元煤层气可采资源量（图4-3-3）。

根据不同气价条件下的经济技术可采系数计算出沁水盆地煤层气可采资源量，见表4-3-2。

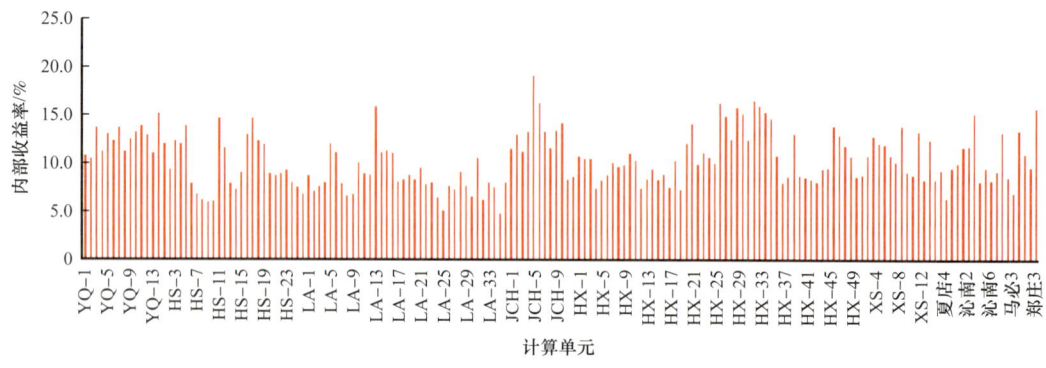

图 4-3-1　沁水盆地各计算单元在气价为 1.5 元 /m³ 时的内部收益率

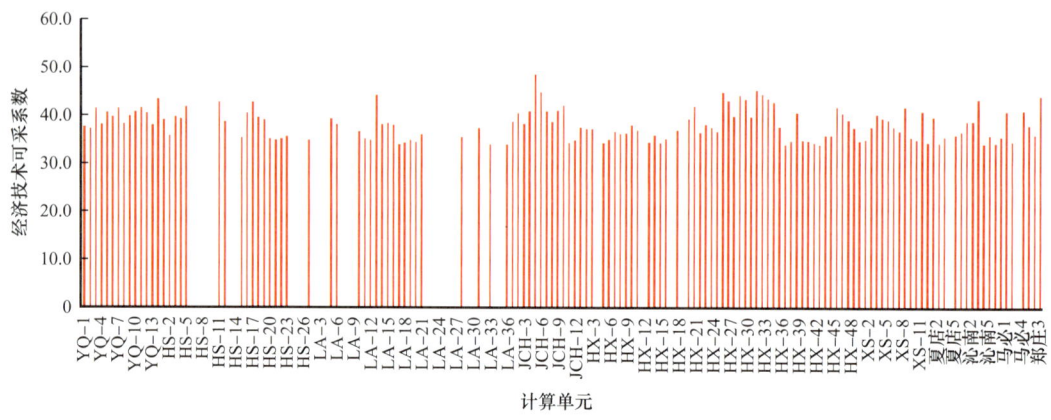

图 4-3-2　沁水盆地各计算单元在气价为 1.5 元 /m³ 时的经济技术可采系数

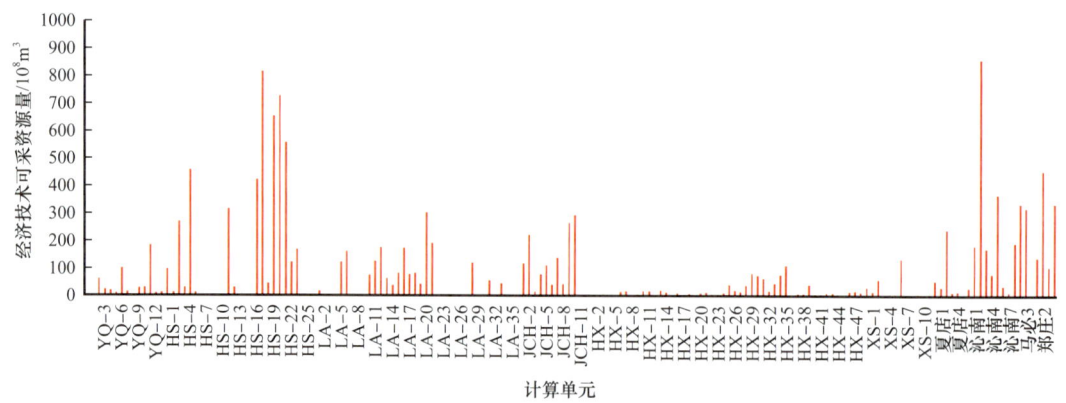

图 4-3-3　沁水盆地各计算单元在气价为 1.5 元 /m³ 时的经济技术可采资源量

表 4-3-2　沁水盆地煤层气资源经济性评价汇总

盆地	经济技术可采资源量 /10⁸m³				
	0.5 元 /m³	1 元 /m³	1.5 元 /m³	2 元 /m³	2.5 元 /m³
沁水	0	80.17	13851.40	19722.96	22705.79

通过保德刻度区建立在不同油价下综合评价与内部收益率的交会图版,将不同计算单元的综合评分投进交会图版,不同气价条件对应不同的内部收益率(基准8%),从而得出鄂尔多斯盆地各计算单元在不同气价条件下的内部收益率,求出评价经济技术可采资源量(图4-3-4、图4-3-5)。

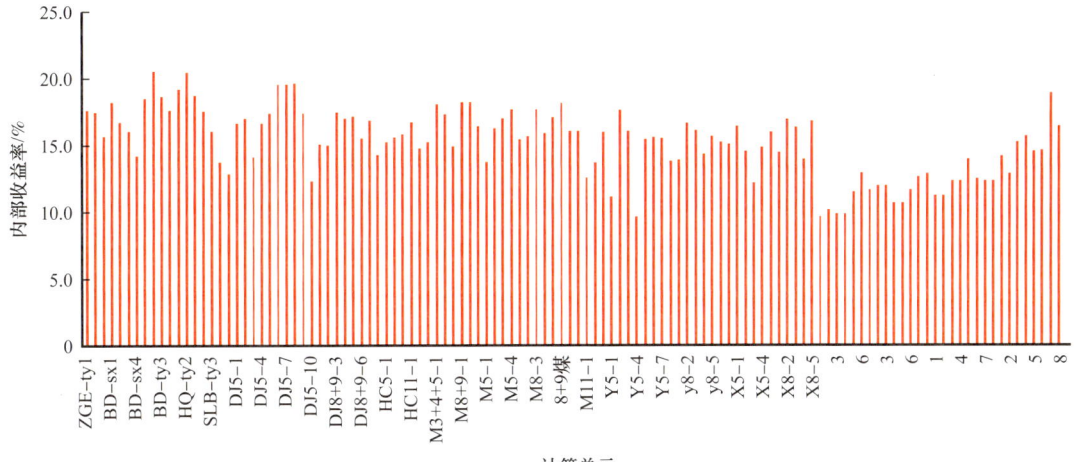

图4-3-4 鄂尔多斯盆地各计算单元在气价为1.5元/m^3时的内部收益率

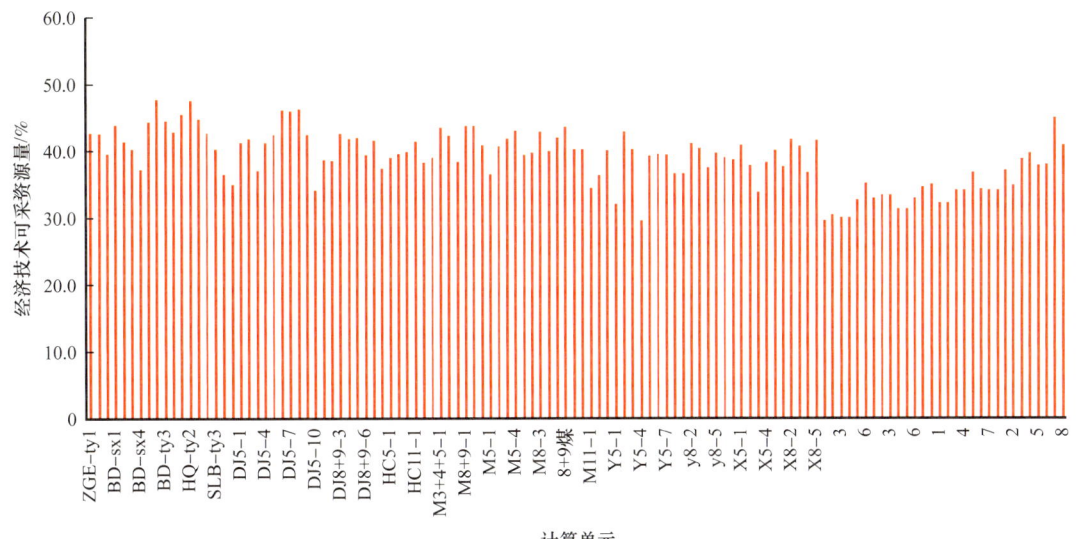

图4-3-5 鄂尔多斯盆地各计算单元在气价为1.5元/m^3时的经济技术可采系数

通过不同气价条件下的经济技术可采系数计算出鄂尔多斯盆地计算单元煤层气可采资源量(图4-3-6)。

根据不同气价条件下经济技术可采系数计算出鄂尔多斯盆地煤层气可采资源量(表4-3-3)。

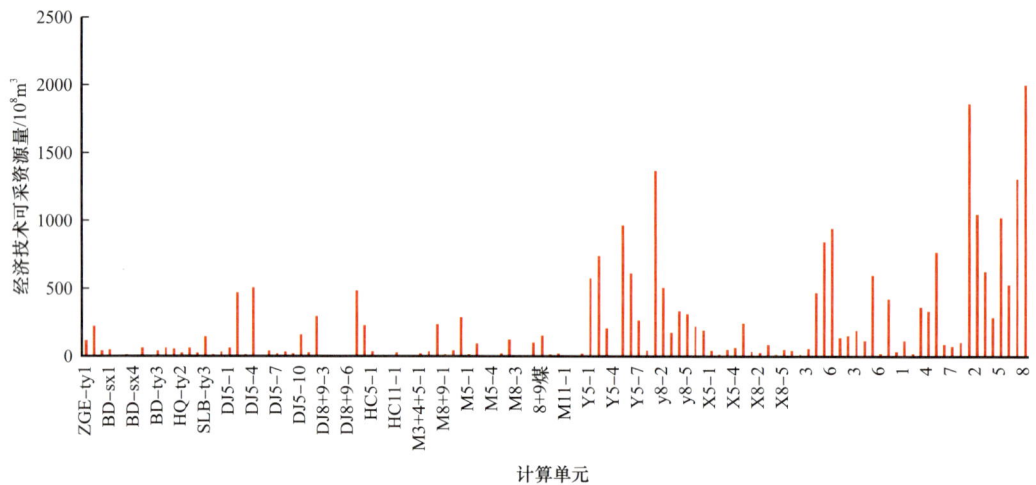

图 4-3-6　鄂尔多斯盆地各计算单元在气价为 1.5 元 /m³ 时的经济技术可采资源量

表 4-3-3　鄂尔多斯盆地煤层气资源经济性评价汇总

盆地	经济技术可采资源量 /10⁸m³				
	0.5 元 /m³	1 元 /m³	1.5 元 /m³	2 元 /m³	2.5 元 /m³
鄂尔多斯	0	3784.71	27439.44	35883.09	43186.30

第四节　有效资源潜力

全国煤层气有效资源 $8.22 \times 10^{12} m^3$，中国石油煤层气有效资源 $3.71 \times 10^{12} m^3$。优选出 13 个一类目标区，有效资源 $2.7 \times 10^{12} m^3$（表 4-4-1）。

表 4-4-1　煤层气有利目标区

对象	分类	有利目标	埋深 / m	煤厚 / m/ 层	R_o / %	含气量 / m³/t	面积 / km²	资源量 / 10⁸m³
中高煤阶	I	大宁—吉县	950~2000	4~6	1.3~2.3	6~14	700	1600
		夏店—沁南	200~1200	7~19/2	1.9~4.3	10~32	5334	8900
		马必	300~1200	5~9	2.5~3.7	14~22	899	983
		蜀南筠连	500~650	12/4	2.0~3.2	4~15	350	923
		宁武南部	800~1500	11~14/1	1.0~1.3	11~21	534	1665
		石楼西	1500~2500	5~7	1.0~2.2	7~14	253	600

续表

对象	分类	有利目标	埋深/m	煤厚/m/层	R_o/%	含气量/m³/t	面积/km²	资源量/10⁸m³
中高煤阶	Ⅱ	武威营盘	600～900	5～14/2	0.9～1.4	5～8	912	944
		安泽	650～1200	5～12	2.5～3.7	15～27	560	650
		盘关	500～1500	6～13/2	0.8～3.4	6～24	610	1900
	Ⅲ	古蔺、叙永	600～1500	5～8/2	1.9～3.3	10～32	601	1000
		……	…	…	…	…	…	…
低煤阶	Ⅰ	保德	300～1300	5～22/2～3	0.6～1.4	9～24	600	1700
		鸡西	400～1500	2～18/2～6	0.6～1.4	6～18	1014	1400
		吉尔嘎朗图	100～900	120～160	0.3～0.5	1～3	220	845
		阜康大黄山	400～1200	60～70	0.6～0.78	7～11	300	800
		伊敏	300～1200	10～80	0.27～1.71	1.6～9.0	800	620
		呼和湖	50～1200	5～70	0.37～0.53	1～4.5	1890	2020
		呼伦湖	50～550	27	0.28～0.62	5.0	1000	2200
	Ⅱ	陇东	300～1200	3～17	0.5～0.9	2～6.4	6200	3467
		西峡沟	500～1500	10～50	0.45～0.7	1～4	1884	1659
		霍林河	300～900	7～34/5	0.3～0.6	5～8	380	1025
		准格尔	500～1200	5～9/2	0.4～1.0	2～7	2565	3100
		鹤岗	400～1500	2～18/2～6	0.7～1.0	6～18	1014	1533
		昌吉	300～1200	25～32/3	0.6～0.9	5～15	2080	5600
	Ⅲ	西峡沟	600～1500	7～36/1	0.45～0.7	—	2855	2170
		……	…	…	…	…	…	…
合计							50869	82221

第五章 煤层含气性测试评价技术

煤层含气性测试是储层评价、资源计算和产量预测的核心参数。"十三五"以来，主要针对低煤阶深部煤系含气量测试的关键技术难题，开展了含气量预测、含气量物理模拟、游离气预测及等温吸附等相关测试技术与方法的研究，形成了特色低煤阶含气量测试技术与煤系游离气预测技术。

第一节 低煤阶煤层含气量测定技术

一、煤层含气量测试的基本方法

1. 压力取心测试的基本方法

煤层含气量与储层压力参数和吸附等温线参数结合起来，就可以预测产气能力。值得注意的是，并不是所有含煤地区和含煤地层都有工业性的煤层气可供开采，由此必须首先测定其含气量。

压力取心法是煤层含气量最有效的测定方法，一般情况下是利用常规岩心或岩屑测定含气量。通过这种方法测定的含气量包括三部分：（1）损失气量，钻遇煤层后到样品被装入样品解吸罐密封之前从样品中释放出的气体量；（2）解吸气量，就是在大气压力条件下将样品放入样品解吸罐中密封之后从样品中自然解吸出来的气体量，实际上只是解吸气的一部分，加上损失气量才是总解吸气量；（3）残余气量，自然解吸过程结束后仍残留在样品中的那部分气体量。

通常，煤层含气量计算公式如下：

$$G_{C}=Q_{FG}+G_{CL}+G_{CD}+G_{CR} \tag{5-1-1}$$

式中　G_{C}——煤层含气量，cm^3/g；
　　　Q_{FG}——游离气量，cm^3/g，目前认为煤层气以吸附气为主，并未计算；
　　　G_{CR}——残余气量，cm^3/g；
　　　G_{CD}——解吸气量，cm^3/g；
　　　G_{CL}——损失气量，cm^3/g。

其中，损失气量计算公式如下：

$$G_{CL}=V_{Lost}/m_{t} \tag{5-1-2}$$

式中　V_{Lost}——损失气体积，cm^3；
　　　m_{t}——样品总质量，g。

解吸气量计算公式如下：

$$G_{CD} = V_D/m_t \quad (5-1-3)$$

式中　V_D——解吸气体积，cm^3；

　　　m_t——样品总质量，g。

残余气量计算公式如下：

$$G_{CR} = V_R/m_R \quad (5-1-4)$$

式中　V_R——残余气体积，m^3；

　　　m_R——残余气样品质量，g。

2. 损失气量估算方法

1）数据关系

通过气压法测定解吸气量。使用该方法测定时，每间隔一定时间测定一次解吸量，间隔时间依解吸罐的压力而定，主要是使罐内压力不至于抑制气体的解吸，初始时刻取的点较密。随着解吸量的减少，时间逐渐加长，一般前1h内每隔5～10min取样一次，24h以内间隔0.5～1.5h取样一次，以后4～5h取样一次，最后可每天取样一次。

每次取样时记录取样时间及计量管读数，为进行体积校正，应同时记录大气压力和温度。由取样时间计算出实验持续时间，可以使用h、min或s。由测量管读数求出间隔解吸气体体积及累计气体体积，然后再根据大气压力和温度进行体积校正，按方程换算为标准状态下的气体体积。

2）损失时间确定

损失时间根据钻遇煤层时间和岩心密封时间等确定，对于清水取心或钻井液取心，损失时间为地面暴露时间加井下时间的一半。

3）损失气量确定

在本例中使用清水取心，将损失时间与测试解吸气量的持续时间相加。再求其平方根，将其与标准状态下解吸气量作图5-1-1。由图5-1-1中可以看出，在样品解吸初期，自然累计解吸气量与解吸时间的平方根存在一定的线性关系，反向延长两者拟合出的关系直线，y 轴上截距的绝对值即为损失气量。

二、低煤阶煤层含气量测试的特殊性

1. 低煤阶煤层含气量测试难点

当前煤层含气量测试国家标准主要适用于中高煤阶煤层含气量测试。然而，低煤阶煤层含气量测试与中高煤阶煤岩存在极大差异，特殊性主要表现在：

（1）低煤阶煤岩孔隙结构以大孔为主，吸附时间短，解吸快，影响损失气量测算精度。通常，低煤阶煤层含气量低，残余气量更是小之又小，加上残余气粉碎过程中受到氧化的影响，若采用常规方法测试残余气量，无法直接测得或因测值太低导致误差增大。

（2）低煤阶煤岩水分含量高，易失水干燥，影响比表面、吸附参数、密度等参数测定精度。通过对比测试结果，发现氧化和过干燥作用对煤层含气量、密度、孔隙结构、发热量、吸附能力等关键参数的测试产生明显影响。

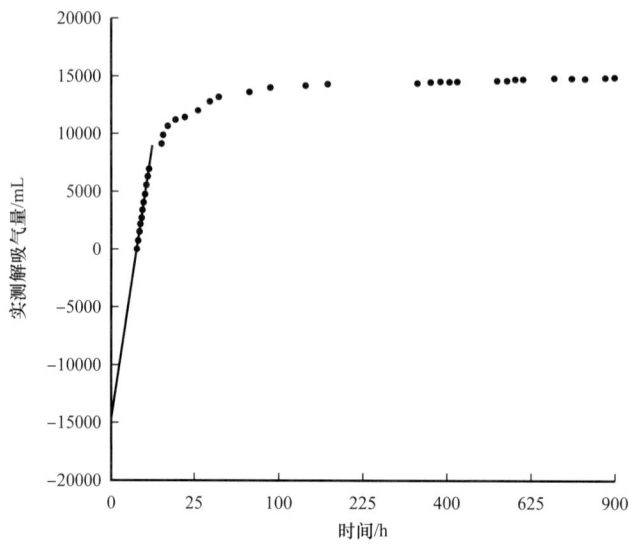

图 5-1-1　煤层气含气量测试估算损失气量分析图

（3）低煤阶煤岩芳香结构比例相对偏低且缩合程度弱，易被氧化，影响残余气量、元素分析等参数测定精度。化学实验证实，煤与氧接触过程中，煤分子的非芳香结构首先遭到破坏。氧化作用对低煤阶煤岩显微组分、发热量等参数影响较大。

2. 过干燥与氧化作用影响低煤阶煤岩测试结果

目前，人们普遍意识到低煤阶煤岩测试的特殊性，但关于测试结果不确定性的研究却鲜有报道。因此，急需定量研究和评价氧化和过干燥作用对低煤阶煤岩含气性及吸附能力的影响，并以此为依据建立起严格的实验测试流程和规范，提高低煤阶煤岩测试准确性。

1）过干燥与氧化作用影响低煤阶煤岩测试实验

（1）实验方案。

实验样品取自吐哈盆地沙尔湖地区某井的一个解吸样品，煤阶为褐煤（表5-1-1）。待自然解吸完毕后，将该样品缩分至5份，取其中1份作为参考样品（样品编号为CS3A–0h），放置于实验室惰性气体干燥器中干燥，直到肉眼观测表面无自由水即可；其余4份分别在实验室环境进行空气干燥1天、7天、15天和30天（样品编号分别为CS3A–24h、CS3A–7d、CS3A–15d和CS3A–30d），之后进行煤岩测试分析。通过对比测试结果，定量分析氧化和过干燥作用对含气量、密度、孔隙结构、发热量、吸附能力等关键参数的影响程度，为建立更加完善的低煤阶煤岩测试流程和体系提供依据。

（2）实验结果。

平衡水分 E_m（最高内在水分）：平衡水分 E_m 与干燥时间呈负相关关系，与参考样品相比，随着空气干燥时间的持续，平衡水分 E_m 测试结果逐渐低于理论值，变化率即实验测试误差为 5.07%～18.82%。

表 5-1-1　CS3A-0h 详细参数

参数	数值	参数	数值
水分（ad）/%	20.03	R_o/%	0.48
灰分（ad）/%	5.14	发热量（mmmf）/（MJ/kg）	22.25
挥发分（ad）/%	26.99	含气量（ad/in-situ）/（m^3/t）	1.44/1.42
碳（daf）/%	77.39	最高内在水分/%	21.01
氢（daf）/%	4.48	视密度（ad/in-situ）/（g/cm^3）	1.25/1.27

注：ad 表示空气干燥基；daf 表示干燥无灰基；mmmf 表示含水无矿物基；in-situ 表示原位基。

含气量：空气干燥时间越长，空气干燥基与原位基含气量越大。原位基含气量变化率为 1.36%~5.03%，呈先快后慢的变化趋势，说明空气干燥初期含气量变化大、误差增长快，因此合理控制初期干燥时间可有效提高数据准确度。

真视密度：空气干燥时间越长，由于水分的持续蒸发，空气干燥基视密度不断减小，相反原位基视密度却呈现不断增大的趋势，这主要是由空气干燥基水分与平衡水分 Em 的差值不断增大引起的。原位基视密度变化率为 1.70%~4.23%，呈对数增长趋势。

吸附特征：过干燥和氧化时间越长，吸附能力越大，变化率为 12%~72%。与此对应的吸附饱和度减小，变化率为 7%~22%；临界解吸压力降低，变化率为 11%~22%。

2）实验讨论分析

（1）过干燥作用是影响低煤阶煤岩测试的主要因素，氧化作用次之。

低煤阶煤岩在空气中暴露时间过长会发生氧化和过干燥，使得测试结果误差较大。其中，过干燥作用是主要影响因素，氧化作用仅对元素分析结果有较大影响。低煤阶煤岩以中孔、大孔为主，大量的毛细孔能吸附和凝聚较高的水分，空气干燥时间越长，水分的蒸发量越大，平衡水分测试值与理论值偏差越大，导致原位基含气量与密度测试结果均偏大，含气量计算结果过于乐观。

低煤阶煤岩易与空气中的氧发生反应，大量化学实验证实，煤与氧接触过程中，煤分子的非芳香结构首先遭到破坏，非芳香结构主要有桥键和侧链，还有环烷烃和杂环类。根据有机化学理论对煤分子非芳香结构进行分析，得知环烷烃和杂环类化学性质稳定，不易在常温常压条件下与空气中的氧发生反应；侧链与桥键相比较，因桥键受到芳环和其他基团或结构的影响较大，一般情况下比侧链更易氧化。据此推测，氧化作用对低煤阶煤岩显微组分、发热量等参数影响较大，但关于氧化作用这一单因素的影响本次研究涉及不多，有待日后进一步深入研究。

（2）平衡水分变化是影响其吸附能力的主要因素，孔隙结构次之。

通常认为在不考虑其他因素的情况下，煤岩吸附能力与平衡水分含量成反比，与比表面积成正比。样品在干燥和氧化的过程中，孔隙中水分丢失和氧化反应的共同作用改变了煤岩孔隙结构与形态，使得比表面积不断降低，孔径小于 10nm 的微孔比例逐渐减小，平均孔径逐渐增大，孔体积则变化不大（表 5-1-2）。但二者综合，煤岩吸附能力呈增大趋势，说明平衡水分的减小在此过程中起主导作用，孔隙结构的改变引起的比表面积降低为次要因素。

表 5-1-2 对比样品比表面积测试结果

样品	BET 比表面积 /（m^2/g）	BJH 孔体积 /（mL/g）	平均孔径 /nm
CS3A-0h	2.933	0.00798	11.56
CS3A-24h	2.397	0.00761	13.29
CS3A-7d	2.310	0.00756	13.62
CS3A-15d	2.194	0.00795	15.05
CS3A-30d	2.224	0.00752	14.09

三、煤层含气量测试损失气量物理模拟方法

通过解吸实验可以实测解吸气量和残余气量，却无法准确测得损失气量。但是由于现场多种原因，会导致绳索取心的第一阶段时间过长，在这种情况下，根据直接法估算的损失气量不准确，因此进行物理实验模拟提钻取心过程，实测煤层气损失气量，对比分析实验数据验证美国矿业局直接法的准确性。

1. 损失气物理模拟思路

1）实验思路

为了实际测量煤层损失气量，物理模拟实验的基本思路是：将甲烷气体注入参考罐中，待参考罐中压力稳定后打开样品罐与参考罐之间的阀门，让样品在样品罐中高压恒温条件下吸附甲烷气体，待样品罐压力不再发生改变后达到吸附平衡饱和状态；用恒压注水系统向样品罐恒压注水，将其中吸附平衡后的剩余自由气体慢慢驱替出来，使降压解吸出的气体全部为吸附的甲烷；模拟绳索取心提钻过程，通过降低围压控制样品罐压力在规定时间内匀速快速下降到正常大气压，记录降压过程中样品解吸出的气量和排出水的质量，采用排水集气法测定气体体积。

实验样品尽可能装满样品罐，减小自由空间体积引起的误差。该实验的标准状态比照取心深度为 600m 的情况，设定实验压力为 6MPa，提钻时间为 10min 左右，地面暴露时间为 10min。

2）实验装置

实验装置由中国石油勘探开发研究院廊坊分院研制，该装置主要由高压吸附系统、恒压注水系统、提升降压系统、解吸量测量系统、数据显示系统和连接导管组成。

高压吸附系统：由钢质耐高压的样品罐、参考罐及连接管线等部件构成。连接管路系统主要由耐压管及阀门组成。

恒压注水系统：能自由设定注水压力，选择恒压模式保证以恒定压力驱替样品罐内未吸附的自由气体。

数据显示系统：由压力传感器和显示系统等部件构成，能实时显示实验过程中的压力变化。

提升降压系统：通过围压控制样品罐压力，降低围压使样品罐中气体解吸排出，使得样品罐内压力降低，由减压阀、连接导管和减压转轴组成。

解吸量测量系统：由量筒、可上下移动的注水瓶和支架构成。量筒最小刻度为1mL，最大量程为500mL。

实验气源：实验气体为高纯甲烷和纯氦气，并配有空气增压泵。

设计该装置的主要目的是进行煤层气高压平衡解吸实验，模拟煤层气现场提钻取心全过程。其实验原理是模拟煤层气排水—降压—采气过程。实验过程通过降低围压使样品罐内吸附的气体缓慢解吸，用排水法测量每个压力降低点下解吸出来的气体量。

3）损失气量模拟测定实验方法

根据模拟储层条件和提钻过程的要求，确定实验的初始地层压力为6MPa左右，实验温度为室温。模拟实验的标准状态为：模拟提钻过程10min左右，提钻过程从储层压力匀速降压至常压下的降压速度为0.6MPa/min，地面暴露时间为10min。为研究现场提钻过程出现的特殊情况，分别设计提钻时间为30min和60min两组对比实验。

（1）模拟提钻过程解吸实验。

标准状态下模拟的地层压力为6.00MPa，注水达到6.00MPa后稳定一段时间，使其恢复到模拟地下储层状态。提钻时间设定为10min，降压速度为0.6MPa/min；将围压加到6.00MPa，做好准备工作开始提钻降压。

轻微打开出气口阀门，同时开启秒表，按照设定的降压速度缓慢降低围压，测量并记录在提钻过程10min内每个时刻样品罐内的甲烷解吸量及排出水量。开始时在高压条件下，罐内仅为水压，因此可能解吸出的全部是水，记录排出水的质量用来计算溶解气量；随着压力的降低，样品罐内样品开始解吸。轻微调动围压，使解吸出来的甲烷气体快速顺利地运移出来进入解吸系统。当样品罐内压力降至大气压力时，模拟提钻过程结束，记录此刻解吸气体量、排出水量、大气温度和压力。

（2）模拟地面暴露过程。

地面样品暴露时间同样也为10min。结束提钻降压过程，样品罐内压力降至大气压后，关闭样品罐与围压相连的导管，迅速打开样品罐直接与解吸系统连接的导管，使解吸气体不受围压影响能够顺利排出。记录第1分钟至第10分钟每分钟的解吸气体量。当暴露时间为10min时，记录下总解吸量，地面暴露过程模拟结束。

（3）常压下自然解吸。

地面暴露过程结束后，依据GB/T 19559—2008《煤层气含量测定方法》中相关标准进行自然解吸气量测定，到此模拟解吸实验结束。

（4）溶解气实验。

通过对前期准备实验过程中的实验结果进行分析，认为在该实验条件下，注水驱气时水中溶解了一定量的甲烷气体，在提钻降压过程中随着压力的降低解吸出来，被算入正常的解吸气体中。在降压解吸过程中，收集测量到的解吸气体量为样品中吸附气解吸量和水中溶解甲烷的释放量之和。因此，实验结束后需对实验结果进行校正处理，扣除解吸气中的溶解气体量。

2. 损失气物理模拟实验

1）样品的采集

根据实验需要，在海拉尔盆地和煤 1 井选取了代表性煤样 HE1-1、HE1-2 和 HE1-3。按照国家标准 GB/T 18023—2000《烟煤的宏观煤岩类型分类》，对样品宏观煤岩特征进行了描述，见表 5-1-3。

表 5-1-3　实验样品煤岩特征

样品编号	煤阶	粒度 / 目	宏观煤岩类型	宏观特征
HE1-1	褐煤	8	暗淡型	半暗型煤，黑色，煤体结构破碎，以块状为主。割理不发育，无填充
HE1-2	褐煤	10	暗淡型	半暗型煤，黑色，煤体结构破碎，以块状为主。割理不发育，无填充
HE1-3	褐煤	20	光亮型	半暗型煤，夹有条带亮煤，黑色，煤体结构破碎，以块状为主。割理不发育，无填充

2）样品的制备

为了能很好地对比分析不同粒度样品的测定结果，将样品制成 8 目、10 目和 20 目三种规格，质量为 1kg。遵照国家标准 GB/T 474—1996《样品的制备方法》进行样品的制备。

3）样品的物理化学性质

按照相关测试标准测定实验样品的物理化学性质，包括煤的显微组分分析、镜质组反射率测定、工业分析、真密度和等温吸附实验。测试结果见表 5-1-4 至表 5-1-6。

表 5-1-4　样品显微组分及镜质组反射率

样品编号	深度 /m	显微组分 /%			镜质组反射率 /%
		镜质组	惰质组	壳质组	
HE1-1	1003.73~1003.98	83.3	10.2	6.5	0.35
HE1-2	1038.05~1038.32	24	58.2	15.5	0.38
HE1-3	1040.37~1040.62	73.3	21.7	4.5	0.34

3. 损失气物理模拟实验结果与分析

实验中主要考虑粒度和提钻时间两个影响因素，模拟不同提钻时间和不同粒度对损失气量的影响（表 5-1-7）。

表 5-1-5 样品工业分析及真相对密度

样品编号	工业分析			真相对密度 TRD_{20}
	M_{ad}/%	A_{ad}/%	V_{ad}/%	
HE1-1	15.76	6.90	29.47	1.34
HE1-2	14.44	5.85	30.34	1.33
HE1-3	15.68	5.24	30.11	1.32

注：M_{ad} 为空气干燥基水分；A_{ad} 为空气干燥基灰分；V_{ad} 为空气干燥基挥发分。

表 5-1-6 样品等温吸附常数

样品编号	吸附常数			
	朗格缪尔体积/(cm^3/g)		朗格缪尔压力/MPa	
	空气干燥基	干燥无灰基	空气干燥基	干燥无灰基
HE1-1	4.77	6.40	3.09	3.09
HE1-2	7.44	9.17	5.20	5.20
HE1-3	6.43	8.05	4.31	4.31

表 5-1-7 实验样品实测损失气量和自然解吸气量

样品编号		HE1-1	HE1-2-1	HE1-2-2	HE1-2-3	HE1-3
样品粒度/目		8	10	10	10	20
初始压力/MPa		6.00	6.00	6.00	6.00	6.00
提钻时间/min		10	10	30	60	10
模拟实验实测各阶段损失气量/cm^3	提钻过程	101	131	355	410	177
	地面暴露过程	37	75	36	60	45
自然解吸气量/cm^3		1096	1556	1572	1172	1037

1）损失气量和解吸气量随时间变化规律

提钻过程的解吸气量（损失气量）曲线的斜率与自然解吸过程解吸曲线斜率存在明显差异，提钻过程显著大于自然解吸过程，提钻过程损失气量增加速度快，自然解吸过程则增加平缓。样品损失气量和解吸气量与时间关系如图 5-1-2 所示。

2）提钻时间对损失气量的影响

提钻时间对甲烷损失气量的影响也非常大。采用 10 目样品在提钻时间分别为 10min、30min 和 60min 的情况下进行实验。实测的损失气量结论分析如下：

HE1-2-1 样品在模拟提钻过程的 10min、地面暴露过程 10min 内，实测样品的甲烷损失气量为 206cm^3，占总解吸气量的 11.69%；

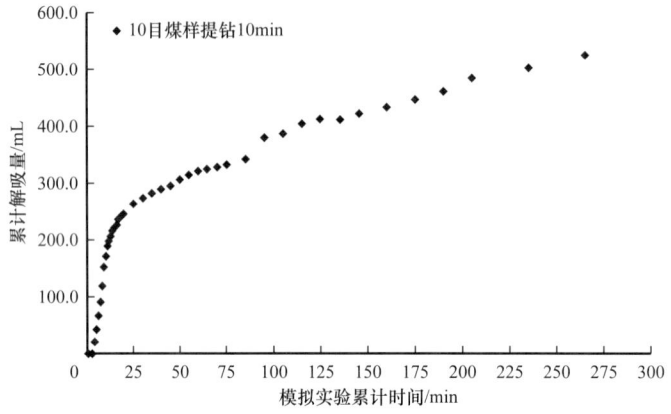

图 5-1-2 HE1-2-1 样品损失气量和解吸气量与时间关系

HE1-2-2 样品在模拟提钻过程的 30min、地面暴露过程 10min 内，实测样品的甲烷损失气量为 391cm^3，占总解吸气量的 19.95%；

HE1-2-3 样品在模拟提钻过程的 60min、地面暴露过程 10min 内，实测样品的甲烷损失气量为 467cm^3，占总解吸气量的 28.62%。

由此可见，提钻时间越长，提钻速度越慢，损失气量越大，且时间超过 30min 后损失气量增加幅度变大。

3）粒度对损失气量的影响

粒度对甲烷损失气量造成的影响也不容忽视。采用 8 目、10 目和 20 目样品在提钻时间均为 10min 的情况下进行实验。实测的损失气量结论分析如下：

HE1-1 样品在模拟提钻过程的 10min、地面暴露过程 10min 内，实测样品的甲烷损失气量为 138cm^3，占总解吸气量的 11.23%；

HE1-2-1 样品在模拟提钻过程的 10min、地面暴露过程 10min 内，实测样品的甲烷损失气量为 206cm^3，占总解吸气量的 11.69%；

HE1-3 样品在模拟提钻过程的 10min、地面暴露过程 10min 内，实测样品的甲烷损失气量为 222cm^3，占总解吸气量的 17.60%。

4. 实测损失气量与 USBM 估算损失气量的比较

利用不同粒度和不同提钻时间两组实验数据，根据美国 USBM 直接法分别估算了各个样品的损失气量，并与实验实测的损失气量进行对比。

粒度为 10 目的 HE1-2-1 样品在模拟提钻过程的 10min、地面暴露过程 10min 内，实测样品的甲烷损失气量为 246cm^3，而用 USBM 法估算的损失气量为 71.48cm^3，估算值与实测值比值为 29.16%；粒度为 10 目的 HE1-2-2 样品在模拟提钻过程的 30min、地面暴露过程 10min 内，实测样品的甲烷损失气量为 391cm^3，而用 USBM 法估算的损失气量为 84.13cm^3，估算值与实测值比值为 21.45%；粒度为 10 目的 HE1-2-3 样品在模拟提钻过程的 60min、地面暴露过程 10min 内，实测样品的甲烷损失气量为 470cm^3，而用 USBM 法估算的损失气量为 92.24cm^3，估算值与实测值比值为 19.63%。

综上所述，模拟实验实际测得的损失气量比利用 USBM 直接法估算的值要高很多，因此需要通过模拟实验得出准确计算损失气量的方法。

实验通过模拟 10 目样品三组不同提钻时间（10min、30min 和 60min）的提钻过程、10min 地面暴露过程和自然解吸过程，实际测量在提钻过程和地面暴露过程中的损失气量。完成三个过程后，测得样品的总解吸气体量。

由于每个样品的损失气量与总解吸气量不相等，为了方便对比计算，计算出损失气量占总解吸气量的百分比。根据不同提钻时间与气体百分比数据，绘制针对不同提钻时间的损失气量校正图版（图 5-1-3）。

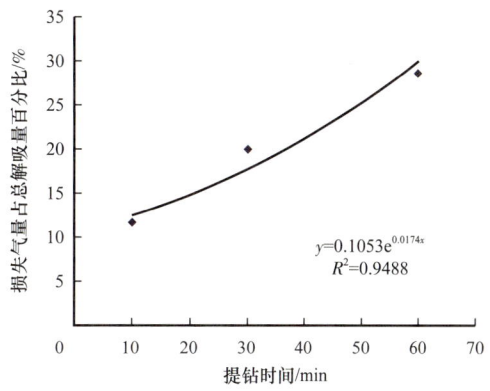

图 5-1-3　不同提钻时间的损失气量校正图版

从图 5-1-3 中可以看出，损失气量有随着提钻时间的增加而呈指数增加的趋势，30～60min 的曲线斜率明显大于 10～30min 的曲线斜率，也就是说，随着提钻时间的增加，损失气量的增幅会加大，提钻时间越长，损失气量占总解吸气量的比例会越来越大。

第二节　深部煤层游离气预测技术

游离气一般储存于煤岩储层的孔隙和微裂缝中，在样品提升过程中易散失，现有的游离气计算方法，如 USBM 法假定总损失时间的起点，即解吸开始的时间为提升到井筒一半的时刻，这与样品真实的解吸开始时刻不完全相符。

需要注意的是，USBM 法是基于单孔隙模型的、针对吸附气体、扩散速率假设恒定的解吸扩散方程的简化解析解（Reucroft et al., 1987；蔺金太等，2001；Nghiem et al., 2004；Gruszkiewicz et al., 2008）。其适用条件是：（1）损失气量不超过 20%，即损失时间不能太长；（2）只有吸附气，即不能含游离气；（3）取心过程温度变化不大。浅层煤岩取心一般采用绳索取心方式，提升速度快，气体散失时间通常较短，USBM 法应用效果好；而深层煤层气一般是钻杆常规取心，提升非常慢，通常需要 6～8h，气体散失时间较长。其次，深层煤储层温度高，整个取心过程中温度变化大，扩散速率是随时间变化的函数。另外，深层煤岩中可能含有一定的游离气。因此，深层煤层气赋存状态及取心参数的巨大差异性可能导致 USBM 直线回归法计算结果与实际含气量数据偏差较大。

为解决计算结果与实际含气量数据偏差较大的问题，本节提出两种游离气预测技术，即仿真模拟预测游离气技术及基于等温吸附和物性测试的游离气预测技术。

一、仿真模拟预测游离气技术

1. 游离气模拟模型

本次模拟选用的物理模型为裂隙—孔隙的双孔双渗 Warren-Root 模型，同时考虑到煤层中含有液相和气相两种相态。煤具有典型的裂缝—孔隙双重孔渗结构，即煤中含有大量微小的孔隙和尺寸相对较大的裂隙（割理）。微小孔隙系统的存在，使煤具有很大的比表面积、具有很强的吸附能力，但渗透率很低；裂缝系统的孔隙度较小，储集能力小，但其渗透率对孔隙系统大若干个数量级。

1）模型基本假设

（1）煤层气在裂缝中以游离态储存，在基质中以游离态和吸附态储存。

（2）煤岩基质孔隙中的吸附解吸过程视为瞬间达到平衡状态，不随时间变化，是关于压力的函数，满足朗格缪尔等温吸附方程。

（3）煤层气岩心在提升过程中，温度随岩心深度的变化而不同。

（4）从煤岩基质孔隙中流入裂缝的流动方式为滑脱扩散流动，裂缝中的气体流动方式为渗流，满足达西定律。

（5）采用 Warren-Root 模型，流体从基质流向裂缝为拟稳态窜流，并且气体可通过裂缝和孔隙流出岩样。

（6）煤岩中基质和缝隙中存在水和煤层气两种流体，且水不可压缩，气体可压缩，气体压缩因子和黏度随温度和压力变化，忽略重力和毛细管压力的影响。

（7）气藏不考虑构造影响，基质和裂缝均质且各向同性。

（8）流体在孔隙中流动存在启动压力梯度。

2）渗流方程

基质系统中气水向裂缝渗流、裂缝系统中的气水向外渗流，渗流速度可分别为：

基质水相：

$$v_{wm} = \frac{K_{amw}}{\mu_w}(\nabla p_{wm} - \lambda_m) \qquad (5-2-1)$$

基质气相：

$$v_m = \frac{K_{am}}{\mu_g}(\nabla p_m - \lambda_m) \qquad (5-2-2)$$

裂缝水相：

$$v_w = \frac{K_w}{\mu_w}(\nabla p_w - \lambda_f) \qquad (5-2-3)$$

裂缝气相：

$$v_f = \frac{K_g}{\mu_g}(\nabla p_f - \lambda_f) \qquad (5-2-4)$$

式中　v_w，v_{wm}——裂缝系统水相和基质水相流动速度，m/s；

　　　v_m，v_f——基岩系统和裂缝系统中气体流动速度，m/s；

μ_w，μ_g——水和气体黏度，mPa·s；

p_m，p_{wm}——基质中气体和水的压力，MPa；

p_f，p_w——缝隙中气体和水的压力，MPa；

K_m——基质的绝对渗透率，mD；

K_{amw}，K_{am}——基质中水相和气相的有效渗透率或相渗透率，mD；

K_{rwm}，K_{rgm}——基质中水相和气相的相对渗透率，满足 $K_{rwm}=\dfrac{K_{amw}}{K_m}$，$K_{rgm}=\dfrac{K_{am}}{K_m}$，而 $K_{amw}+K_{am}\neq K_m$，$K_{rwm}+K_{rgm}\neq 1$；

K_f——裂缝绝对渗透率，mD；

K_w，K_g——裂缝中水相和气相的有效渗透率或相渗透率，mD；

K_{rw}，K_{rg}——裂缝中水相和气相的相对渗透率，满足 $K_{rw}=\dfrac{K_w}{K_f}$，$K_{rg}=\dfrac{K_g}{K_f}$，而 $K_w+K_g\neq K_f$，$K_{rw}+K_{rg}\neq 1$；

λ_m——基质系统中的启动压力梯度，Pa/m；

λ_f——裂缝系统中的启动压力梯度，Pa/m。

当 $|\nabla p_{wm}|<\lambda_m$ 时，$v_{wm}=0$；当 $|\nabla p_m|<\lambda_m$ 时，$v_m=0$；当 $|\nabla p_m|<\lambda_f$ 时，$v_w=0$；当 $|\nabla p_f|<\lambda_f$ 时，$v_f=0$。

3）连续性方程

基质、裂缝系统中水气连续性方程：

基质水相：

$$\frac{\partial}{\partial t}\left(S_{wm}\phi_m\rho_w\right)=\nabla\cdot\left(\rho_w v_{wm}\right)-\frac{\rho_w K_{amw}\sigma\left(p_{wm}-p_w\right)}{\mu_w} \quad (5\text{-}2\text{-}5)$$

基质气相：

$$\frac{\partial}{\partial t}\left[S_{gm}\phi_m\rho_m+\left(1-\phi_m-\phi_f\right)q_m\right]=\nabla\cdot\left(\rho_m v_m\right)-\frac{\rho_m K_{am}\sigma\left(p_m-p_f\right)}{\mu_g} \quad (5\text{-}2\text{-}6)$$

裂缝水相：

$$\frac{\partial}{\partial t}\left(S_w\phi_f\rho_w\right)=\nabla\cdot\left(\rho_w v_w\right)+\frac{\rho_w K_{amw}\sigma\left(p_{wm}-p_w\right)}{\mu_w} \quad (5\text{-}2\text{-}7)$$

裂缝气相：

$$\frac{\partial\left(S_g\rho_f\phi_f\right)}{\partial t}=\nabla\cdot\left(\rho_f v_f\right)+\frac{\rho_m K_{am}\sigma\left(p_m-p_f\right)}{\mu_g} \quad (5\text{-}2\text{-}8)$$

式中 ρ_m，ρ_f——基质和裂缝气体密度，kg/m³；

ρ_w ——水的密度，kg/m³；

ϕ_m，ϕ_f ——基质孔隙度和裂缝孔隙度；

$\dfrac{\rho_m K_{am}\sigma(p_m-p_f)}{\mu_g}$ ——基质到缝隙之间气体的窜流；

$\dfrac{\rho_w K_{amw}\sigma(p_{wm}-p_w)}{\mu_w}$ ——基质到缝隙之间水的窜流；

σ ——窜流系数，$\sigma=4\left(\dfrac{1}{L_x^2}+\dfrac{1}{L_y^2}+\dfrac{1}{L_z^2}\right)$；

L_x，L_y，L_z ——x，y，z 方向裂缝的间距；

q_m ——煤岩样品煤层气的解吸气量，满足朗格缪尔等温吸附方程，$q_m=\dfrac{\rho_s M_g}{V_0}\dfrac{V_L p_m}{p_L+p_m}$；

V_0 ——气体摩尔体积，m³/mol；

V_L ——朗格缪尔体积，m³/t；

p_L ——朗格缪尔压力，MPa；

M_g ——气体摩尔质量，kg/mol；

S_g，S_w ——裂缝中气相和水相的饱和度，$S_w+S_g=1$；

S_{gm}，S_{wm} ——基质中气相和水相的饱和度，$S_{wm}+S_{gm}=1$。

4）基质和裂缝中气体的状态方程

基质气相：

$$\rho_m=\dfrac{p_m M_g}{Z(p_m)RT}=\dfrac{p_m M_g}{Z_m RT} \tag{5-2-9}$$

裂缝气相：

$$\rho_f=\dfrac{p_f M_g}{Z(p_f)RT}=\dfrac{p_f M_g}{Z_f RT} \tag{5-2-10}$$

式中　$Z_m(p_m)$ ——基质气体压缩系数，为基质中气体压力的函数；

$Z_f(p_f)$ ——裂缝中气体压缩系数，为裂缝中气体压力的函数；

R ——气体常数，$R=8.314$J/(mol·K)；

T ——热力学温度，K。

依据是基质和裂缝中的毛细管压力方程：

基质：

$$p_m-p_{wm}=p_{cm}(S_{wm}) \tag{5-2-11}$$

裂缝：

$$p_f-p_w=p_c(S_w) \tag{5-2-12}$$

式中　$p_{cm}(S_{wm})$——基质中的毛细管压力，为基质中含气饱和度的函数；

　　　$p_c(S_w)$——裂缝中的毛细管压力，为裂缝中含气饱和度的函数。

若忽略毛细管压力，可得 $p_m=p_{wm}$，$p_f=p_w$。考虑水的不可压缩性，即 ρ_w 为常数。

5）初始条件和边界条件

煤岩样品煤层气解吸过程的初始条件：

$$p_m=p_f=p_0;\ S_g=S_{g0},\ S_w=1-S_{g0};\ S_{gm}=S_{gm0},\ S_{wm}=1-S_{gm0} \qquad (5-2-13)$$

煤岩样品煤层气解吸过程的边界条件：

$$\frac{\partial p_f}{\partial r}=0,\ \frac{\partial p_m}{\partial r}=0 (r=0,\ t>0)$$

$$p_f=p_c,\ p_m=p_c\ (r=R_a,\ t>0) \qquad (5-2-14)$$

式中　p_0——初始解吸时刻煤岩样品中煤层气的压力，$p_0=\rho_w gH+p_{air}$；

　　　g——重力加速度，取值 9.8m/s²；

　　　H——初始解吸时刻的煤岩样品所处的地层深度，m；

　　　p_{air}——大气压力，取值 0.1013MPa；

　　　ρ_w——水的密度，取值 1000kg/m³；

　　　p_c——煤岩样品提升过程中周边静水压力，$p_c=\rho_w gh+p_{air}$；

　　　h——煤岩样品提升过程中所处的地层深度，m；

　　　S_{gm0}，S_{g0}——初始时刻基质孔隙和缝隙中的含气饱和度；

　　　r_a——半径，m；

　　　R_a——到达煤基质表面的距离，m。

2.游离气模拟仿真实例分析

大宁—吉县位于鄂尔多斯盆地东南缘晋西挠褶带。东部与吕梁山脉接壤，西部横跨黄河与伊陕斜坡构造带相连，南部相接于渭北隆起。研究区开发潜力巨大，煤层气资源探明储量超过 $1438×10^8 m^3$，主要含煤层系为下二叠统山西组 5 号煤层和太原组 8 号煤层。选取某井下二叠统太原组 P1 样品进行实验和分析，深度为 2137.61m。P1 样品深度为 2137.61m，原生结构煤，宏观煤岩类型为半亮型煤，割理较发育，含镜质条带，贝壳状断口，属于无烟煤，详细参数见表 5-2-1。

表 5-2-1　样品 P1 基本参数

参数	数值	获取方法	参数	数值	获取方法
质量 /g	2240	实测	V_L/(m³/t)	28.53	实测
深度 /m	2137.61	实测	p_L/MPa	2.86	实测
孔隙度 /%	10	实测	实验温度 /℃	60	实测
视密度 /(g/cm³)	1.48	实测	解吸气量 /(m³/t)	23.54	实测

续表

参数	数值	获取方法	参数	数值	获取方法
水分 /%	1.45	实测	提升深度 /m	2137.61	实测
灰分 /%	3.43	实测	地面温度 /℃	20	实测
TOC/%	95.12	实测	地下温度 /℃	60	估算
$R_{o,max}$/%	3.25	实测	钻井液温度 /℃	30	估算
镜质组 /%	64.3	实测	水浴温度 /℃	60	实测
壳质组 /%	9.1	实测	提升时间 /h	6.5	实测
惰质组 /%	26.6	实测	到达地面至装罐时间 /min	45	实测
储层压力 /MPa	21.38	估算	装罐测量时间 /h	72.75	实测

样品仿真模拟计算的结果见表 5-2-2，其中吸附气量为 25.27m³/t，占比 72.2%，游离气量为 9.71m³/t，占比 27.8%。测试气量组成中包含损失气量、解吸气量、残余气量和总气量。其中，损失气量为 8.64m³/t，占比 24.7%。井筒提升损失了 6.58m³/t，占比 18.81%；地面暴露期间损失了 2.06m³/t，占比 5.88%。现场实测解吸气量为 23.54m³/t，占比 66.3%；残余气量为 3.16m³/t，占比 9.0%。含气量总计 34.98m³/t。

表 5-2-2 样品新方法计算解释结果

分类		新方法计算气量 /（m³/t）	占比 /%
测试组成	损失气	8.64	24.7
	解吸气	23.18	66.3
	残余气	3.16	9.0
	总气量	34.98	100
赋存状态	吸附气	25.27	72.2
	游离气	9.71	27.8

二、基于等温吸附和物性测试的游离气预测技术

1. 游离气计算模型

游离气量的主要影响因素包括孔隙度、含气饱和度和温压条件等。Lewis 等（2004）提出游离气量计算公式为：

$$V_f = \frac{\phi S_g}{B_g \rho_b} \tag{5-2-15}$$

式中　V_f——游离气量，m³/t；

ϕ——孔隙度，%；

S_g——含气饱和度，%；

B_g——天然气体积系数，m^3/m^3；

ρ_b——地层密度，煤岩储层中取 1.4g/cm³。

考虑到在实际储层中同时存在吸附气和游离气，吸附气的存在可能会占据游离气的储集空间，为了排除吸附气所占储集空间的影响，Ambrose 等提出了新的游离气量的计算公式：

$$V_f = \frac{\phi S_g}{B_g \rho_b} - \frac{1.318 \times 10^{-6} M}{B_g \rho_b} \times V_{abs} \quad (5-2-16)$$

式中　M——天然气视摩尔质量，g/mol，甲烷取值 16g/mol；

　　　ρ_s——吸附态甲烷密度，g/cm³，煤岩储层取值 0.421g/cm³；

　　　V_{abs}——吸附气量，m³/t。

天然气体积系数 B_g 指标准状态地面温度 20℃ 和地层压力 0.101325MPa 下，单位体积天然气在地层条件下的体积。秦朝葵等（2003）提出了用压缩因子状态方程和理想气体状态方程导出地层条件下和地面标准条件下气体体积的天然气体积系数公式：

$$B_g = 3.456 \times 10^{-4} Z \times \frac{T + 273.15}{p} \quad (5-2-17)$$

式中　Z——天然气压缩因子；

　　　T——地层温度，℃；

　　　p——地层压力，MPa。

天然气压缩因子表示实际气体受到压缩后与理想气体受到相同压力压缩后在体积上的偏差，与地层温度和地层压力有关，根据天然气压缩因子表征方法，计算天然气压缩因子。

2. 基于等温吸附和物性测试预测游离气实例

1）实验样品

选择鄂东气田大宁—吉县区块的 P1 井太原组 8 号煤层的 14 块样品。样品取样深度相似，温度和压力相差较小，压缩因子数值相近（表 5-2-3）。

2）模拟结果

为建立符合游离气规律的游离气模型，根据研究区目的层的实验数据分析，统一取各个样品孔隙度和含气饱和度的平均值进行模型计算，孔隙度为 6%，含气饱和度为 60%。拟合得到未校正游离气体积和校正后游离气体积，分别应用两种游离气量计算公式进行计算并进行了误差统计，如图 5-2-1 所示，发现数值相差不大，误差随深度的增加而增大，增大的趋势逐渐减小，2800m 时误差达到最大值 4.1%，随后开始逐渐减小。由此得到结论：在实际煤岩储层中，吸附气所占体积对游离气量影响较小，进行含气量模拟时选择校正后的游离气量进行计算。

表 5-2-3　P1 井各样品在实际储层中的温度、压力、压缩因子、含气饱和度和孔隙度

样品编号	地层温度 /℃	地层压力 /MPa	压缩因子	含气饱和度 /%	孔隙度 /%
1	79.364	20.242	0.901	80.10	7.14
2	79.379	20.246	0.901	92.26	6.81
3	79.398	20.252	0.901	89.97	5.95
4	79.418	20.259	0.901	77.62	6.67
5	79.436	20.264	0.901	86.50	6.13
6	79.450	20.269	0.901	52.60	6.33
7	79.457	20.271	0.902	37.09	6.98
8	79.464	20.273	0.902	44.59	6.86
9	79.472	20.276	0.902	42.38	6.77
10	79.486	20.280	0.902	45.23	7.97
11	79.497	20.283	0.902	62.97	5.94
12	79.508	20.287	0.902	46.43	6.86
13	79.515	20.289	0.902	37.27	6.25
14	79.555	20.302	0.902	46.45	7.06

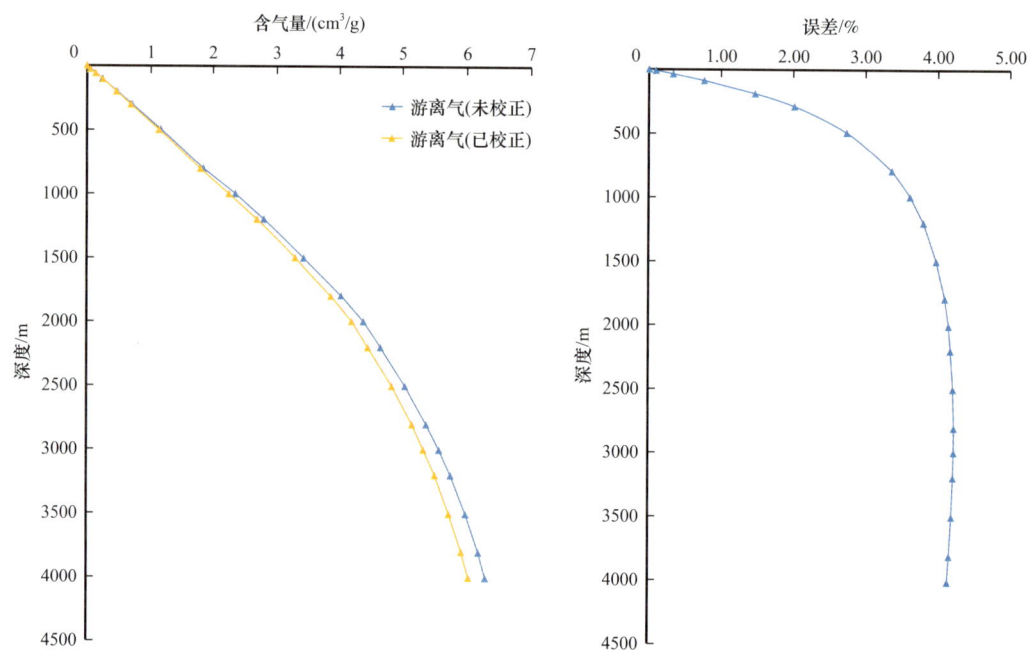

图 5-2-1　鄂东地区 P1 井的游离气量模拟剖面和两种计算方式误差

第三节　煤岩高温高压等温吸附测试方法

等温吸附实验是煤岩和页岩吸附能力的核心测试手段，目前主要的等温吸附测试方法有体积法、重量法和磁悬浮法。主要应用朗格缪尔等温吸附模型来描述和计算煤岩和泥页岩储层的吸附特征。

本节详细描述了重量法和磁悬浮法的实验测试原理、设备、仪器指标和实验方法，并选取不同煤阶和不同水分含量的煤岩样品进行等温吸附实验，分析压力、温度、煤阶和水分对于煤岩吸附量的影响。

一、重量法高温高压等温吸附测试

1. 实验原理

大样量重量法应用仪器的测量天平同时对样品缸内的自由气和吸附气进行连续称量（图 5-3-1），直到样品缸内质量不再增加，即达到吸附平衡态。得到的总质量与自由气的质量差即为样品吸附气质量，计算公式见式（5-3-1）。

$$G_{总} = \rho_{g(p,T)} \times V_{void} + G_{ads} \quad (5\text{-}3\text{-}1)$$

式中　$\rho_{g(p,T)}$——实验设定压力 p、温度 T 条件下自由气密度，g/cm³；

V_{void}——样品缸空体积，cm³；

G_{ads}——样品的绝对吸附量对应的气体质量，g；

$G_{总}$——仪器称量的自由气和吸附气质量之和，g。

2. 实验设备

大样量重量法等温吸附实验采用大样量重量法等温吸附仪 Gravimetric Isotherm Rig 3，可同时对 4 个样品进行测试且称量样品量大。其由气源、增压泵、气体缓冲室、样品室、天平，以及过程控制和数据采集处理单元构成（图 5-3-2）。该仪器最大实验压力为 35MPa，精度为 0.1%；最高温度为 100℃，控制精度为 ±0.5℃，读数精度为 0.1℃；样品质量 80～100g，质量可读性 0.001g。

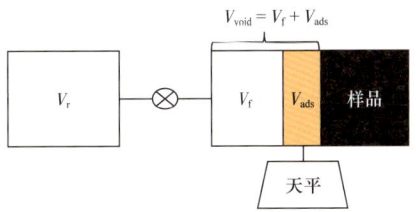

图 5-3-1　大样量重量法原理示意图
V_r—样品仓体积；V_f—压缩体积；V_{ads}—吸附体积

3. 实验方法

1）密封性检测

样品安装完毕后，将仪器调至实验温度，待温度稳定后，打开进气口阀门，向样品缸注入一定压力的氦气进行密封性检测，之后监测半小时压力变化情况。若无明显变化，则认为仪器密封性良好，否则重新安装并检查，直至通过密封性测试。设备的密封性检测一般认为需用实验最高压力进行检测；该仪器由于采用了密封槽与密封圈相结合的端口密封，压力越大密封越紧，因此试漏时无须注入最高实验压力，只需注入适当压力进行监测即可，一般设置为 3MPa 即可。

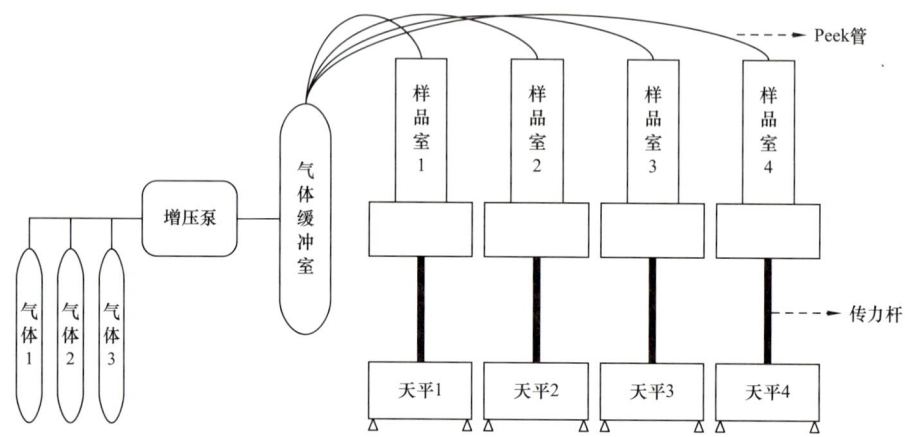

图 5-3-2　大样量重量法结构示意图

2）样品缸空体积测定

样品缸空体积指样品缸装入样品后剩余空间、颗粒间空隙、颗粒内部孔隙、连接管至阀门之间空间的体积之和。一般选用氦气进行空体积测定。样品缸空体积测定可通过两种方式实现：一种方法是注入氦气至参考缸，待稳定后连通样品缸与参考缸，通过波义耳定律计算；另一种方法是放样品前先测得真密度，用样品缸体积直接减去样品体积即可。本次采用第一种方法得到样品缸空体积。

3）吸附实验

吸附实验前需对系统抽真空，消除残余气体对吸附实验的影响；然后向样品缸充入实验气体（一般为甲烷），至压力略高于测试目标压力；之后连续称量样品缸质量，当样品缸质量的变化率小于设定值即可认为吸附平衡。一般平衡时间为 2～12h。

二、磁悬浮法等温吸附测试

1. 实验原理

磁悬浮法的原理是应用磁悬浮天平进行称量（图 5-3-3），在进行实验时，天平称量的读数为样品桶质量、样品质量、吸附气质量和吸附气作用使样品受到的浮力共同作用的结果。此时吸附气的质量为天平读数与样品和样品桶的差值，计算公式见式（5-3-2）。

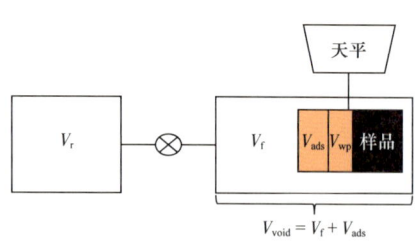

图 5-3-3　磁悬浮法原理图
V_{wp}—自由空间体积

$$F = m_{样+桶+称}g + m_g g - \rho_g g V \quad (5-3-2)$$

式中　F——实验天平读数，N；

　　　g——重力加速度，取值 9.8m/s²；

$m_{样+桶+称}$——样品、样品桶和天平的质量，g；
m_g——吸附气质量，g；
ρ_g——自由气的密度，g/cm³；
V——自由空间体积，cm³。

其中：
$$F=m_总 g \quad (5-3-3)$$

化简得到磁悬浮法计算吸附气质量的公式：
$$m_g=m_总+\rho_g V-m_{样+桶+称} \quad (5-3-4)$$

2. 实验设备

磁悬浮法等温吸附实验研究采用德国 Rubotherm 磁悬浮等温吸附仪，其由气源、增压泵、真空泵、电磁铁、永磁铁、位置感应块、耦合框、浮子和样品桶等构成（图 5-3-4）。该仪器最大实验压力为 35MPa，精度为 0.1%；最高温度为 150℃，控制精度为 ±0.1℃，读数精度为 0.1℃，样品质量为 10～20g。

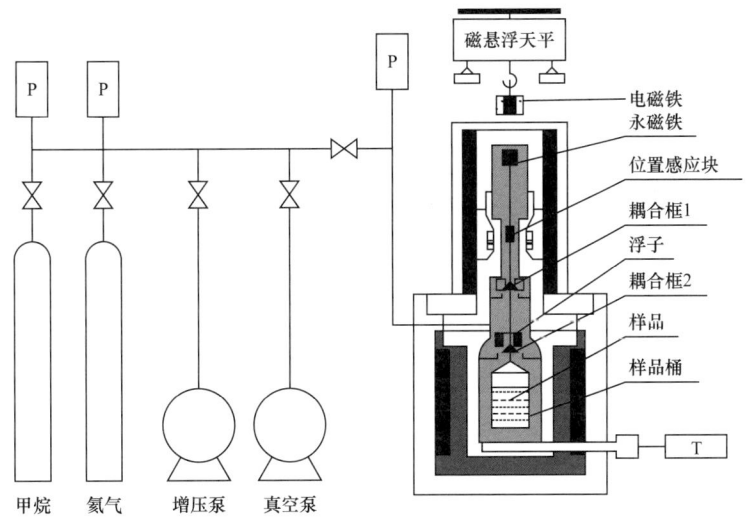

图 5-3-4　磁悬浮法结构示意图

3. 实验方法

（1）空白实验：空白实验时不装样品，采用氦气作为介质。在 0～7MPa 压力范围内设定一系列压力点，得到不同压力点下天平的读数。

（2）样品预处理：在样品桶中装入适量样品，质量在 3g 左右，在 150℃条件下抽真空脱气 4h，以充分去除水分及杂质。

（3）浮力实验：预处理后通入氦气，在 0～7MPa 压力范围内设定一系列压力点，得到不同压力点下天平的读数。

（4）吸附实验：采用纯度为 99.99% 的甲烷，第一个点设置为真空，并继续抽真空脱气

4h 以上，后续每个小于 10MPa 的压力点平衡时间 2h，每个大于 10MPa 的压力点平衡时间 4h，以保证甲烷吸附过程中压力的稳定，得到一定温度、不同压力条件下天平的读数。

三、高温高压等温吸附实验结果

1. 不同压力下的等温吸附

1）样品选择

样品选择鄂东气田大宁—吉县区块的 P1 井太原组 8 号煤层的 1 块样品。样品基本信息见表 5-3-1。统一制备成 60～80 目颗粒样品，实验温度为 30℃。

表 5-3-1　样品基本信息

岩性	深度/m	M_{ad}/%	A_{ad}/%	A_d/%	V_{ad}/%	V_d/%	V_{daf}/%	FC_{ad}/%
煤	2279.67～2280.21	0.72	32.48	32.72	8.77	8.83	13.13	58.03

注：M_{ad} 为空气干燥基水分；A_{ad} 为空气干燥基灰分；A_d 为干燥基灰分；V_{ad} 为空气干燥基挥发分；V_d 为干燥基挥发分；V_{daf} 为干燥无灰基挥发分；FC_{ad} 为空气干燥基固定碳。

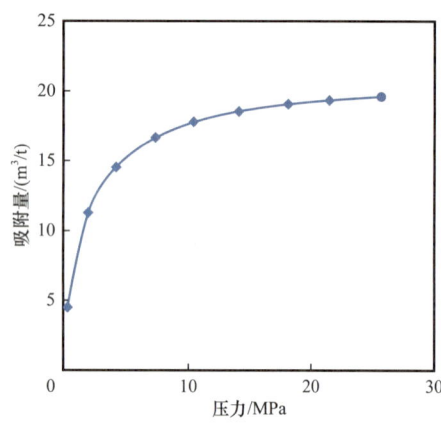

图 5-3-5　吸附量随压力的变化量

2）实验结果

选择具有代表性的煤岩样品进行等温吸附实验，随着压力的增加，等温吸附曲线呈现增大的趋势，增大趋势逐渐减小（图 5-3-5）。

2. 不同煤阶下的等温吸附结果

1）实验样品

分别选取低煤阶、中煤阶和高煤阶的 12 块煤岩样品，统一制备成 60～80 目颗粒样品，实验温度为 30℃。样品的基本信息见表 5-3-2。

2）实验结果

12 个不同煤阶煤岩样品等温吸附结果如图 5-3-6 和图 5-3-7 所示，实验温度为 30℃，拟合曲线呈 "V" 形，拟合曲线呈先减小后增大的趋势，即低煤阶和高煤阶煤岩的吸附量较大，中煤阶煤岩的吸附量较小。

表 5-3-2　不同煤阶下的等温吸附实验样品信息

样品编号	反射率/%	真密度/(g/cm³)	工业分析		
			水分/%	灰分/%	有机质/%
YM-1	0.39	1.64	3.49	9.98	86.53
JM1-2	0.45	1.53	9.78	14.98	75.24
JT2-3	0.65	1.35	1.06	5.26	93.68
DHS-4	0.71	1.44	0.87	4.96	94.17

续表

样品编号	反射率 /%	真密度 /(g/cm³)	工业分析		
			水分 /%	灰分 /%	有机质 /%
QT-5	0.76	1.44	1.14	9.12	89.74
PX-6	0.83	1.31	1.19	1.84	96.97
NW-7	1.24	1.47	0.68	8.44	90.88
XN-8	1.62	1.55	0.54	12.14	87.32
LL-9	1.78	1.99	0.49	52.84	46.67
HC-10	1.87	1.52	0.49	0.89	98.62
P20-11	3.25	1.66	0.97	9.03	90.00
SH-12	3.47	1.80	0.71	16.97	82.32

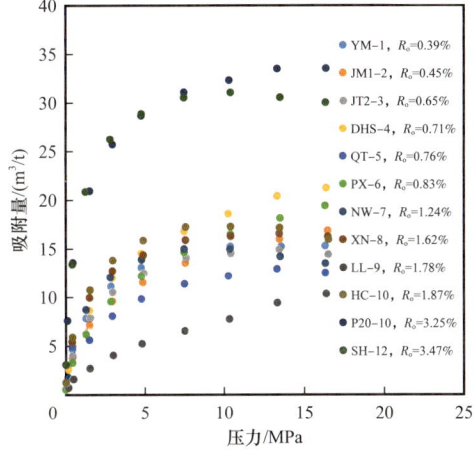

图 5-3-6 不同煤阶煤岩样品的等温吸附实验结果

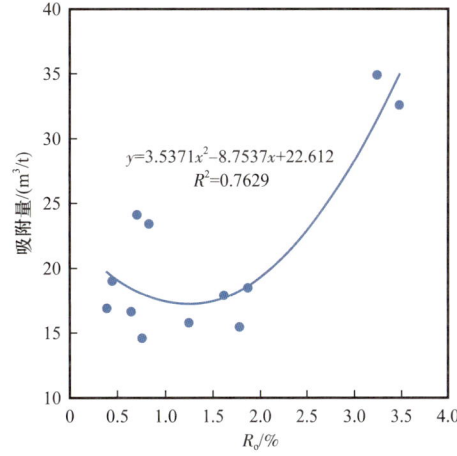

图 5-3-7 不同煤阶煤岩样品煤阶和最大吸附量的关系

3. 不同温度下的等温吸附结果

1）实验样品

选择不同煤阶吸附量相似的样品，对比同一煤岩样品在不同温度下的等温吸附结果，选择表 5-3-2 中的 JT2-3、QT-5、NW-7 和 LL-9，统一制备成 60~80 目颗粒样品，实验温度分别为 30℃、40℃和 50℃。

2）实验结果

实验结果如图 5-3-8 所示，观察发现 4 个样品的朗格缪尔体积随着温度的增加呈现下降趋势，下降趋势较小。在等温吸附实验中，压力和温度是影响煤岩最大吸附量的主要因素，温度的影响大于压力的影响，即随温度增加吸附量呈现逐渐减小的趋势。

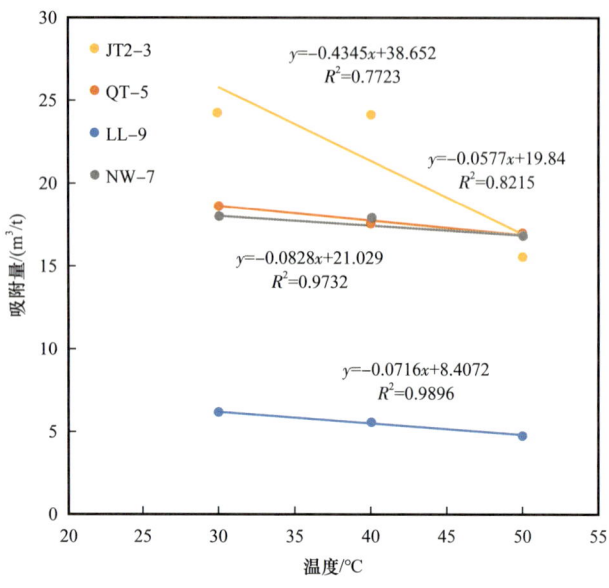

图 5-3-8　煤岩样品等温吸附最大吸附量和温度的相关性

4. 不同水分下的等温吸附结果

1）实验样品

选择一个煤岩样品进行不同水分煤岩等温吸附实验，设置水分含量为 3.94%、6.44% 和 10.32% 进行等温吸附实验。统一制备成 60～80 目颗粒样品，实验温度为 40℃，样品基本信息见表 5-3-3。

表 5-3-3　不同水分下的等温吸附实验样品信息

参数	煤岩样品
深度 /m	423.68～431.76
水分 /%	10.46
灰分 /%	13.21
TOC/%	76.42
$R_{o,max}$/%	0.45%
镜质组 /%	90.4
壳质组 /%	1.8
惰质组 /%	7.8
矿物 /%	0.1
腐泥组 /%	—

2）实验结果

不同水分含量煤岩样品的等温吸附结果如图 5-3-9 所示，随着水分含量的增加，煤岩的甲烷吸附量明显减小。水分占比增高时，水分附着在样品表面和样品内部，占据了样品内部裂隙或孔隙的吸附位，改变了样品的原位吸附情况，导致样品的吸附能力减弱。

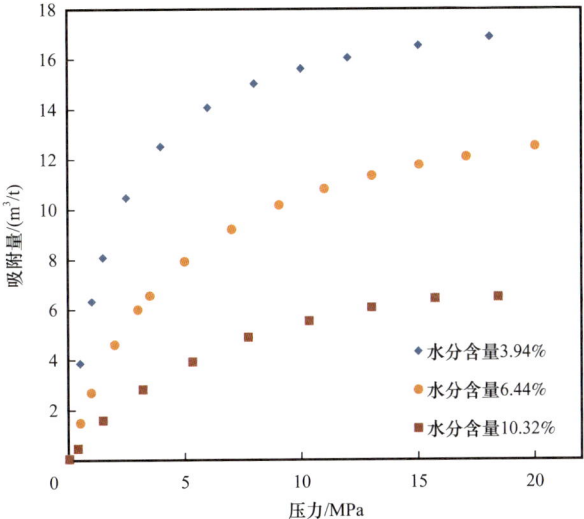

图 5-3-9　不同水分煤岩等温吸附结果

第六章　煤储层全尺度定量表征与无损分析技术

目前常用的储层表征技术分为高能粒子辐射和流体注入法两大类，流体实验包括压汞（MIP）、低温 N_2/CO_2 吸附等方法；高能粒子辐射又包括扫描电镜矿物定量评价（Qemscan）小角度/超小角度中子散射（SANS）、微/纳米CT、X射线散射（SAXC）等（姚艳斌等，2010；李相臣等，2010；郝乐伟等，2013；姚艳斌等，2016）。综合考虑低煤阶煤自身特性，如成岩程度较低，大—中孔隙发育，大多疏松易碎，遇水易膨胀，导致原始形态破坏，甚至溶解成煤泥等特点，"十三五"以来，选择实验手段要尽可能无损低煤阶煤样品的储渗空间，同时尽可能囊括绝大部分孔径范围。

第一节　煤储层全尺度定量表征

一、气体低温吸附法对微小孔的表征

气体低温吸附法是研究煤的比表面积和孔径分布比较成熟且广泛使用的方法。其测试原理是依据气体在固体表面的吸附特性，以已知横截面积的气体分子为探针，创造一定条件，使气体分子吸附于被测样品的整个表面。在一定压力下，被测样品表面在超低温下对气体分子为可逆物理吸附，通过测量一定压力下的平衡吸附量，利用理论模型求出被测样品的比表面积和孔径分布等物理量。

1. 比表面积与孔体积

针对9件褐煤样品，采用中国地质大学（北京）煤层气国家工程中心煤储层实验室的 Micromeritcs ASAP2020 仪器，按照国家标准 GB/T 19587—2017《气体吸附BET法测定固态物质比表面积》完成低温液氮吸附实验。褐煤样品BJH总孔体积（V_{BJH}）为 11.48～46.17μL/g，BET比表面积（S_{BET}）介于 2.83～13.58m²/g，平均孔径的范围为 9.3～22.4nm（表6-1-1）。

表6-1-1　低温氮气吸附分析结果

样品编号	BJH孔体积/μL/g	BET比表面积/m²/g	平均孔径/nm	不同孔径BJH孔体积比例/%			不同孔径BET比表面积比例/%		
				>100nm	10～100nm	<10nm	>100nm	10～100nm	<10nm
ZK6	17.82	3.18	22.4	41.2	49.1	9.7	5.7	34.1	60.2
ZK6-5	30.46	9.53	12.8	25.9	52.4	21.7	2.1	23.9	74.0
SH5-1	19.70	8.43	9.3	28.1	39.8	32.1	1.5	12.8	85.7

续表

样品编号	BJH 孔体积 / μL/g	BET 比表面积 / m²/g	平均孔径 / nm	不同孔径 BJH 孔体积比例 /%			不同孔径 BET 比表面积比例 /%		
				>100nm	10~100nm	<10nm	>100nm	10~100nm	<10nm
SH5-4	18.96	4.20	18.0	38.4	48.0	13.6	3.9	27.0	69.1
SH6-1	46.17	13.58	13.6	28.0	50.1	21.9	2.5	24.6	72.9
SH6-2	34.91	11.60	12.0	32.3	46.1	21.6	2.5	18.4	79.1
DT4	11.48	2.88	15.9	37.1	47.2	15.7	3.6	23.9	72.5
DT5	15.35	2.83	21.7	41.0	48.0	11.0	5.4	32.6	62.0
DT6	24.22	4.97	19.5	41.0	47.1	11.9	4.7	27.7	67.6

低温液氮测试结果（图 6-1-1）表明，二连盆地吉尔嘎朗图凹陷褐煤储层孔隙系统中过渡孔、中孔非常发育，二者贡献的孔体积之和介于 67.9%～90.3%，平均为 82.3%；微孔体积所占比例较小，介于 9.7%～32.1%，平均为 17.7%。由于低温液氮测试技术的局限，测得的孔径范围通常为 2～300nm，并不能完全反映所有的中孔孔隙特征。

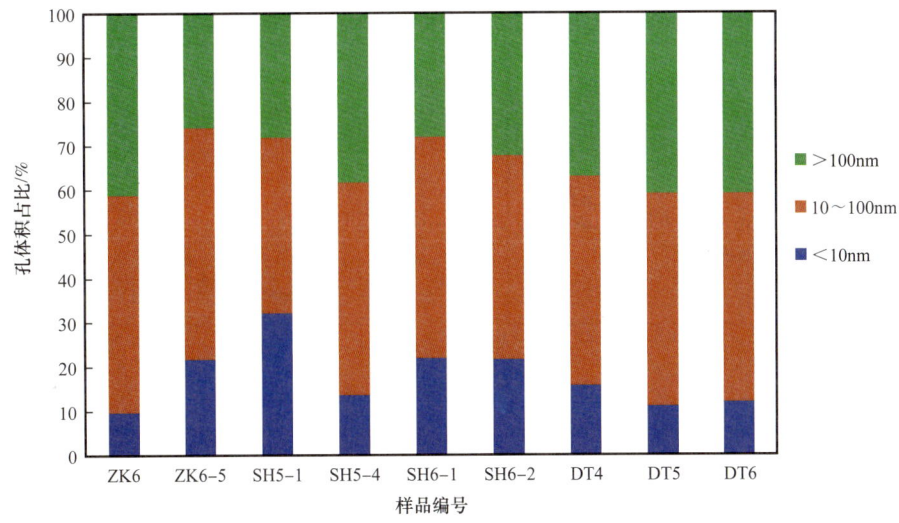

图 6-1-1 褐煤样低温液氮吸附孔径分布特征

一般煤的比表面积越大，其总孔体积也越大，二者具有较好的正相关关系。本次研究样品的比表面积与总孔体积相关系数较高（$R^2=0.8548$），但比表面积与微孔总体积的正相关系数较低（$R^2=0.4939$）（图 6-1-2）。这反映了在褐煤中微孔对比表面积贡献不明显，这也与中—高煤阶中等孔体积时，微孔所占比例越多，比表面积越大的特征不相符。这可能与褐煤孔隙以大—中孔为主、微孔发育较差的特征有关，从而造成比表面积与微孔总体积相关性较中—高煤阶有所不同。

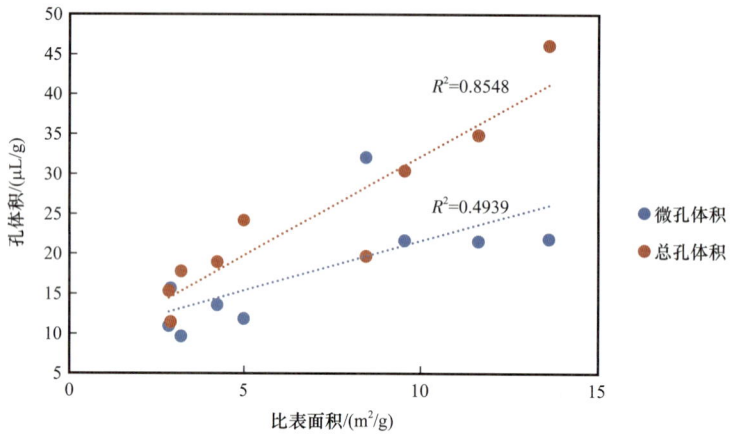

图 6-1-2 煤样低温液氮吸附比表面积与总孔体积关系

2. 孔隙结构特征

测试结果（图 6-1-3）显示，研究区吸附曲线的前半段上升缓慢，曲线下凹，表明为由单分子层吸附向多分子层吸附过渡的阶段；压力接近临界解吸压力 p_0 时，吸附线在一定程度上变陡，表明在煤内较大的孔里发生了毛细管凝聚。除少数煤样在相对压力 0~0.5 段吸附线与脱附线基本重合之外，大部分样品的脱附线在相对压力 0.5 处出现拐

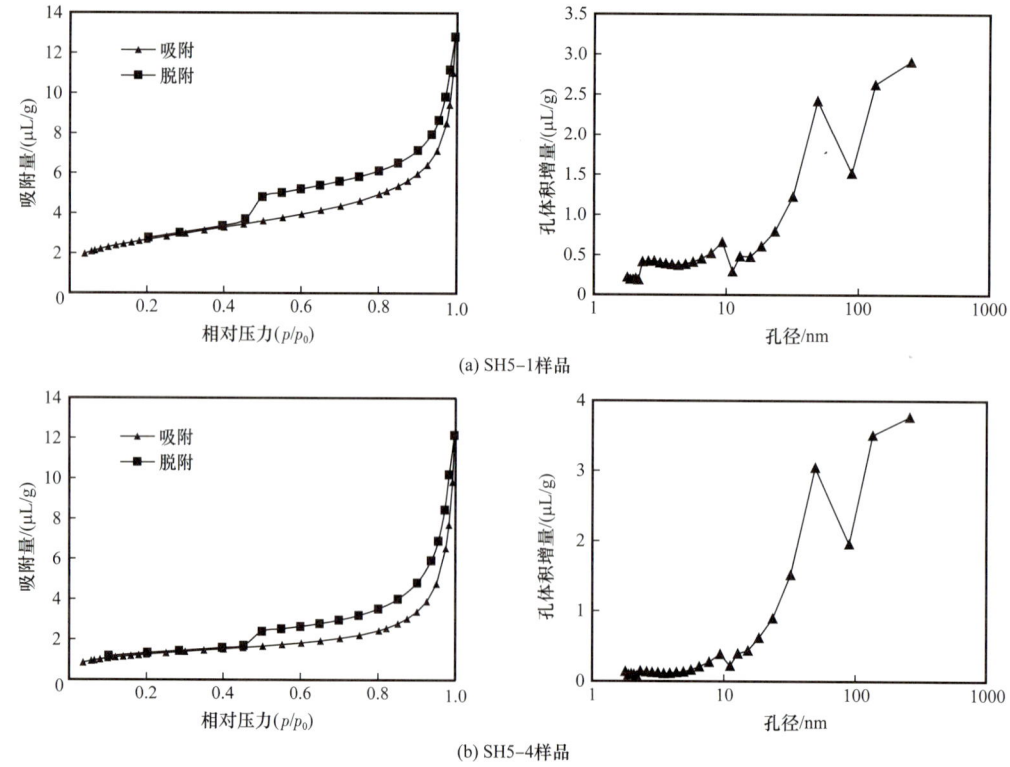

图 6-1-3 煤样低温液氮吸脱附曲线与孔径分布

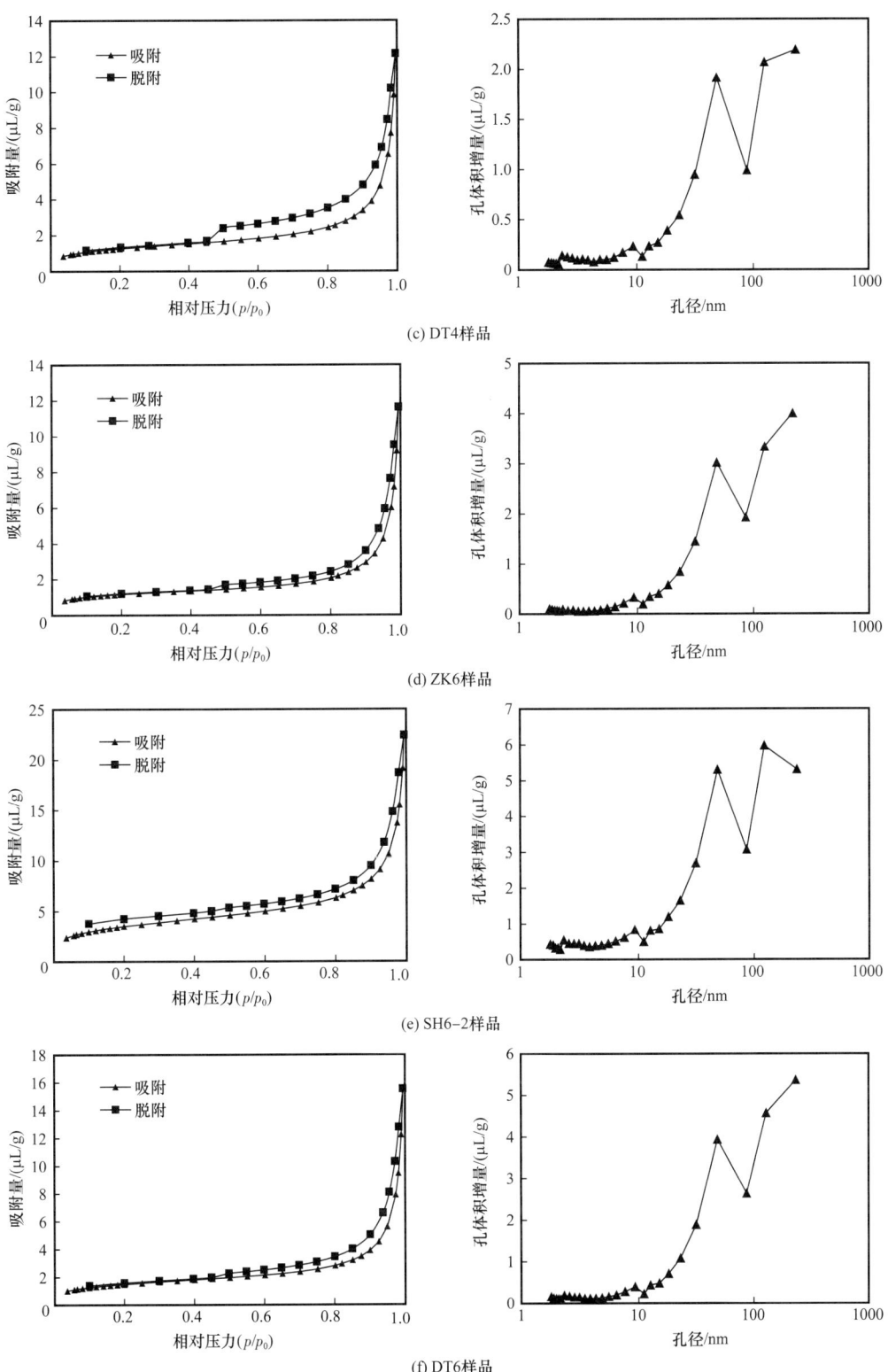

图 6-1-3 煤样低温液氮吸脱附曲线与孔径分布(续图)

点，在相对压力0.5～1.0段或0～1.0段存在明显的或不太明显的吸附回线滞后环，均属于Ⅱ类吸附曲线。等温线形态上的细微差别反映了不同的孔隙分布。通过对比归纳低温液氮吸附脱附曲线，将研究区煤样孔隙结构划分为两种基本类型。

类型Ⅰ以SH5-1、SH5-4和DT4样品为代表，该类脱附曲线有明显拐点，吸附线与脱附线在相对压力小于0.5时处于基本重合状态，表明此段所对应的孔径范围中孔大多为一端封闭的不透气孔。脱附曲线在相对压力0.5左右出现拐点，说明存在较少的"细瓶颈"孔，没有出现典型的平台形的急剧拐点区。随着相对压力的逐渐升高，出现了明显的吸附回线滞后环，说明此阶段对应较小的孔径中必然存在一定的开放型孔，可能含有少量"墨水瓶"孔和一端封闭的不透气孔。

类型Ⅱ以ZK6、SH6-2和DT6样品为代表，在相对压力小于0.8时吸附线基本不上升，在相对压力为0.8～1.0阶段吸附线呈明显上升趋势。脱附曲线在相对压力0.5处出现不太明显的拐点，在相对压力0～0.5段吸附线与脱附线基本重合，在0.5～1.0段存在很小的吸附回线滞后环，反映煤中存在一端封闭的不透气孔，如一端封闭的圆筒孔、锥形孔及板状孔。

研究区样品阶段孔径分布特征相似，2～300nm各孔径段孔隙均有分布，孔体积主要来自大于10nm的小孔。在2～3nm、8～10nm和40～50nm处出现三个峰值，表明这三个区间内的孔隙对体积贡献率较大。

3. 孔隙分形特征

根据低温液氮的吸附/脱附曲线类型，Ⅰ类曲线都是在相对压力0.5左右出现滞后环。这表明在该压力段所代表的孔隙在孔径大小及孔隙形态上存在较大差异，从而导致吸附行为的差异。因此，以相对压力0.5为分界点，分别计算两个相对压力段的分形维数值（图6-1-4）。Ⅱ类曲线虽然未在0.5段出现滞后环，但也出现了不太明显的拐点，并且分为两段来求分形维数比直接计算时，拟合效果更好，这也说明分为两个孔隙分形维数来表征煤的孔隙分形特征更合理。

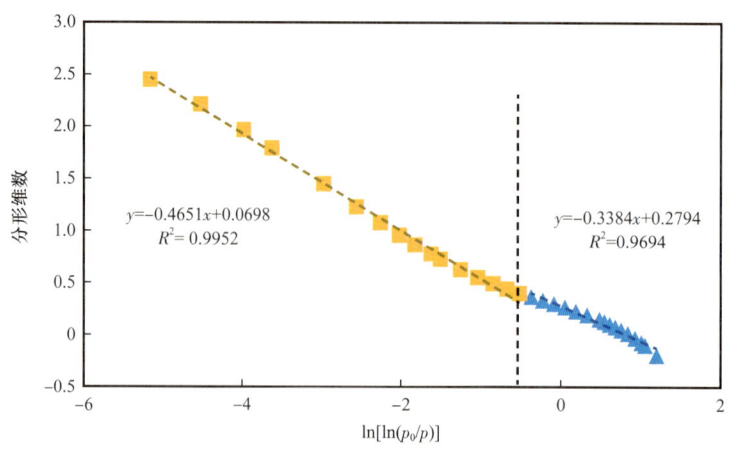

图6-1-4 ZK6样品FHH分形图

本次研究样品的液氮 FHH 分形结果见表 6-1-2，分形维数 D_1 的主体范围是 2.53～2.75，分形维数 D_2 的主体范围是 2.54～2.66，反映研究区褐煤样品孔表面、微小孔的孔结构非均质性较强。

表 6-1-2　低温液氮 FHH 分形计算结果

煤样编号	相对压力（p/p_0）0～0.5				相对压力（p/p_0）0.5～1			
	A_1	$D_1=3+3A_1$	$D_2=3+A_1$	R_1^2	A_2	$D_1=3+3A_2$	$D_2=3+A_2$	R_2^2
ZK6	−0.465	1.60	2.53	0.995	−0.338	1.98	2.66	0.969
ZK6-5	−0.367	1.90	2.63	0.994	−0.425	1.73	2.58	0.991
SH5-1	−0.253	2.24	2.75	0.999	−0.390	1.83	2.61	0.997
SH5-4	−0.419	1.74	2.58	0.996	−0.413	1.76	2.59	0.980
SH6-1	−0.383	1.85	2.62	0.996	−0.428	1.72	2.57	0.993
SH6-2	−0.459	1.62	2.54	0.996	−0.403	1.79	2.60	0.980
DT4	−0.416	1.75	2.58	0.997	−0.460	1.62	2.54	0.991
DT5	−0.472	1.58	2.53	0.998	−0.399	1.80	2.60	0.986
DT6	−0.449	1.65	2.55	0.994	−0.408	1.78	2.59	0.982

二、中低煤阶煤储层连续分布模型

构建模型前，首先明确煤岩发育孔隙的孔径特点为大小不同且分布连续；其次，不同孔径段内孔径分布情况是通过其孔体积来表征。构建模型的依据，液氮吸附法与压汞法所测孔隙分布范围叠合且覆盖全孔径孔隙分布。叠合部分可将两种结果整合起来。

具体构建模型方法如下：

（1）明确液氮吸附法与压汞法所测孔隙分布范围，即液氮吸附法所测范围为 2～300nm，压汞法所测范围为 30～1000nm。

（2）通过数学方法处理孔径段重合部分（即 10～100nm 与 100～1000nm），设液氮吸附法所测得的 100nm 以上段孔径体积为 z，则可计算出用 z 表示的 10nm 以下和 10～100nm 段的孔隙体积，分别设为 n_1z 和 n_2z；同样设压汞法所测的 0～100nm 段孔径体积为 e，也可计算出用 e 表示的 100～1000nm 和 1000nm 以上段的孔隙体积（m_1e 和 m_2e）（图 6-1-5）。

（3）选定合适的 e/z 值，由于液氮吸附法的 10～100nm 孔径段包含压汞法的 0～100nm 孔径段，因此 $e<n_2z$；而同样压汞法的 100～1000nm 孔径段包含液氮吸附法的 100nm 以上孔径段，可得 $z<m_1e$。设 $k=e/z$，则可得 k 的范围是（$1/m_1$, n_2）。以样品 E7 为例，1.84z 应当大于 e，0.89e 应当大于 z，由此可以推算 k 值介于 1.13～1.84，简单取平均值即得 $k=1.48$（表 6-1-3）。

（4）归一化处理四部分孔径段所占比例，得到孔裂隙的连续分布值（表 6-1-4）。

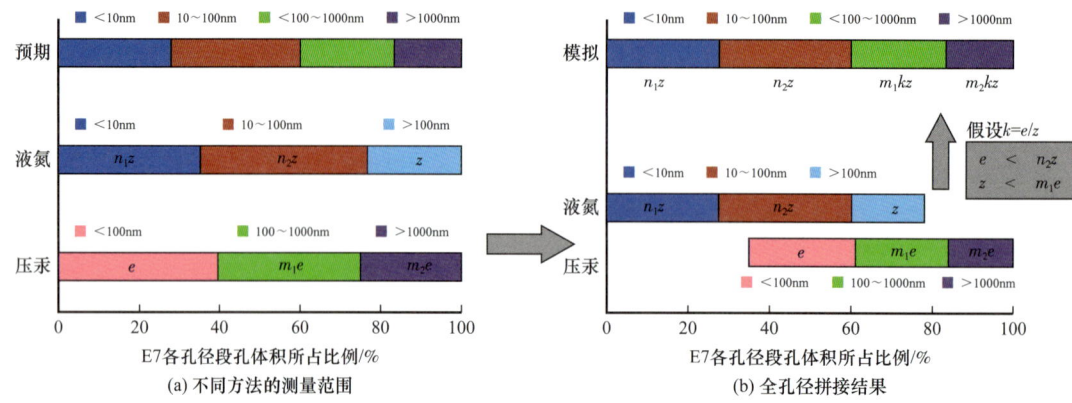

图 6-1-5 煤样微观孔隙连续分布模型构建示意图

表 6-1-3 煤岩微观孔裂隙连续分布模型构建计算

煤样编号	低温液氮各孔径段孔体积比 /%			n_1	n_2	压汞段孔径分布 /%			m_1	m_2	min (k)	max (k)	k
	<10nm	10~100nm	>100nm			0~100nm	0.1~1μm	>1μm					
E7	35.24	41.93	22.83	1.54	1.84	39.90	35.40	24.70	0.89	0.62	1.13	1.84	1.48
E8	25.14	45.06	29.80	0.84	1.51	23.40	51.30	25.30	2.19	1.08	0.46	1.51	0.98
E9	20.74	43.15	36.10	0.57	1.20	68.70	16.50	14.80	0.24	0.22	4.16	1.20	1.20
E11	83.93	15.07	1.00	83.93	15.07	45.80	18.30	35.90	0.40	0.78	2.50	15.07	8.54
E13	70.37	28.63	1.00	70.37	28.63	52.50	22.40	25.10	0.43	0.48	2.34	28.63	15.24

注：E9 样品 e/z 值异常，最小值与最大值存在矛盾，说明压汞法所测得的小孔比例偏高，即实验过程中压力过大破坏了微小孔孔隙结构，故 e/z 取其可能的最大值 1.2。

表 6-1-4 部分煤岩样品微观孔裂隙连续分布结果

煤样编号	孔径分布 /%			
	<10nm	10~100nm	100~1000nm	>1000nm
E7	27.44	32.79	23.43	16.35
E8	15.13	27.11	38.68	19.08
E9	24.80	51.60	12.44	11.16
E11	77.39	13.35	3.13	6.13
E13	62.84	24.94	5.76	6.46

该方法的关键是求取 k 值，在面对实验数据时，可能会出现如 E9 样品的情况，建立的两个不等式 $e<1.20z$ 和 $e>4.16z$ 自相矛盾，这说明两种实验手段测试的 10~100nm 段与 100~1000nm 段孔体积比例差异过大，造成这种现象的原因是压汞法所测得的 0~100nm 段孔径比例异常高，推测为压力过大导致孔隙结构破坏。E11 和 E13 样品的情况则表现为液氮吸附法未检测到 100nm 以上段的孔径，若为 0 则无法用倍数关系表示各孔径段比例，故设 0 值为 1，并从 10nm 以下和 10~100nm 段中各减去 0.5 的比例，再作计算。这样设定虽然改变了各孔径段体积具体的值，但是对其相对大小关系影响可忽略，因而具有科学可信性。此外，简单取 k 的平均值并不一定是最合适的，还有待实践的检验。

通过构建孔裂隙连续分布模型后得到的孔径分布，可以更直观地看出低煤阶煤中各类孔径的发育情况。

图 6-1-6 对比了孔裂隙连续分布模型计算结果——核磁共振（NMR）法和压汞法孔隙结构。图 6-1-6（a）显示了三种方法所得的原始结果，相互对立；图 6-1-6（b）中则是将核磁共振法与压汞法结果标定在新建模型体系内，具有整体性，可直观反映所测得的孔径段，也显示出未测得的部分。

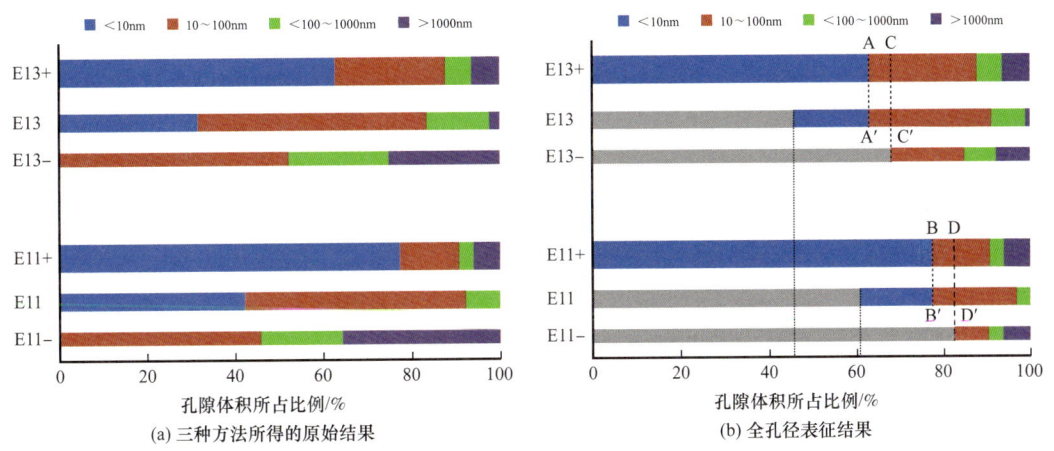

图 6-1-6　部分煤样多种方法测孔隙结构对比

E11+ 和 E13+ 是孔裂隙连续分布模型计算结果；E11 和 E13 是核磁共振所测孔隙结构；E11- 和 E13- 是压汞法所测孔隙结构

第二节　基于核磁共振的褐煤无损测试技术

针对目前低煤阶煤储层物性测试技术的缺陷，探索适用于低煤阶煤储层物性的精细表征技术，通过改进核磁共振测试方法（线切割、热塑管包裹、饱和煤油）与测试参数优化（饱和时间优化、饱和态 TE 优选、离心力优选、离心态 TE 优选、煤油定标），系统分析核磁共振在煤的孔隙度、孔隙结构、渗透率和可动流体特征研究中的应用，并建立低煤阶煤岩物性的核磁共振定量表征技术。

一、褐煤柱状样品制样装置

1. 技术背景

基于煤样检测标准,多数方法对样品均有形态规格要求,且主要为 5cm×2.5cm 的柱状样品。由于褐煤是一种煤化程度最低的矿产煤,受到形成背景及成分的影响,导致自身拥有特殊的物理性质。比如,褐煤成岩程度较低,以大—中孔隙发育为主,大多疏松易碎,遇水易膨胀,导致原始形态破坏,甚至溶解成煤泥。而已有的柱状样品制备手段多采用刀片工作台,主要针对硬度较高的矿石材料,同时配备了给水装置,能快速地进行湿式切割。使用该类技术制备褐煤样品过程中,主要采用磨砂轮或刀片进行切割,由于切割工具与煤岩样品接触面积较大,对样品的损害过大,因此不能完整地保留煤岩样品原有的结构和构造;同时受到水的作用,极易导致样品膨胀、破碎,甚至溶毁。此外,对残样的保存也极为不利。说明传统方法无法制备用于科学研究的一定规格大小的完整柱状褐煤样品。因此,针对褐煤的特有性质,设计一种能够制备完整柱状样品的切割方法,是进行褐煤储层物性研究需要解决的关键问题。

2. 线切割制样

针对以上问题,通过实验研究创新了一种新型的褐煤柱状样品制样装置。该装置通过数控能够实现精细线切,较大限度地保存残料,在负载切割中效率高,可以有效解决技术背景中的问题。

该褐煤柱状样品制样装置工作原理如下:利用高速移动的精钢砂丝,对煤块进行研磨切割成型。利用细精钢砂丝摩擦对样品进行切割,工作载物台在水平面两个坐标方向通过万向轮按照各自预定的控制程序,根据间隙状态做伺服进给移动,从而合成各种曲线轨迹,把样品切割成型。

褐煤柱状样品制样装置通过设置丝架和导轮,将精钢砂丝缠绕在上方通过储丝筒的驱动旋转而产生摩擦进行线切,线切割加工中样品的形状是通过调整盘(图 6-2-1)按给定的控制程序移动而合成的,只对样品进行轮廓图形加工,余料仍可利用;而且靠数控技术实现复杂的切割轨迹,缩短了生产准备时间,加工周期短,线切割加工过程中,精钢砂丝通过导轮连续移动,使新的精钢砂丝不断地补充和替换加工区受到损耗的精钢砂丝,避免了精钢砂丝的磨损对加工精度造成的影响;从应用角度看,该方法能制备符合物性测试要求的褐煤柱状样品。

由于褐煤本身特殊的物理性质,对制样技术提出了更高的要求,传统刀片或磨砂轮制样装置已不能满足制备科学研究的一定规格大小的完整柱状褐煤样品的要求。因此,本次研究发明了一种褐煤柱状样品的制样装置,它较传统制样装置从原理到适用性都有显著的不同。

首先,传统柱制样技术已经在砂岩、页岩、碳酸盐岩及中高阶煤岩等岩石中得到广泛应用,但其对类似于褐煤这种质脆、易碎、松散的岩样来说,仍存在明显的局限性。

线切割技术能制备符合物性测试要求的松散褐煤柱状样品，弥补传统制样技术的局限，为科学地研究储层物性提供了基础条件。

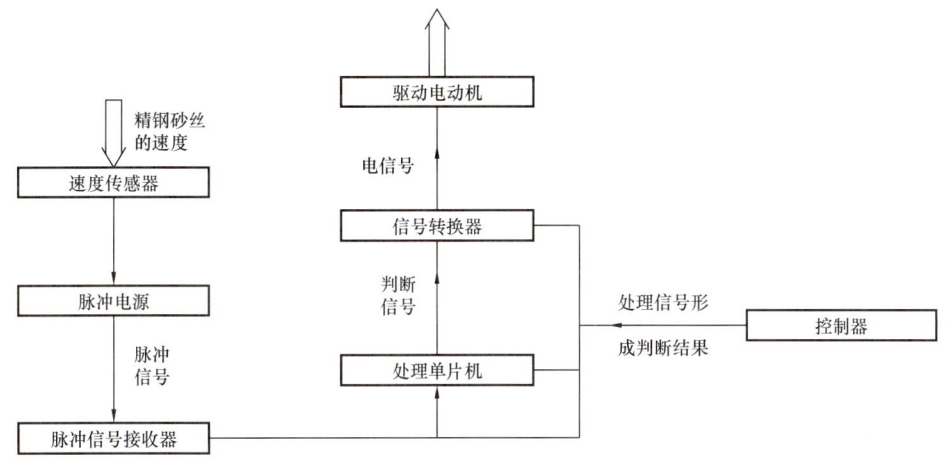

图 6-2-1　控制器结构示意图

从以上的对比中可以得知，虽然传统柱制样技术已经在砂岩、页岩、碳酸盐岩以及中高煤阶煤岩等岩石中得到广泛运用，但其对类似于褐煤这种质脆、易碎、松散的岩样来说，仍存在明显的局限性。线切割技术能制备符合物性测试要求的松散褐煤柱状样品，弥补传统制样技术的局限，为能科学地研究储层物性提供了基础条件。

二、基于低场核磁共振技术测量褐煤有效孔隙度的方法

1. 技术背景

适用于褐煤的常规测试手段 CO_2、N_2 吸附仅能定量厘定煤样小于 300nm 的微小孔，扫描电镜（SEM）虽然能表征煤样的中大孔，但是只能实现图形化定性表征，并不能实现中大孔隙的定量表征。因此，为实现褐煤孔径的全孔径定量表征，需要利用核磁共振法或者压汞法来探测褐煤煤岩的中大孔及裂隙特征。常规核磁共振技术由于其可深入物质内部不破坏样品，并具有快速、无损、精准等优点而得到广泛应用，目前早已从物理学渗透到地质、化学、生物、医疗及材料等学科（郑贵强等，2014）。在油田地质研究中，多使用核磁共振法探索碎屑岩、碳酸盐岩及中高煤阶煤岩储层的孔裂隙特征，其较常规的压汞法在煤岩样品孔裂隙表征的完整性、无损性方面更具优势，因此拟选用核磁共振法来探测褐煤煤岩的中大孔及裂隙特征。但对于褐煤煤岩样品，由于其具有质脆、松散，水化现象严重且离心易发生断裂、破碎等特点，大大增加了常规低场核磁共振技术使用的难度。

在低场核磁共振测试中，解决由于低煤阶煤岩样品本身特性造成的测试困难是获得正确测试结果的必然前提，岩性不同，核磁共振测量的实验技术不同。因此，设计合理的测试手段是准确测量松散煤样孔裂隙结构需要解决的首要问题，也是将该技术应用于低煤阶煤储层物性分析的关键。

2. 核磁共振法原理概述

普遍认为煤为一种弱磁性岩石，即使煤中存在微量顺磁性矿物，在外加低强度磁场下，也不会影响测试结果。因此，在低场核磁共振测试过程中，所检测到的核磁共振信号主要反映流体中的氢核共振信息。

一般通过测量氢核 ^1H 的横向弛豫时间 T_2 来分析含氢流体在多孔介质中的弛豫行为，可以用公式描述：

$$\frac{1}{T_2} = \frac{1}{T_{2B}} + \frac{1}{T_{2D}} + \frac{1}{T_{2S}} \quad (6\text{-}2\text{-}1)$$

式中 T_2——孔隙流体的横向弛豫时间；

T_{2B}，T_{2S}，T_{2D}——岩石孔隙流体所具有的三种横向弛豫机制，分别为孔隙流体的自由弛豫时间、表面弛豫时间和扩散弛豫时间。

式（6-2-1）中孔隙流体的自由弛豫时间 T_{2B} 为 2～3s，远大于 T_2，可以忽略。低场核磁共振实验磁场均匀、强度小，在快速扩散条件下，采用自旋回波磁振（CPMG）脉冲序列测量获得的 T_2 可不考虑扩散弛豫的影响（Coates et al.，1999；肖立志等，2001），此时式（6-2-1）右边的 T_{2D} 扩散弛豫项也可忽略，T_2 横向弛豫时间则主要受表面弛豫时间 T_{2S} 控制。表面弛豫时间 T_{2S} 代表岩石颗粒表面对流体的弛豫作用，于是式（6-2-1）可简化为：

$$\frac{1}{T_2} = A\frac{S}{V} \quad (6\text{-}2\text{-}2)$$

式中 S——样品孔隙的表面积；

V——样品孔隙的体积；

A——表征岩石的横向表面弛豫强度（或表面弛豫率），它是与岩石孔隙表面及胶结物的性质有关的常数。

S/V 反映了孔隙尺寸情况。由式（6-2-2）可知，岩石的表面弛豫时间与孔隙半径成正比，即孔径越大，弛豫时间越长；而孔径越小，弛豫时间越短。

记录数据显示，核磁共振信号幅度随时间以指数形式衰减，而总的核磁弛豫信号是不同大小孔隙的弛豫信号的叠加，可用公式表示为：

$$M(t) = \sum M_i(0) e^{-t/T_{2i}} \quad (6\text{-}2\text{-}3)$$

式中 $M(t)$——t 时刻观测到的回波信号幅度；

$M_i(0)$——第 i 种弛豫分量在零时刻的信号大小；

T_{2i}——第 i 种弛豫分量的横向弛豫时间。

通过对数据进行多指数反演拟合，可得到各 T_{2i} 对应的信号强度 $M_i(0)$，从而得到 T_2 弛豫时间谱。根据 T_2 弛豫时间谱的特征，可分析所测岩石样品的孔隙结构、孔隙度、渗透率等特征。

3. 煤油饱和低煤阶煤进行核磁共振实验的可行性分析

1）油水饱和对比核磁共振孔隙度的精确性

通过设计煤样饱和水和饱和煤油的多组核磁共振对比实验，探究煤油代替水饱和煤样测试低煤阶煤孔隙度的准确性。鉴于低煤阶烘干温度没有一个适宜温度范围，为了最大限度地排除烘干可能带来的干扰因素，综合考虑煤样不进行烘干处理。

选取12个低煤阶煤样设置6组煤油与水的核磁共振对比实验，所有样品均已测定氦气孔隙度，核磁共振实验前进行套热塑管处理，然后分别饱和水与煤油24h。测试完核磁T_2谱后，用标准水样与标准煤油样进行标定，然后根据样品核磁信号量就可以测得核磁共振孔隙度（表6-2-1）。

表6-2-1 核磁共振孔隙度、氦气孔隙度测试结果

样品编号	标准样	$R_{o,max}$/%	饱和信号量（信号强度）	样品体积/mL	核磁共振孔隙度/%	氦气孔隙度/%	相对误差/%
H5-1	煤油	0.37	21494.57	22.09	7.45	7.62	2.21
H5-2	水		31451.96	24.05	10.01	10.51	4.72
E1-1	煤油	0.46	45456.69	21.26	16.62	16.4	1.35
E1-2	水		41777.74	24.05	13.3	13.92	4.43
E2-1	煤油	0.46	61029.16	23.56	20.21	21.35	5.36
E2-2	水		65960.99	19.14	26.4	26.89	1.83
E3-1	煤油	0.49	26966.62	22.58	9.2	9.76	5.75
E3-2	水		42497.92	24.05	13.53	14.12	4.15
H4-3	煤油	0.51	21238.18	23.56	6.9	7.31	5.61
H4-4	水		26180.65	23.51	8.53	8.79	3.01
B1-3	煤油	0.63	21494.57	23.56	2.32	2.51	7.71
B1-4	水		31451.96	23.07	2.64	2.77	4.55

由于煤具有非均质性，即使同一块煤样上钻的煤柱子，其孔隙度也会有差异。正是由于煤样非均质性及其他测试过程中可能存在的因素影响，导致同一原煤上钻取的煤样其氦气孔隙度存在一定差异，因此，在对比核磁共振孔隙度与氦气孔隙度的准确性上需要确保测试的是同一块样品。

对比同一煤样的核磁共振孔隙度与氦气孔隙度，发现二者结果高度一致，相对误差均小于10%。由于同一原煤上的样品其氦气孔隙度存在差异，因此在对比水饱和和煤油饱和对核磁共振孔隙度测试结果的影响上，不能直接拿两者所测核磁共振孔隙度进行比较。氦气孔隙度作为公认最接近真实孔隙度的值，比较二者核磁共振孔隙度与氦气孔隙度的相对误差值差异，可以得到煤油和水饱和煤样在核磁共振孔隙度测定结果精准度上

的差异。观察发现在孔隙度测试结果精准度上，煤油饱和煤样与水饱和煤样的核磁共振孔隙度测试结果也具有高度一致性。煤油饱和褐煤煤样几乎不存在掉渣、膨胀等现象，但是部分饱和水样在饱和期间却有不同程度的水化掉渣现象，推测其内部孔隙结构已发生破坏。同时，包裹热塑管虽使煤样水化掉渣现象显著减少，但是饱和水煤样仍会膨胀，在纵向上拉长，造成样品体积增大，因此其核磁共振法实际测试结果的准确性存在疑问。

2）低煤阶煤润湿性分析

煤表面润湿性受煤的显微组分、化学组成、煤阶、含氧官能团等因素影响，含氧官能团是煤亲水的根本原因。不同煤样表面润湿性由其自身性质决定，煤的润湿性一般与煤阶、固定碳、腐殖组组分呈负相关，与灰分、水分、惰质组组分呈正相关。

在恒定温压下，于一固体平面上滴一滴液体，液滴会在分子作用力下同固体表面呈一定夹角 θ。润湿性由界面自由能决定，最直接衡量润湿性的参数是接触角 θ。当液滴于固体表面充分展开时，$\theta=0°$，固体被完全润湿，称为铺展润湿；当液滴于固体表面呈平凸透镜状时，$\theta<90°$，称为黏附润湿，θ 越小，表示润湿性越好；当液滴于固体表面呈椭球状时，$\theta>90°$，称为不润湿，θ 越大，表示润湿性越差。

选取了 6 块低煤阶煤和 1 块中煤阶原煤块，直接研磨制备接触角测定所需煤样。有学者认为这样制备的煤样不会改变其本身物化特性，测得的接触角会更接近真实值。通过设计多煤阶煤样的接触角测量实验，测得 7 组实验煤样与水和煤油的接触角，结果见表 6-2-2。

表 6-2-2 各煤样接触角数据

样品编号	$R_{o,\,max}$/%	接触角/(°)	
		水	煤油
H1	0.43	119.30	6.13
H2	0.44	117.71	3.91
H3	0.47	129.69	3.26
H4	0.51	110.20	4.24
B1	0.63	106.31	6.30
X1	0.81	126.64	14.04

由表 6-2-2 可知，所选煤样与水的接触角测定结果均大于 90°，对水的亲和力较差，即使是褐煤煤样也表现为疏水性。研究区低煤阶煤为特低灰煤，灰分含量极低，水分含量较高，固定碳含量较低（在 50%～60% 之间），腐殖组含量较高，惰质组含量低，在众多因素综合影响下，煤润湿性表现为疏水。所有煤样与煤油的接触角均小于 90°，而且接触角非常小，表现出了强亲油性，特别是低煤阶煤样。由此可见，对于低煤阶煤样，煤油是润湿相，相比水更易饱和低煤阶煤样。

基于低煤阶煤样润湿性测试和核磁孔隙度测试分析结果，充分了解了水饱和低煤阶煤样的诸多缺陷及煤油饱和的优越性，认为煤油完全可以取代水做低煤阶煤的饱和流体进行低场核磁共振实验。

4. 低场核磁共振实验参数优选

1）饱和时间

低煤阶煤润湿性实验结果显示，低煤阶煤样强亲煤油且疏水，水较难饱和低煤阶煤样。不同地区不同低煤阶煤样的饱和水时间，不同学者有不同的选择，但是并未有人阐述过依据。

作为强润湿相的煤油饱和低煤阶煤样显然要比水容易，为了探究煤油饱和研究区低煤阶煤样的时间，设计选定6组烘干煤样进行抽真空饱和煤油实验。实验前记录烘干样质量及体积，并测干样T_2谱。然后进行套热塑管处理，将其放入烧杯中，注入航空煤油至淹没样品，并将其放入抽真空实验仪器中饱和。

观察发现煤样饱和8h后气泡已完全消失，取出样品，擦拭表面煤油，称重记录饱和质量。随后继续饱和至20h、32h、44h，称重记录饱和质量。通过统计不同饱和时间下样品质量变化（表6-2-3），发现在饱和8h后继续饱和样品至20h，样品质量变化非常小，对最终孔隙度计算影响很小。因此，认为低煤阶煤样饱和煤油8h即可，相比于水饱和煤样，大大缩短了实验时间。

表 6-2-3　不同饱和时间下样品质量变化

样品编号	质量 /g			
	8h	20h	32h	44h
H3-1	4.5385	0.0482	0.0295	0.0065
H1-2	4.4343	0.0216	0.0370	0.0116
H2-1	6.6855	0.0499	0.0201	0.0138
E7-1	2.8985	0.0305	0.0303	0.0056
H4-2	2.8800	0.0239	0.0055	0.0191
B1-2	1.4181	0.0079	0.0081	0.0117

2）等待时间

等待时间（TW）的大小取决于最长纵向弛豫时间（T_1），等待时间通常设置为5倍的该样品最大T_1值。油的纵向弛豫时间相对较短，等待时间通常设置在1500～2000ms。

所有核磁共振实验煤样烘干后均需测量质量及体积，并测量干样核磁共振信号量，然后包裹热塑管。将煤样放入抽真空装置中抽真空饱和煤油8h后，取出并擦拭样品表面流体，再进行饱和样的核磁共振信号量测量。选取编号E4-1、E5-1和E6-1的三个样品，回波时间（TE）设置为0.1ms，对应等待时间为2000ms、4000ms、6000ms和8000ms，进行多组核磁共振实验，其他仪器参数同前文一致，测试采集所得横向弛豫T_2谱如图6-2-2所示。

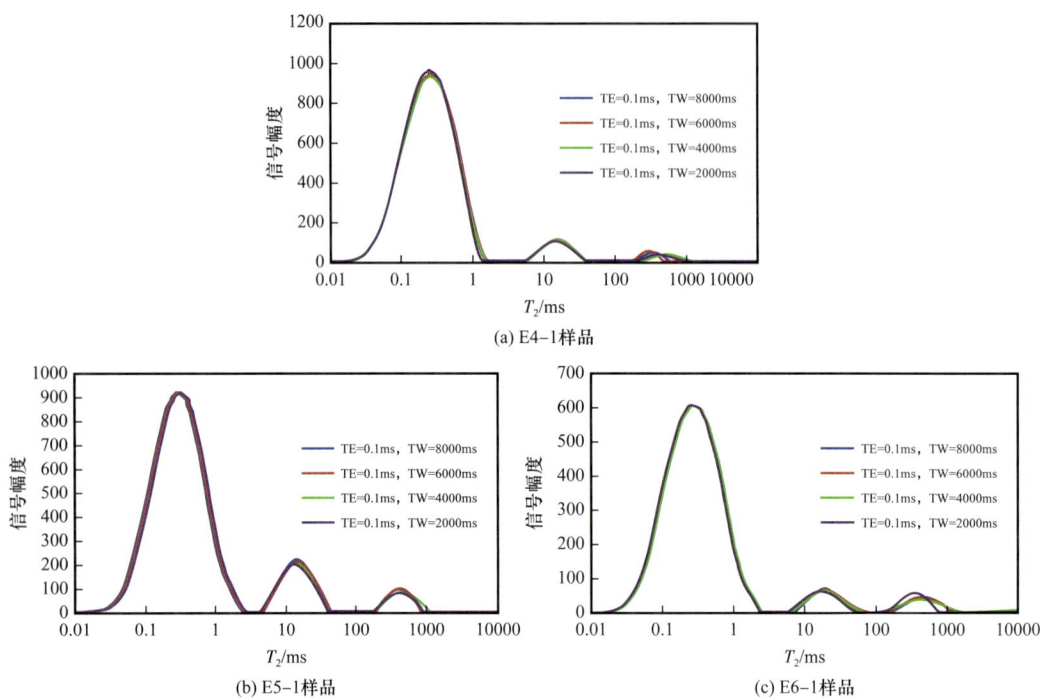

图 6-2-2 不同等待时间的饱和样横向弛豫 T_2 叠加谱

由于不同流体信息在 T_2 谱分布上有不同的形态，可以利用这一特点定性识别油水信号。如果饱和煤油后的低煤阶煤孔隙是油、水两相，显然此时水为非润湿相，不受表面弛豫作用影响。水的 T_1 明显比煤油的长，所以它的等待时间也比油长。对于较长的等待时间，煤油、水的核磁共振信号都已完全恢复，得到完整的 T_2 分布；但对于较短的等待时间，煤油的信号已经完全恢复，水的信号却只有部分恢复。但是从横向弛豫 T_2 谱分布可以看出，等待时间在 2000～8000ms 的变化区间内，流体信息在 T_2 谱分布上的形态几乎没有变化，说明实验样品内含水量较低，对核磁共振实验影响较小，侧面验证了低煤阶煤样 50℃ 烘干效果较好。同时，多组等待时间下的核磁共振测试 T_2 谱几乎重合，可见等待时间的增大对核磁共振信号采集影响非常小。

3）回波时间

鉴于所选一部分实验煤样高度超出 5cm，不符合核磁共振仪器 MicroMR12-025V 的测试范围，因此以下所有实验均采用 MesoMR23-060H-I 中尺寸核磁共振成像分析仪。

基于煤油自身扩散性，通过变动回波时间大小，使煤油信号向 T_2 减小的方向发生位移，表现为随着回波时间增大，右峰左移。从图 6-2-3 可以看出，随着回波时间增大，左峰右移，信号幅度明显降低，部分短弛豫组分信号丢失，对应孔半径分布范围变小；右峰左移，信号幅度略有增加，但谱峰形状及包络面积变化很小，说明回波时间增大对长弛豫组分核磁共振信号采集的影响很小。

随着回波时间的增大，核磁共振饱和信号量并不总是递增或递减，在部分短弛豫信号丢失的同时，也检测到了部分长弛豫信号。回波时间在 0.1～0.4ms 变化区间内信号波动较小，丢失的短弛豫信号与增长的长弛豫信号较少；而在回波时间取 0.5ms、0.6ms 时信号衰减较快，短弛豫信号大幅度丢失，明显大于增长的长弛豫信号量。总体上看，回波时间取 0.1ms 和 0.4ms 时的核磁共振饱和信号比其他回波时间相对更完整，二者的核磁共振信号差较小。结合 T_2 谱图分析，取回波时间为 0.1ms 作为饱和样的最佳回波时间。为了获取准确样品束缚流体信息，离心样的回波时间选择越短，核磁共振信号采集越完整。因此，综合考虑回波时间取 0.1ms 作为低煤阶煤样核磁共振测试的最佳回波时间。

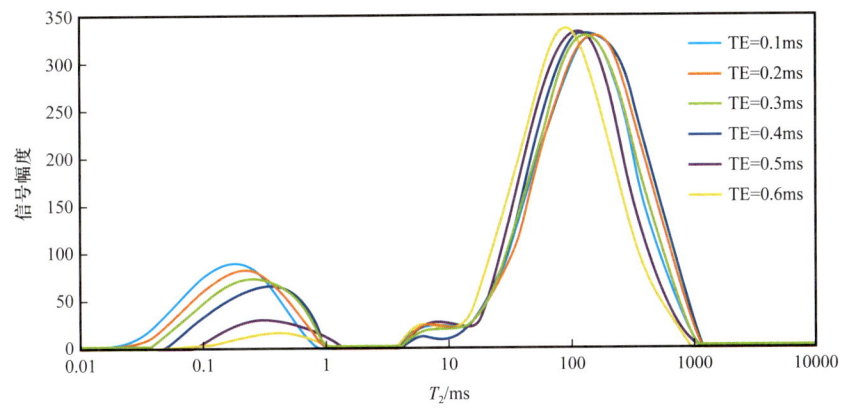

图 6-2-3　不同回波时间的横向弛豫 T_2 谱（H3-1 样品）

4）离心转速

离心力的选取对确定样品可动流体与束缚流体饱和度至关重要，离心效果越好，测试流体饱和度结果越可靠（王振华等，2014；谢然红等，2008）。使用离心机对煤样进行脱油，离心机温度控制在 20℃，将离心转速从 2000r/min 逐渐增加到 10000r/min，单次离心 2h。每次离心后称重，记录样品质量变化，并测试核磁横向弛豫 T_2 谱。

根据各阶段离心质量递减值绘制样品质量变化曲线，由图 6-2-4 可知，随着离心转速逐渐增加，褐煤样品质量变化曲线波动较大，4000r/min 时长焰煤质量变化曲线逼近零值。在离心转速为 2000r/min 时，褐煤样中煤油被大幅离心出来，长焰煤样因其孔隙度较低，饱和煤油含量少，所以离心质量变化较小；增加至 4000r/min 时，褐煤样品质量变化较大，而长焰煤样品质量变化已趋近 0，质量变化小于 0.05g；随着后续转速增加，长焰煤样质量变化略有增加，质量变化小于 0.1g，而褐煤样松散多孔，虽然包裹了热塑管一定程度上降低了样品离心破碎的可能性，但离心转速增加仍会逐渐破坏其孔隙内部结构，孔隙内煤油不断被离心出来，无法根据其质量变化准确选择最佳离心转速。

观察离心后煤样核磁共振横向弛豫 T_2 谱，发现随着离心转速提升，煤样信号幅度表现为右峰递减，褐煤样变化明显，表明孔隙连通性较好；长焰煤样变化很小，孔隙连通性较差。统计低煤阶煤样各阶段离心核磁共振衰减信号，核磁共振信号变化与质量变化趋势一致，4000r/min 时的长焰煤样信号衰减已较小，6000r/min 时 E7-1 样品衰减信号值有较大增幅，样品可能已发生破碎。

由图 6-2-5 更能清晰地发现，褐煤样各阶段离心后含油饱和度变化曲线平稳下降，长焰煤样 E7-1 在 4000～6000r/min 之间有较大降幅。

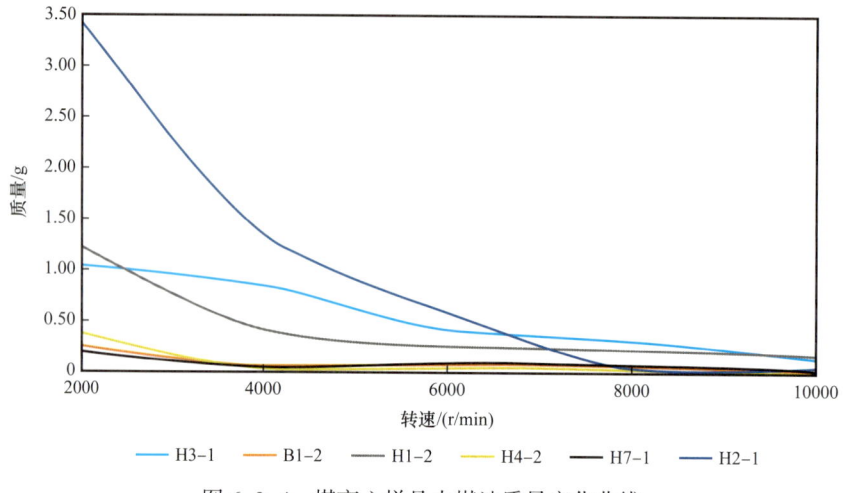

图 6-2-4 煤离心样品中煤油质量变化曲线

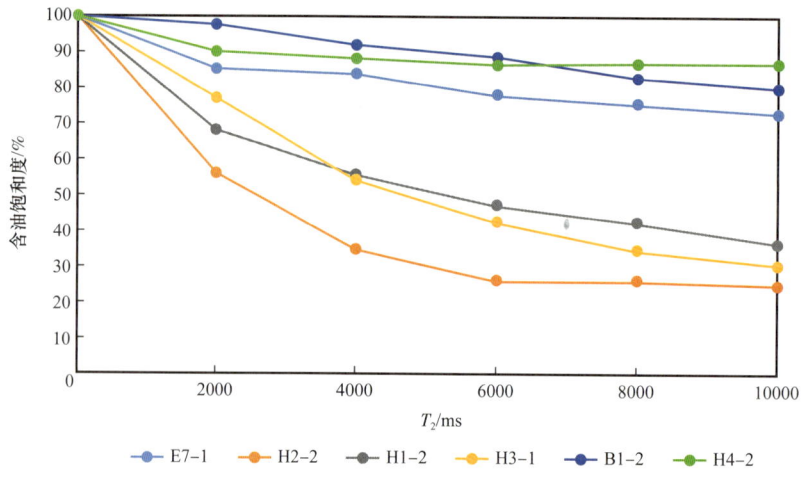

图 6-2-5 各阶段离心后样品含油饱和度变化曲线

综上所述,尽管各种现象表明转速越大,低煤阶煤样离心效果越好,但对煤样内部孔隙结构的破坏也是必然存在的。褐煤因受自身特性影响,确定其最佳离心转速非常困难,但是相对应长焰煤就容易多了。长焰煤比褐煤经历了更长时间的煤化作用和压实作用,其物化性质与褐煤有较大区别,尤其是硬度。对于低煤阶煤,煤的硬度与煤热演化程度呈正相关关系。因此,可以了解到褐煤的最佳离心转速显然是小于或等于长焰煤的,而针对低煤阶煤的最佳离心力选取,将焦点放在长焰煤上显然简单很多。综合考虑后,优选 4000r/min 作为低煤阶煤样的最佳离心转速。

5. 测试分析

1)测试流程

针对褐煤样品质脆、松散,水化现象严重且离心易发生断裂、破碎等问题,发明了改良核磁共振技术:在进行低场核磁共振实验前,用热缩塑料管包裹松散煤岩样品,以防止样品在实验过程中破碎，并将饱和液体蒸馏水替换为煤油，从而克服样品在饱和水下破裂。

实验采用 MacroMR12-150H-I 全直径岩心核磁共振成像分析系统，对二连盆地褐煤样品进行测试，其共振频率 12.8MHz，磁体强度为 0.3T±0.05T，探头线圈 25mm。

（1）制作标样，建立标线方程：取一定量体积间隔的煤油至标准样品瓶内，制成 4 个标准样品。设置回波时间为 0.1ms，等待时间为 4s，将标准样品分别置于核磁共振仪器样品槽内，测量标准样品衰减谱，拟合标准样品中煤油的体积与其核磁共振信号量峰值和基底信号量（标样样品瓶本身的信号量）差值之间的关系，得到标线方程，采用统计学中的线性回归方法拟合标线方程，表达式为：

$$y=kx+b \tag{6-2-4}$$

式中　x——样品核磁共振信号量和基底信号量的差值；

　　　y——标样煤油的体积，mL；

　　　k——标线方程的斜率；

　　　b——标线方程的纵轴截距。

（2）松散煤岩样品的制备及饱和煤油：利用线切割技术依次制备 6 个直径为 25mm 的柱状松散煤岩样品，并对其进行编号（表 6-2-4）。利用游标卡尺测量柱状煤岩样品的尺寸，并用天平测量煤岩样品的质量并记录；采用热缩塑料管包裹松散柱状煤样，并将松散柱状煤样置于真空泵中抽真空、饱和煤油 8h 以上，使松散煤岩样品完全饱和煤油。

表 6-2-4　样品尺寸参数

样品编号	直径 /cm	长度 /cm	质量 /g	密度 /（g/cm³）	体积 /cm³
1	2.53	4.53	22.18	1.14	19.456
2	2.53	4.00	20.95	1.13	18.540
3	2.52	4.00	22.65	1.14	19.868
4	2.55	3.71	20.42	1.1	18.564
5	2.52	4.68	25.78	1.11	23.225
6	2.53	4.00	30.00	1.20	25.000

（3）对饱和煤油的松散煤岩样品进行测量：设置回波时间为 0.1ms，等待时间为 4s，去除饱和煤油松散煤岩样品表面油渍后，将其置于低场核磁共振测试仪器的样品槽内，对饱和煤油松散煤岩样品进行低场核磁共振测量，获得饱和煤油松散煤岩样品的衰减谱和 T_2 谱，并利用密度天平获得松散煤岩样品的密度。

（4）脱煤油合理转速探索与脱煤油松散煤岩样品制备：在温度为 15~25℃、湿度为 50%~70% 的条件下，设定不同的转速，将饱和煤油岩心置于离心装置中脱煤油处理 2h，探索适宜的褐煤样品脱煤油转速，以期将完全饱和煤油岩心中的可动油脱去。

（5）对脱煤油松散煤岩样品进行测量：采用与（2）中相同的回波时间和等待时间，

将每个转速下脱去可动油的松散煤岩样品去除表面油渍后,置于低场核磁共振测试仪器的样品槽内,对脱煤油松散煤岩样品进行低场核磁共振测量,获得残余煤油松散煤岩样品的 T_2 谱。

(6)松散煤岩样品孔径分布计算:T_2 分布图实际上反映了孔隙尺寸的分布。岩石的表面弛豫时间与孔隙半径成正比,即孔径越大,弛豫时间越长;而孔径越小,弛豫时间越短。假设孔隙是一个半径为 r 的圆柱,计算中分别假设样品的弛豫信号扩散速率为 10μm/s,便可以将饱和煤油松散煤岩样品的 T_2 谱转化为孔径分布图。

(7)松散煤岩样品核磁共振孔隙度计算:将饱和煤油松散煤岩的衰减谱峰值与基底信号值之差代入标线方程,换算成松散煤岩样品孔隙中煤油的体积,再将其除以松散煤岩样品总体积,即可分别求得煤岩的孔隙度,表达式为:

$$\phi = \frac{y}{V} \times 100\% \quad (6-2-5)$$

式中 ϕ——核磁共振孔隙度,%;
y——松散煤岩样品孔隙中煤油的体积,cm^3;
V——样品的总体积,cm^3。

(8)松散煤岩样品有效孔隙度计算:通过对离心前后的 T_2 谱分别作累积孔隙度曲线,将饱和煤油状态下累积 T_2 谱的最高幅度值标定为总孔隙度,将残余煤油状态下的累积 T_2 谱的最高幅度值标定为残余煤油孔隙度。标定的总孔隙度和残余煤油孔隙度的差值即为有效孔隙度。上述计算过程中采用的离心后 T_2 谱为每个样品最后一次离心并完整未碎时得到的数据。

(9)松散煤岩样品渗透率计算:采用 Coates 模型计算样品的渗透率,公式为:

$$K = \left(\frac{\phi}{C}\right)^4 \left(\frac{FFI}{BVI}\right)^2 \quad (6-2-6)$$

式中 FFI——可动流体孔隙度,%;
BVI——束缚流体饱和度,%;
C——系数。

2)褐煤孔裂隙结构特征

通过核磁共振横向弛豫 T_2 谱分布形态可有效获得岩样孔裂隙信息,谱峰连续性可反映对应孔裂隙间的连通性,横向弛豫时间对应煤孔裂隙为吸附孔(0.1ms<T_2≤10ms)、渗流孔(10ms<T_2≤100ms)和裂隙(T_2>100ms)。

前文论述过低煤阶煤的干燥问题,不断升温干燥过程中水分析出会造成孔隙破裂,所以选择了50℃这样较低的干燥温度,但是显然干燥脱水后的煤样除含少量结晶水外,仍然含有一定水分,主要分布在煤颗粒毛细孔中。毛细孔中水分并未达到饱和,饱和煤油后,孔中流体达到饱和,表征弛豫时间变大。横向弛豫 T_2 谱上表现为饱和样与干样相比在微小孔部分信号幅度不增反减,但是二者相差信号幅度较小,对微小孔孔体积影响很小(肖立志等,2001;汤达祯等,2014)。饱和油 T_2 谱为饱和样 T_2 谱与干样 T_2 谱的差值，对于出现负值部分直接进行归零处理，同时针对部分谱图曲线不平滑问题进行了修正。

由各样品饱和油横向弛豫 T_2 谱（图 6-2-6）可知，低煤阶煤的横向弛豫 T_2 谱形态主要为 3 峰型，表明吸附孔、渗流孔及裂隙均有发育。褐煤样主要发育渗流孔，尤其是 H2-2 样品吸附孔不发育。长焰煤样 E7-1、H4-2 吸附孔、渗流孔均较发育。

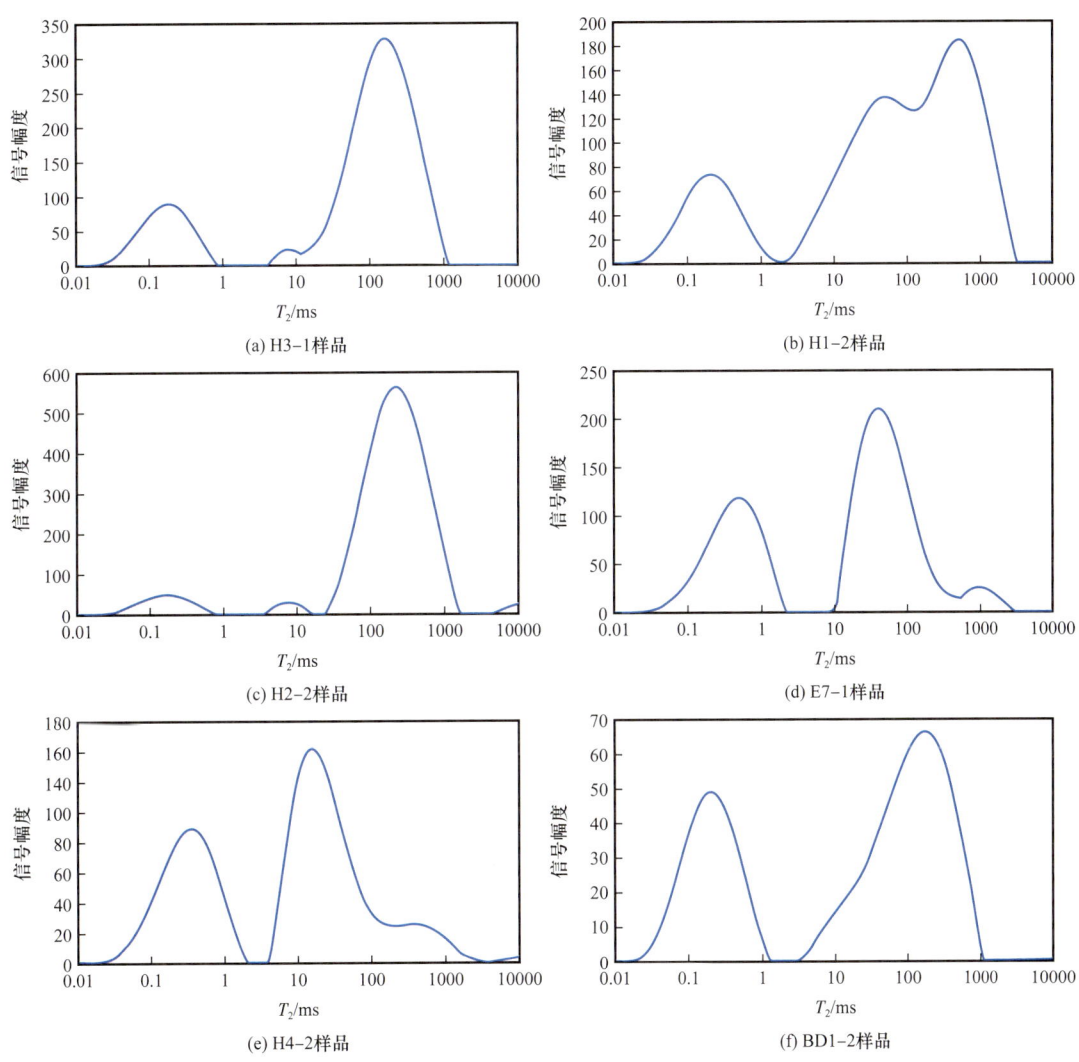

图 6-2-6　各样品饱和油横向弛豫 T_2 谱

进而根据表面弛豫时间转换得到孔径分布（图 6-2-7）。根据霍多特分类法将各孔径段孔隙占比分类，0.01μm 以下孔径所占比例为 6.62%～30.94%，平均 19.55%；0.01～0.1μm 孔径所占比例为 1.01%～141.02%，平均 5.81%；0.1～1μm 孔径所占比例为 5.39%～44.76%，平均 22.34%；1μm 以上孔径所占比例为 18.16%～87.41%，平均 52.31%。从褐煤到长焰煤的演化，总体呈现微孔、小孔及中孔逐渐增加，而大孔逐渐减少。褐煤 H2-2 大孔高度发育，孔体积比例达 87.41%，微孔、小孔及中孔均不发育，可动流体饱和度高达 80.61%，表明其孔隙连通性非常好。长焰煤样 B1-2 大孔孔体积比例达 48.49%，大孔较发育，而其束缚流体饱和度高达 87.91%，说明该样品孔隙连通性较差。

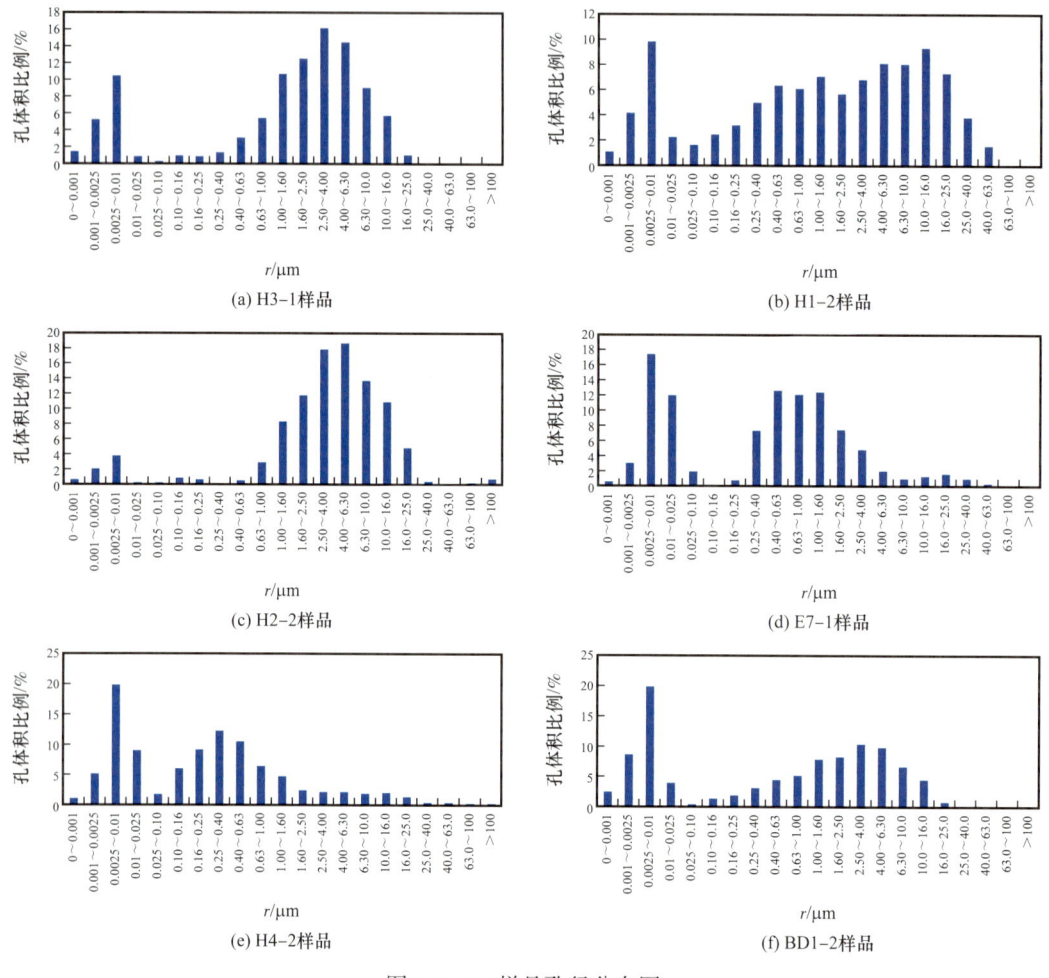

图 6-2-7　样品孔径分布图

3）褐煤核磁共振孔隙度

煤的孔隙是气、水储集场所和运移通道，孔隙度的大小控制了煤层气的储量和产能。通过标准样标定获得核磁共振信号强度与饱和流体量的关系式，可将测得的煤样核磁共振信号量换算成孔隙度（表 6-2-5）。低煤阶煤样品核磁共振孔隙度为 7.42%～37.01%，平均 22.42%。不同煤岩孔隙度差异较大，褐煤样品核磁共振孔隙度为 22.67%～37.01%，平均 29.91%，长焰煤样品核磁共振孔隙度为 7.42%～15.04%，平均 12.44%。低煤阶煤样品的核磁共振孔隙度与氦气孔隙度结果具有高度一致性，相对误差Ⅰ很小，均在 5% 以内。结合核磁共振、饱和称重、压汞孔隙度与氦气孔隙度的误差分析结果可知，相对误差Ⅰ最小，饱油称重法相对误差Ⅱ次之，压汞法相对误差Ⅲ最大，表示核磁共振法测孔隙度明显优于称重法和压汞法。

表 6-2-5 多种测试方法的孔隙度结果

样品编号	样品体积/cm³	核磁共振孔隙度/%	称重孔隙度/%	压汞孔隙度/%	氦气孔隙度/%	Ⅰ/%	Ⅱ/%	Ⅲ/%
H3-1	22.23	25.52	27.13	25.91	26.04	2.00	6.11	0.50
H1-2	24.45	22.67	25.83	26.20	23.85	4.95	8.30	9.85
H2-1	22.58	36.05	38.47	40.08	36.46	1.12	5.51	9.93
H2-2	23.64	37.01	38.53		—			
E7-1	24.09	15.04	16.48	—	15.05	0.07	9.50	
H4-2	24.21	14.87	15.70	19.10	14.28	4.13	9.94	33.75
B1-2	23.89	7.42	8.39	6.41	7.49	0.93	12.02	14.42

注：Ⅰ为核磁共振孔隙度与氦气孔隙度相对误差值；Ⅱ为称重法孔隙度与氦气孔隙度相对误差值；Ⅲ为压汞法孔隙度与氦气孔隙度相对误差值。

在利用核磁共振测量可动流体饱和度时，常以横向弛豫 T_2 谱的右峰为可动流体，左峰为束缚流体。然而，岩样横向弛豫 T_2 谱存在单峰、双峰、三峰等多种峰型，而且可动流体与束缚流体界限显然也不能仅以双峰交点划分。基于低场核磁共振测试，认为自由流体存在于大孔中，束缚水存在于小孔中。不同孔隙尺寸对应着不同 T_2 值，因此可以选择一个 T_2 值来界定吸附孔和渗流孔，称为 T_2 截止值（简称 T_{2C}）。在横向弛豫 T_2 谱中，T_{2C} 左侧为束缚流体，右侧为可动流体（图6-2-8）。

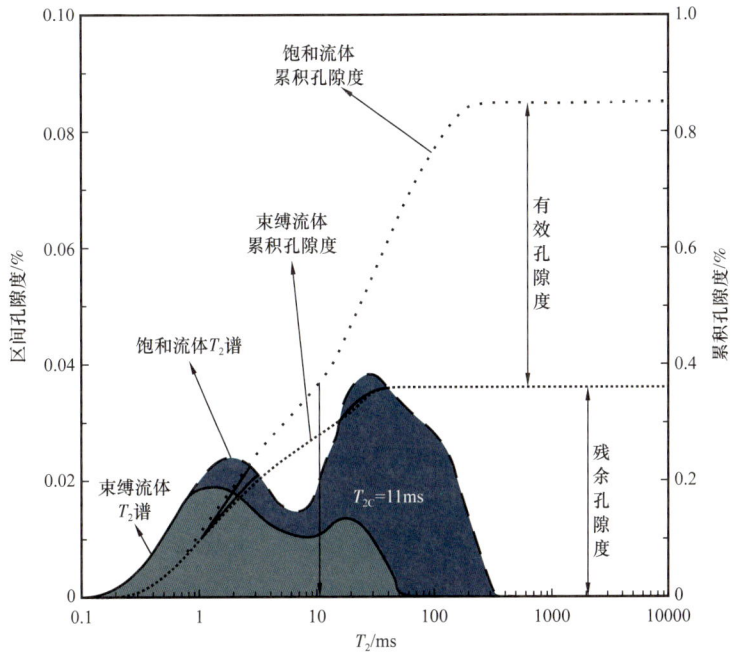

图 6-2-8 基于核磁共振 T_2 谱测量岩样物性参数及 T_2 谱特征参数的示意图

通过对离心前后 T_2 反演数据的累积孔隙度统计，从饱和累积孔隙度上找到等于离心 T_2 谱累积孔隙度最大值的一点，该点所对应的 T_2 值即为 T_2 截止值（T_{2C} 值）。T_2 截止值可用于区分可动流体、束缚流体、孔径分布及有效孔隙度。束缚流体饱和度（BVI）为束缚流体体积与孔隙体积之比，等于 T_2 谱中小于 T_2 截止值的峰下包面积与整个 T_2 谱峰下包面积之比。可动流体饱和度（FFI）为可动流体体积与孔隙体积之比，可动流体体积等于孔隙体积减去束缚流体体积。

由表 6-2-6 可知，不同低煤阶煤样的 T_{2C} 值存在一定差异，规律性较差。而 B1-2 样品的 T_{2C} 值明显高于其他样品，是因为其大孔裂隙较发育，这与 T_2 谱反映出的孔径信息一致。6 组低煤阶煤样可动流体饱和度为 12.09%～80.61%，平均为 50.09%，其中褐煤样品可动流体饱和度为 62.93%～80.61%，平均为 73.16%；长焰煤样品为 12.09%～40.15%，平均为 27.01%。低煤阶煤样束缚流体饱和度为 19.39%～87.91%，平均为 49.92%，其中褐煤样品为 19.39%～37.07%，平均为 26.84%；长焰煤样为 59.85%～87.91%，平均为 72.99%。这是由于长焰煤微小孔极为发育，从而致使其束缚流体饱和度极高，而褐煤变质程度低，结构疏松，大孔、裂隙发育，有利于孔隙流体流动。褐煤可动流体饱和度明显比长焰煤大，表明褐煤储层流体可动用性更好，更有利于气、水渗流运移。

表 6-2-6 煤样核磁共振各种孔隙度与流体饱和度测量结果

样品编号	H3-1	H1-2	H2-2	E7-1	H4-2	B1-2
T_{2C}/ms	77.52	33.7	72.32	36.12	25.23	310.79
FFI/%	75.93	62.93	80.61	40.15	28.8	12.09
BVI/%	24.07	37.07	19.39	59.85	71.2	87.91
有效孔隙度/%	19.38	14.27	29.83	6.04	4.28	0.90
残余孔隙度/%	6.14	8.40	7.18	9.00	10.59	6.52

核磁共振孔隙度 ϕ_{NMR} 又可进一步划分为有效孔隙度 ϕ_E 和残余孔隙度 ϕ_R，计算公式如下：

$$\phi_E = \phi_{NMR} \times FFI/(BVI+FFI) \qquad (6-2-7)$$

$$\phi_R = \phi_{NMR} \times BVI/(BVI+FFI) \qquad (6-2-8)$$

6 组低煤阶煤样有效孔隙度为 0.90%～29.83%，平均为 12.45%，其中褐煤样品为 14.27%～29.83%，平均为 21.16%；长焰煤样品为 0.90%～6.04%，平均为 3.74%。低煤阶煤样残余孔隙度为 6.52%～10.59%，平均为 7.97%。孔隙度大小并不能直接表明孔隙连通性的好坏，但是可动流体饱和度和有效孔隙度可直接表征孔隙的连通性。通过拟合可动流体饱和度和有效孔隙度与总孔隙度的关系，发现二者与总孔隙度成正比，相关系数 R^2 分别为 0.8827 和 0.9778（图 6-2-9、图 6-2-10）。可动流体饱和度与有效孔隙度随着核磁共振孔隙度的增加而增加，表明总孔隙度相近的不同煤岩，其可动流体饱和度和有效孔隙度也相近。同时，这也表明低煤阶煤的孔隙度越大，其孔隙连通性越好。

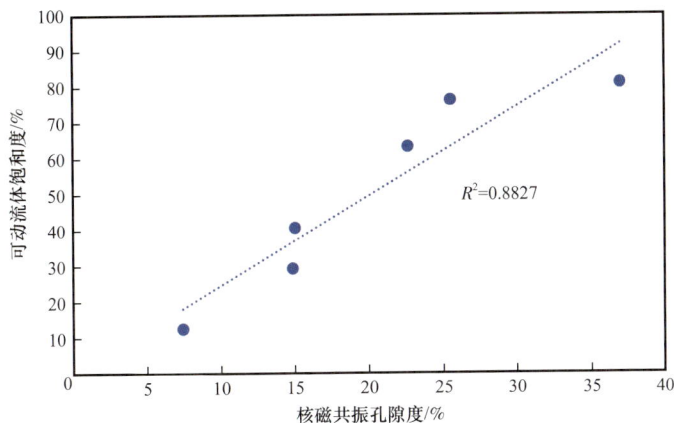

图 6-2-9　可动流体饱和度与核磁共振孔隙度的关系

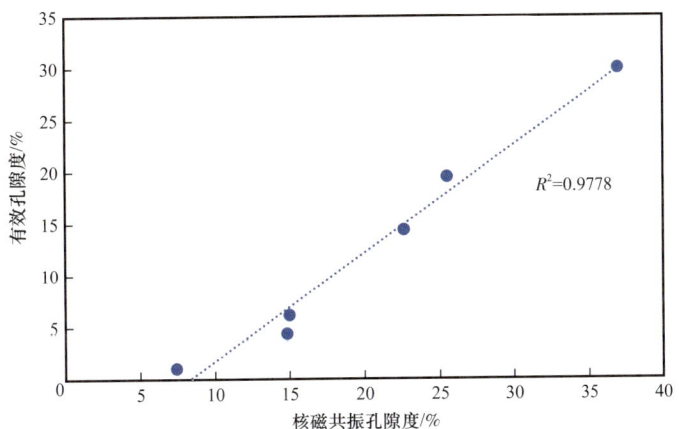

图 6-2-10　核磁共振孔隙度与有效孔隙度的关系

第七章　厚煤层复杂裂隙评价技术

基于褐煤盆地巨厚煤体几何形态复杂、煤储层内部非均质性异常显著、工程作业缺乏针对性而效果差等难题，充分利用现有大型露天矿等有利条件，首次精准识别出木质煤、碎屑煤、丝质煤等主要煤岩类型在巨厚煤体中的空间分布，获得了上述各煤岩类型的机械力学参数，建立了以褐煤煤岩类型为基础单元的巨厚煤体储层地质模型。

第一节　煤岩垂向层序与空间分布

褐煤根据组分差异、结构、光泽强度等特征，可划分为木质煤、碎屑煤、丝质煤和矿化煤四种宏观煤岩类型（表7-1-1）。其中，木质煤和碎屑煤是霍林河凹陷最主要的煤岩类型。

表7-1-1　野外褐煤宏观煤岩类型分类

类型	物质组成	特点
木质煤	木质体含量>30%	具暗淡的沥青光泽，呈条带状或透镜状包埋于碎屑煤中，木质体质硬性脆，易于风化崩解，断口平整或呈贝壳状，木质煤中内生裂隙发育
碎屑煤	木质体含量<30% 丝质体含量>30%	由植物碎屑组成。可呈均一状、条带状、线理状或透镜状等结构。均一性越好，粒度越细越致密
丝质煤	丝质体含量>30%	呈纤维状结构，疏松多孔，性脆易碎。在野外露头中多呈透镜状分布，厚度较小，不发育高角度裂隙
矿化煤	肉眼可见，矿物质含量>10%	块状构造，致密坚硬，光泽暗淡

木质煤的木质体含量大于30%，具暗淡的沥青光泽，易于风化崩解，吸水可发生破裂且发出"嗞嗞"的爆裂声。贝壳状断口为木质煤典型的断口类型，即煤沿着同心圆表面裂开。贝壳状断口是从胶体溶液或融化物等的液体状态硬化而成的物质所独有的，木质煤经历了较为完全的凝胶化作用，具有结构均一的特点。木质煤中内生裂隙和失水缩聚裂隙非常发育，同时木质煤也是外生裂隙最重要的载体。木质煤质硬性脆，而机械力

学试验也已证实木质煤具有较低的力学强度。

丝质煤为丝炭含量大于30%的褐煤，呈纤维状结构，具丝绢光泽，疏松多孔、质软易碎。部分丝质煤中依稀可以辨认破碎的植物茎秆和叶片的形态。

碎屑煤主要由难以辨认的植物碎屑及其他碎屑沉积物构成的基质组成。碎屑煤中的木质体含量与丝炭含量均低于30%。碎屑煤中丝炭和木质体的含量不同而呈现出均一致密的块状（丝炭和木质体含量较高）和较为疏松的层状（基本不含丝炭或木质体）。

当褐煤中肉眼可见矿物质含量大于10%时则为矿化煤。霍林河凹陷所见矿化煤主要为铁质和硅质，铁质矿化煤分布于砂质夹矸附近，偶见硅质矿化煤（硅化木）分布于顶板附近。矿化煤以后生成因为主，分布局限，不是主要的煤岩类型。

煤相的演替并不是随机的，而是表现出一定的循环性，这种循环性使煤层具有一定的旋回结构。一个理想的、具有完整煤层旋回系统的煤层具有如下几种类型：

（1）富炭屑泥炭—碳质泥岩。煤层底板，常见具年轮结构的植物茎秆和较为完整的叶片结构。

（2）致密块状碎屑煤。发育于厚煤层底板附近，厚度十几厘米至几十厘米，裂隙不发育。

（3）层状碎屑煤。随着碎屑煤中所包埋的木质体含量逐渐增多，煤岩构造由块状渐变为层状，而煤岩类型也向上逐渐朝木质煤过渡。

（4）木质煤。木质煤段主要分布于厚煤层的中部和中上部，厚度可达几十厘米至几米，不同沉积部位木质煤的厚度和木质体含量略有差别，而木质煤内部也不可避免地存在碎屑煤甚至夹矸，但厚度基本都仅在几个厘米。

（5）丝质煤。在较为纯净的木质煤段中，呈薄条带状（小于5cm）或长透镜状，与木质煤呈互层、周期性发育（间隔从几十厘米到1m左右），而这也是丝质煤大量产出的几乎唯一的位置和方式。

（6）层状—块状碎屑煤。煤层快速渐变为顶板岩性。

夹矸不发育的厚煤层中可见到上述完整的煤岩类型旋回。而对于一些夹矸较多的煤层，每次夹矸的出现相当于从旋回的第一部分重新发育，因此有时木质煤并不发育，以块状及层状的碎屑煤为主要的煤岩类型。在实际的煤岩剖面中，可能只发育该旋回的一部分，也可能某几个单元重复多次出现（张春雷等，2000）。例如，煤层底部常见"碎屑煤—碳质泥岩"的互层；中部"木质煤（厚）—丝质煤（薄）"常多次叠置而构成垂向上裂隙系统最为发育的部位。该序列在二连盆地霍林河凹陷、吉尔嘎朗图凹陷、白音华凹陷及海拉尔盆地呼和湖凹陷的煤岩剖面都得到了验证（图7-1-1）。

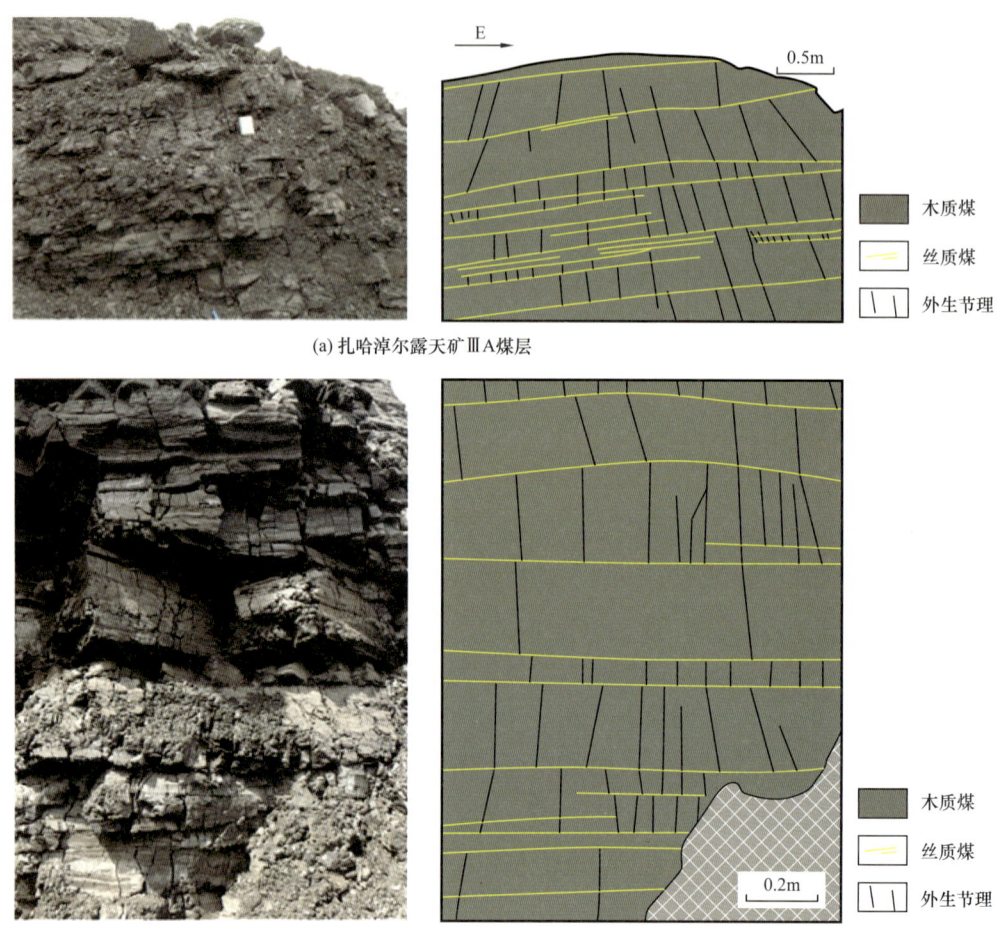

(a) 扎哈淖尔露天矿ⅢA煤层

(b) 扎哈淖尔露天矿ⅡB煤层

图 7-1-1　木质煤与丝质煤垂向分布剖面

第二节　裂隙系统发育特征及控制因素

煤体内部宏观—显微裂隙系统发育受区域构造位置、小微构造和煤岩类型的控制。其中，煤岩类型对裂隙系统的控制作用最为广泛和明显。

一、外生裂隙发育特征及控制因素

1. 区域构造位置对外生裂隙发育的影响

同一构造区域内裂隙空间分布的相似性：宏观上，节理的发育方位与区域构造应力的方向有关。煤层/岩层的节理多呈共轭状产出。各层节理的优势方位不完全相同，但以观测点为单位进行统计，其共轭节理的夹角与该区域最大主应力、最小主应力方向基本一致。以下举例说明。

1）白音华 2 号露天矿

白音华 2 号露天矿区构造较简单，呈向斜盆地。露天矿内总体构造为一不对称宽缓向斜。其轴向 NE40°左右，两翼倾角小于 15°，东南翼宽缓倾角在 10°以下。

该矿区内观测点所测得的煤层及顶底板中裂隙发育方向具有很好的一致性，共轭节理的角平分线方向均为北东—南西、北西—南东向，见一断层，其断层面走向也为北西—南东向。推断该矿区最大主应力方向为共轭节理锐角角平分线方向，即北西—南东向，最小主应力方向为北东—南西向。

地层中优势裂隙发育方位直接绘制于赤平投影图上，发现其一致性较好；若根据倾角恢复地层水平投影裂隙发育方位，则离散型较强。外生裂隙的发育方位与区域构造应力具有直接关系。推断外生裂隙发育于沉积期后，产生于地层变形期同时或之后。

2）扎哈淖尔露头矿

该露天矿位于霍林河盆地中部向斜构造中。下含煤段（J_3—K_1h_2）为目的层，三个主要可采煤层（ⅡB、Ⅲ、Ⅳ）全区可采，平均厚度为 38.60m。含煤地层的展布方向与煤田向斜轴方向基本一致。观察统计了不同位置Ⅲ煤内外生裂隙产状，绘制赤平投影图，发现不同位置裂隙产状具有很好的一致性。根据共轭节理的角平分线方向及主要断层的断层面走向，认为该区域主应力方向近似为北—南、西—东向。

3）宝日希勒露天矿

该矿区地层平缓，二采区位于大的、极其宽缓的褶皱构造中，构造简单。二采区含煤地层为扎赉诺尔群大磨拐河组，主要可采煤层为 12 号煤层、21 号煤层、3 号煤层，其中 21 号煤层部分可采。3 采区共布 3 个节理统计点，观察点 01、02 出露 12 号煤层，点 03 出露 3 号煤层。

观察点 01 发育两组优势节理，其方位近似北—南、西—东向；点 02 发育一组优势节理，其方位近似为北东—南西向；点 03 发育两组优势节理，其方位近似为北西—南东、北东—南西向。

同样地，地层中优势裂隙发育方位直接绘制于赤平投影图上，发现其一致性好于恢复水平之后的方位（图 7-2-1）。北露天矿位于霍林河盆地北缘，地质构造较简单，地层为单斜状产出，岩层走向为北北东向，倾向为北西西向，倾角 10°～12°。14 号煤层由北至南逐渐分叉，分为 3 层，每层厚度大约 20m，合并处厚度约 50m。统计剖面各处煤层构造裂隙产状，发现煤层的分叉与合并对裂隙发育优势方位关系并不密切。

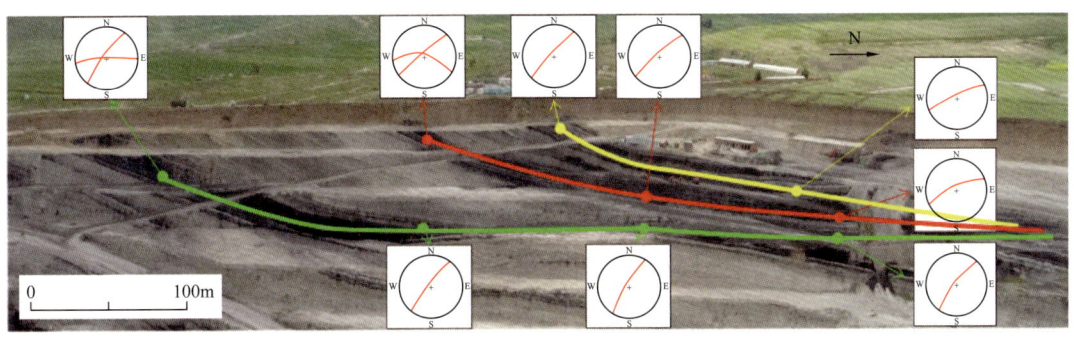

图 7-2-1　北露天矿煤层分岔不同位置优势裂隙赤平投影分布图

2. 宏观煤岩类型对外生裂隙发育的影响

木质煤中最容易发育裂隙，密度最大可达 2～3 条米级裂隙 /10cm。复杂的煤岩组合和夹矸存在会影响裂隙发育规模。宝日希勒露天矿 1^2 煤层中，煤岩类型组成不同的剖面，裂隙面密度不同（表 7-2-1）。可以看出，木质煤含量越高，高角度裂隙越容易发育；碎屑煤比例与裂隙面密度成反比。

表 7-2-1　不同位置煤岩类型占比及裂隙面密度统计

位置	1	2	3	4	5	6	7
木质煤占比 /%	20	17	5	8	8	12	13
丝质煤占比 /%	18	20	25	5	5	10	15
碎屑煤占比 /%	62	63	70	87	87	78	72
裂隙面密度 /（m/m²）	0.72	1.14	0.67	0.32	0.27	0.51	0.69

3. 小微构造对外生裂隙发育的影响

1）断层

断层是构造运动中广泛发育的构造形态。距断层面越近，宏观外生裂隙的密度越大。宝日希勒露天矿、白音华 2 号露天矿、扎哈淖尔露天矿、北露天矿等均观察到有断层发育。

北露天矿二采发育一正断层，错断 14 号煤层，断距约为 10m。按照距离断层面的位置由近及远，沿煤层某一层位统计断层上盘（南侧）的裂隙发育条数。其结果总体表现出距离断层面越远裂隙条数越少的特点，并且其条数变化符合线性规律。

白音华 2 号露天矿采坑西南隅见一组正断层。两断层断距均为 2m 左右。断层面产状 51°∠55°（西断层面），48°∠54°（东断层面）。统计该剖面底部灰白色厚层状泥质粉砂岩中裂隙发育情况。该剖面发育两组节理，其中一组倾向大致为东，另一组倾向大致为南。两组节理的密度在水平方向上的变化规律不尽相同（表 7-2-2）。距离断层面越近，裂隙越发育，裂隙线密度大致呈线性变化。同时，两组裂隙密度变化趋势有差异：倾向为东的一组裂隙在断层 1 附近裂隙密度大，而在断层 2 附近并无明显变大；倾向约为南的一组在两个断层面附近均达到极大值。可能是因为东侧断层与倾向为南的一组裂隙先形成，而后产生断层 1 和另一组裂隙。裂隙的优势方位可能会因形成时间的不同而有差异。

2）褶皱

褶皱中地层曲率大的地方宏观裂隙发育。例如，扎矿二号采区西缘地层仰起端见一小型背斜构造，宏观煤岩类型主要为碎屑煤。岩层倾向大致 300°，随倾角变化而变化。地层产状（平均约 320°）与该剖面走向（230°）大致垂直，该剖面上一条较稳定发育的 7cm 厚碎屑煤的产状变化见表 7-2-3。裂隙线密度与地层曲率之间有良好的对应关系，地层曲率越大，裂隙面密度越大。

表 7-2-2 两组节理在不同位置的产状统计

位置（±1m）/m	-13	-11	-9	-7	-5	-3	-1	1	3	5	7
倾向东的节理条数/条	2	3	6	3	3	3	2	3	2	2	1
倾向南的节理条数/条	1	2	2	0	1	2	3	5	4	3	0

注：位置（±1m）表示距断层的距离，断层左侧为"-"，断层右侧为"+"。

表 7-2-3 褶皱不同位置岩层产状、优势裂隙密度及产状统计

位置/m	岩层产状	裂隙密度/（条/m）	优势裂隙方位（测多条按分组取平均值）
6~7	295°∠6°	13	140°∠65°，250°∠88°
5~6	280°∠11°	12	130°∠74°，253°∠82°
4~5	335°∠14°	21	160°∠73°，262°∠85°（70°∠84°）
3.5~4	325°∠22°	20	130°∠71°，150°∠90°
3~3.5	309°∠20°	48	168°∠63°，238°∠84°
2.8~3	310°∠33°	90	158°∠70°，248°∠83°
2.6~2.8	35°∠63°	90	过于破碎
2.4~2.6	342°∠30°	30	过于破碎
2~2.4	308°∠21°	17.5	过于破碎
1~2	355°∠28°	11	140°∠67°，178°∠65°，263°∠87°
0~1	332°∠25°		178°∠43°，250°∠75°

二、内生裂隙发育特征及控制因素

无论是野外剖面或样品中还是显微镜煤光片中，内生裂隙均主要发育于木质煤中。裂隙面垂直于煤层面，延伸长度受木质煤厚度限制，延伸高度基本等同于木质煤层厚度，不具备穿层能力。典型的内生裂隙中间宽，两边变窄直至尖灭。可见最大长度（高度）3~4cm，宽度最大可达2~3mm。之间具有等间距性，间距随木质煤的质量与厚度有关。在平面方向上呈菱形网状特征（张洲等，2018）。

内生裂隙可以被外生裂隙所利用，形成连通性强的、呈阶梯状的裂隙组合而贯穿各煤分层。如宝日希勒露天矿12号煤层顶部，可见丝质煤/碎屑煤与木质煤频繁互层（图7-2-2）。木质煤常呈透镜状或长的薄条带状产出。新鲜木质煤的光泽最强，垂向上内

生裂隙极为发育，且不会贯穿丝质煤/碎屑煤。外生节理常常会因为丝质煤/碎屑煤分层的存在而导致阶梯状错开。在互层条件下，内生裂隙容易集中发育于木质煤中。

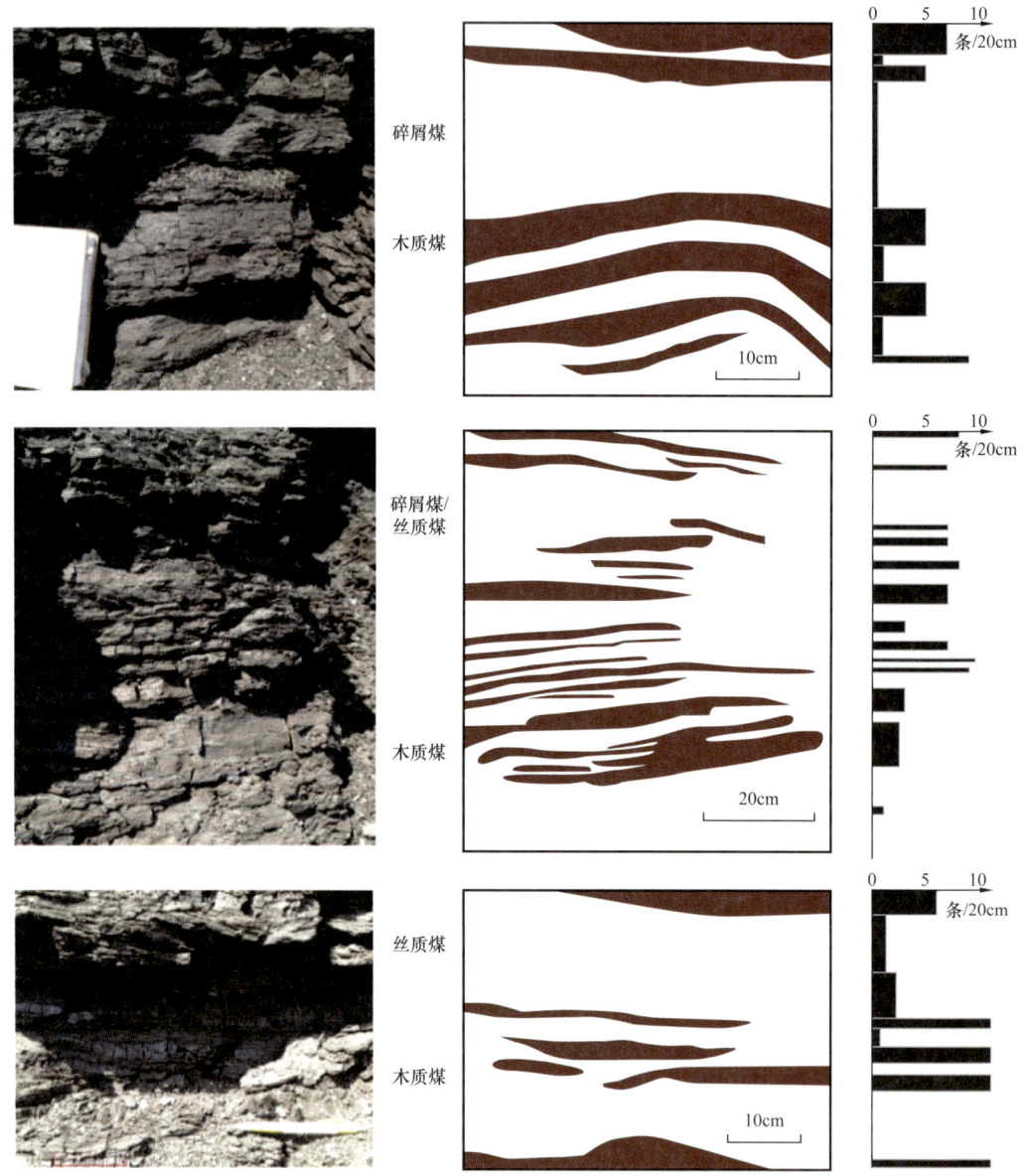

图 7-2-2 不同宏观煤岩类型煤储层厚度与内生裂隙发育密度关系

1. 组分差异

不同煤岩类型的力学性质不同，木质煤脆度最大，碎屑煤次之，丝质煤很小，矿化煤强度最大。在相同的应力条件下，脆度越大越容易断裂，应力容易在质脆的条带中以发生破裂形成裂隙的形式释放。镜下的微裂隙发育规律同样也可以体现这一点。高角度微裂隙集中发育在较为光亮的条带中，从顶部贯穿至底部，但从不穿透该层条带。

镜下丝炭中同样不发育高角度裂隙。丝炭附近的高角度裂隙可能终止于丝炭处或者发生转折绕过丝炭，沿着丝炭的层面进行拓展。丝炭的韧性较大，不容易形成高角度的裂隙。

碎屑煤的强度较大，一般不发育内生裂隙。碎屑煤可以阻断光亮成分中内生裂隙的发育。

2. 小微构造

断层、褶皱在控制宏观外生裂隙发育的同时也对微裂隙的发育有影响。

1）断层

煤岩中微裂隙的级别与规模和其与断层面间的距离有关。

如扎矿二号采区西缘地层仰起端见正断层，该正断层断距大于15m，错断ⅢA煤层。断层面产状255°∠36°。在距断层不同的距离采集煤样，并统计煤岩中微裂隙发育情况（表7-2-4）。在显微镜下识别的微裂隙按照其延展性和开放性，可从实用角度划分为A、B、C、D四类。A类，宽度>5μm且长度>10mm；B类，宽度≥5μm，1mm<长度≤10mm，且连续较长；C类，宽度<5μm，且300μm<长度≤1mm，有时时断时续延伸；D类，宽度<5μm，长度<300μm，且延伸较短。不同位置四类微裂隙的比例具有较为明显的差异。距离断层越近，尺度较小的D类裂隙所占比例越大；而距离断层越远，尺度较大的A、B类裂隙比例有增大的趋势。

表 7-2-4 不同位置各类微裂隙的比例统计

与断层面距离/m	A类 数量/条	A类 比例/%	B类 数量/条	B类 比例/%	C类 数量/条	C类 比例/%	D类 数量/条	D类 比例/%	合计/条
0.5	3.5	2.02	36	20.81	22.5	13.01	111	64.16	173
1.5	2	1.06	51	27.13	31.5	16.76	103.5	55.05	188
3	0	0	0	0	27	60.00	18	40.00	45
5	5	3.42	90	61.64	27	18.49	24	16.44	146

同时，不同位置微裂隙的形态特征也有差异。距离断层最近的煤样中，微裂隙密度明显大于距离断层较远的煤样，且D类微裂隙更发育，A类、B类裂隙的宽度也较大。相比距断层较远的裂隙，距断层近的裂隙边缘更粗糙和凹凸（图7-2-3）。

在扎矿另一正断层上下盘附近取样，观察统计微裂隙也得到了相似的规律。距断层越近，D类微裂隙的比例越大，微裂隙更为发育（图7-2-4）。

2）褶皱

D类微裂隙对曲率的响应也非常敏感。在地层曲率大的轴部附近，D类裂隙的密度最大，且密度会随着曲率的增大而变大（图7-2-5）。

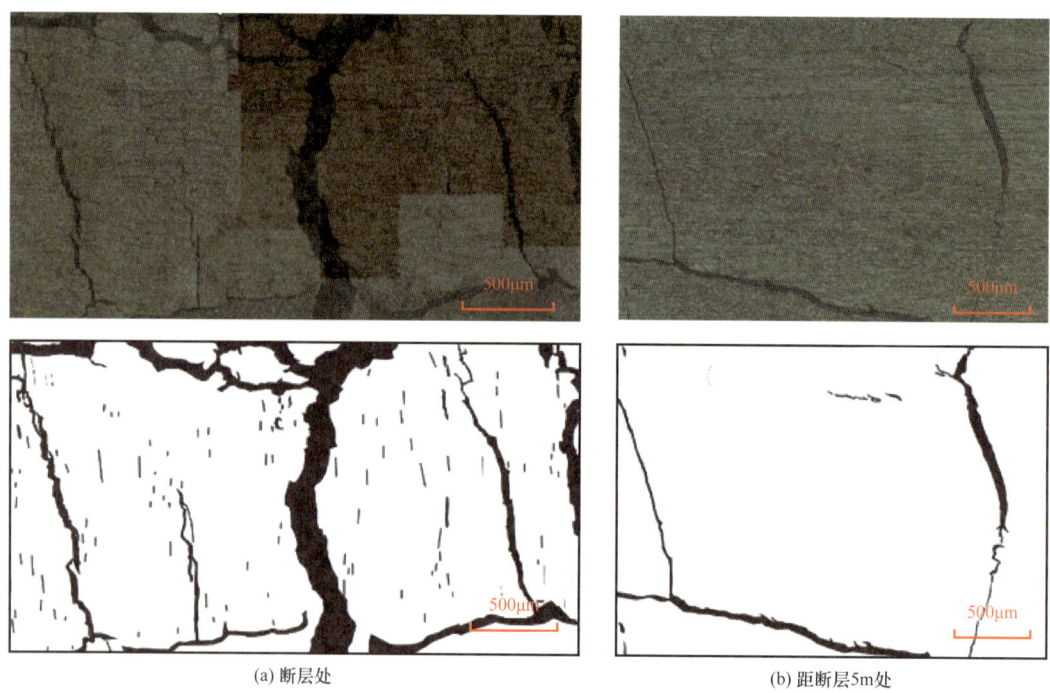

图 7-2-3　距断层不同位置煤样的微裂隙发育形态

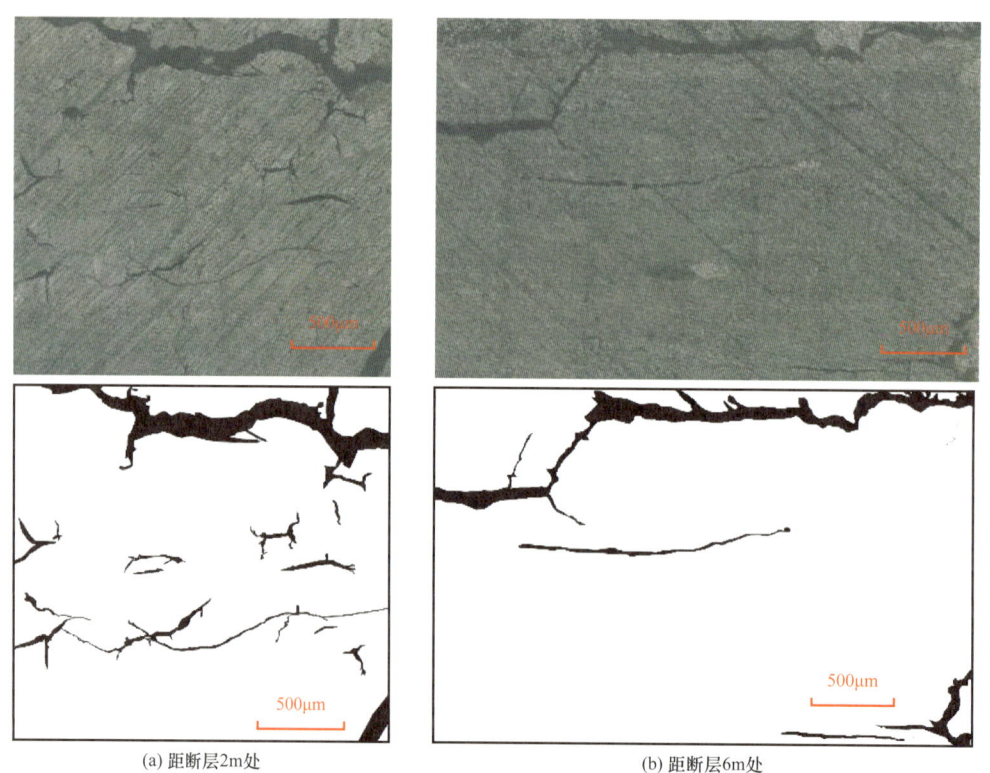

图 7-2-4　断层下盘不同位置煤样微裂隙发育形态

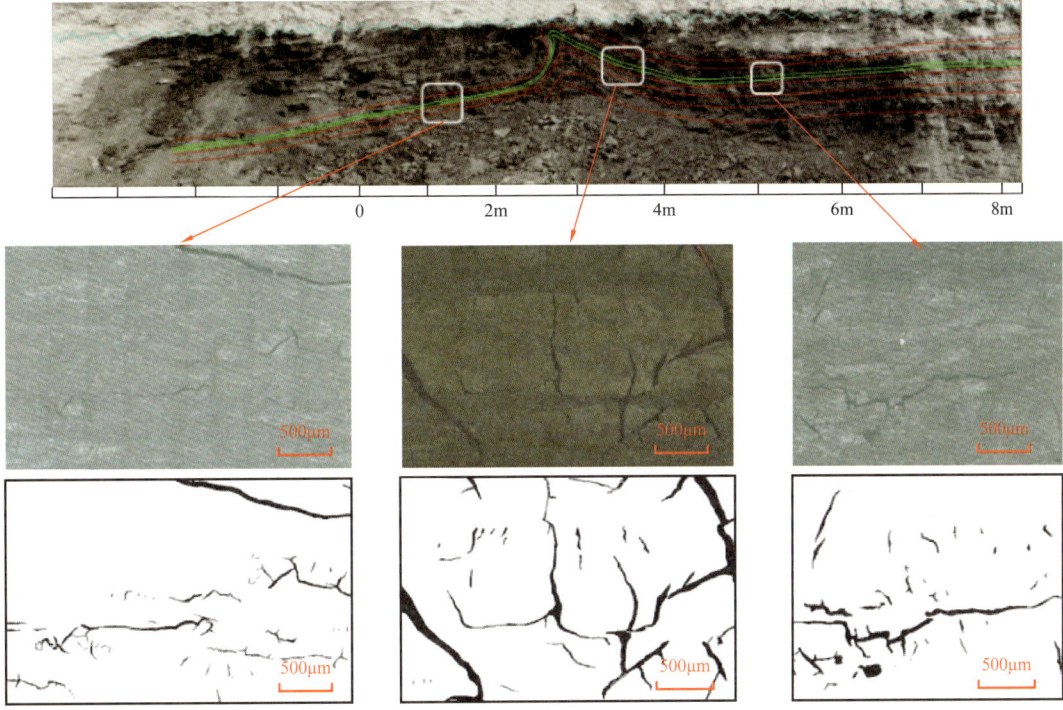

图 7-2-5 不同位置微裂隙发育形态

第三节 不同煤岩类型煤质特征与煤岩石力学性质

煤岩类型对裂隙系统的发育影响广泛，不同类型的煤岩煤质特征差异明显。

一、显微煤岩特征

光学显微镜（型号 Nikon ECLIPSE LV100POL，油浸光）观察统计煤的显微组分发现，木质煤镜质组含量较高，碎屑煤中成分较为复杂，矿物质含量往往较高，丝质煤中惰质组含量很高（表 7-3-1）。

表 7-3-1 不同宏观煤岩类型煤样的显微组分统计

煤矿	煤岩类型	样品编号	镜质组 /%	惰质组 /%	壳质组 /%	矿物质 /%
北露天矿	木质煤	BL03	86.92	9.81	0.19	3.08
		BL06	90.10	7.38	0	2.52
		BL07	91.01	2.43	0	6.55
		BL08	88.87	1.37	0	9.77
	碎屑煤	BL01	88.56	0.74	0.55	10.15
		BL04	75.85	1.00	0	23.15

续表

煤矿	煤岩类型	样品编号	镜质组 /%	惰质组 /%	壳质组 /%	矿物质 /%
扎哈淖尔露天矿	木质煤	ZH09	81.85	17.18	0.77	0.19
	碎屑煤	ZH01	83.20	4.83	0	11.97
		ZH02	98.88	0.75	0	0.37
		ZH08	69.70	18.22	0	12.08
	丝质煤	ZH10	58.40	37.69	0	3.92
		ZH11	41.01	57.06	0.39	1.55
西三矿	木质煤	M-1	85.64	11.78	0.19	2.39
		M-2	89.26	5.38	0.12	5.24
		M-3	92.1	4.46	0.08	3.36
		M-4	88.45	7.29	0	4.26
	碎屑煤	S-1	71.56	17.74	0.55	10.15
		S-2	65.85	20.32	0.21	13.62
		S-3	70.23	22.88	0.24	6.65
		S-4	69.88	29.16	0.77	0.19
	丝质煤	Z-1	48.32	49.77	0.08	1.83
		Z-2	56.21	41.29	1.30	1.20
		Z-3	41.01	57.06	0.39	1.55
		Z-4	61.90	33.80	2.10	1.10

煤的各种有机显微组分分布范围的显著差异，表明了其原始成煤物质的沉积环境有显著的不同，通常在强还原条件下形成的煤，其显微组分中的镜质组含量高，而在弱还原条件下形成的煤，其显微组分中的惰质组含量就高，而壳质组含量高的煤，表明在其原始成煤植物中，有较稳定的树皮、树蜡、树脂等组分在成煤过程中得到了富集。腐殖组和惰质组是霍林河等凹陷煤岩最主要的显微组分组（表7-3-2）。木质煤的微观煤岩组成较为单一，腐殖组占绝对优势，而腐殖组中则主要为腐木质体。腐木质体的粒度较大，其中或可见膨胀变形的植物胞腔结构，或趋于均质而不可识别细胞结构。其表明了木质煤的成煤质料经历了缓慢的堆积埋藏作用过程，在还原环境中经历了较深的凝胶化作用而呈现较为均一的特征。

二、工业分析

工业分析步骤严格按照国标 GB/T 212—2008《煤的工业分析方法》进行。

以霍林河凹陷煤样为例，块状碎屑煤的灰分含量高，部分接近碳质泥岩，而木质煤的灰分含量低（表 7-3-3）。灰分含量的高低可能与受泛滥水影响程度有关。木质煤、丝质煤和层状碎屑煤的挥发分含量平均值较为接近，块状碎屑煤的挥发分含量最低。块状碎屑煤作为厚煤层中木质煤与底板泥岩的过渡煤岩类型，无论是物质组成还是结构构造都与碳质泥岩相似，体现出煤质差的特征。

表 7-3-2　霍林河凹陷不同煤岩类型的显微组分比例统计　　　　　单位：%

显微组分组		木质煤	层状碎屑煤	块状碎屑煤	丝质煤
腐殖组	结构木质体	0～4.19 （1.63）	0～2.50 （0.80）	0～4.32 （2.16）	0.72～1.45 （1.11）
	腐木质体	41.7～97.5 （76.67）	29.50～67.07 （45.45）	22.51～35.67 （29.09）	34.08～68.02 （52.14）
	细屑体	0～16.50 （5.97）	23.28～8.70 （16.32）	3.24～45.69 （24.46）	2.65～5.29 （4.06）
	密屑体	0～20.00 （6.67）	0～15.11 （8.13）	16.55～21.62 （19.08）	2.96～5.91 （4.53）
	凝胶体	0～1.40 （0.47）	0～5.00 （0.92）	0～7.02 （3.51）	0.21～0.41 （0.32）
	团块腐殖体	0～1.40 （0.87）	0～3.50 （1.12）	0～5.4 （2.7）	0.38～0.77 （0.59）
惰质组	火焚丝质体	0	0	0	0
	氧化丝质体	0～2.10 （0.70）	0～4.00 （1.54）	0～5.4 （2.7）	2.04～6.77 （3.86）
	半丝质体	0～5.00 （1.67）	0～15.1 （8.20）	0～10.81 （5.4）	0～5.15 （2.53）
	粗粒体	0～1.40 （0.47）	0～6.21 （1.79）	0～1.08 （0.54）	0.12～1.44 （0.81）
	菌类体	0	0～1.00 （0.23）	0～0.54 （0.27）	0
	碎屑惰质体	0～7.20 （3.07）	0.52～17.39 （7.36）	0～3.78 （1.89）	8.93～25.22 （15.33）
稳定组		0～2.10 （0.70）	0～2.48 （0.44）	0	0～0.77 （0.29）
矿物质		0.50～2.20 （1.13）	1.24～23.86 （7.70）	1.08～15.23 （8.15）	0.19～12.08 （4.44）

注：（ ）中数字为平均值。

表 7-3-3　霍林河凹陷不同煤岩类型空气干燥基下工业分析值统计

凹陷名称	煤岩类型	水分 /%	灰分 /%	挥发分 /%
吉尔嘎朗图凹陷	木质煤	15.90～17.53（16.82）	6.33～7.49（7.02）	43.05～45.26（44.17）
	碎屑煤	19.53～20.95（20.40）	9.34～10.36（9.98）	35.29～36.52（35.94）
	丝质煤	27.53～28.23（27.90）	4.27～6.20（5.24）	28.00～31.66（29.59）
霍林河凹陷	木质煤	11.56～28.27（19.79）	2.27～14.35（8.60）	11.34～42.64（31.70）
	丝质煤	13.52～22.26（17.90）	24.23～26.92（25.60）	26.38～38.37（32.94）
	碎屑煤（层状）	13.94～26.05（17.16）	4.00～34.23（33.87）	19.78～76.55（34.58）
	碎屑煤（块状）	4.88～16.50（9.19）	48.04～67.57（57.41）	3.16～19.85（14.48）

注：（ ）中数字为平均值。

三、CT 技术研究煤岩结构特征

霍林河凹陷煤岩样品 CT 值统计分布图分为比较典型的三种（图 7-3-1）：A 类 CT 值统计分布图表现为断面 CT 值分布变化较大，无明显峰值，代表煤岩样品层面上非均质性较强，孔裂隙发育情况及无机矿物充填程度变化较大（张晓辉等，2014）；B 类 CT 值统计分布图具有明显峰值，代表煤岩样品非均质性较弱，从整个曲线分布来看，CT 值分布集中偏大，表明该煤样孔裂隙不发育或无机矿物充填度较大；C 类 CT 值统计分布图有明显峰值，但是峰值变化较大，代表煤岩样品剖面上非均质性较强，孔裂隙发育情况及无机矿物充填程度变化较大。

碎屑煤中无机矿物含量变化较大，具有分层分布的特征；CT 值分布变化较大，分布类型 A、B、C 类均有，煤岩非均质性一般—强，孔隙—微裂隙较发育（图 7-3-2）。

木质煤中无机矿物充填度较低，CT 值分布较均匀，分布类型主要为 B 类，煤岩均质性较好（图 7-3-3）。

丝质煤中无机矿物充填度低，孔隙、裂隙较不发育，CT 值分布较均匀，类型主要为 B 类，煤岩均质性一般（图 7-3-4）。

四、不同类型煤岩石力学性质

对低煤阶的木质煤、碎屑煤和丝质煤分别进行单轴抗拉、抗压和抗剪的力学实验，以对比其物理力学特征。实验样品取自锡林郭勒西三矿，在制备过程中样品未出现人为裂隙。煤岩单轴拉伸、单轴抗压实验仪器采用中国地质大学（武汉）INSTRON1346 型电液伺服岩石实验系统。单轴压缩实验和直接剪切实验的样品为标准试件的圆柱体,直径为 5cm±0.2cm,高度为 10cm±0.5cm(表 7-3-4)。

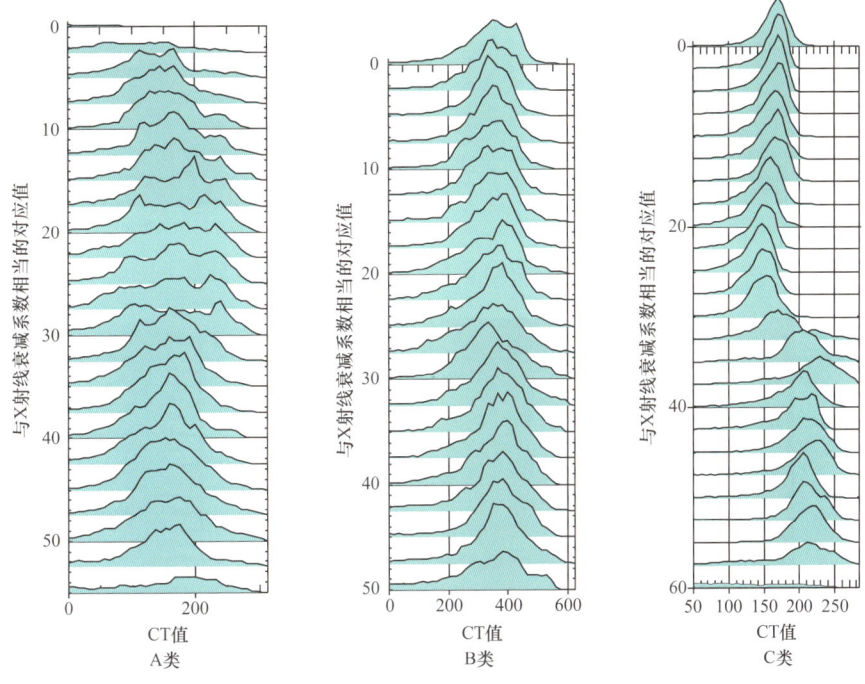

图 7-3-1　三种 CT 值统计分布类型

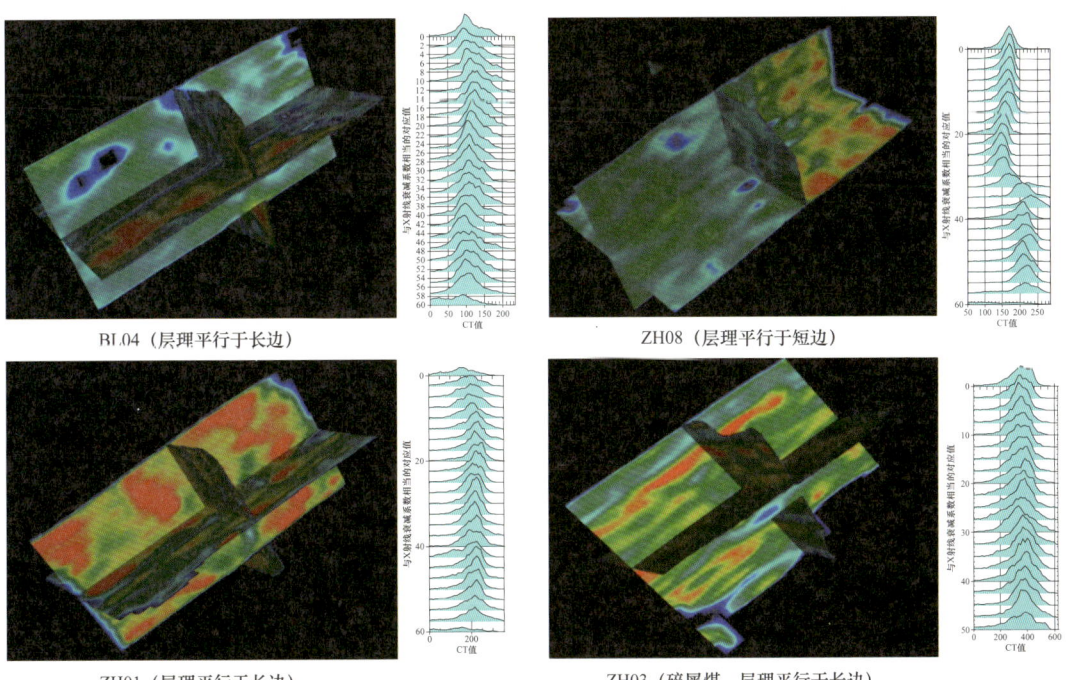

图 7-3-2　碎屑煤的三维重建图及 CT 值统计分布

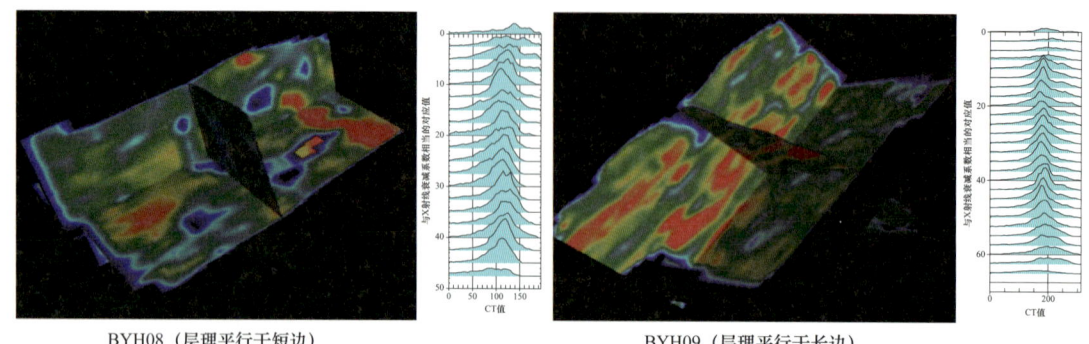

BYH08（层理平行于短边）　　　　　BYH09（层理平行于长边）

图 7-3-3　木质煤的三维重建图及 CT 值统计分布

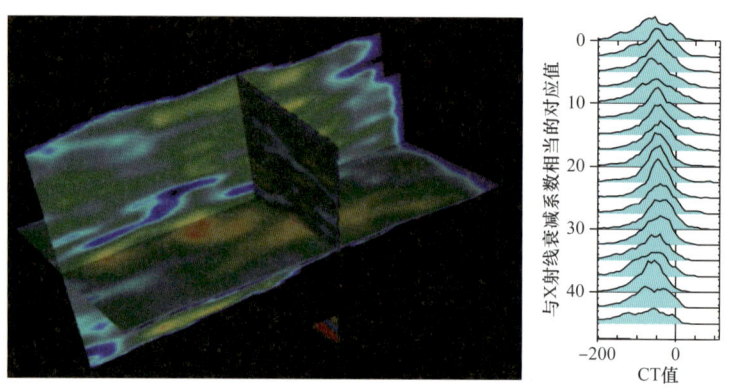

图 7-3-4　丝质煤（ZH11，层理平行于长边）的三维重建图及 CT 值统计分布

表 7-3-4　力学实验项目及样品编号

煤岩类型	抗压实验	抗拉实验	抗剪实验
木质煤	M-8、M-9、M-10	M-3-1、M-3-2 M-7-1、M-7-2	M-1、M-2 M-4、M-6
碎屑煤	S-4、S-5、S-6	S-6-1、S-6-2 S-7-1、S-7-2	S-1、S-2 S-3、S-9
丝质煤	Z-2、Z-5、Z-10	Z-7-1、Z-7-2 Z-11-1、Z-11-2	Z-4、Z-6 Z-7、Z-8

采用巴西圆盘劈裂法测定不同煤岩类型煤的抗拉强度。劈裂法试件需要加工试件为圆盘状，放置于压力机的承压板间，并在试样与上、下承压板之间各放置一根直径为1mm的硬质钢丝作为垫条，垫条位于与试样端面垂直的对称轴面上，它可将施加的压力变为线载荷，以使试样内部产生垂直于上、下载荷作用方向的拉应力，使试样因拉应力而破坏。各试件破坏时的荷载以及计算所得的抗拉强度值见表 7-3-5。

碎屑煤的抗拉强度最大，平均值为 0.110MPa；木质煤次之，平均值为 0.172MPa；丝质煤最小，平均值为 0.020MPa（图 7-3-5）。

表 7-3-5　试件规格与实验结果统计

试件编号	煤岩类型	尺寸[①]/mm		最大载荷/kN	最大载荷平均值/kN	抗拉强度/MPa	抗拉强度平均值/MPa	加载方式
		直径	高					
M-3-1	木质煤	49.97	45.21	0.301	0.387	0.121	0.172	钢丝垫条
M-3-2		49.76	44.47	0.373		0.151		
M-7-1		49.74	45.66	0.318		0.129		
M-7-2		49.56	45.03	0.554		0.287		
S-6-1	碎屑煤	49.85	48.79	0.638	0.631	0.327	0.325	
S-6-2		49.6	43.82	0.624		0.323		
S-7-1		49.69	45.45	0.716		0.369		
S-7-2		49.81	51.83	0.549		0.282		
Z-7-1	丝质煤	49.57	51.55	0.034	0.078	0.018	0.04	
Z-7-2		50.33	47.98	0.046		0.023		
Z-11-1		50.04	49.75	0.097		0.049		
Z-11-2		49.76	51.4	0.133		0.068		

① 标准试件圆柱体直径为 5cm，允许范围为 4.8～5.2cm；标准高度为 5cm，允许范围为 4～5.0cm。

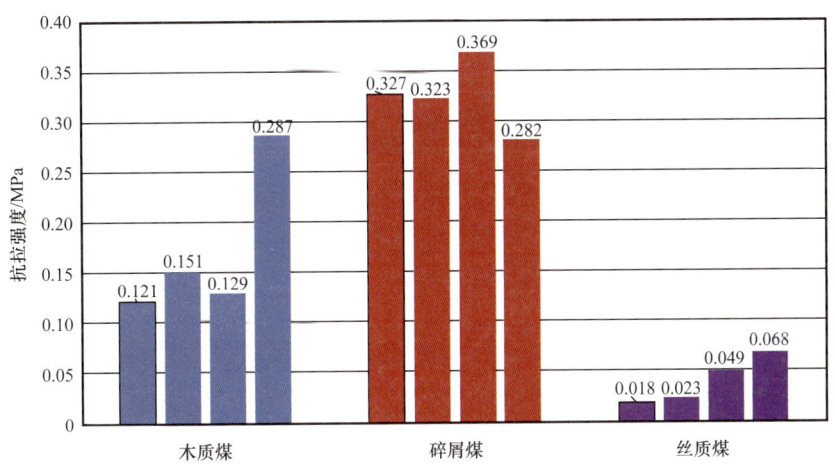

图 7-3-5　不同煤岩类型煤的抗拉强度对比

第八章　低煤阶煤层气"甜点区"地球物理评价与预测技术

"十三五"以来，以高煤阶岩石物性、岩石结构、含气性与弹性参数间的相关关系研究为基础，攻关中低煤阶正、反演方法，开展中低煤阶煤层含气量与各岩石物理参数间的关系分析，深化了中低煤阶煤层气储层含气性与弹性参数关系，建立了含气性综合评价因子。分析煤层厚度变化对叠前道集响应特征的影响，建立多个薄煤层的干涉效应对叠前道集响应特征的影响模型，构建了构造导向滤波下蚂蚁 + 多属性分析识别断裂—裂隙方法，引入可以反映岩石孔隙度的体积模量，发展了煤层气富集区预测技术——叠前弹性"拉梅常数变化量、剪切模量变化量、体积模量变化量、密度变化量"四参数反演技术，为中低煤阶煤层气有利区块优选提供依据。

第一节　低煤阶含气性与煤层气储层弹性参数关系

不同煤层气地球物理特征还处于探索阶段，发展基础理论研究，利用研究区块内测井、实验室测试和地质成果资料，深入分析煤层及围岩岩石物理参数特征，建立了不同煤阶煤层气储层岩石物理响应特征与含气性的关系，在此基础上通过正演模型研究了不同煤阶煤层地球物理响应特征，探索出不同煤阶煤层气的地球物理技术规律，为预测具有良好的勘探开发前景的区块提供技术支撑。

一、煤储层岩石物理参数与含气性的关系

当波在均匀多孔介质中传播，波长与煤层厚度可比时，岩石表现出宏观各向同性和均匀性（于赟舟，1998；陈信平等，2013；林建东等，2017）。通过对高、中、低煤阶煤进行了煤岩含气性与弹性参数统计研究，计算了高、中、低煤阶煤层气储层的弹性参数随煤层气储层含气量变化。

从不同煤阶煤层含气量与煤层密度、煤层纵波速度交会分析可知：高煤阶煤层含气量一般高于中、低煤阶煤，随着煤阶的降低，含气量降低；不同煤阶的煤层密度、煤层纵波速度随着煤层含气量的加大而降低；不同煤阶煤层顶板的泥岩厚度增大，煤层的含气量有增大的趋势。从不同煤阶煤层体积密度与煤层基本模量（杨氏模量、体积模量、剪切模量）交会分析可知：随着煤阶变低，煤层杨氏模量、体积模量、剪切模量等基本模量均增大，煤层体积密度也增大（图 8-1-1）。

为了分析高、中、低煤阶的异同，进行了图 8-1-2 和图 8-1-3 分析。可以看出，不同煤阶的含气量增大，密度、纵波速度降低，且中低煤阶煤降低的速率快于高煤阶煤，也即密度、纵波速度对中低煤阶煤层含气量的变化更为敏感。

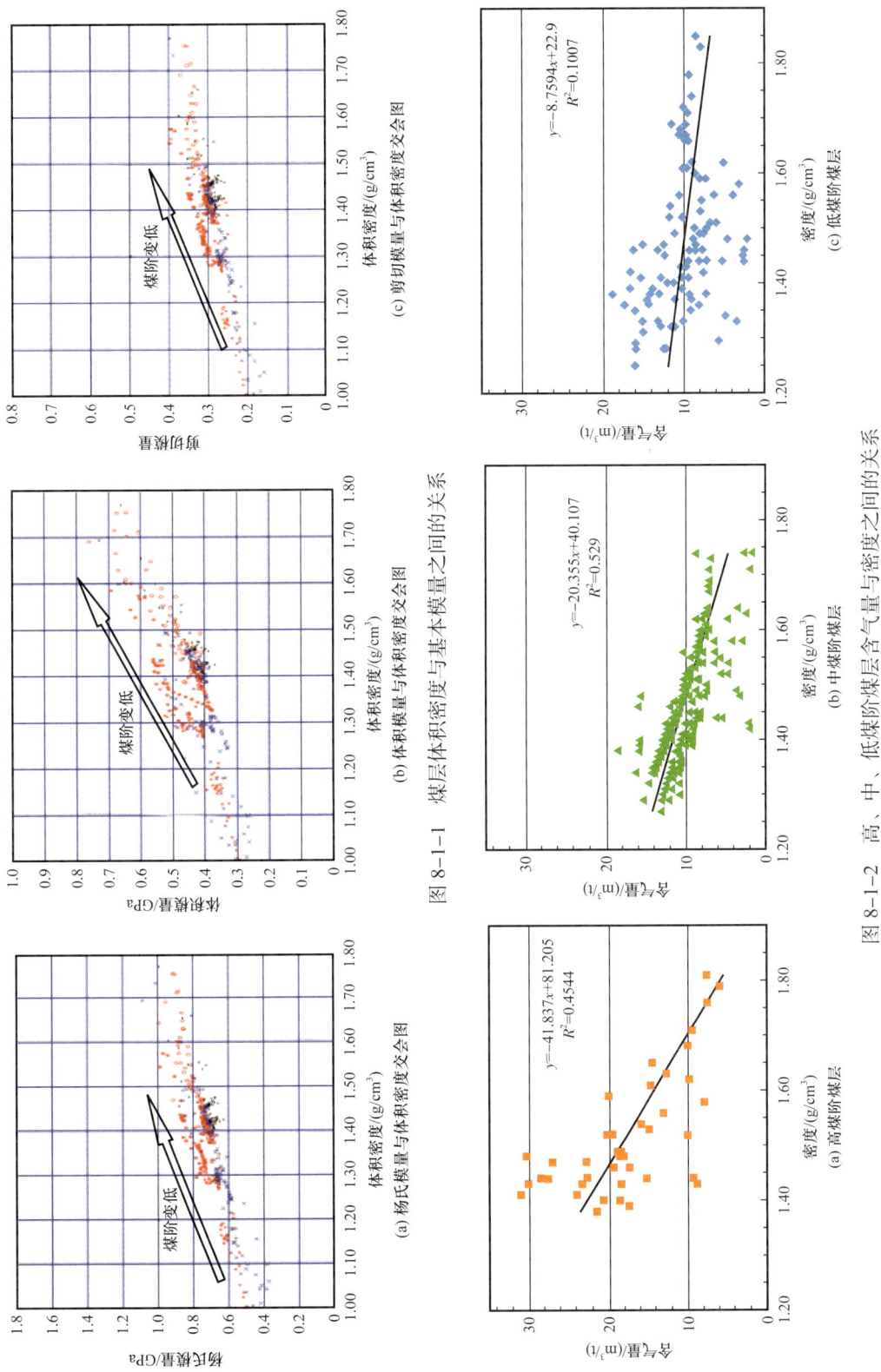

图 8-1-1 煤层体积密度与基本模量之间的关系

图 8-1-2 高、中、低煤阶煤层含气量与密度之间的关系

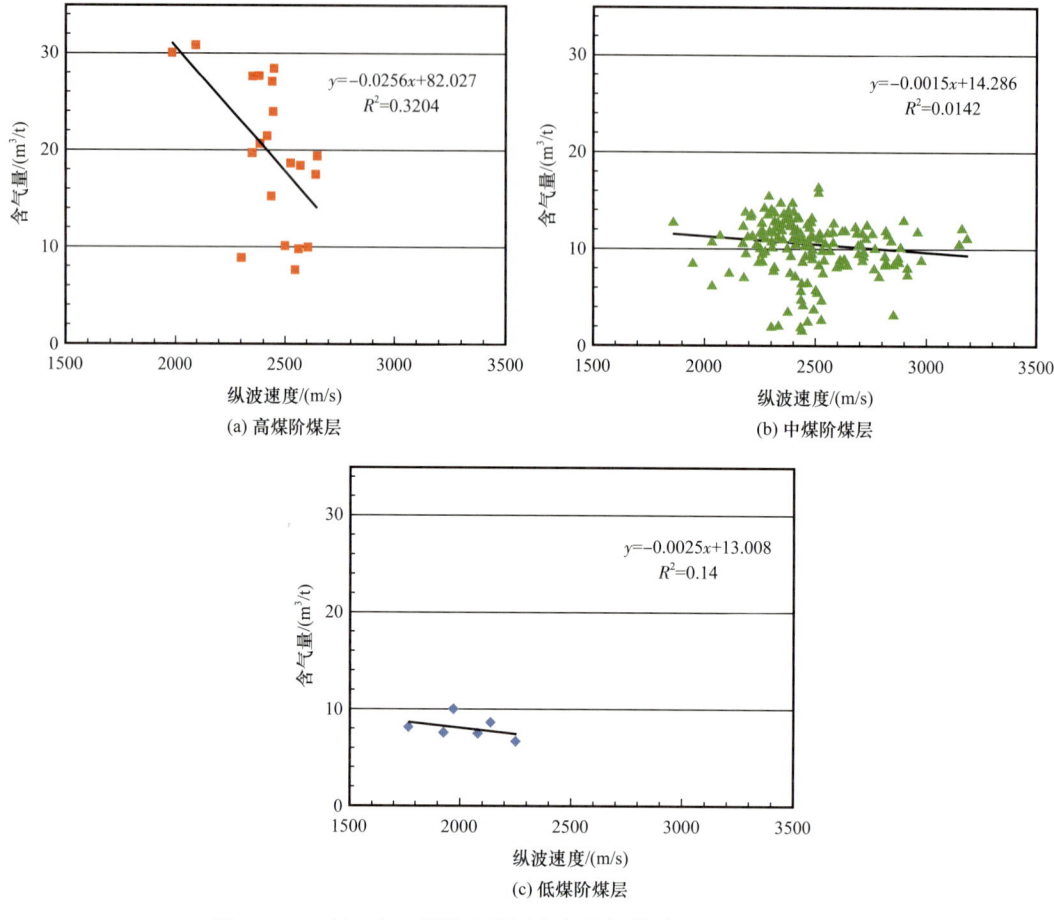

图 8-1-3 高、中、低煤阶煤层含气量与纵波速度之间的关系

通过中、低煤阶煤层含气量与纵波速度、横波速度、密度交会分析可知，中、低煤阶煤层含气量与密度、纵波速度、横波速度呈负相关（图 8-1-4）。

通过交会分析，不同煤阶煤层含气量与煤层各参数间符合以下关系，该关系可供地球物理研究使用，详情见表 8-1-1。

表 8-1-1 不同煤阶煤层含气量与岩石物理参数之间的关系

项目	高煤阶	中煤阶	低煤阶
含气量（V_g）与密度（ρ）关系	$V_g=-41.837\rho+81.205$	$V_g=-20.355\rho+40.107$	$V_g=-8.7594\rho+22.9$
		$V_g=-25.941\rho+47.871$	
含气量（V_g）与纵波速度（v_p）关系	$V_g=-0.0256v_p+82.027$	$V_g=-0.0015v_p+14.286$	$V_g=-0.0025v_p+13.008$
		$V_g=-0.0062v_p+27.41$	
含气量（V_g）与横波速度（v_s）关系		$V_g=-0.0049v_s+13.6712$	

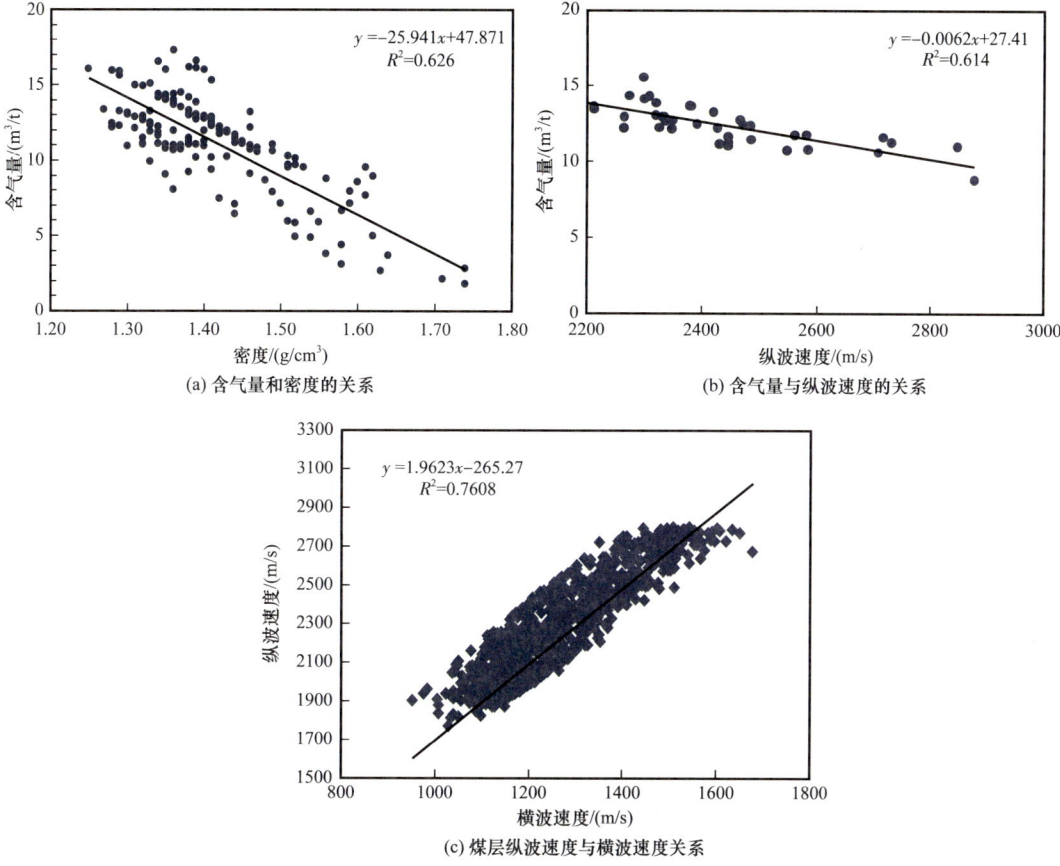

图 8-1-4 中、低煤阶煤层含气量与各参数之间的关系

二、中低煤阶煤层气储层正演数值模拟

1. 叠前道集正演数值模拟

叠前道集正演数值模拟被用于研究勘探目的层的叠前道集响应特征，其成果提供了叠前道集异常解释的重要依据，也是勘探井评价的重要方法。使用各井实际的测井资料，控制正演模拟的层位，研究目的层在实际顶（底）板的砂泥岩以及煤层薄互层条件下的叠前道集响应特征。中低煤阶煤叠前道集正演模拟研究选用以下参数：

（1）地震子波选择为时间长度 200ms、主频 50Hz 的雷克子波；
（2）偏移距为主力煤层气储层深度的 1.5～2.0m 倍；
（3）使用完整的 Zeoppritz 方程组；
（4）入射波为平面波；
（5）提供动校正后的共深度点道集。

对相关研究区进行了 59 口井的叠前道集正演模拟，通过叠前道集正演模拟与排采曲线对比分析可知，中、低煤阶煤层含气量高，叠前道集正演响应异常强。含气量低，叠前道集正演响应异常弱或无异常（图 8-1-5、图 8-1-6）。

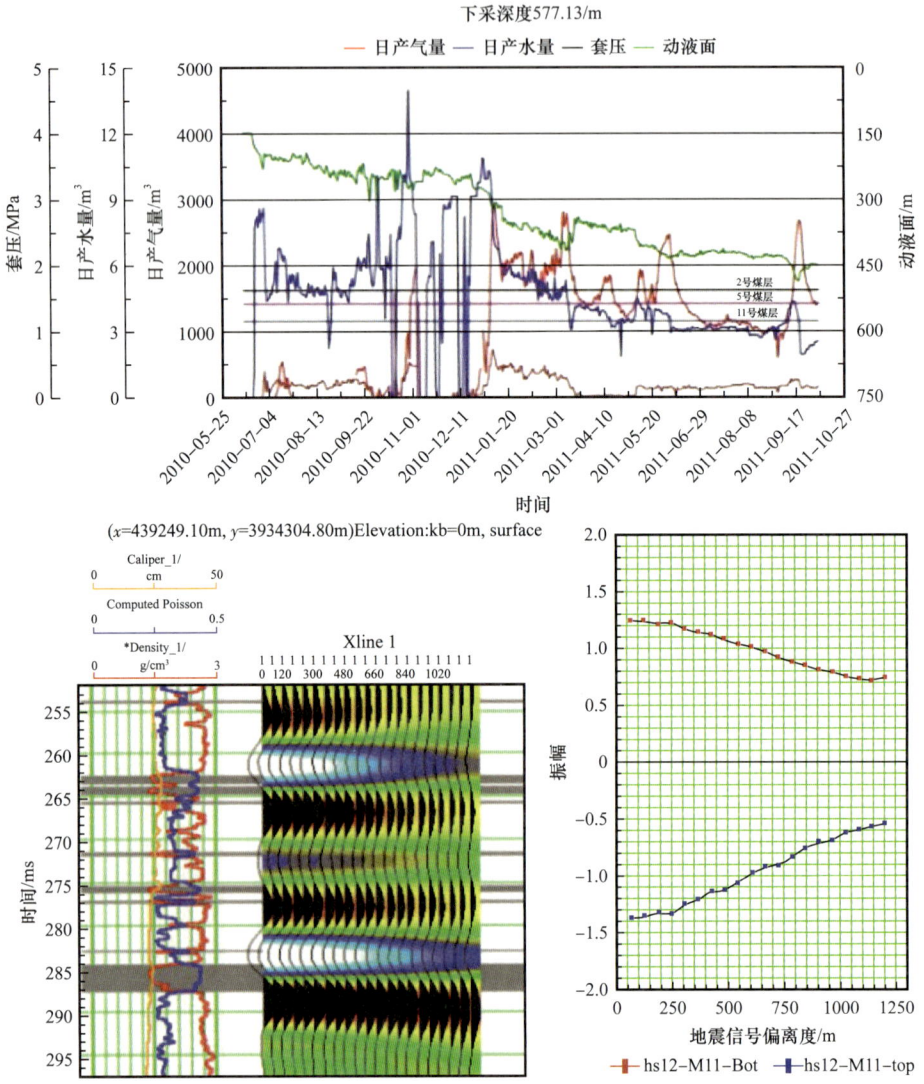

图 8-1-5　韩试 -12 井排采曲线与叠前道集正演模拟成果（高产井）

吉尔嘎朗图凹陷投产 10 口井，对其进行叠前道集正演模拟。从正演响应看，研究区 4 口井均显示较强的叠前道集正演响应异常，尤其是吉煤 1 井与吉煤 4 井，表明投产井区域具有较强的产气潜力（图 8-1-7）。

2. 煤层厚度变化及薄层干涉叠前道集响应特征

为了研究煤层厚度变化对振幅随偏移距变化（AVO）响应特征的影响，保持煤层气储层顶板和底板泥岩的弹性参数不变，主频率仍设置为 50Hz；煤层的纵波速度为 1800m/s，地震波主频纵波波长为 36m。将煤层的厚度从一个波长逐步减小，直到厚度等于 1/32 波长，模型厚度设计见表 8-1-2。图 8-1-8 展示了煤层气储层顶底板为泥岩时不同厚度煤层的叠前道集响应。图 8-1-9 展示了煤层气储层顶底板为砂岩时不同厚度煤层的叠前道集响应。

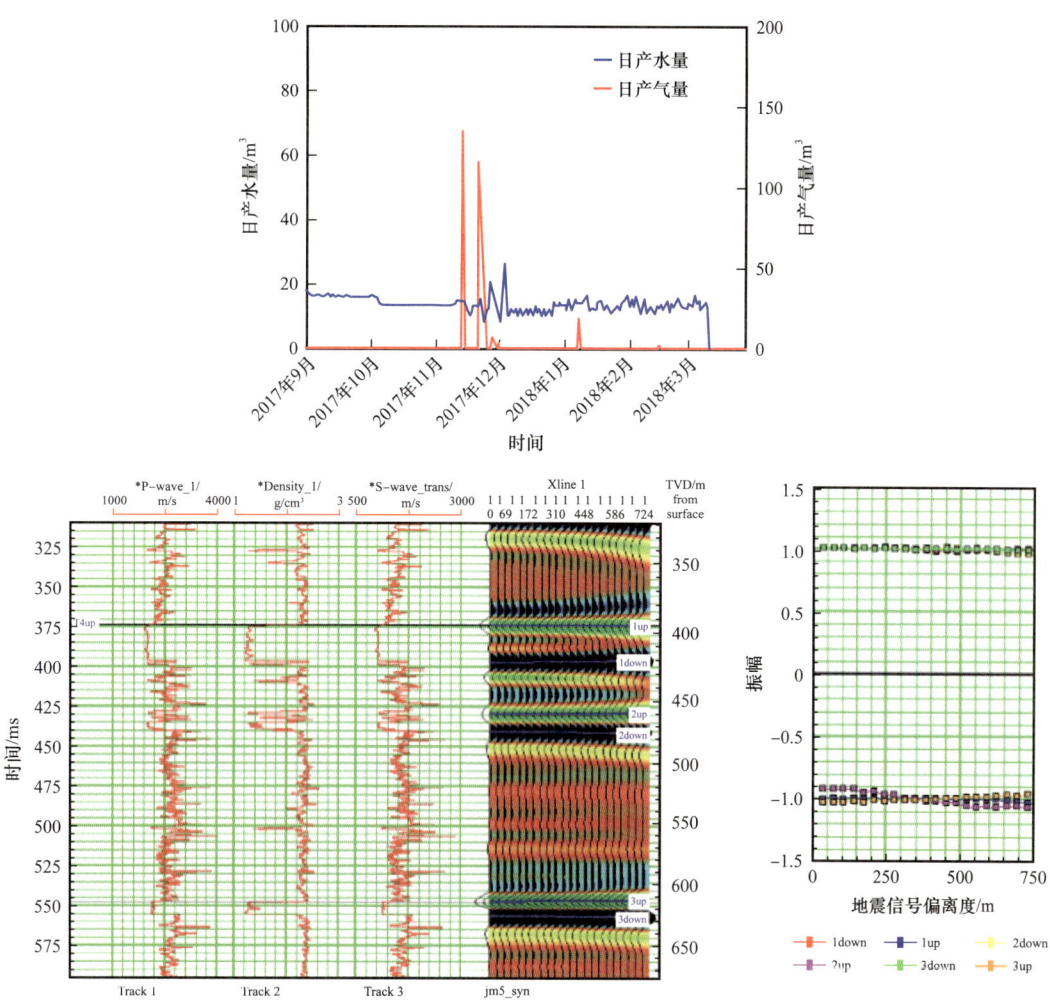

图 8-1-6　JM5 井Ⅳ煤组排采曲线与叠前道集正演模拟成果（低产井）

表 8-1-2　模型煤层厚度设计参数

编号	1	2	3	4	5	6
煤层厚度 /m	36	18	9	4.5	2.25	1.125
厚度与波长之比	1	1/2	1/4	1/8	1/16	1/32

薄层调谐效应对振幅随偏移距变化的影响，很早就有学者对这方面进行了研究（林建东等，2012；解洁清，2017）。原则上，关于薄层调谐效应的一般性认识，也适用于煤层气储层。然而，煤层与围岩的界面，总是强反射界面，有其特殊性。从正演模拟结果显示，不管煤层顶板、底板是砂岩还是泥岩，即使煤层的厚度只有 1/32 波长，顶板界面的反射振幅仍然随偏移距增大而明显减小，叠前道集响应仍然存在异常。这表明，地震叠前道集技术有可能探测较薄的煤层气储层。

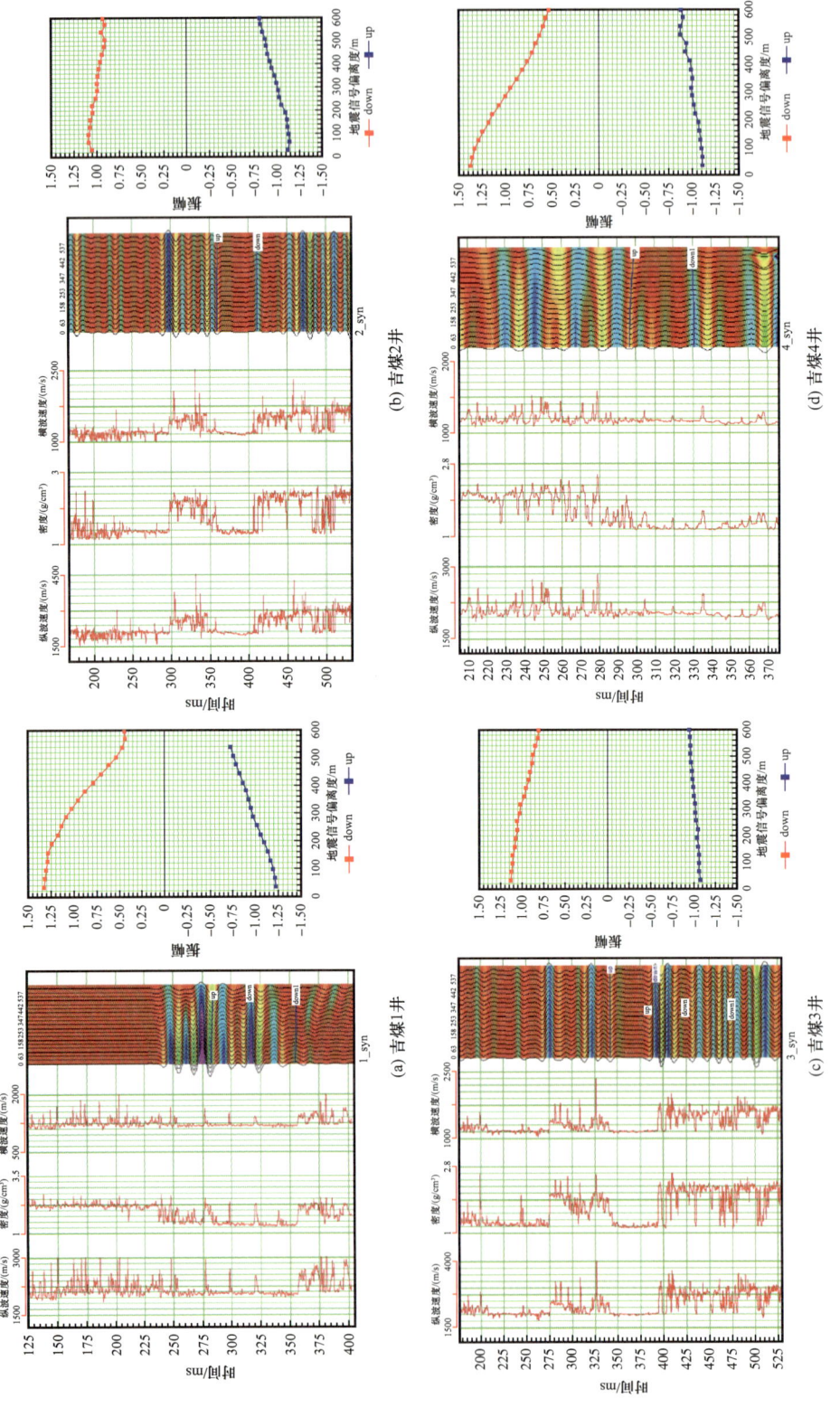

图 8-1-7 吉尔嘎朗图排采井叠前道集正演模拟成果

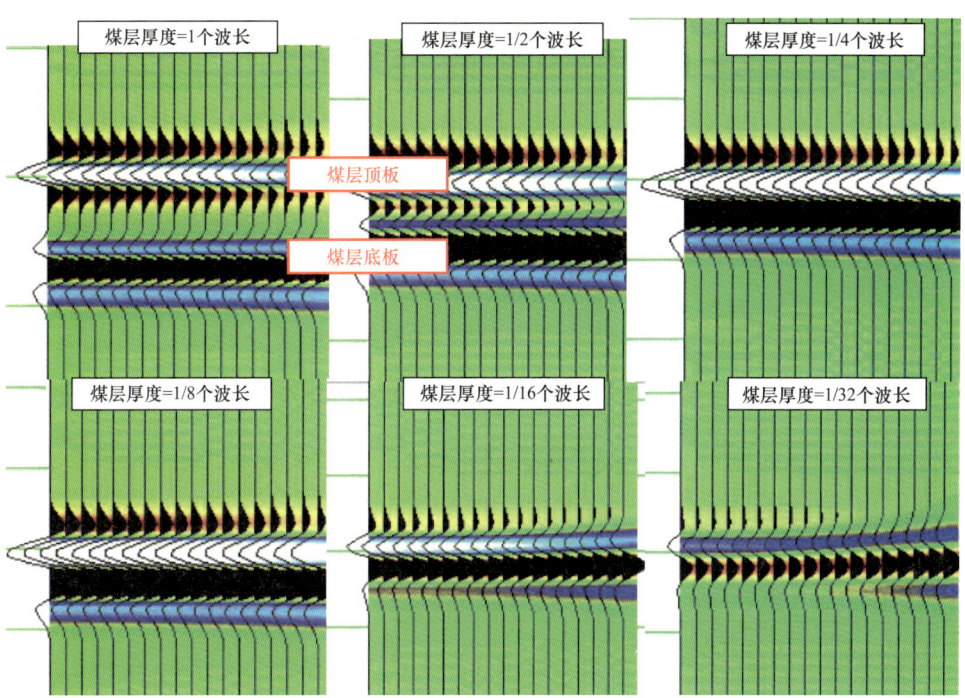

图 8-1-8　煤层气储层顶底板为泥岩时不同厚度煤层的叠前道集响应

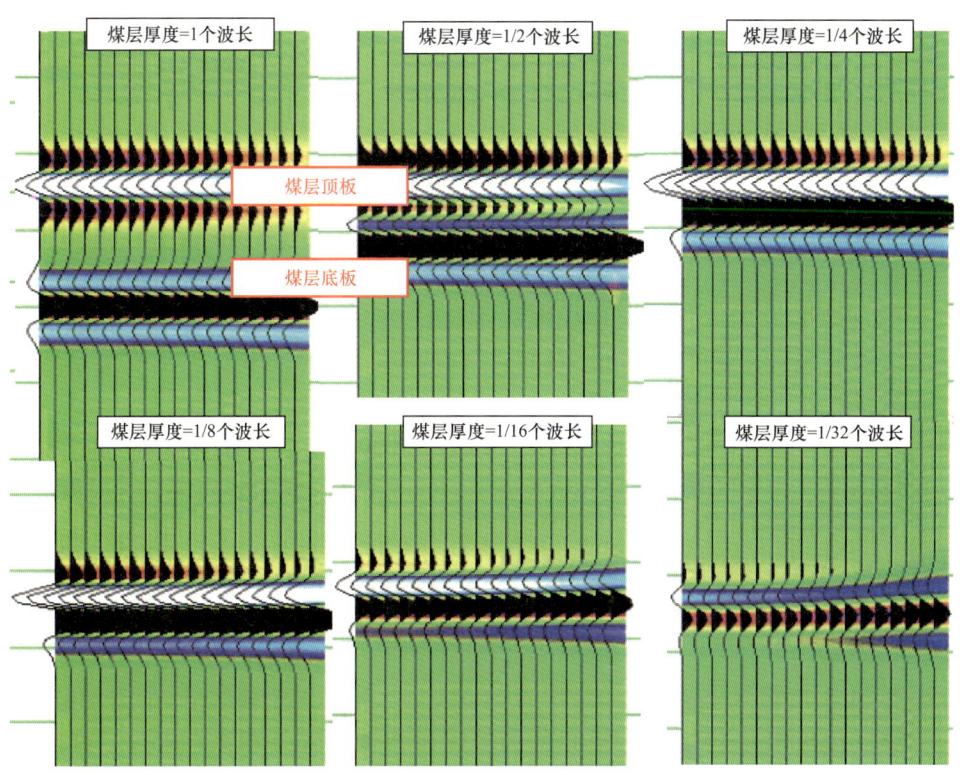

图 8-1-9　煤层气储层顶底板为砂岩时不同厚度煤层的叠前道集响应

3. 煤层顶板、底板岩性变化对叠前道集响应特征的影响

为了分析不同顶板、底板岩性煤层富集煤层气后地球物理响应特征，设计了以下4个模型：模型1，一般中低煤阶煤岩，顶/底板岩性为泥岩；模型2，一般中低煤阶煤岩，顶/底板岩性为砂岩；模型3，中低煤阶含气煤岩，顶/底板岩性为泥岩；模型4，中低煤阶含气煤岩，顶/底板岩性为砂岩。煤层厚度均设置为5m。各岩石的岩石物理参数设置见表8-1-3。

表8-1-3 设计模型岩石物理参数

岩性	纵波速度/（m/s）	横波速度/（m/s）	密度/（g/cm³）
煤层	1800	1050	1.30
含气煤层	1680	880	1.21
泥岩	2450	1600	2.35
砂岩	2800	1860	2.48

从各模型的煤层顶面反射系数随入射角变化关系可以看出：模型1、模型2均为一般中低煤阶煤岩，其煤层顶面反射系数随入射角变化关系相近；模型3、模型4均为中低煤阶含气煤岩，其煤层顶面反射系数随入射角变化关系相近。中低煤阶煤岩与中低煤阶含气煤岩存在较大的差异。煤层内部含气量变化引起的反射系数变化远大于煤层顶底板岩性差异引起的变化。由此可见，利用叠前道集探测局部富集区的方法是可行的。

三、叠前道集正演技术应用

项目组采用叠前道集正演模拟技术完成了吉尔嘎朗图9口生产井的叠前道集正演分析，对比排采情况，结合煤厚、埋深、顶底板岩性及厚度进行分析。

JM4井射孔层段为Ⅳ-2煤组，日产气量超过2000m³。其Ⅳ煤组总煤层厚度为76m，其射孔段煤层厚度为71m；煤层顶板埋深416m，煤层顶板为砂质泥岩，厚度为25m；煤层底板为砂质泥岩，厚度为36m。对其进行叠前道集正演分析，其射孔煤层底板、顶板反射波都表现出了中等强度的异常，具体情况见图8-1-10。

JM3井射孔层段为Ⅳ-2煤组，日产气量超过1000m³，其Ⅳ煤组总煤层厚度为70m，其射孔段煤层厚度为50.1m；煤层顶板埋深440m，煤层顶板为砂质泥岩，厚度为21m；煤层底板为砂质泥岩，厚度为6m。对其进行叠前道集正演分析，其射孔煤层底板反射波叠前道集异常中等，顶板反射波叠前道集异常较弱。与JM4井的差异主要在：JM3井射孔段煤层厚度较JM4井薄20m，顶板反射波叠前道集异常减弱。日产气量较高，建议继续开采。

JM7井射孔层段为Ⅳ煤组，日产气1000m³左右。其Ⅳ煤组射孔段煤层厚度为113.5m，煤层顶板埋深505m。煤层顶板为含泥质条带煤岩，厚度为89m；煤层底板为砂质泥岩，厚度为11m。其射孔煤层底板、顶板反射波叠前道集无异常。与JM4井相比，JM7井虽然射孔煤层厚度为37m，但是无叠前道集异常，不建议继续开采。

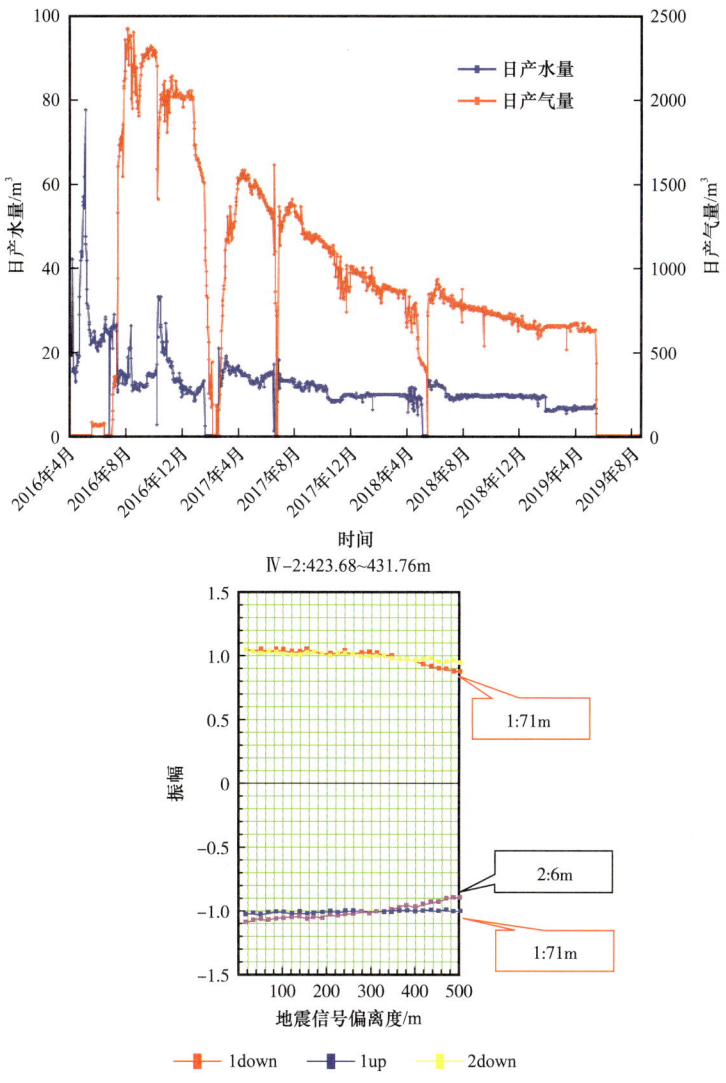

图 8-1-10　JM4 井排采情况与叠前道集正演响应特征

JM5 井射孔层段为Ⅳ、Ⅴ煤组，日产气 50m³ 左右。其Ⅳ煤组射孔段煤层厚度为 23m，煤层顶板埋深 397m。煤层顶板为砂质泥岩，厚度为 44m；煤层底板为砂质泥岩，厚度为 13m。其射孔煤层底板反射波叠前道集无异常，顶板反射波叠前道集异常强。与 JM4 井相比，JM5 井射孔段煤层厚度较 JM4 井薄 44m。其Ⅴ煤组射孔段煤层厚度为 10m，煤层顶板埋深 607m。煤层顶板为砂质泥岩，厚度为 54m；煤层底板为砂质泥岩，厚度为 60m。其射孔煤层底板、顶板反射波叠前道集强。与 JM4 井相比，叠前道集异常强，埋深深 160m，但射孔煤层厚度薄 61m。JM5 井叠前道集异常强，但煤层厚度薄，开采潜力较小。

通过对比分析，总结出中低煤阶煤层气富集高产条件：叠前道集异常是前提，厚度是关键，封盖和埋深是保障。最后对 9 口生产井进行了评价，并且给出了相应的建议（表 8-1-4）。

表 8-1-4 吉尔嘎朗图生产井评价

井号	日产气量/m³	生产层位	层段煤厚/m	叠前道集异常(底板)	叠前道集异常(顶板)	Ⅳ煤组总煤厚/m	顶板埋深/m	构造位置	与JM4差异	煤层顶板岩性	煤层底板岩性	建议
JM4	>2000	Ⅳ-2	71	中	中	76	416	鼻状构造		砂质泥岩25m	砂质泥岩36m	产量较大，建议继续开采
JM3	>1000	Ⅳ-2	50.1	中	弱	70	440	鼻状构造	煤层厚度薄20m，顶板叠前道集异常弱	砂质泥岩21m	砂质泥岩6m	产量较大，建议继续开采
JM1-3	>400	Ⅳ-2	43.4	弱	弱	77.5	400		煤层厚度薄28m，叠前道集异常弱	泥岩27m	砂质泥岩5m	产量呈上升趋势，建议继续开采
JM2	>200	Ⅲ	70	强	强		300	鼻状构造	叠前道集异常强，但埋深浅116m	煤层42m，含泥质条带（含气）	粉砂岩24m	产量呈下降趋势，产量变化，建议注意后期产量变化，做好排采调整（加压）
JM1-5	>50	Ⅳ-2	50	强	中	76.2	446	鼻状构造	叠前道集异常强，但煤层厚度薄21m	砂质泥岩36m	砂质泥岩5m	Ⅳ-2段开采时间短，建议继续开采
JM1	>200	Ⅳ-2	49	中	强	54.1	402		顶板叠前道集异常强，但煤层厚度薄22m	砂质泥岩60m	砂质泥岩4m	产量呈上升趋势，建议继续开采
	>100	Ⅲ	34	强	强		285	鼻状构造	叠前道集异常强，但煤层厚度薄37m，埋深浅131m	砂质泥岩3m，向上为煤层	砂质泥岩24m	产量浮动较大，建议注意产量变化，做好排采调整，调整射孔位置，加压
JM14	>100	Ⅳ	113.5	无	无	143	393	向斜轴部	煤层厚度42m，但是无叠前道集异常	煤层55m，含泥质条条带（含气）	砂质泥岩10m	虽然煤层厚度大，日产气量有小幅上升趋势，但无叠前道集异常，预计短期开发潜力不大
	>100	Ⅳ	23.3	强	强	32.8	397	向斜翼部	煤层厚度薄47m，底板叠前道集异常弱	砂质泥岩44m	砂质泥岩13m	煤层厚度薄，开发潜力较小
JM5	>50	Ⅴ	10	强	强		607		叠前道集异常强，埋深160m，但煤层厚度薄59m	砂质泥岩54m	砂质泥岩60m	叠前道集异常强，但煤层厚度薄，开发潜力不大
JM9	0	Ⅳ	64	反	反	82.6	315	向斜	无叠前道集异常	砂质泥岩45m	砂质泥岩37m	无叠前道集异常，不建议继续开采

第二节　地震谱距法多属性反演方法

吉尔嘎朗图Ⅳ煤组顶部为一特厚煤层，煤层厚度一般大于 20m。在该煤层下部发育砂泥岩互层，与煤层交互发育，下部煤层厚度一般小于 15m（图 8-2-1）。因此，吉尔嘎朗图Ⅳ煤组的厚度预测分为上下两部分进行。顶部的厚煤层采用煤层顶、底板单程时间差，利用煤层速度进行煤层厚度的转化，下部煤层采用谱距法进行计算，然后将两部分煤层厚度计算结果相加，最后再用测井统计的煤层厚度进行回归校正。最终的Ⅳ煤组煤层厚度分布如图 8-2-2 所示，由表 8-2-1 可知，预测结果与测井统计煤层厚度绝对误差小于 10m，相对误差小于 6.9%。

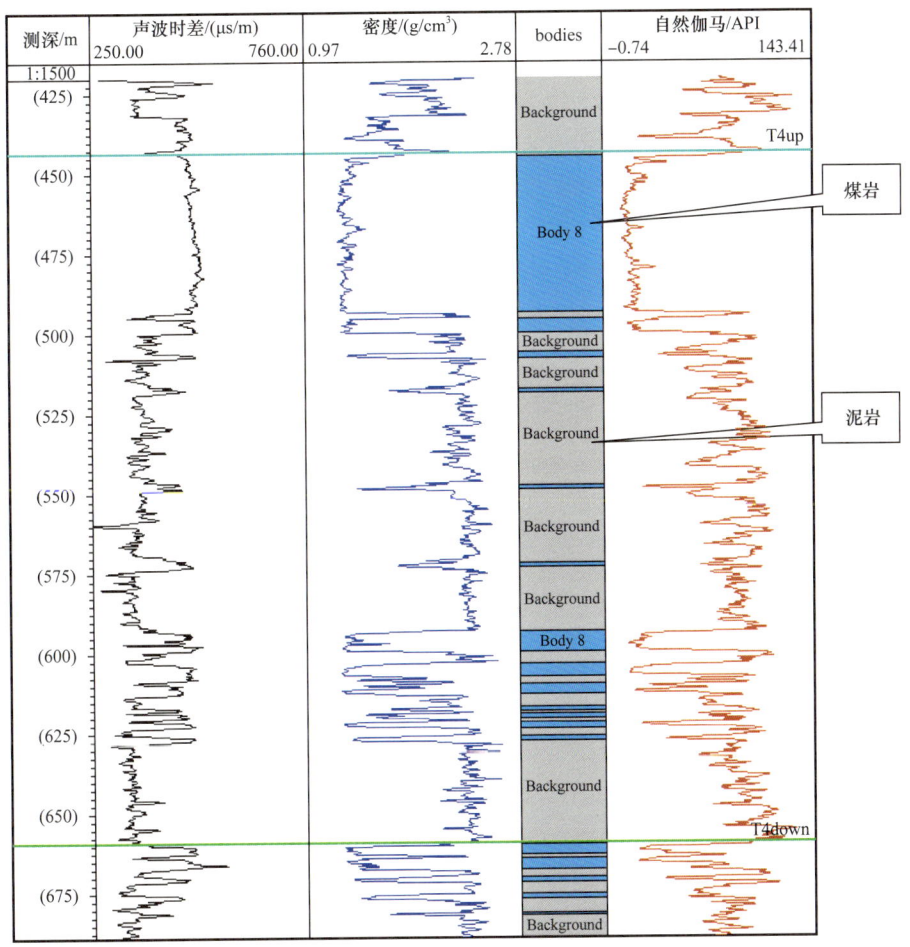

图 8-2-1　吉尔嘎朗图Ⅳ煤组典型结构图

从预测结果可知，吉尔嘎朗图试验区Ⅳ煤组中部煤层厚，厚度超过 70m，最厚处可超 140m；东北和西南部煤层较薄，厚度一般为 10~40m；其余区域煤层厚度变化不大，厚度一般为 50~70m。

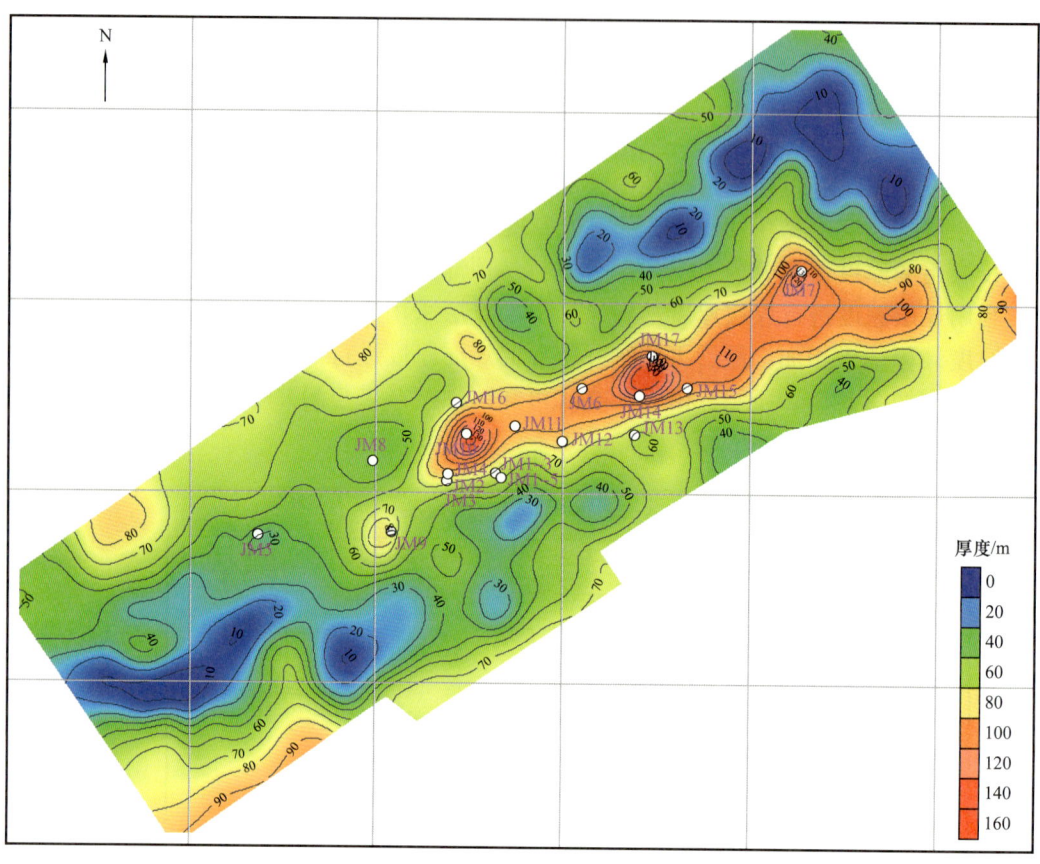

图 8-2-2　吉尔嘎朗图Ⅳ煤组煤层厚度图

表 8-2-1　吉尔嘎朗图Ⅳ煤组预测煤层厚度误差分析

井号	测井煤层厚度 /m	预测煤层厚度 /m	绝对误差 /m	相对误差 /%
JM2	79.94	82.00	−2.06	−2.58
JM3	71.90	72.00	−0.10	−0.14
JM4	85.00	85.00	0	0
JM9	82.29	83.00	−0.71	−0.86
JM5	30.00	31.00	−1.00	−3.33
JM8	45.67	45.00	0.67	1.47
JM10	145.00	135.00	10.00	6.90
JM14	140.00	132.00	8.00	5.71
JM7	122.88	121.00	1.88	1.53
JM13	59.52	59.00	0.52	0.87
JM16	69.12	70.00	−0.88	−1.27
JM11	91.20	92.00	−0.80	−0.88

续表

井号	测井煤层厚度 /m	预测煤层厚度 /m	绝对误差 /m	相对误差 /%
JM12	81.00	82.00	−1.00	−1.23
JM6	103.68	102.00	1.68	1.62
JM17	142.00	133.00	9.00	6.34
JM15	100.80	98.00	2.80	2.78
JM1–3	68.00	68.00	0	0
JM1–5	62.00	61.00	1.00	1.61

第三节 综合地震属性预测煤层高渗区方法

提取煤层裂隙发育带异常引起地震信息变化的特征，厘定煤层裂隙识别的特征参数，根据煤层曲率、倾角、断棱、方差等属性综合分析曲率的分布范围，结合蚂蚁体属性技术，计算煤层裂隙密度，预测煤储层高渗区。

正演模拟分析了小断层的影响因素，经过多次试验与反复验证，建立了裂缝预测技术路线，如图 8-3-1 所示。该技术首先通过数值模拟分析裂缝识别影响因素，基于构造导向滤波提高地震资料对裂隙的可识别度，在此基础上进行蚂蚁自主追踪，选择出与研究区匹配的参数；然后进行相干、方差、倾角、曲率等分析；最后进行层属性提取、对比、优选、融合，预测出与实际吻合较好的裂缝分布成果。

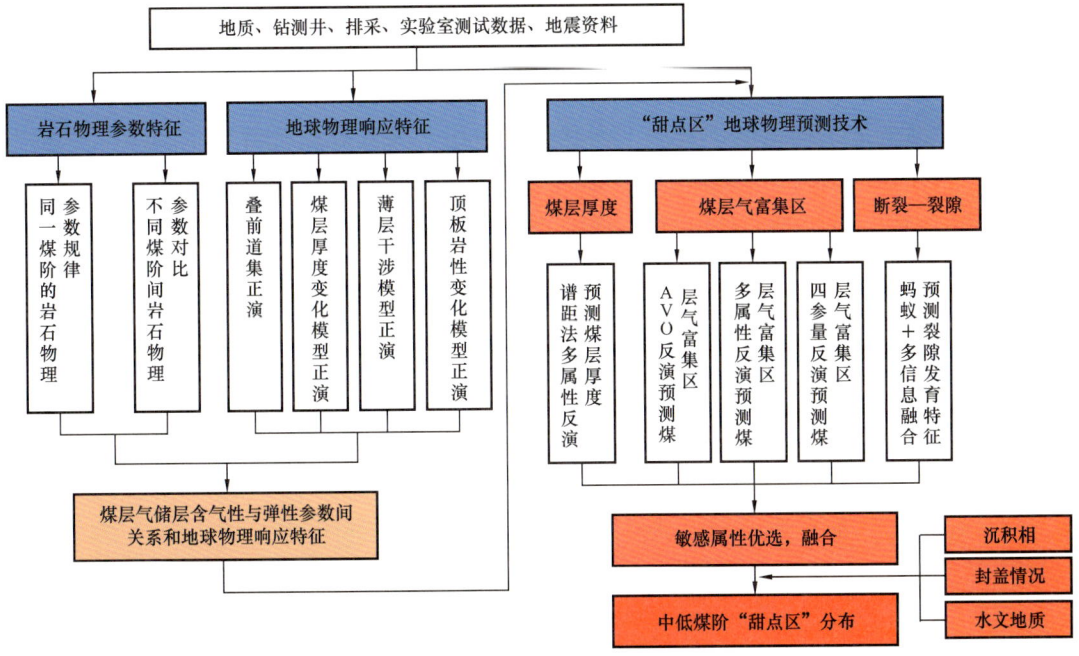

图 8-3-1 裂缝预测技术路线

先进行构造导向滤波下的优化"蚂蚁追踪"算法，以地质规律为指导，减少蚂蚁无方向的错误的追踪，使追踪结果更符合地质规律，增加解释结果的客观性及准确性。将该技术路线应用于三个中低煤阶煤层区域，分别是内蒙古阿巴嘎旗那仁宝力格盆地2号煤层、保德区块8+9号煤层、吉尔嘎朗图Ⅳ煤组，由预测结果可以清晰地看出主断层分布，煤层中的裂缝主要沿着断裂构造展布，符合地质规律，裂缝预测结果较为可靠。裂缝预测技术在中低煤阶煤层取得了较好的应用效果。蚂蚁+多属性融合技术更加精细地刻画了断裂—裂隙分布，将断层可预测精度提高到3m。

第四节 井约束条件下叠前多弹性参量反演预测煤层气富集区方法

一、叠前多弹性参量反演（四参数反演）推演

在应用三维地震资料勘探煤层气方面，"十一五"期间将传统的油气勘探AVO理论应用于煤层气，使用Shuey对佐布利兹方程的简化式[式（8-4-1）]，对叠前道集进行截距、梯度属性求取分析；或应用Aki-Richards对佐布利兹方程的简化式，求取纵波速度v_p、横波速度v_s、密度ρ等参数。

$$R(\theta) = P + G\sin^2\theta \tag{8-4-1}$$

其中：

$$P = R_0$$

$$G = A_0 R_0 + \frac{\Delta\delta}{(1-\delta)^2}$$

随着弹性模量法理论继续发展，弹性参量应用于探测煤层气富集高渗部位。通过"十二五"期间的攻关，中国煤炭地质总局地球物理勘探研究院以弹性参量拉梅常数λ、剪切模量μ、密度ρ等效替换Aki-Richards简化式的纵波速度v_p、横波速度v_s，通过推演得到了叠前弹性参量三参量变化量的表达式[式（8-4-2）]，该方法可以直接通过角道集反演出三参量变化量，不需要假设值，从源头上减少了误差。

$$R(\theta) = a\frac{\Delta\lambda}{\lambda+2\mu} + b\frac{\Delta\mu}{\lambda+2\mu} + c\frac{\Delta\rho}{\rho} \tag{8-4-2}$$

其中：

$$a = \frac{1+\sin^2\theta+\sin^2\theta\tan^2\theta}{4}$$

$$b = \frac{1-3\sin^2\theta+\sin^2\theta\tan^2\theta}{2}$$

$$c = \frac{1 - 3\sin^2\theta - \sin^2\theta\tan^2\theta}{4}$$

式中　$R(\theta)$——不同角度项表示的反射系数近似方程；

　　　P——P 波垂直入射角（$\theta=0$）时的反射系数，又称为截距；

　　　R_0——截距剖面；

　　　G——梯度项，在入射角为中等入射时（$0°<\theta\leqslant 30°$），它将影响振幅随炮检距的变化规律，反映了地层岩性的变化；

　　　δ——泊松比；

　　　$\Delta\delta$——界面两侧泊松比之差。

通过"十三五"期间的攻关，项目组进一步引入弹性参量拉梅常数 λ、剪切模量 μ、密度 ρ、体积模量 K，通过推演得到了叠前弹性参量四参量变化量的表达式［式（8-4-3）］。体积模量 K 的引入使得反演结果除了可以反映煤层的含气性、裂隙发育特征外，还可以反映储层的孔隙度，使得反演结果可以更加全面地反映煤层气储层的情况。

$$R(\theta) = a\frac{\Delta K}{M} + b\frac{\Delta \mu}{M} + c\frac{\Delta \lambda}{M} + d\frac{\Delta \rho}{\rho} \tag{8-4-3}$$

其中：

$$a = \frac{1 + \sin^2\theta + \sin^2\theta\tan^2\theta}{8}$$

$$b = \frac{5 - 19\sin^2\theta + 5\sin^2\theta\tan^2\theta}{12}$$

$$c = \frac{1 + \sin^2\theta + \sin^2\theta\tan^2\theta}{8}$$

$$d = \frac{1 - \sin^2\theta - \sin^2\theta\tan^2\theta}{4}$$

$$M = \frac{1}{2}(\lambda + 2\mu) + \frac{1}{2}\left(K + \frac{4}{3}\mu\right)$$

叠前弹性四参量反演结果反映了煤层气储层的孔隙度、渗透率以及含气性，更加全面地反映煤层气储层的特征，提高煤层气"甜点区"预测的准确度。

二、叠前弹性四参量反演技术应用

叠前弹性四参量是在叠前三参量的基础上进一步丰富了物性参数，从不同的物性参数所隐含的地质现象来解释煤层含气特征。以吉尔嘎朗图选区为例，进行软件测试和效果验证。以连井剖面为例（图 8-4-1），该剖面从左到右依次经过 JM9 井、JM4 井和 JM1-3 井，3 口井的射孔层段均为Ⅳ煤组，JM9 井不产气，JM4 井日产气量超过 2000m³，

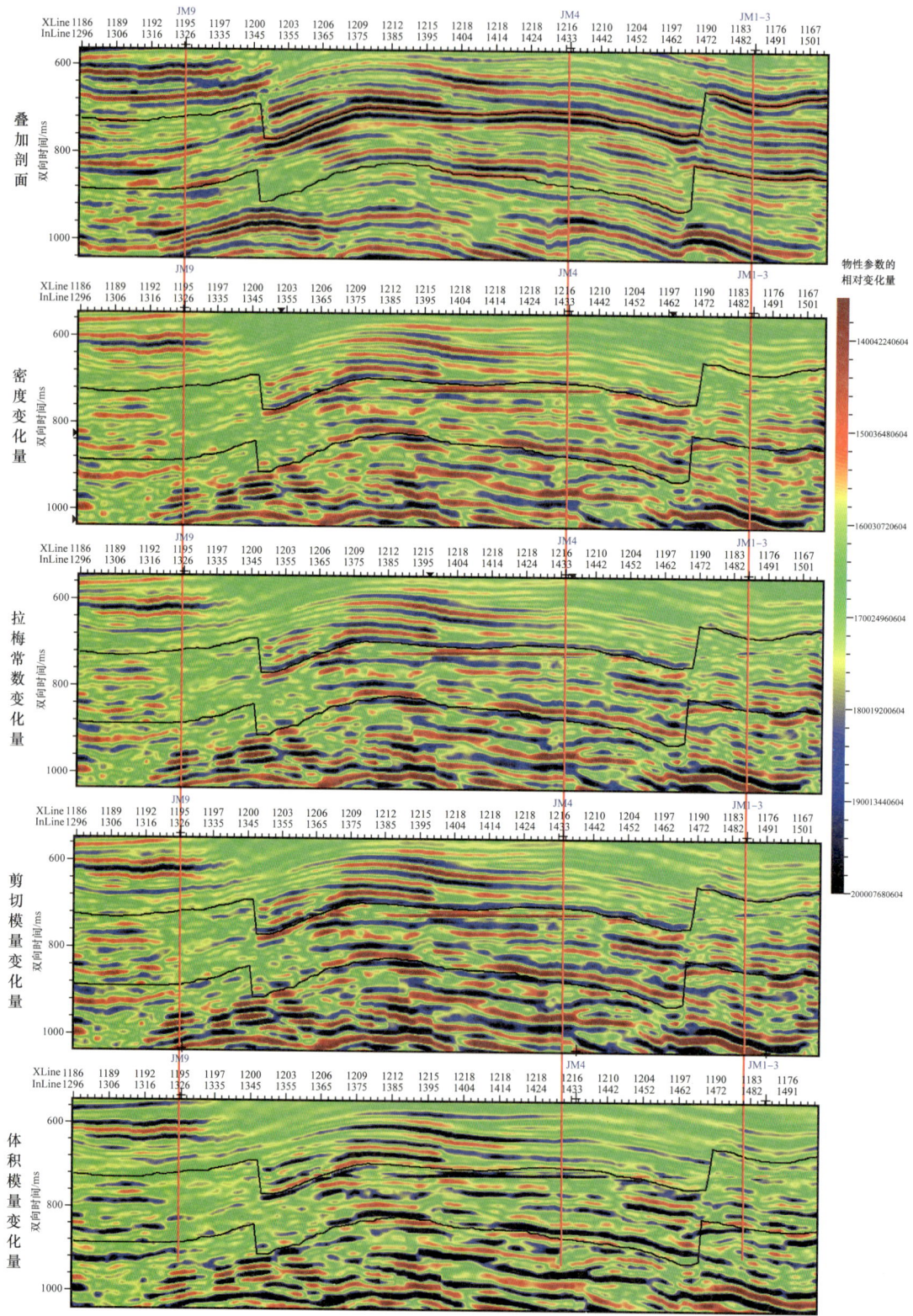

图 8-4-1　试验区不同模量变化量反演剖面

JM1-3 井日产气量约 700m³, 3 口井的产气量差异较大。从原始的地震剖面看，JM1-3 井所在位置处Ⅳ煤组反射波的能量最强，JM9 井和 JM4 井所在位置处Ⅳ煤组反射波的能量基本相当。

经过弹性四参量参数反演后，获得的密度变化量、拉梅常数变化量、剪切模量变化量和体积模量变化量剖面属性都表现出近似的规律：JM4 井产气量最高，其所在位置处Ⅳ煤组四参量属性剖面能量最强；JM1-3 井产气量次之，其所在位置处Ⅳ煤组四参量属性剖面能量次之；JM9 井不产气，其所在位置处Ⅳ煤组四参量属性剖面能量最弱。由此可见，四参量反演后的属性体在Ⅳ煤组的能量强弱与产气量多少对应良好。

在Ⅳ煤组范围内进行四参量属性提取，四参量在平面上的分布如图 8-4-2 至图 8-4-5 所示，通过与排采对比，预测结果与排采情况对应较好。项目组还在吉尔嘎朗图试验区进行了常规的 AVO 反演，反演成果如图 8-4-6 和图 8-4-7 所示。四参量反演成果与 AVO 反演成果在平面上的整体趋势是一致的，只是在细节上存在差异，四参量反演

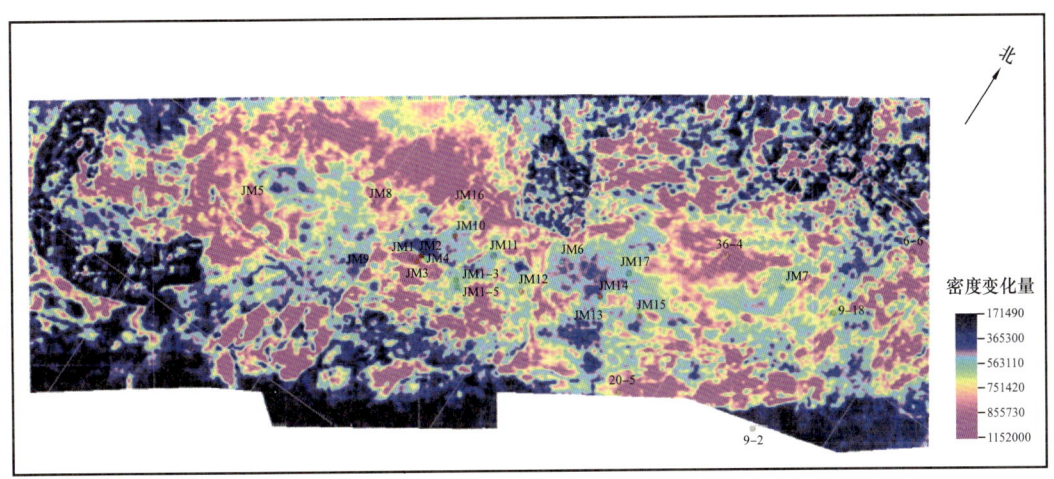

图 8-4-2　吉尔嘎朗图Ⅳ煤组密度变化量分布平面图

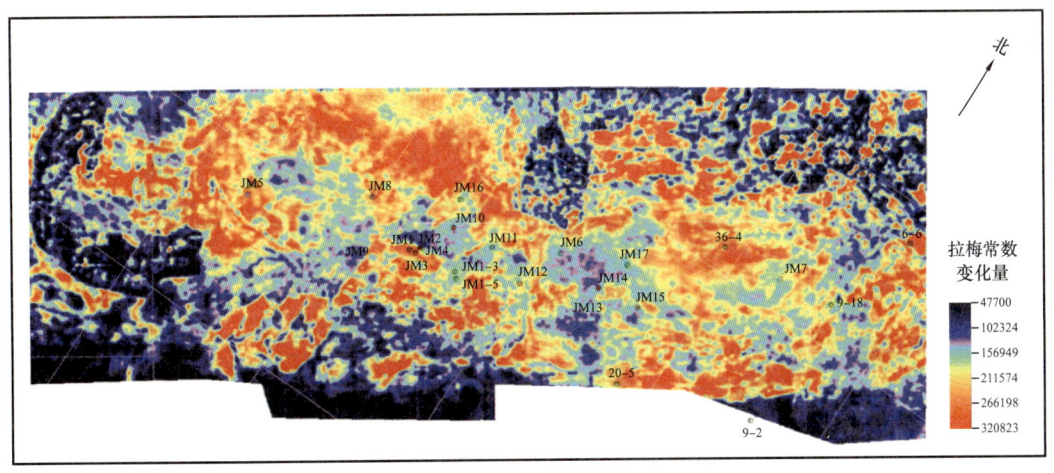

图 8-4-3　吉尔嘎朗图Ⅳ煤组拉梅常数变化量分布平面图

成果对于煤层气富集与不富集的区分更加明确，尤其是体积模量变化量反映的煤层气富集与不富集的区边界更加明确。

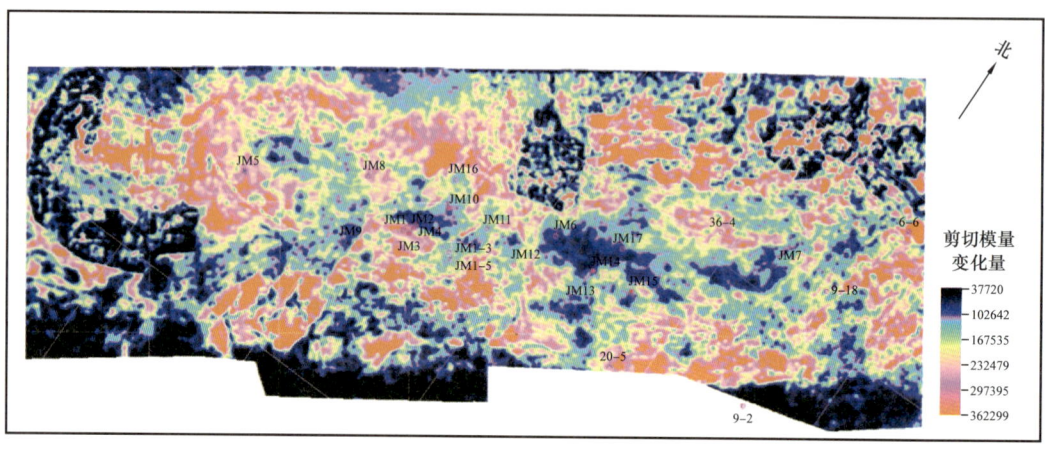

图 8-4-4　吉尔嘎朗图Ⅳ煤组剪切模量变化量分布平面图

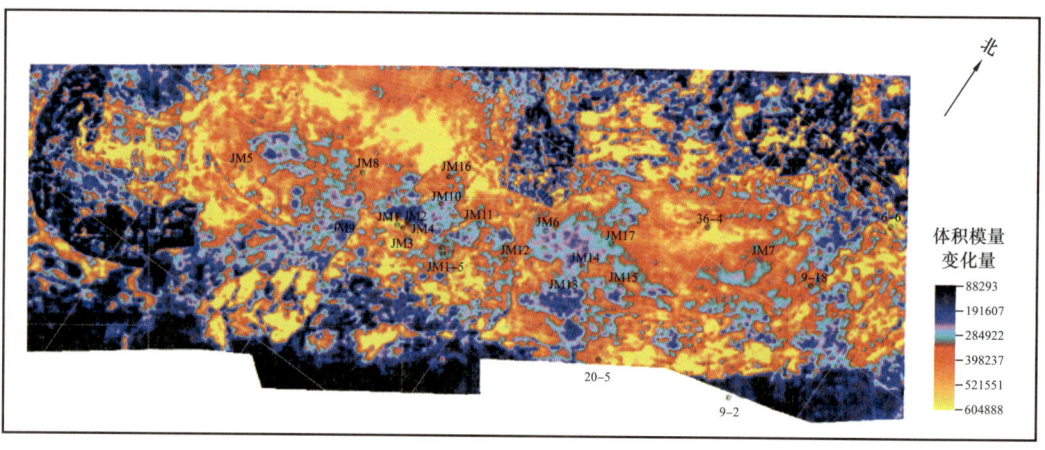

图 8-4-5　吉尔嘎朗图Ⅳ煤组体积模量变化量分布平面图

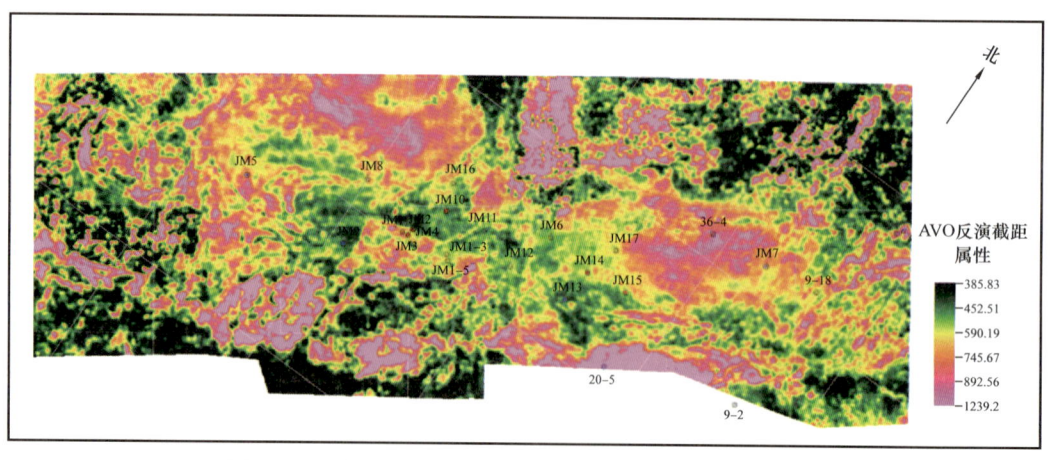

图 8-4-6　吉尔嘎朗图Ⅳ煤组 AVO 反演截距属性分布平面

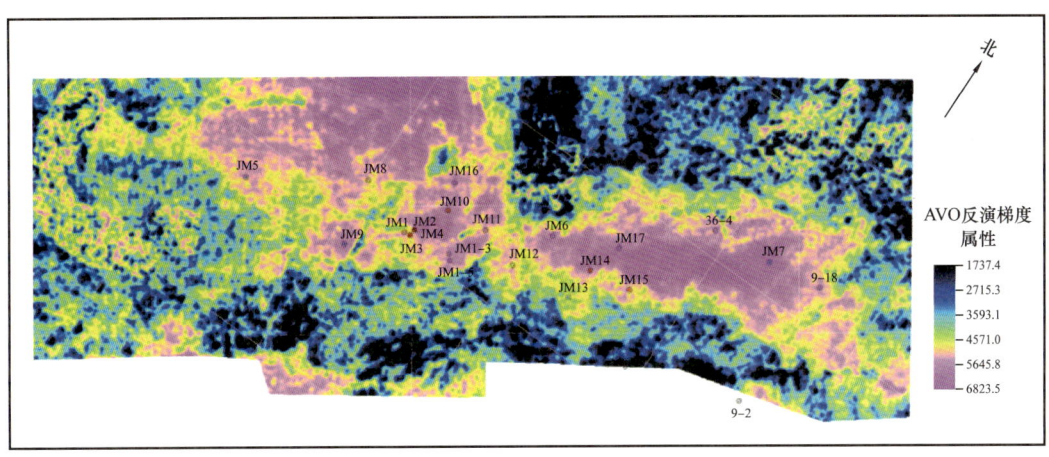

图 8-4-7　吉尔嘎朗图Ⅳ煤组 AVO 反演梯度属性分布平面图

三、吉尔嘎朗图凹陷"甜点区"预测实例

基于 Zeoppritz 近似式推导（四参数反演），实现了叠前多弹性参量反演技术——煤层气地震估算四参数弹性模量的估算方法，运用多参数融合综合预测技术，为煤层气"甜点区"的预测提供有效的技术保障，形成了中低煤阶煤层气"甜点区"地球物理综合预测体系，具体步骤如下：

（1）首先对地质、钻（测）井、实验室资料、排采资料进行充分分析，通过交会分析、正演地质模型正演和叠前道集正演等手段，研究中低煤阶煤层气储层的岩石物理参数特征与地球物理响应特征，总结、提炼出含气性与煤层气储层弹性参数间关系和地球物理响应特征。

（2）应用先进的地球物理技术对中低煤阶"甜点区"关键因素进行预测。利用谱距法多属性反演预测煤层厚度，利用 AVO 反演与四参量反演预测煤层气富集区，利用蚂蚁+多信息融合预测裂隙发育特征。

（3）优选敏感属性进行融合，提高"甜点区"预测准确度。

（4）"甜点区"的预测还需要结合地质研究成果，如沉积相分布、煤层气储层封盖情况、水文地质等。

以吉尔嘎朗图区块资料为例，吉尔嘎朗图凹陷位于二连盆地乌尼特坳陷西南端，整体为北东走向、北断南超型凹陷。赛罕塔拉组以低煤阶的褐煤为主，其中Ⅲ、Ⅳ、Ⅴ煤组气测见良好的气显示，为该区低煤阶主力煤层气层。

利用谱距法反演技术，对吉尔嘎朗图试验区Ⅳ煤组进行了煤层厚度预测；该区Ⅳ煤组煤层呈现出向凹陷中心聚集模式，凹陷中心的煤层厚度一般超过 40m，局部范围煤层厚度甚至超过 100m。在该区东北部与西南部煤层较薄，煤层厚度一般小于 30m。

利用蚂蚁+多信息融合技术，对吉尔嘎朗图试验区Ⅳ煤组进行了断裂—裂隙预测；利用弹性模量法四参数反演技术，对吉尔嘎朗图试验区Ⅳ煤组煤层气富集区进行了预测；融合断裂—裂隙和四参量反演成果，融合结果如图 8-4-8 所示。

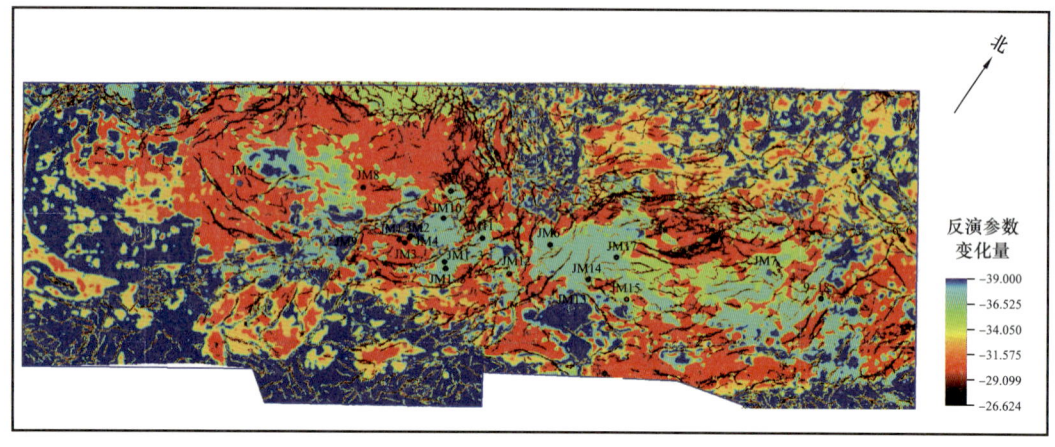

图 8-4-8　吉尔嘎朗图Ⅳ煤组"甜点区"地球物理综合预测图

结合煤层厚度分布，借鉴沉积相分布与煤层顶板盖层情况，对吉尔嘎朗图试验区 224km² 范围Ⅳ煤组"甜点区"进行了预测。结合实际的排采情况，吉尔嘎朗图Ⅳ煤组"甜点区"煤层厚度超过 30m，归一化的弹性参数变化量值超过 0.5，归一化叠前道集 AVO 梯度属性超过 0.5，裂隙密度较大，沉积环境为利用煤层聚集的环境。按照该指标，"甜点区"为图 8-4-9 中绿色线圈定范围，面积为 101km²，为下一步开发提供优质建产区。

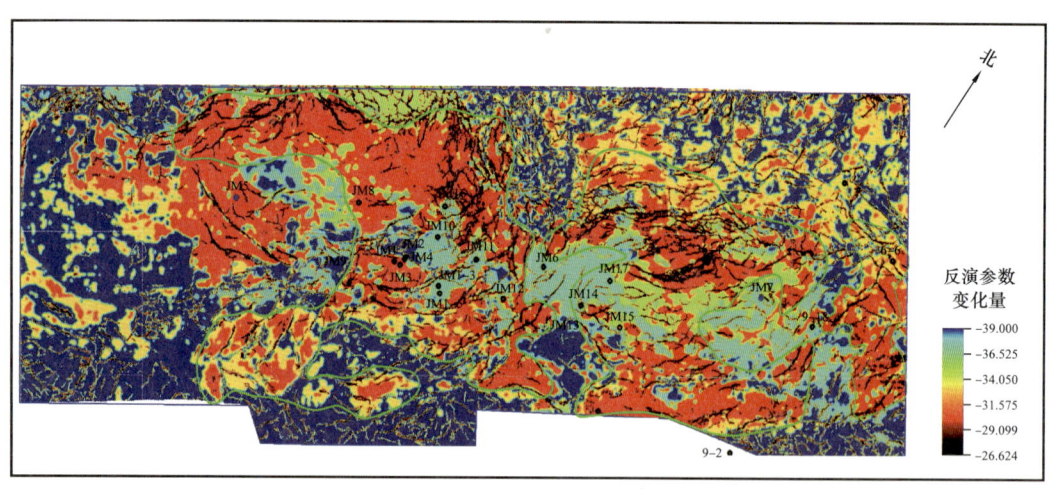

图 8-4-9　地球物理综合预测吉尔嘎朗图Ⅳ煤组"甜点区"分布图

预测结果与含气量测试结果对比（图 8-4-9），按照深蓝色对应平均含气量小于 1m³/t（实际排采一般不产气），绿色对应平均含气量 1～2m³/t（实际排采日产气量一般为 500m³），黄色对应平均含气量 2.0～2.5m³/t（实际排采日产气量一般为 800m³），红色对应平均含气量大于 2.5m³/t（实际排采日产气量一般大于 1000m³）的原则进行统计。

12 口井中 10 口井预测结果与含气量测试结果吻合，预测结果与含气量测试结果吻合率为 83.3%。煤层气富集区预测效果较好，预测成果清晰地反映了煤层气富集与不富集的区边界。由此可见，叠前弹性模量相对变化量反演适用于低煤阶煤层气富集区预测。

表 8-4-1　预测结果与含气量测试结果对比分析

井号	最小含气量 / m³/t	最大含气量 / m³/t	平均含气量 / m³/t	预测结果	吻合情况
A13	0.18	1.91	0.21	深蓝色	吻合
A7	0.54	0.81	0.67	绿色	吻合
A9	0.59	1.13	0.82	深蓝色	吻合
A5	0.76	1.34	1.08	红色	不吻合
A6	1.29	2.40	1.89	绿色	吻合
A1-3	1.42	2.60	1.92	绿色	吻合
A14	1.85	2.31	2.01	黄色	吻合
A16	0.95	3.17	2.04	黄色	吻合
A11	0.82	3.50	2.05	黄色	吻合
A10	1.54	3.53	2.54	绿色	不吻合
A2	0.97	3.83	2.64	红色	吻合
A4	1.87	3.37	2.64	红色	吻合

第九章 煤层气生物工程理论与技术

煤层气生物工程是一个仅有 10 余年发展历史的新兴边缘学科，是将微生物营养液或经过驯化、改良的菌种注入地下煤层、采空区，把煤的部分有机组分转化为甲烷的一种特殊发酵工程。该工程作为多学科交叉的新兴边缘学科，涉及能源、环境和新材料三大领域，具有多重效益，越来越受到关注。

第一节 煤层气生物工程理论内涵

一、煤层气生物工程内涵

2000 年，Scott 提出煤层甲烷微生物强化开采（Microbially Enhanced Coalbed Methane）概念，即向煤层中注入产甲烷菌群及营养物质，通过生物降解煤、沥青质和石蜡等物质产生甲烷，从而有利于煤层气开采。微生物提高煤层气产量已经越来越多地被国内外学者证实，是低煤阶煤层气增产的一种有效途径。煤层气生物工程（Coalbed Gas Bioengineering）是将营养液或经过驯化改良的菌种注入地下煤层或通过地面发酵产气的方式把煤的部分有机组分转化为甲烷，实现微生物强化煤层气产出的一种特殊发酵工程，涵盖了能源、环境、材料三大领域。煤层气生物工程是一个多学科交叉、融合形成的技术性和应用性较强的新型边缘学科，涉及微生物学、地球化学、地下水动力学、煤层气工程、矿业工程、石油化工和材料工程等学科。

二、微生物产气机理

煤是杂环大分子化合物，主要为芳香族及木质素衍生的包含氮、硫、氧的复杂碳水化合物，可以作为碳源被微生物降解。一般来说，大分子化合物的厌氧发酵产甲烷符合传统生物气的生成理论，即产酸、产氢、产甲烷过程。而与一般大分子有机物相比，煤分子的结构更加紧密，基本结构包含大量的苯环、脂环和杂环，微生物降解煤的难度更大。煤的生物降解首先是煤分子中官能团或共价键的断裂，使煤分子转变为较小的分子结构片段；然后，在一系列微生物胞外酶的作用下产生中间代谢产物；这些中间产物经微生物发酵后转化为产甲烷底物，最后被产甲烷菌利用生成甲烷。

三、煤层气生物工程研究技术

1. 微生物形态学分析

将分离纯化的菌落做成薄片，利用光学显微镜、荧光显微镜观察菌的革兰氏染色效果，菌的大小、形态、菌之间的间隔数、部分生理生化特征，甚至单位面积内的菌数总量。另外,通过荧光显微镜还可以观测到产甲烷菌及产酸菌的荧光特性,这两大类菌种在荧光下会发出蓝绿色荧光,更清楚地观察菌的形貌特征。

2. 微生物富集培养技术

1)煤层本源菌群的富集、鉴定

新鲜煤样采集后立即装入低温厌氧罐及时运往实验室保存备用。将配制好的液体培养基在121℃下灭菌30min,冷却后置于厌氧工作站(DG250)备用。将新鲜煤样取出后破碎成小块,置于液体培养基中,密封后置于煤样采集时的煤层温度条件下恒温振荡培养箱中富集培养20天。为了恢复煤中菌群的活性,按照以下培养基对菌群进行富集培养:1.0g/L NH_4Cl,0.1g/L $MgCl_2 \cdot 6H_2O$,0.4g/L $K_2HPO_4 \cdot 3H_2O$,0.2g/L KH_2PO_4,1g/L 酵母膏,0.5g/L L-半胱氨酸盐,0.2g/L Na_2S,2.0g/L $NaHCO_3$,2.0g/L 乙酸钠,0.1g/L 胰蛋白胨,微量元素液($CoCl_2 \cdot 6H_2O$,$NiCl_2 \cdot 6H_2O$,$MnCl_2 \cdot 4H_2O$,$CuCl_2 \cdot 2H_2O$,$AlCl_3 \cdot 6H_2O$,$ZnCl_2$,$Na_2WO_4 \cdot 2H_2O$,H_3BO_3,Na_2SeO_3,$Na_2MoO_4 \cdot 2H_2O$);pH值为7。

2)培养基优化

培养基包括无机盐、有机氮、微量元素和还原剂四部分。

(1)无机盐。这部分主要含有 K^+、Na^+、Ca^{2+}、Mg^{2+}、PO_4^{3-}、Cl^-、NH_4^+,这些以量级g/L浓度的无机盐对细胞的代谢功能和生命活动至关重要。其中,K_2HPO_4 和 KH_2PO_4 作为一种常见的缓冲液,能够为微生物对环境的突变提供缓冲。

(2)有机氮。通常添加酵母膏、胰蛋白胨作为有机氮和维生素的来源。研究表明,酵母提取物对某些金属阳离子有螯合作用,从而增加了煤的溶解度和促进生物降解,这些物质的添加量也在g/L级别。

(3)微量元素。主要包括mg/L级别的Mn、Co、Fe、Zn、W、Cu、Se、Mo、B,这些元素能够参与合成产甲烷微生物代谢所需的酶,如氢化酶、辅酶 F_{420} 等。

(4)还原剂。添加L-半胱氨酸盐、Na_2S 等还原剂是为了创造和维持厌氧还原环境,有助于各类厌氧菌群的生长代谢。

为了降低煤层气生物工程现场实施的成本,同时避免煤层甲烷微生物强化开采过程中生成的沉淀堵塞煤层气运移通道,进一步改进和优化培养基显得尤为重要。因此,首先通过多组平行试验在不影响产气量的前提下精确制定培养基的必要成分,排除不必要的成分。然后,再对最终确定的物质设置不同梯度的浓度,通过正交实验和响应面曲线法探寻这些物质含量的下限值。

3)高效菌种的筛选与驯化

按照液体培养基组成进行固体培养基配制,放入121℃高压灭菌锅20min,取出培养基,并在超净工作台上向已灭菌的各培养皿中分别倒入20mL左右的培养基。常温下静置、冷凝形成固体培养基,将消毒灭菌的固体培养基放入已预先开启的厌氧工作站,在厌氧状态下将本源菌接种到固体培养基上,设置多个培养皿作为平行样,并用已灭过菌的涂布棒涂抹均匀。接种完毕后,将培养皿取出,放入厌氧罐内,连接厌氧罐与多功能智能厌氧工作系统,使罐内充满惰性气体(氮气或氩气)用于驱除氧气制造严格的厌氧环境,将厌氧罐放入35℃电热恒温培养箱中培养一周。然后,在厌氧工作站选择生长状态良好的菌落，使用接种环挑取至新的培养皿，将形状、状态相似菌落放入同一培养皿继续培养，以此循环，待培养出生长状态良好的菌落进行保留和鉴定。有研究者以风化煤为唯一碳源筛选出了能降解该煤的纯菌株，也有学者利用难降解的化合物为碳源和能源筛选出了降解煤化工废水的菌株。将富集好的本源菌液扩大培养，主要原理是降低培养基内可供产甲烷菌直接利用的营养物质（碳源），迫使产甲烷菌利用来自煤的营养物质，提高煤的利用率。进行第1次驯化试验时，将扩大培养基（与富集培养基相同）的碳源浓度降低至3/4，按1∶10的固液比置于已灭菌的空白三角瓶内，15天为一周期，通过产气数据评估驯化效果。第2次驯化按相同方法，在第一次驯化培养基碳源浓度的基础上继续降低至1/2，以此类推，最终选出能够高效利用煤的产甲烷菌，发现累计甲烷产量大幅提升。未经驯化时，每克煤的累计甲烷总产量4.26mL，驯化到第5代时，产气量已达到9.26mL。林海等对污泥中富集菌群驯化后，褐煤产气量提高近30%，产气周期也大幅缩短。也有学者利用逐级传代驯化的方法大幅提升了褐煤的甲烷产量。

4）菌种的保藏

短期保藏法：在厌氧工作站内，取液体培养菌株中对数期的菌液1.6~1.8mL，注入2mL规格的菌种保藏管内，置于充满氩气的100mL或500mL玻璃瓶内，橡胶塞塞紧管口，从厌氧工作站取出后放入融化的石蜡中，封住瓶口。置于4℃的冰箱保存，每隔6个月活化一次，每次活化收集检测甲烷气体，观察生长情况。

长期保藏法：将10mL 80%的甘油加入0.05g半胱氨酸颗粒和40mL的24%Na_2S溶液，高温高压灭菌30min。在厌氧工作站取对数生长后期的产甲烷菌液1.3mL，注入2mL规格的菌种保藏管内，加入0.2mL无氧甘油，旋紧管盖，用力摇匀，然后将菌种保藏管置于充满N_2的500mL玻璃瓶内，胶塞密封。从厌氧工作站取出后放入融化的石蜡中封住瓶口置于–86℃的冰箱中保藏。18个月活化一次，每次活化收集检测甲烷气体，观察生长情况。

3. 微生物多样性分析技术

16S rRNA基因文库利用DNA序列的差异性，克服了微生物培养技术的限制，能够从分子水平层面揭示原位环境微生物种类和遗传多样性，已被广泛应用于分子生态学研究。该技术是煤层气田微生物多样性研究的主要技术手段，也是最为常见的分析方法，在揭示煤层气田产出水和煤中微生物多样性方面发挥了重要作用。2007年，Shimizu等首次报道了煤层气田微生物多样性研究。他们选取日本北海道煤层气田煤层气及产出水为研究对象，通过地球化学方法测定了煤层气中的气体组成及稳定同位素，同时利用16S rRNA基因文库技术调查了产出水中的细菌和古菌的多样性。结果显示，该地区的煤层气主要为热成因气，但产出水中存在氢营养型产甲烷菌甲烷袋状菌属（*Methanoculleus*）和甲基营养型产甲烷菌甲烷叶菌属（*Methanolobus*），同时也检测出产甲烷菌的互养细菌，而且检测到产出水具有氢营养型和甲基营养型产甲烷能力。这一结果说明，该地区存在生物成因气，尽管主要为热成因气。Tischer等（2013）利用16S rRNA基因文库技术，在粉河盆地发现目标煤层和产出水中的微生物群落结构存在显著差异。Strapoc等对美国伊利诺伊盆地东部煤层气田进行系统的地球化学研究后得出,该地区的生物成因气主要是二氧化碳还原型;同时,16S rRNA 基因文库分析结果显示,产出水和富集培养液中的产甲烷菌都以甲烷粒菌属(*Methanocorpusculum*)为主,该地区的细菌包括 α- 变形菌纲(α-proteobacteria)、厚壁菌门(Firmicutes)、梭菌纲(Clostridia)和螺旋体门(Spirochaetes)。Siddique 等(2011)在加拿大艾伯塔盆地采集煤心样品,利用 16S rRNA 基因文库技术检测原煤和产甲烷富集培养液中的微生物群落结构,在原煤中只检测到细菌 16S rRNA 基因序列,而在培养液中检测到大量的细菌和古菌;原煤与富集培养液中的细菌群落存在较大差异,培养液中的古菌以甲烷八叠球菌属(*Methanosarcina*)产甲烷菌为主。

4. 增产效果评价

在进行煤层气生物工程试验时,向煤层注入营养物质或菌液,以达到增产煤层气的目的。为了查明微生物作用能力和增产效果,可以利用煤层气的同位素地球化学特征变化来判别,具体方法如下:

1)原位条件下的厌氧发酵产气试验

采集试验区煤层和煤层水作为试验用的煤、菌、液,通过培养基优化,在储层温度下进行厌氧发酵甲烷试验,分别测试发酵过程中气、固、液、菌的变化情况,由此确定各阶段甲烷的成因类型,根据甲烷的碳氢同位素建立成因类型判识模板。

2)原始气液菌特征

现场采集试验区煤层气井原始气体,测试气体的成分组成(甲烷、二氧化碳、氮气、氢气、重烃等)和甲烷的碳氢同位素值,查明该地区煤层气的原始地球化学特征,确定其成因类型。对该区煤层气井原始水样进行常规水质分析、水中有机质类型及含量分析、菌群分析。

3)产气过程中气液菌特征

根据产气实际情况,定期或不定期采集气液样品,分别测试气体的成分和甲烷碳氢同位素值,测试液相体系中有机和无机物的成分,测试菌群,由此与原始的气液菌组成对比,判别有没有生物气生成,是哪一种成因的。最直观的是将甲烷的碳氢同位素测试结果与标准图版对照,看是否偏离了原来的范围,由此确定生物气的生成情况,再根据气液菌特征确定具体成因类型。可以根据碳氢同位素的变化定量计算生物气的贡献。

第二节 微生物生气增产与碳减排模拟

一、微生物群落结构

1. 煤炭微生物群落结构

选取我国次生生物气主要集中的富煤区进行采样,采样过程中将煤矿样品装入已灭菌的密封袋中，低温运输（4℃）至实验室，4℃低温保藏，在超净工作台下，用灭菌的工具剥去煤样外层，将煤心样品保藏在 –80℃冰箱中，用于 DNA 提取等分子生物学分析。选取的不同煤样的物理化学性质分析结果见表 9-2-1。从表 9-2-1 中可以看出，所选的 10 处煤样，从成熟度上可以分为低变质煤（$R_o<0.6\%$，包括 YJG、SM、ZJM 和 NLM）和中等变质煤（$0.6\%<R_o<2.0\%$，包括 WJT、AEB、ZC、XL、SL 及 HF）。煤层微生物多样性和种类与煤层煤样的湿度、孔隙度及渗透率等有密切关系。煤炭的化学组成和结构非常复杂，又极不均一，成熟度越高，可供本源微生物直接利用的可溶性有机质、挥发性组分就越低。

表 9-2-1 煤炭理化性质分析结果

样品编号	镜质组 /%	惰质组 /%	壳质组 /%	矿物 /%	有机质类型	孔隙度 /%	镜质组反射率 /%
HF	77.0	19.0	—	4.0	Ⅲ	2.52	1.91
SL	80.2	16.3	—	3.5	Ⅲ	0.35	1.32
ZC	82.6	16.3	—	1.1	Ⅲ	2.17	1.30
YJG	6.3	85.5	6.9	1.3	Ⅲ	27.59	0.50
XL	91.7	8.3	—	—	Ⅲ	11.08	1.31
ZJM	70.7	20.0	9.0	0.3	Ⅲ	14.76	0.56
NLM	75.8	18.6	5.3	0.3	Ⅲ	25.32	0.56
SM	7.4	78.9	12.5	1.2	Ⅲ	26.17	0.55
WJT	—	—	—	—	Ⅲ	24.17	0.8
AEB	71	7.6	18.9	2.5	Ⅲ	1.88	1.11

注："—"表示未测出。

选取 HF、SL 和 ZC 3 个样品进行高通量测序，由于 HF、ZC 提取样品所含生物量低，仅 SL 样品通过测序质量检测，原始煤层 DNA 提取使用 Water DNA isolation kit（Foregene）试剂盒，DNA 样品低温寄送到北京诺禾致源公司，委托其进行高通量测序；DNA 浓度和纯度通过超微量分光光度计测定，所有 DNA 样品（浓度≥20ng/mL，260nm 和 280nm 下吸光度比值为 1.8～2.0，260nm 和 230nm 下吸光度比值为 1.8～2.0）符合测序要求；然后，使用细菌特异性引物（341F_CCTAYGGGRBGCASCAG/806R_GGACTACNNGGGTATCTAAT）对细菌 16S rDNA 的 V3—V4 区进行扩增，使用古菌特异性引物（Arch519F_CAGCCGCCGCGGTAA/Arch915R_GTGCTCCCCCGCCAATTCCT）对古菌的 V4—V5 区进行扩增；扩增产物经切胶回收、测序建库后采用 Illumina Hiseq 250 测序仪进行双端测序。测序下机数据为去除测序接头并且双端拼接好的序列，然后通过 QIIME 软件对拼接完成的序列进行质控、去除嵌合体、重抽样、操作分类单元（OTU）聚类、挑选代表性序列、物种注释及去除偶然序列（singleton），最终生成 OTU 表。由于引物特异性的局限性,细菌引物扩增的片段中有古菌序列,同样古菌引物也会扩增出细菌序列,通过 Excel 把由引物特异性的局限性带来的错配 OTU 删除,最终进行微生物群落结构的分析。分别获得 1866 条古菌序列、8500 条细菌序列。以序列相似性不低于 97% 作为 OTU 分类标准,细菌和古菌分别可分为 448 个 OUT 和 158 个 OTU,细菌和古菌物种丰度指数 $Chao_1$ 分别比对应 OTU 高出 72% 和 33%。通过 RDP 10 数据库分类器(Classifier),按置信度 95% 计算各优势菌群的相对数目。

SL 煤矿古菌都属于广古菌门类 [图 9-2-1(a)],其中 85.4% 的克隆属于氢营养型产甲烷古菌甲烷袋状菌属(*Methanoculleus*),其能还原二氧化碳产生甲烷;其次,乙酸营养型产甲烷古菌甲烷鬃菌属(*Methanosaeta*),占总序列数目 10.2%,在我国鄂尔多斯盆地煤层、煤层水微生物学研究中都有所报道(Guo et al., 2012; Tang et al., 2012)。未培养古菌类群占 4.13%,氢营养型产甲烷菌甲烷绳菌属(*Methanolinea*)占 0.11%(Sakai et al., 2012),极端嗜盐微生物类群富盐菌属(*Haloferax*)占 0.11%。

SL 样品检测到的细菌主要类群依次为厚壁菌门(Firmicutes)(54.4%)、变形菌门(Proteobacteria)(30.9%)、未培养微生物(10.8%)及热袍菌门(Thermotogae)(1.3%)。其中,厚壁菌门以氨基酸杆菌属(*Acidaminobacter*)为主,占厚壁菌门序列总数的 88.3% [图 9-2-1(b)]。检测到的变形菌门微生物类群主要包括互营菌科(Syntrophaceae)下史密斯菌属(*Smithella*)和脱硫弧菌属(*Desulfovibrio*),分别占变形菌门细菌序列总数的 44.9% 和 31%。在多处煤层气盆地中都有报道,变形菌门微生物是主要细菌类群(Shimizu et al., 2007; Guo et al., 2012)。微生物对难降解化合物的互营代谢已成为近几年国际上研究的热点,目前认识到的具有互营代谢能力的厌氧细菌划分在 3 个门(厚壁菌门、变形菌门及热袍菌门)、3 个纲(δ- 变形菌纲、梭菌纲及热袍菌纲)、8 个目、10 个科、16 个属中(McInerney et al., 2008)。

关于难降解化合物(如原油、芳香族化合物等)的微生物厌氧降解研究,Jones 等(2008)发现在中温原油降解产甲烷富集物中的细菌克隆文库中,*Syntrophus* spp. 是主要的微生物类群,占总文库的 18%。Gray 等(2011)通过 qPCR 技术研究证实 *Syntrophus* spp. 的倍增时间(36 天)与甲烷的产生趋势吻合,推测这类微生物在原油降解产甲烷过程中起着重要的作用。早先研究的煤层(Guo et al., 2012; Tang et al., 2012)、油田(Dahle et al., 2006; Gieg et al., 2008; Cheng et al., 2013)和煤焦油废水(Bakermans et al., 2002)中都有互营菌报道。具有互营代谢功能的细菌在 SL 煤样中占有较高丰度,这或许说明在煤藏厌氧环境下,该类微生物有可能是参与原煤降解产气的关键微生物类群。

2. 不同盆地煤层水微生物群落结构

本次实验煤层水样品主要来自二连盆地和海拉尔盆地,其中来自海拉尔盆地的 3 个样品分别命名为 H301、H302、H303,来自二连盆地的 15 个样品分别命名为 JM1-1、JM1-2、JM1-3、JM1-4、JM1-5、JM2、JM3、JM4、JM5、JM7、JM9、JM10、JM11、JM13、JM14。煤层水的平均矿化度为 4703.74mg/L,平均 pH 值为 7.86,常见的微生物厌氧代谢的电子受体(硫酸根、硝酸根、铁离子)也处于一个极低的状态,其中硝酸根的平均浓度仅为 1.15mg/L，硫酸根的平均浓度为 7.34mg/L，铁离子的平均浓度为 0.09mg/L（表 9-2-2）。由于缺少必要的电子受体，煤层水微生物厌氧代谢倾向于选择产甲烷途径。

表 9-2-2　煤层水理化性质

煤层水	总矿化度 /（g/L）	pH 值	SO_4^{2-}/（mg/L）	NO_3^-/（mg/L）	Fe^{3+}/（mg/L）
JM1-1	4.5	8.00	24.45	1.72	0.01
JM1-2	5.6	7.62	2.40	1.48	0
JM1-3	5.1	7.61	1.49	1.41	0.23
JM1-4	4.5	7.71	2.58	1.19	0
JM1-5	4.2	7.90	0	1.01	0.03
JM3	3.6	7.90	0.10	1.63	0.75
JM4	5.6	8.14	0	2.76	0.06
JM5	4.5	8.00	1.56	0.66	0
JM7	2.1	8.02	38.00	4.27	0.02
JM9	4.3	8.78	4.80	0	0.04
JM10	6.7	8.54	17.95	0	0.04
JM11	6.5	8.22	4.07	0	0.01
JM13	3.1	8.3	2.79	0	0.06
JM14	3.9	8.43	2.57	0	0

原始煤层水中古菌丰度极低，仅获得 13 个煤层水的古菌群落结构。经过对原始测序数据处理，总共获得有效序列 148378 条，样品平均获取有效序列 10598 条，以序列相似度 97% 为限，总共 319 个 OTU，样品平均 OTU 数为 54 个，其中 H301、JM3 和 JM4 的 OTU 个数明显高于其他样品，分别为 110 个、107 个和 103 个。

通过主成分分析，发现不同煤层中的古菌群落未出现明显的聚类现象，13 个煤层水的古菌群落相对分散在主成分分析（PCA）图的不同位置。进一步对各煤层水的古菌群落结构进行分析，所有样品的古菌主要分布于广古菌门（Euryarchaeota）（相对丰度为 74.6%~92.3%），仅 JM2 和 JM9 中的部分古菌分布在纳古菌门（Nanoarchaeota）（相对丰度为 8.1%~8.6%）和奇古菌门（Thaumarchaeota）（相对丰度为 5.2%~6.9%）。在属水平，煤层水中的优势古菌主要是氢营养型产甲烷古菌甲烷杆菌属（Methanobacterium），13 个样品中平均相对丰度达 61.6%（相对丰度为 6.6%~98.2%）。除此之外，JM4 的优势古菌还有氢营养型产甲烷古菌甲烷砾菌属（Methanocalculus）（相对丰度 62.9%），氢营养型产甲烷古菌甲烷粒菌属（Methanocorpusculum）是煤层水 JM11、JM1-2 和 JM14 优势古菌，相对丰度分别为 87.7%、77.0% 和 87.9%，煤层水 JM9 中的甲基营养型产甲烷古菌甲烷叶菌属（Methanolobus）（相对丰度 36.9%）占比较高。

3. 不同盆地煤层水细菌群落结构

18 个煤层水样品均得到细菌的群落结构，总共得到有效序列 497653 条，样品平均得到有效序列 27647 条；以序列相似度 97% 为限，共划分成 6879 个 OTU，样品平均 OTU 数为 822 个，煤层水中的细菌丰度明显高于古菌。煤层水细菌群落的香农指数显示不同样品的细菌群落结构存在显著差别，18 个样品的平均香农指数为 3.57±0.51（表 9-2-3）。

表 9-2-3 原始煤层水细菌测序基础信息

煤层水	OTU	序列数/条	香农指数	辛普森指数
H301	500	27548	3.2	0.88
H302	422	27994	3.29	0.91
H303	359	27958	2.75	0.81
JM1-1	888	27693	3.57	0.9
JM1-2	835	27943	3.22	0.88
JM1-3	919	26831	3.64	0.93
JM1-4	915	28057	3.42	0.89
JM1-5	617	28331	3.15	0.89
JM2	499	28254	3.32	0.85
JM3	859	27611	4.33	0.95
JM4	670	27641	3.55	0.91
JM5	819	27798	3.24	0.86
JM7	1557	26186	5.12	0.97
JM9	1126	26873	4.01	0.94
JM10	1131	27472	3.51	0.9
JM11	1052	27013	3.81	0.92
JM13	882	28180	3.56	0.91
JM14	746	28270	3.52	0.92

PCA 聚类分析发现细菌的原始群落结构存在相对聚类，其中二连盆地的 JM 系列煤层水的细菌群落相对聚集到一起，而海拉尔盆地的 H 系列煤层水细菌结构也明显偏离 JM 系列煤层水样品。这表明煤层水中细菌的群落结构与煤层水来源显著相关。同一矿区的不同开采井之间也存在显著差异，二连盆地的 JM10、JM7、JM11 的细菌群落结构明显偏离二连盆地的大多数煤层水样品，而海拉尔样品中 H302 则相对偏离另外两个煤层水样品。

通过比较分析世界范围不同盆地的煤层微生物古菌和细菌群落结构（图 9-2-1），发现各盆地主要以氢营养型产甲烷古菌为主导（美国粉河盆地除外，其以乙酸型产甲烷古菌为主导）；各盆地不同程度地检测到甲烷氧化细菌，尤其是中国二连盆地检测到高丰度、高频度的甲烷氧化细菌。

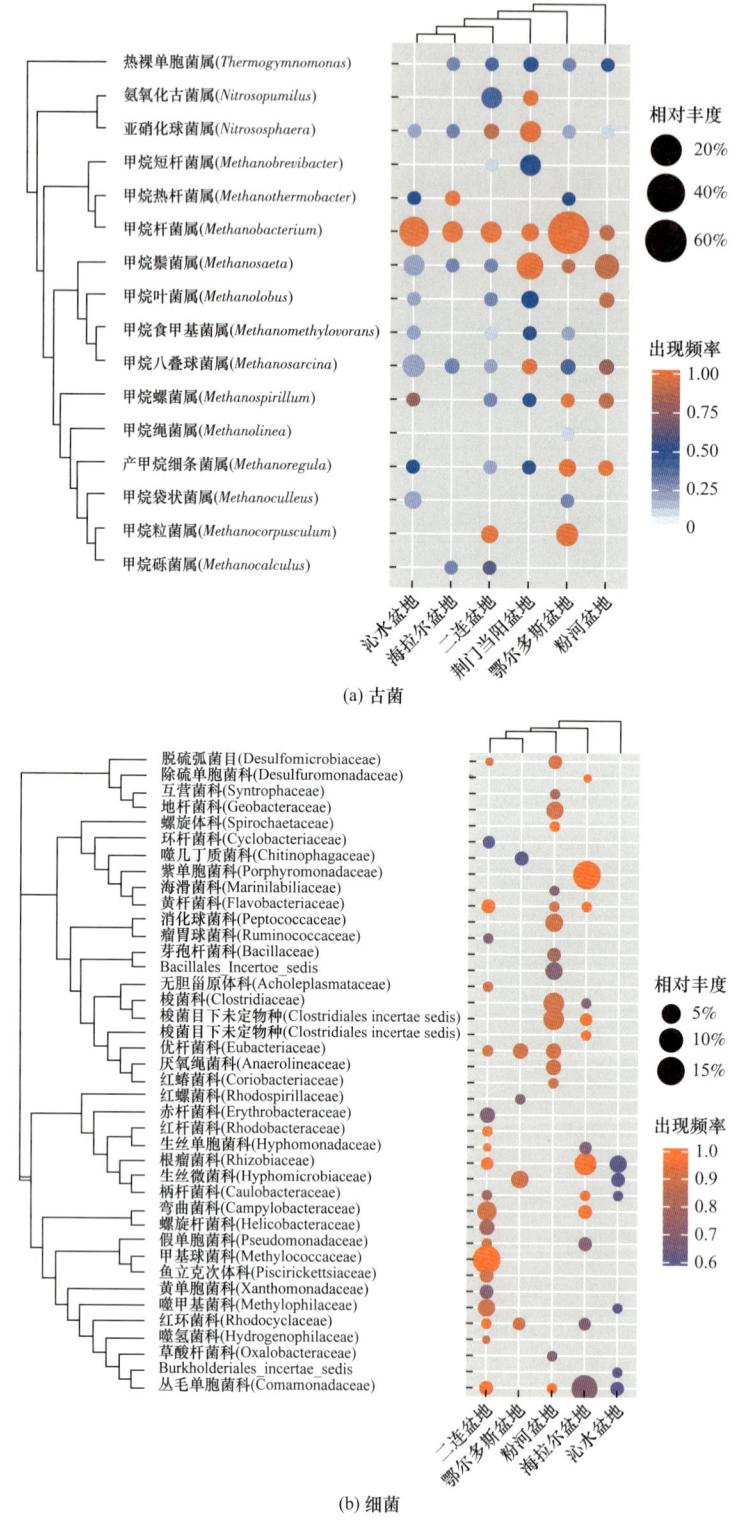

图 9-2-1　比较分析不同盆地的煤层微生物古菌和细菌群落结构

4. 煤层水微生物群落结构的季节变异特征

鉴于二连盆地煤层水中高丰度、高频度出现的好氧的甲烷氧化细菌,采集了二连盆地在不同季节的多个采样井煤层水样品,利用高通量测序和宏基因组测序技术分析了微生物群落组成及主要代谢特征,进一步分析二连盆地煤层水微生物群落结构的季节差异。结果发现所有煤层水样品中的优势古菌均是利用 H_2/CO_2 的甲烷杆菌属(*Methanobacterium*)(图 9-2-2),并且古菌的微生物群落结构没有表现出明显的季节差异,说明该区块的煤层水中古菌的群落结构相对稳定(图 9-2-3);但是细菌微生物群落显著受到采样季节的影响,好氧和厌氧细菌混杂在煤层水中,以甲基球菌目(Methylococcales)为优势菌。

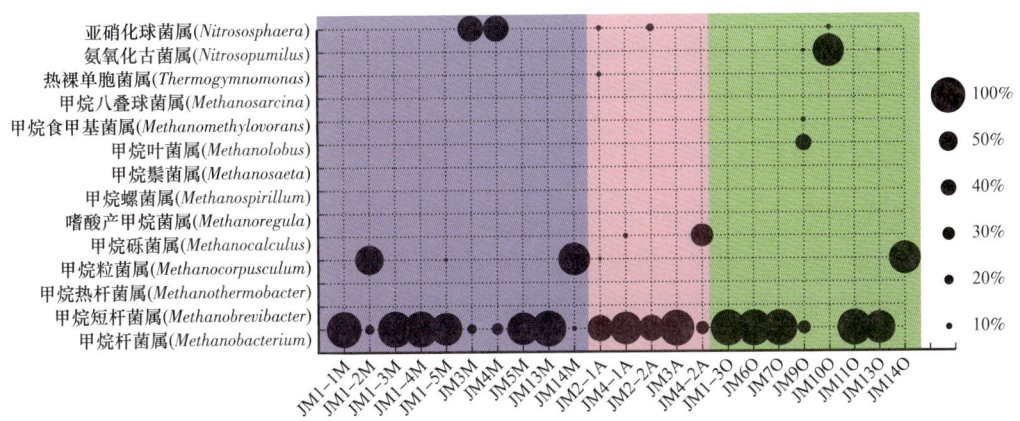

图 9-2-2 基于 16S rRNA 测序的煤层水中古菌群落结构对季节变化的响应
每个样本名称的后缀字母代表样本采集的月份(M 表示 5 月;A 表示 8 月;O 表示 10 月)。气泡的大小代表了每个样品中该属的相对丰度

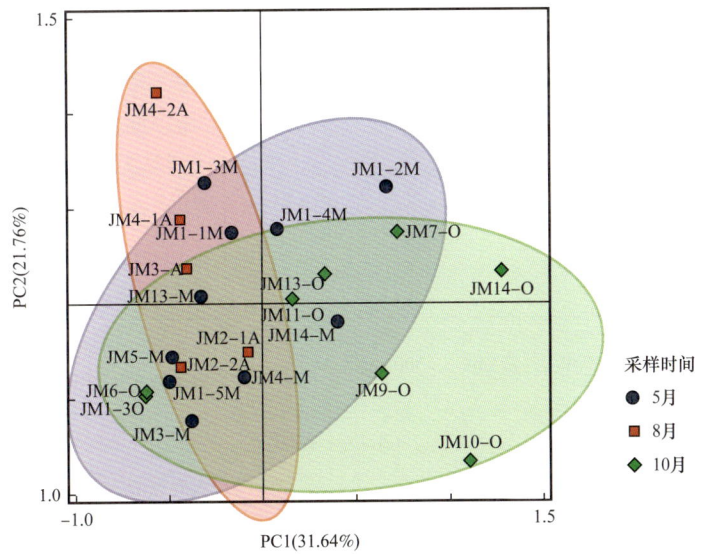

图 9-2-3 煤层水中古菌 16S rRNA 基因主成分分析(PCA)
不同的符号和颜色代表不同的采样月份

二、微生物产气影响因素分析

取 100mL 甲烷菌培养液和煤的混合物，在 35℃培养箱中培养 3 天进行菌种的富集，再加入 10g 粉碎至 60~80 目的煤样，充分通入 N_2 后，进行封装，放入培养箱进行培养，记录产气数据，并对产出气体进行分析。

为探讨不同影响因素对 CH_4 生成量的影响，实验分别设定了温度、pH 值、氧化还原电位、微量元素等条件的影响因素模拟实验（表 9-2-4）。其中，温度组设定了 6 个温阶，每个温阶样品设 4 个平行样；pH 值组设计 5 个 pH 值，通过向反应样品中加入无菌无氧的 1mol/L HCl 和 1mol/L NaOH 溶液来调节反应液 pH 值，每个 pH 值样品设 4 个平行样；氧化还原电位组设计 4 个实验点，每个样品设两个平行样，通过向反应样品中加入固体 Na_2S 调节氧化还原电位；微量元素组分别设置铁离子组和镍离子组。以上实验称取处理后的煤样若干份（10g/ 份），实验结果取其平行样平均值。

1. 不同温度下微生物产气潜力

整个模拟实验进行了接近 90 天，整个产气过程呈现 4 个阶段性特征，即 0~20 天缓慢增长阶段，20~50 天对数增长阶段，50~70 天稳定增长阶段，70~90 天进入衰亡阶段，与前人研究规律相似。统计不同温度下的累计产量发现，不同温阶条件下，煤样的气体生成总量不同；30℃、35℃时气体总量最大，达到 10mL/g 左右，40℃和 45℃时气体生成量明显较前两者少，为 8.3mL/g；20℃和 25℃时，气体生成量较少，大致为 5mL/g。由此看出，在 30℃和 35℃下，煤岩微生物产气效果较好。对产出气体成分进行检测，35℃时甲烷体积分数最大，平均为 48.5%；30℃时甲烷体积分数平均为 48.25%。因此，判断 30~35℃为微生物产气最佳温度条件。

表 9-2-4 微生物产气不同影响因素模拟实验设计

影响条件	实验条件设置	目的	备注
温度	20℃、25℃、30℃、35℃、40℃、45℃	不同温度对模拟实验的影响	每个温度点设 4 个平行样
pH 值	6.0、6.5、7.0、7.5、8.0	不同 pH 值对模拟实验的影响	每个 pH 值设 4 个平行样
氧化还原电位	−75mV、−150mV、−225mV、−300mV	不同氧化还原电位对模拟实验的影响	每个值做两个平行样
微量元素	设置铁离子浓度 4mL/g、8mL/g、12mL/g、16mL/g、20mL/g、24mL/g	不同微量元素对模拟实验的影响	每个值做两个平行样
	设置镍离子浓度 0.002mL/g、0.004mL/g、0.006mL/g、0.008mL/g、0.010mL/g、0.012mL/g		

2. 不同 pH 值下煤层微生物产气潜力

不同 pH 值条件下，煤样的气体生成总量不同，第一组产气效果较好（图 9-2-4）。从 4 组实验数据可看出，随着 pH 值变大，产气量呈现先增后降的趋势，其中第一组和第二组在 pH 值为 7.5 时产气量最大，第三组和第四组在 pH 值为 7 时产气量最大。4 组数据中，pH 值为 7.5 时气体总量最大，最高可达 10mL/g 以上。综合分析，pH 值为 7～7.5 时产气效果较好，pH 值为 6 时产气效果最差，pH 值为 8.5 时产气效果次之，说明酸性或碱性条件都不利于微生物产气，中性偏碱性条件为最适宜的酸碱度条件。

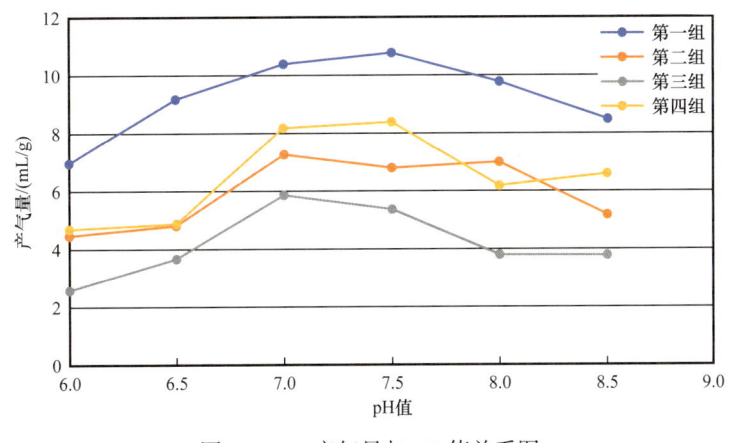

图 9-2-4 产气量与 pH 值关系图

厌氧微生物的生命活动、物质代谢与 pH 值有密切关系，pH 值的变化直接影响着消化过程和消化产物，不同的微生物要求不同的 pH 值。pH 值的变化可引起微生物体表面的电荷变化，进而影响微生物对营养物的吸收，还可以影响培养基中有机化合物的离子化作用，从而对微生物有间接影响。另外，酶只有在最适宜的 pH 值时才能发挥最大活性，不适宜的 pH 值使酶的活性降低，进而影响微生物细胞内的生物化学过程。再者，过高或过低的 pH 值都降低了微生物对高温的抵抗能力。pH 值为 7～7.5 时甲烷的浓度和生成量最大，pH 值对产甲烷菌的生长繁殖有直接影响，此时产甲烷菌的活性最强，同时厌氧微生物具有最高的代谢速率。

3. 不同氧化还原电位下煤层微生物产气潜力

不同条件的氧化还原电位对气体的生成量和甲烷浓度产生很大的影响。厌氧环境的主要标志是发酵液具有低的氧化还原电位。一般情况下，氧的溶入是引起厌氧消化的氧化还原电位升高的最主要和最直接的原因。另外，其他一些氧化剂或氧化态物质同样能使体系中的氧化还原电位升高，当其浓度达到一定程度时，会危害厌氧消化过程的进行。体系中的氧化还原电位比溶解氧浓度更全面地反映发酵液所处的厌氧状态。煤岩微生物产气主要进行的是厌氧代谢活动，氧化还原电位一般为负值。通过模拟实验发现，随着氧化还原电位减小，产气量变大，当产甲烷菌最适宜的厌氧环境氧化还原电位为 -225mV 左右，此时产气量最大，为 8.58mL/g（图 9-2-5）。其中，甲烷含量为 3.58mL/g，二氧化碳含量为 5mL/g，说明在厌氧环境氧化还原电位为 –225mV 时，在产甲烷菌的活性范围内，产甲烷菌代谢活跃，甲烷的生成和中间代谢产物浓度也达到最大。当氧化还原电位小于 –225mV 时，产气量会有所减少。因此，在微生物的模拟实验时微生物代谢过程应该保持在合理的厌氧水平，保持较好的产气效果。

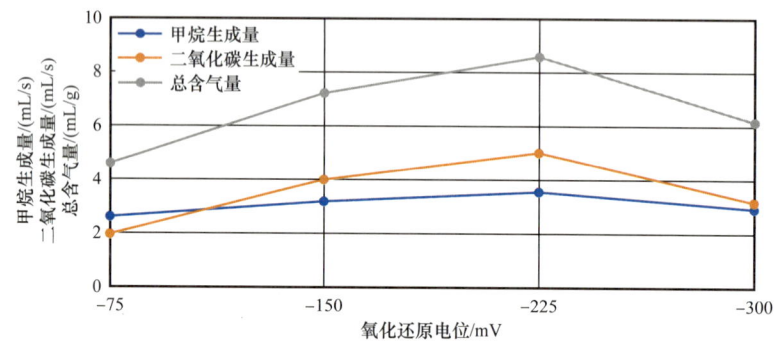

图 9-2-5　不同氧化还原电位样品气体生成量

4. 不同浓度微量元素煤层微生物产气潜力

适量的微量元素可对微生物产气起催化作用。本次选取铁离子和镍离子进行不同浓度下的微生物产气模拟实验。其中，铁是多种酶的激活剂，可以加速多种酶的反应进程，使产甲烷的生化代谢进行得更为顺利，维持反应系统的运行稳定性，且铁可以消除由硫酸根还原引起的硫离子对产甲烷菌的抑制作用。镍是组成甲基辅酶还原酶的关键元素，缺少了镍将无法合成这种重要物质，从而很大程度上影响产甲烷菌特性。

由图 9-2-6（a）可知，产气量随着 Fe^{2+} 浓度的增加呈现出先升高后降低的趋势，当 Fe^{2+} 浓度为 4~16mg/L 时，产气量随着 Fe^{2+} 浓度的增加而增加，当 Fe^{2+} 浓度为 16mg/L 时，累计产气量达到最大值，为 13.2mL/g；当 Fe^{2+} 浓度继续上升时，总产气量开始下降。实验表明，低浓度时存在促进产气，产气量随着浓度上升而上升，而到高浓度时产气量随着浓度的上升而下降，最佳 Fe^{2+} 浓度为 13.2mL/g。图 9-2-6（b）显示，产气量随 Ni^{2+} 浓度变化具有相似的先增加后降低的趋势。当 Ni^{2+} 浓度为 0.008mg/L 时，气体的最终产量达到最高峰，说明微量元素镍也同样存在低促高抑效应。

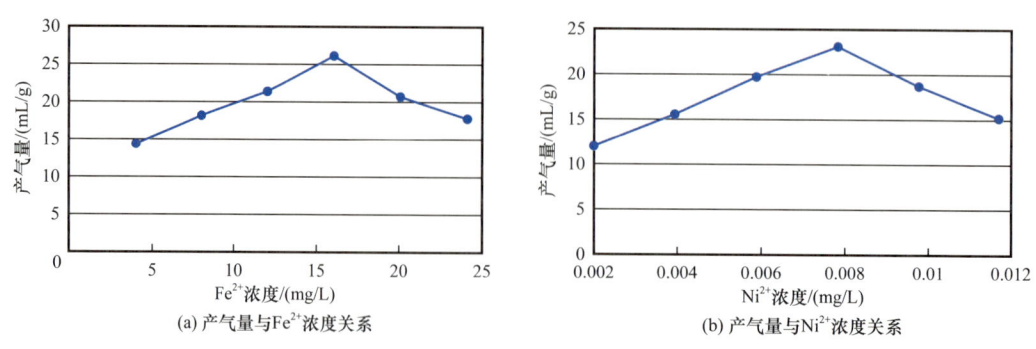

图 9-2-6　产气量与微量元素（Fe^{2+}、Ni^{2+}）关系

三、煤岩原位生物产气潜力研究

1. 产甲烷菌系 M82 强化二连盆地煤样产甲烷

实验所用样品采自二连盆地吉尔嘎朗图凹陷中的一口煤层气试验井（吉煤 2 井）白垩系巴彦花群赛罕塔拉组（K_1bs）的Ⅲ煤组岩心（样品编号为 JM3）、Ⅳ-2 煤组岩心（样品编号为 JM4）、Ⅴ煤组岩心（样品编号为 JM5）和Ⅳ-2 煤组排采出的煤层水。样品均为 $R_o<0.5\%$ 的褐煤，含气量低，仅为 1.54～2.92m³/t，镜质组含量为 72.1%～83.2%，挥发分为 29.25%～34.08%，灰分为 7.25%～21.44%。

将煤样研磨至粉末状，按照煤降解实验组设计，在原位模拟组 40mL 无机盐培养基中加入 10g 煤作为接种源和碳源，在生物强化组 40mL 无机盐培养基中加入 10g 煤作为碳源，接入 10mL 外源菌作为接种物，在对照组 2 中接入 10mL 外源菌系，接种完后用 1mol/L NaOH 调 pH 值至 7.0；按照实验对照组 1 的设计加入煤，并做高温灭菌处理。

在原位模拟实验中，除了将煤样进行灭菌处理的对照组未产生甲烷外，所有煤样的富集培养物中均检测到有甲烷产生。但各培养物产生甲烷的延滞期不同，JM4 样品在富集培养 60 天时，检测到有甲烷产生。JM3 和 JM5 样品延滞期相对较长，在培养至 160 天时顶空中有微量甲烷生成。各煤样甲烷产量也略有不同，产气量最高的是 JM4 样品，煤样产生甲烷 11μmol/g±1.4μmol/g（相当于 0.25～0.28mL/g）；其次是 JM5 样品，煤样产生甲烷 8.8μmol/g±1.0μmol/g（相当于 0.2～0.22mL/g）；产气量最低的是 JM3 样品，煤样产生甲烷 6.5μmol/g±1.7μmol/g（相当于 0.15～0.18mL/g）。

在生物强化实验中，添加外源菌种 M82 混合菌系能够显著提高产甲烷速率。但最终甲烷产量差异明显，JM3 样品甲烷产量增加最明显，甲烷产量增加 18.4μmol/g（相当于 0.41mL/g）。

经过原位模拟产甲烷实验，煤样中的微生物群落结构也发生了很大的变化，分别检测了培养前的原煤以及培养后的煤样中细菌（图 9-2-7）和古菌（图 2-3-5）的微生物群落结构。

煤样 JM3 中的优势细菌是 β-变形菌纲（β-proteobacteria）和 γ-变形菌纲（γ-proteobacteria），JM4 和 JM5 菌群结构相似，主要菌群包括 α-变形菌纲（α-proteobacteria）、β-变形菌纲（β-proteobacteria）、γ-变形菌纲（γ-proteobacteria）、拟杆菌纲（Bacteroidia）、芽孢杆菌纲（Bacilli）和梭菌纲（Clostridia）。经过产甲烷富集培养后，所有培养物菌群结构趋于一致，均以 γ-变形菌纲（γ-proteobacteria）和梭菌纲（Clostridia）为优势菌群（丰度分别大于 27% 和 20%）。但在属水平上，各培养物的优势菌群存在差异，培养物 3 中的优势菌群是柠檬酸杆菌属（*Citrobacter*）、未分类细菌（unclassfied Bacteria）、未分类梭菌科（unclassfied Clostridiaceae）和未分类梭菌目（unclassfied Clostridiales）；培养物 4 中的优势菌群是柠檬酸杆菌属（*Citrobacter*）、解蛋白质菌属（*Proteiniclasticum*）和未分类细菌（unclassfied Bacteria）；培养物 5 中的优势菌群是埃希菌属/志贺菌属（*Escherichia/Shigella*）、未分类梭菌科（unclassfied Clostridiaceae）和未分类梭菌目（unclassfied Clostridiales）。

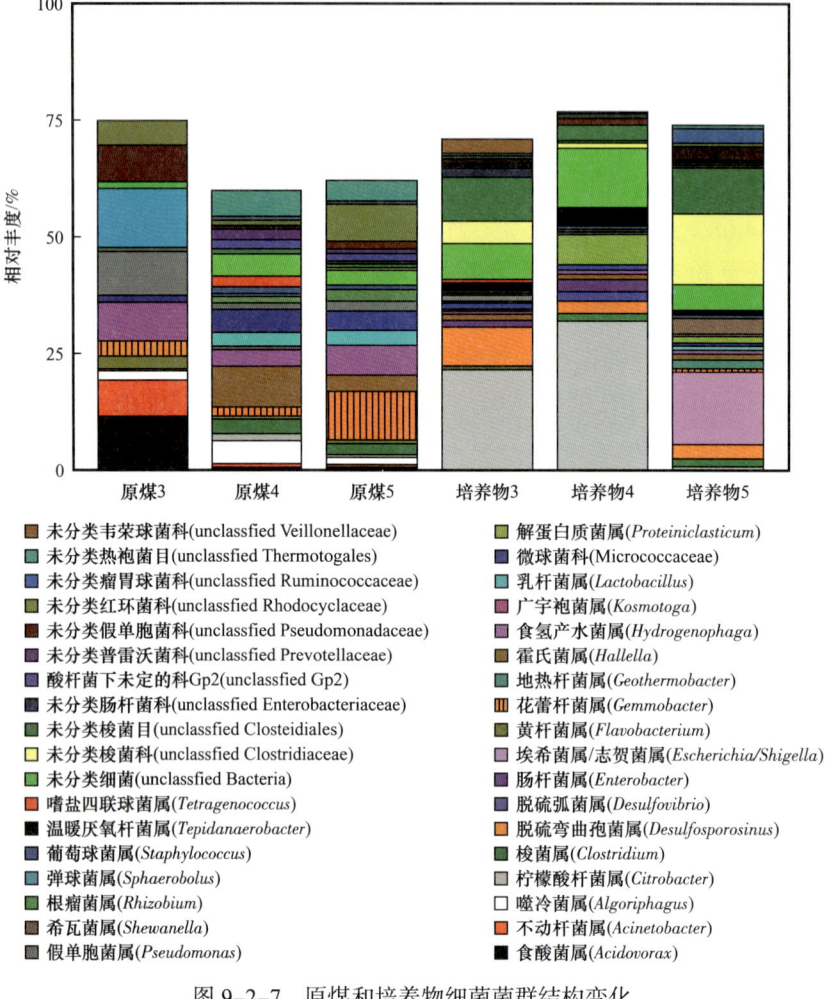

图 9-2-7　原煤和培养物细菌菌群结构变化

JM3 样品中的优势古菌类群是甲烷鬃菌属（Methanosaeta）和亚硝化球菌属（Nitrososphaera），随着埋深的增加，甲烷八叠球菌属（Methanosarcina）和甲烷杆菌属（Methanobacterium）成为 JM4 和 JM5 样品中的优势古菌。经过产甲烷富集培养后，乙酸营养型产甲烷古菌甲烷鬃菌属（Methanosaeta）在各培养物中的丰度显著增加（丰度为 93.8%～97.2%），这表明乙酸裂解途径可能是甲烷产生的主要代谢途径。

2. 产甲烷菌系 Y15 强化虎峰等地不同煤炭降解产甲烷

实验所用样品采自虎峰、双柳、镇城等 10 个地区。首先检测原位菌群对煤炭的降解能力，然后，评价分析外源产甲烷菌系 Y15 以及外源营养物质的添加对原位煤样产甲烷能力的增产效应。模拟培养实验方案见表 9-2-5。

表 9-2-5 不同煤炭样品原位模拟培养实验方案

实验类别	煤样接种源 /g	培养基 /mL	外源碳源	外源接种物 /mL
原位模拟组	10	40		
生物刺激组	10	40	H_2/CO_2、NaAc、甲醇	
对照组（高温灭菌）	10	40		
生物强化组	10	40		10
对照组（只加外源接种物）		40		10

实验结果表明，仅有虎峰、双柳和镇城 3 个煤样原位菌群具备厌氧产甲烷的能力，其甲烷产生潜力依次是双柳、镇城和虎峰，每克双柳煤炭最高可以产生 34.7μmol/g±3.5μmol 的甲烷，且在 35℃条件下煤炭降解产甲烷潜力均高于 15℃（图 9-2-8）。在培养前 60 天，

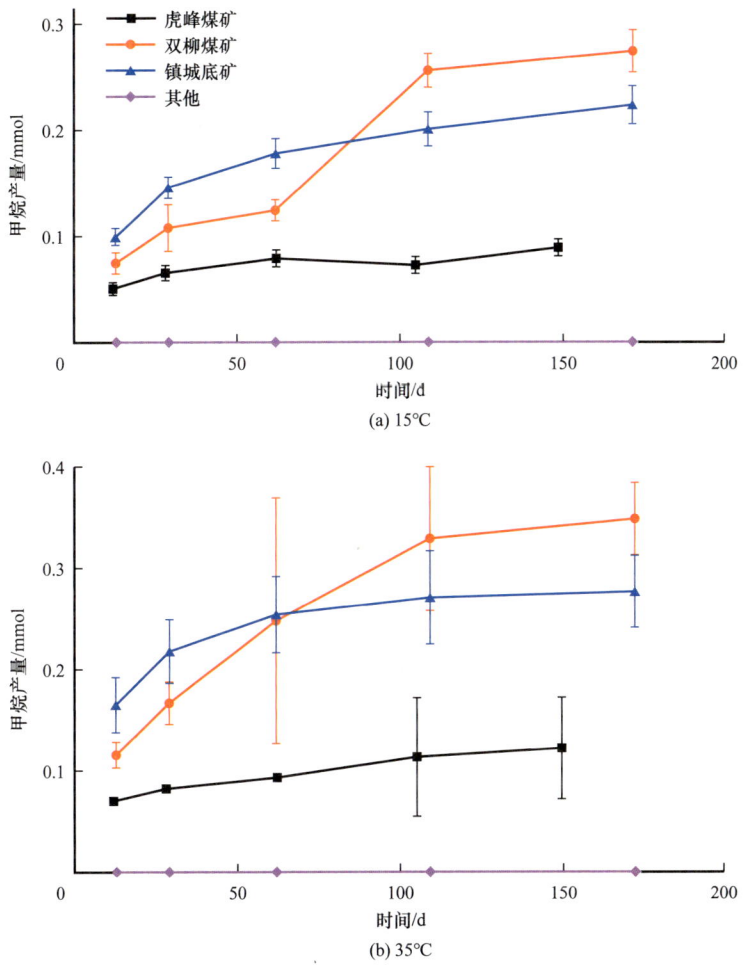

图 9-2-8 不同煤炭样品在 15℃和 35℃条件下原位模拟培养的甲烷产量

镇城底矿煤炭样品产甲烷量最高并趋于稳定，而双柳煤矿的煤炭样品还保持一定的甲烷产生速率，从而最终甲烷产生量超过镇城底矿。虎峰煤矿煤炭样品产甲烷速率及产甲烷量均维持在较低水平，而其他 7 个地区的煤炭样品均未检测到甲烷的产生和积累，说明这些地区的煤炭原位微生物群落不具备降解煤炭产甲烷能力。

添加外源产甲烷菌系 Y15 能够促进虎峰煤样厌氧降解产甲烷。15℃条件下添加外源产甲烷菌系 Y15 能够促进虎峰煤样甲烷产量由 8.9µmol/g±0.8µmol/g 增加至 16.0µmol/g±1.3µmol/g（图 9-2-9）。外源菌群添加碳源能够促进虎峰煤样厌氧降解产甲烷，但不同温度下煤样降解产甲烷的代谢途径可能存在差异，15℃条件下，添加 H_2 后，煤样转化为甲烷的潜力最大，这表明低温条件下氢营养型产甲烷古菌可能起主导作用；35℃条件下，添加 H_2 和乙酸钠可以显著刺激煤样的产甲烷潜力，表明利用氢营养型和（或）乙酸营养型的产甲烷古菌可能在煤层甲烷释放过程起主导作用。不同煤样降解前后组分测定变化表明，虎峰煤矿、双柳煤矿和镇城底矿的饱和烃和芳烃均有不同程度的降解（图 9-2-10）。

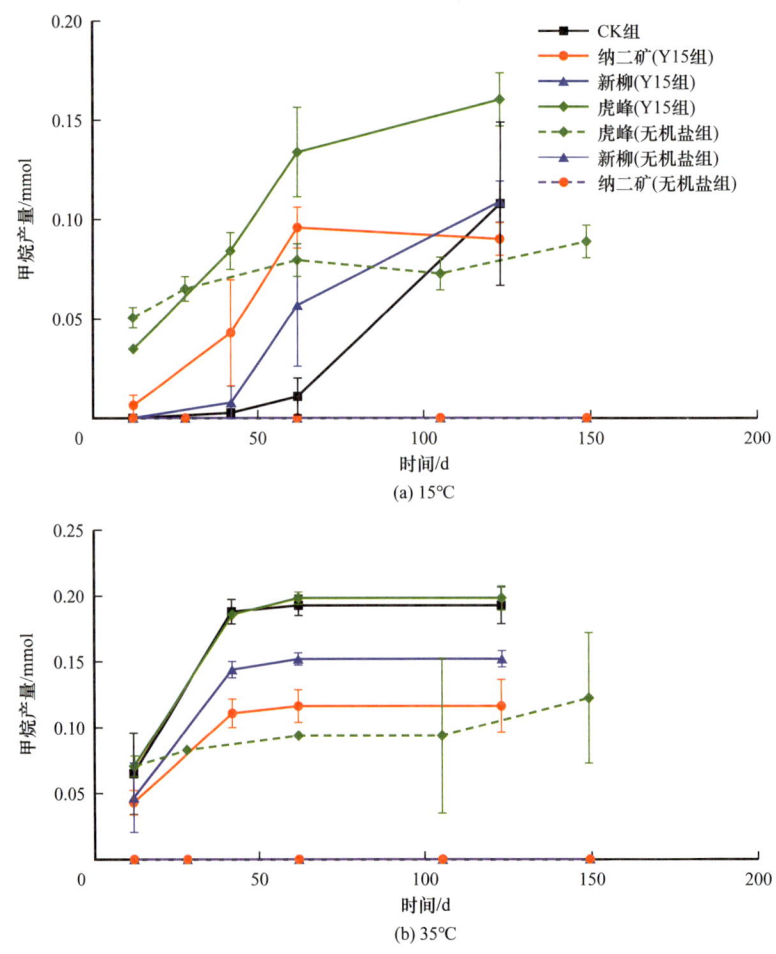

图 9-2-9　不同煤炭样品在 15℃和 35℃条件下添加外源菌系 Y15 的甲烷产量

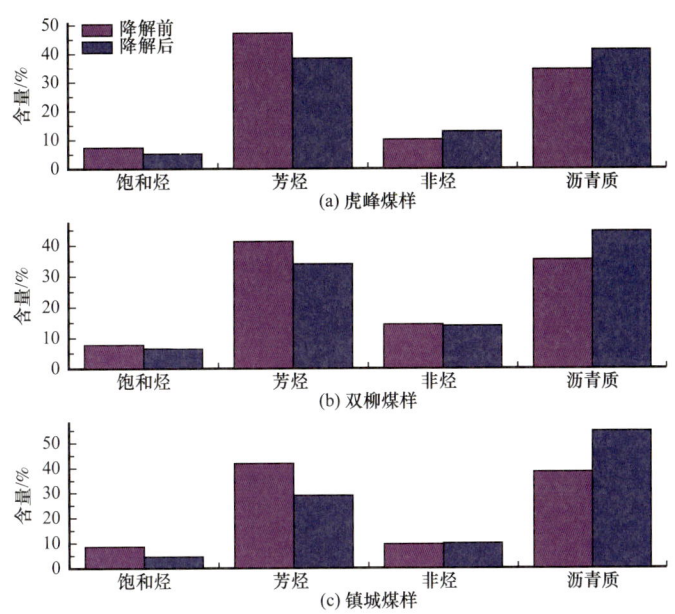

图 9-2-10　虎峰、双柳和镇城煤炭样品降解前后的组分变化

3. 煤层水强化不同成熟度煤炭产甲烷

实验采用不同成熟度的煤炭为底物，以煤层水为接种剂，在培养温度35℃条件下进行产气实验，评估煤层水的生物强化产甲烷作用，同时设置添加酵母粉的处理，评估添加外源有机物对生物强化作用的影响。实验结果表明，煤层水微生物代谢焦煤产甲烷潜力大于褐煤和无烟煤；煤层水微生物代谢焦煤的最大产甲烷量为 $1.9m^3/t$；添加外源有机物可使甲烷的产量显著提高，但是会抑制煤炭生物降解产甲烷。实验中甲烷产量褐煤＋酵母处理＜褐煤处理＋酵母处理，说明添加酵母抑制了褐煤的生物降解（图 9-2-11）。

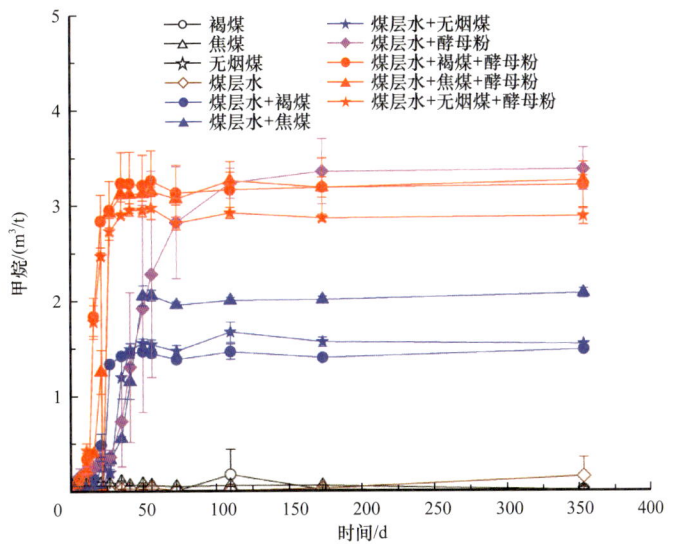

图 9-2-11　不同成熟度煤炭降解产甲烷趋势

产甲烷稳定期的甲烷碳同位素丰度只有 –35‰；产甲烷稳定期的二氧化碳碳同位素丰度为 –24‰～–17‰。不加酵母粉的处理氢同位素均高于加酵母粉的处理，其中褐煤和无烟煤的氢同位素达到 –280‰左右（图 9-2-12）。

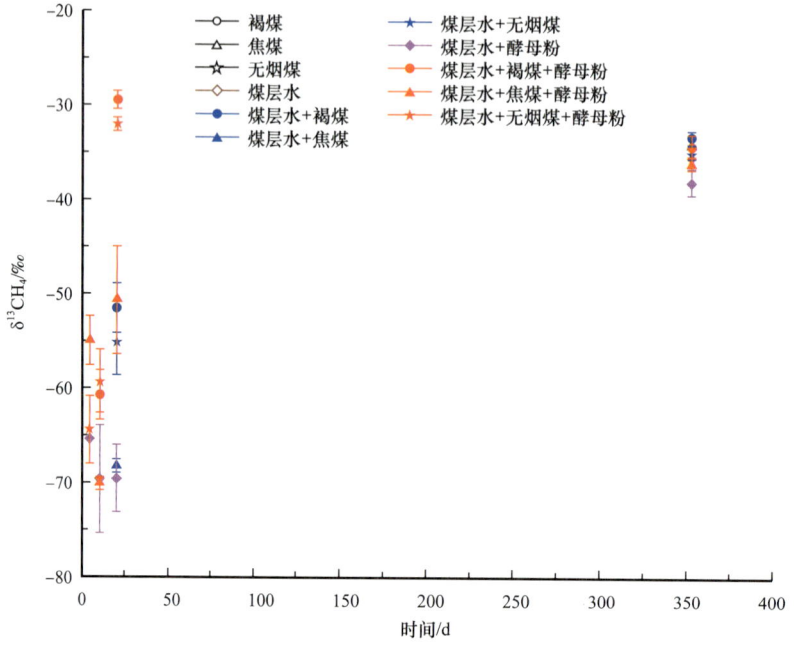

图 9-2-12　甲烷的气体同位素丰度

为了进一步明确该实验结论的准确性，进行重复实验，所得实验结果与第一次实验基本吻合，表明该结论成立，即添加外源有机物抑制煤炭生物降解产甲烷。

第三节　微生物储层改性增产模拟

一、不同煤样处理前后的孔隙参数变化

厌氧发酵处理前后，以二维切片灰度图像为材料，利用 Avizo 9.0.1 软件对煤样孔隙进行重建，其主要步骤如下：首先利用"Median Filter"模块对图像进行中值滤波处理，然后利用"Extract Subvolume"将选择的重建单元分离出来，再利用"Interactive Thresholding"对三维图像进行阈值分割，然后进行数据标注分析等操作，从而得到煤样孔隙分布的三维重建模型，如图 9-3-1 所示，孔隙结构参数详见表 9-3-1。

依次对比厌氧发酵处理前后，201～300 层、601～700 层和 1001～1100 层重建单元的孔隙度（图 9-3-2）和最大孔径变化情况（图 9-3-3），发现白音华样品总孔隙度分别增加了 5.29%、2.89% 和 3.67%，其中连通孔隙团孔隙度占总孔隙度百分比分别增加了 63.28%、19.73% 和 36.26%，最大孔径分别增加了 184.30μm、96.81μm 和 114.89μm。

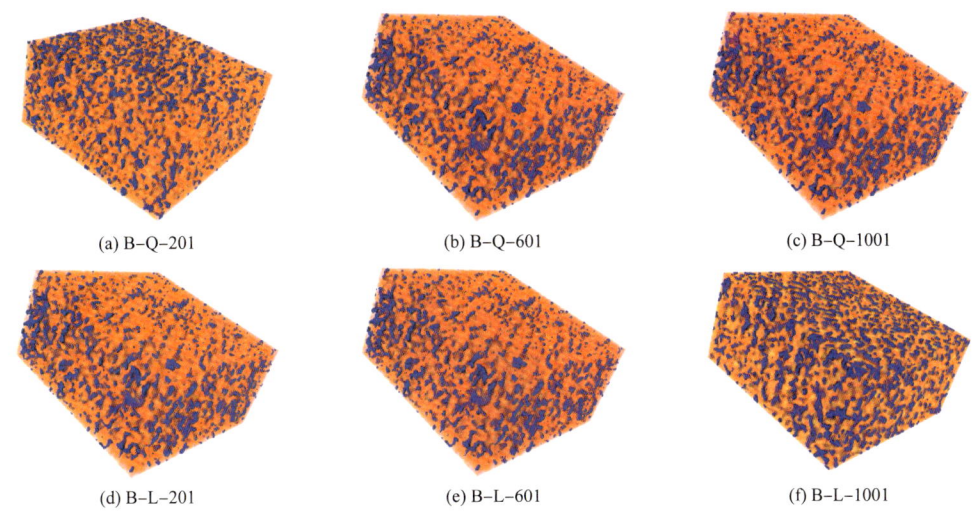

图 9-3-1　不同煤样处理前后孔隙团分布

表 9-3-1　不同煤样孔隙结构参数

煤样	总孔隙度 /%	连通孔隙团孔隙度 /%	连通孔隙团占总孔隙度百分比 /%	最大孔径 /μm
B-Q-201	9.32	1.33	14.27	181.00
B-L-201	14.61	11.33	77.55	365.30
B-Q-601	8.30	1.01	12.17	138.32
B-L-601	11.19	3.57	31.90	235.13
B-Q-1001	8.70	1.79	20.57	184.84
B-L-1001	12.37	7.03	56.83	299.73

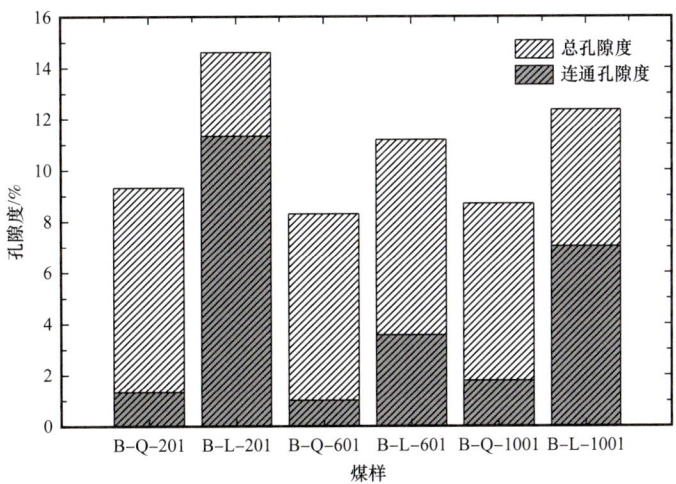

图 9-3-2　不同煤样厌氧发酵处理前后孔隙度变化

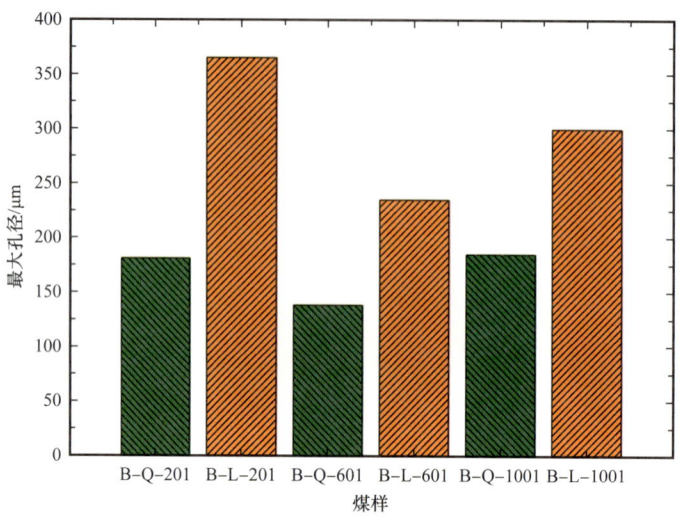

图 9-3-3 不同煤样厌氧发酵前后最大孔径变化

二、喉道模型建立与喉道分布特征

选取煤样 B-Q-601 和煤样 B-L-601 进行喉道模型的重建,首先利用 AVIZO 软件 "Separate Objects" 模块处理三维孔隙,然后基于分水岭算法,利用 Avizo 软件 "Generate Pore Network Model" 模块建立代表性孔隙网络模型,在三维图像空间中,网格图形的分支或者节点被称为孔隙,图形的边缘被建模成为连接节点的特殊曲线,被称为连接孔隙的喉道,三维图形空间中路线由三维空间的点序列给出。不同煤样的喉道参数见表 9-3-2。

表 9-3-2 不同煤样的喉道参数

煤样	喉道数/个	最大喉道半径/μm	最小喉道长度/μm	最大喉道长度/μm	总长度/μm
B-Q-601	88	2.87	9.04	230.82	4912.2
B-L-601	142	7.6	15.02	467.66	12330.8

由表 9-3-2 可知,煤样 B-L-601 相对于煤样 B-Q-601 的最大喉道长度增加 236.84μm,喉道总长度增加了 7418.6μm。

三、孔隙尺寸分布特征

实验中将孔隙尺寸按照 20μm 以下、20～40μm、40～60μm、60～80μm、80～100μm 和 100μm 以上分成 6 个尺寸区间,对煤样 B-Q-601 和煤样 B-L-60 重建单元进行了孔隙度分布统计,分析每个区间范围内所有孔隙的总孔隙度。由图 9-3-4 可知,对比白音华样品发现,厌氧发酵处理后,煤样 B-L-601 相对于煤样 B-Q-601 在 20μm 以下范围内的孔隙度下降,而在 20～40μm、40～60μm、60～80μm、80～100μm 和 100μm 以上范围内的孔隙度均有所增加,说明 20μm 以下较多个数的孔隙扩容明显,转变成了更大孔隙。在厌氧发酵处理后，虽然不同煤样各重建单元孔隙度均有所增加，连通性得到改善，但是孔隙度主要扩容区间有着不同的分布特征。

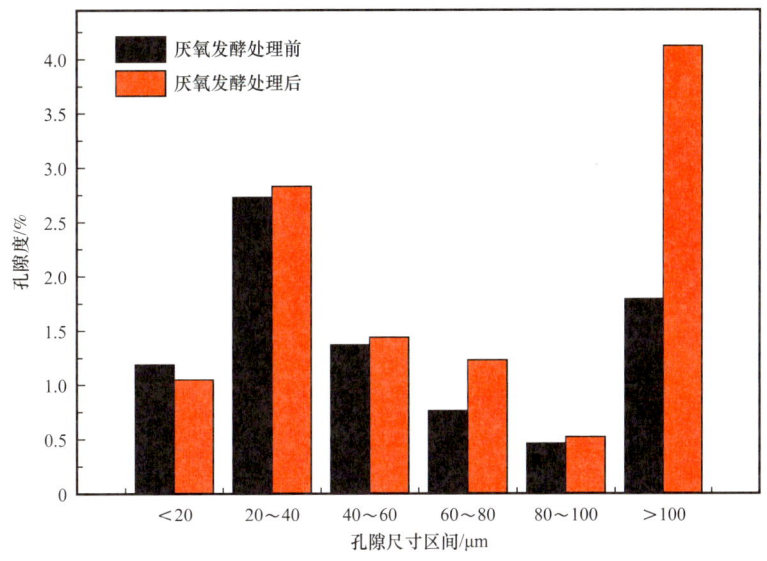

图 9-3-4　白音华煤样 601～700 层重建单元孔隙尺寸分布

第四节　我国煤层气生物工程技术潜在试验区优选

吉尔嘎朗图区块位于内蒙古自治区二连探区吉尔嘎朗图凹陷东部，构造位置位于二连盆地东部乌尼特坳陷，为华北油田油气矿权区。该凹陷中部—缓坡带厚煤层发育，煤层总厚一般介于 60～220m，最大累计厚度 391m，含气量一般为 1～3m³/t，厚煤层弥补含气量不足；厚煤层上覆泥岩盖层发育，封盖条件有利；凹陷中部—缓坡带位于地下水承压区，水动力侧向封堵利于煤层气富集；地质条件利于煤层生物气生成，且现今仍有生物气生成。吉尔嘎朗图地区含气面积 320km²，计算 6 套主力煤层煤层气资源，吉尔嘎朗图地区煤层气资源量为 845×10⁸m³。

优选吉尔嘎朗图地区煤层气有利目标一个（图 9-4-1）——中洼槽林 5—吉 91 井区。中洼槽林 5—吉 91 井区面积 149km²，资源量为 513.8×10⁸m³，丰度为 3.45×10⁸m³/km²。

此外，伊敏凹陷位于海拉尔盆地东部，凹陷面积为 1420km²，预测煤层气资源量619×10⁸m³。煤层厚度超过 200m，埋深浅于 1000m，主要目的层是伊敏组和南屯组，煤种以褐煤为主，局部岩浆活动使得煤岩变质程度变高，达到长焰煤—气肥、焦肥、贫肥，煤层含气量为 1.5～3.6m³/t。伊敏凹陷地质条件与吉尔嘎朗图凹陷类似，具备较大的勘探开发潜力。伊敏盆地勘探程度低，二维地震 4km×8km 测网 300.9km，有一口常规油气探井伊 D1 井，据该井显示，煤层累计厚度为 52.6m，煤层单层最大厚度为 8m，煤层埋深为 1200m 以浅；主要地层为兴安岭群、南屯组、大磨拐河组、伊敏组。其中，伊敏组和南屯组最为发育，且煤层段气测显示良好，气测含量最大可达 6%。该区有油页岩井 2

口，海 Y1 井揭示伊敏凹陷煤层 7 层，累计厚 20.4m，且煤层与油页岩叠置利于煤层气保存。预测可探明储量 $200 \times 10^8 m^3$，可支撑 $6 \times 10^8 m^3/a$ 产能建设。

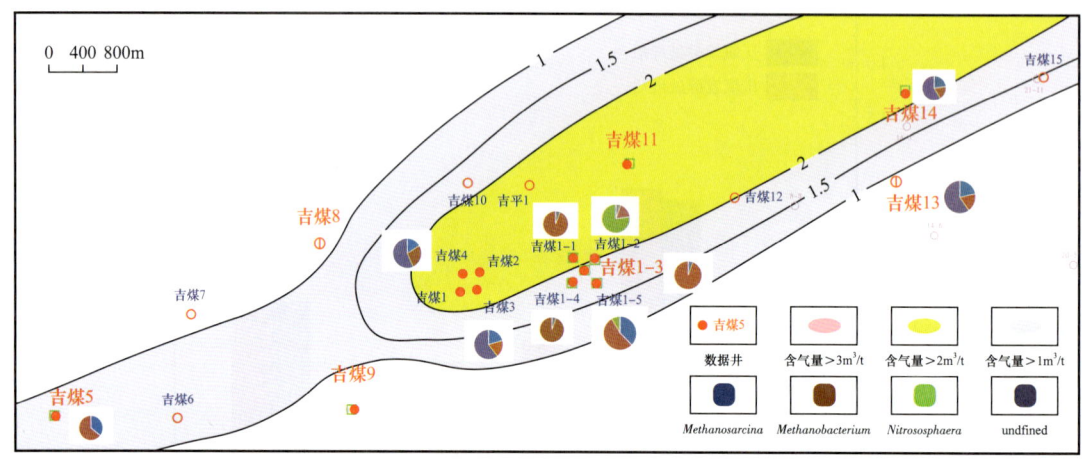

图 9-4-1　吉尔嘎朗图地区生物群落与含气量分布

第十章 "三新"区块煤层气地质特征与资源潜力

近年来，低煤阶、深层与煤系气等新区、新层系、新领域煤层气快速发展，先后在二连盆地吉尔嘎朗图、渤海湾盆地、准噶尔盆地南缘、吐哈—三塘湖盆地、鄂尔多斯盆地侏罗系取得勘探突破，取得较好的产气显示，显示出"三新"领域煤层气勘探较大的潜力。

第一节 二连盆地群中低煤阶煤层气规模开发区块优选评价

二连盆地位于内蒙古自治区，盆地东到大兴安岭，西至乌拉特中后旗，北接中蒙边界，南达阴山山脉。东西长1000km，南北宽20～200km，面积逾$10\times10^4km^2$，是我国大型陆相沉积盆地之一。

二连盆地群是在海西褶皱基底上发育起来的中—新生代断陷盆地，总体呈"五坳三隆"的构造格局，自西北向东南为巴彦宝力格隆起、马尼特坳陷、乌兰察布坳陷、川井坳陷、苏尼特隆起、腾格尔坳陷、乌尼特坳陷和温都尔庙隆起。受内蒙地轴的影响，主要呈北东东向，次级凹陷仍呈北东向展布。盆地的构造样式多为半地堑型，约占90%，其次为地堑型凹陷。前者如霍林河凹陷、巴彦花凹陷、阿南凹陷、额仁淖尔凹陷等，后者如吉尔嘎朗图凹陷、脑木更凹陷等。一般靠近隆起的凹陷呈单断式向隆起上超覆，内部的凹陷则呈双断式。二连盆地各凹陷相对独立，拥有独立的沉积体系，沉积特征类似，具有多物源、近物源和粗碎屑的沉积特征。沉积盖层自下而上依次为：中—下侏罗统阿拉坦合力群碎屑岩含煤建造，上侏罗统兴安岭群火山岩夹碎屑岩建造，下白垩统碎屑岩含油建造及新生界松散沉积。其中，煤系地层主要发育于巴彦花群。

一、煤层气储层地质特征

1. 煤岩煤质

低煤阶煤宏观煤岩类型主要为木质煤和碎屑煤，显微组分以腐殖组为主，表现为高水分、中低灰分、高挥发分、低硫特征（表10-1-1）。

2. 储层物性特征

根据测试化验数据分析，建立了二连盆地低煤阶煤储层物性评价标准（表10-1-2），由煤相特征和储层评价参数两大部分组成。

表 10-1-1 煤显微组分定量分析结果

样品编号	煤岩类型	镜质组反射率/%	工业分析			显微组分		
			水分/%	灰分/%	挥发分/%	腐殖组/%	惰质组/%	壳质组/%
JDE4（1）	木质煤	0.387	10.07	14.44	36.13	85.8	11.5	2.8
JDE4（2）	木质煤	0.395	10.56	11.14	36.08	87.8	8.6	3.7
JDE5（1）	碎屑煤	0.385	9.02	4.59	33.5	95.2	2.4	2.4
JDE5（2）	碎屑煤	0.401	10.35	4.31	33.61	90.7	0.3	9.1
JDE6（1）	木质煤	0.368	9.87	10.58	33.17	96.8	3	0.2
JDE6（2）	木质煤	0.340	10.77	7.73	32.57	85.2	1.7	13.1
JXY6-（1）	碎屑煤	0.429	11.31	7.01	31.09	96.8	3.0	0.2
JXY6-（2）	碎屑煤	0.415	10.05	7.09	32.13	97.8	1.4	0.9
JXY6-（1）	木质煤	0.378	7.6	7.45	39.58	95.6	2.2	2.3
JXY6-（2）	木质煤	0.376	8.64	7.2	39.38	89.3	9.2	1.6
HY21（1）	木质煤	0.465	5.5	22.68	32.85	82.2	10.5	7.4
HY21（2）	木质煤	0.437	4.4	23.57	33.45	87.7	5.6	6.7
HZ1-1	木质煤	0.418	9.79	5.98	37.23	77.8	15.3	7
HZ2-1	碎屑煤	0.377	9.33	8.58	36.41	95.5	0.8	3.8
HZ3-1	木质煤	0.419	8.68	7.32	37.2	88.5	6.9	4.7
HZ4（1）	木质煤	0.543	6.56	13.62	39.08	96.2	1.6	2.2
HZ4（2）	木质煤	0.406	6.5	12.71	39.29	95.5	2.8	1.9
HB3（1）	木质煤	0.371	8.51	8.97	35.98	92.4	3.2	4.4
BS2-1（1）	碎屑煤	0.431	7.73	12.27	37.87	95.6	1.4	3
BS2-1（2）	碎屑煤	0.418	9.47	12.25	37.01	78.6	19	2.5
BS3-1（1）	木质煤	0.403	6.9	38.72	22.38	84.6	3.2	12.2
BS3-1（2）	木质煤	0.434	5.8	39.88	21.6	82.4	4.8	12.7
BS3-3（1）	木质煤	0.412	10.75	8.21	32.41	94.2	3.1	2.7
BS3-3（2）	木质煤	0.398	8.34	14.51	34.35	93.1	4.2	2.7
B-9	木质煤	0.450	11.02	5.37	36.29	98.11	1.89	0
B-27	木质煤	0.510	4.78	38.73	26.29	98.46	1.54	0
B-44	木质煤	0.480	6.73	24.82	28.33	99.31	0.46	0.23

续表

样品编号	煤岩类型	镜质组反射率/%	工业分析			显微组分		
			水分/%	灰分/%	挥发分/%	腐殖组/%	惰质组/%	壳质组/%
B-49	木质煤	0.450	6.12	38.38	21.53	99.51	0.49	0
B-215	木质煤	0.500	8.21	16.58	31.49	91.14	8.1	0.76
B-86	木质煤	0.480	6.12	35.25	33.2	95.71	4.29	0
B-105	木质煤	0.510	10.91	14.73	32.21	99.49	0.34	0.17
B-114	碎屑煤	0.460	11.12	23.61	29.35	98.96	0.42	0.62
B-219	碎屑煤	0.540	10.71	18.21	30.82	99.57	0.43	0
B-127	木质煤	0.460	4.15	39.75	23.71	99.06	0.23	0.7
B-138	木质煤	0.460	5.85	20.52	33.45	98.27	0.19	1.54
B-147	木质煤	0.490	9.52	31.47	27.1	96.78	0.72	2.5
B-157	碎屑煤	0.450	4.27	38.16	24.32	95.75	1.89	2.36
B-179	木质煤	0.590	10.22	6.62	34.91	97.23	2.37	0.4
B-200	木质煤	0.650	2.92	30.96	17.74	98.84	0.7	0.46

表 10-1-2 二连盆地低煤阶煤储层物性评价标准

	储层分类	Ⅰ类	Ⅱ类	Ⅲ类
煤相特征	成煤植物	木本植物（TPI>1）	木本植物（TPI>1）	木本、草本（TPI<1）
	水动力条件	滞留环境（GWI<1）	水流活动性较弱的滞留区（GWI<1）	强水流活动性（GWI>1）
	组织孔保存条件	较好（F/M>1）	较好（F/M>1）	差（F/M<1）
	凝胶化指数	GI>10	GI>5	GI<5
储层评价参数	孔渗特征	孔隙度>15%	孔隙度>15%	孔隙度<15%
		渗透率>1mD	渗透率>1mD	渗透率<1mD
	孔径分布	以小孔—大孔为主（10~10000nm）	以小孔为主（10~100nm）	以小孔为主（10~100nm）
	孔隙充填	无充填	有充填	有充填，孔隙发育受抑制
	孔隙形态	以开放孔为主	以半开放孔为主	以墨水瓶孔为主
	孔隙结构类型	Ⅰ、Ⅱ	Ⅲ	Ⅳ
	分形维数	<2.5	<2.5	>2.5

注：TPI 为结构保存指数；GWI 为地下水影响指数；F/M 为骨架组分与基质及碎屑组分的比值。

煤相特征包括成煤植物、水动力条件、组织孔保存条件和凝胶化指数，储层评价参数包括孔渗特征、孔径分布、孔隙填充、孔隙形态、孔隙结构类型和分形维数。按照评价标准，分为Ⅰ类储层、Ⅱ类储层和Ⅲ类储层（图10-1-1）。

图10-1-1 3类储层典型孔隙扫描电镜

低煤阶煤储层微小孔和大中孔均发育，以植物组织孔为主，孔隙度较高，孔隙结构较简单。通过测试化验分析，褐煤与低煤阶烟煤储层物性存在较大差异，分析低煤阶烟煤储层物性特征，并与褐煤储层物性进行对比分析。

与褐煤对比，低煤阶烟煤微孔含量高于褐煤，小孔含量低于褐煤，总体微小孔多于褐煤，大中孔少于褐煤。低煤阶烟煤的平均孔径小于褐煤，但总孔体积远大于褐煤，比表面积也远大于褐煤（图10-1-2）。主要原因是随着煤岩变质程度的增加，即处于第一次和第二次煤化作用跃变之间时，随着煤阶增高，原生大孔急剧减少，热变质气孔逐渐增多，导致微小孔增加，平均孔径降低。低煤阶烟煤微小孔的增幅大于大中孔的降幅，因此低煤阶烟煤总孔体积和比表面积远大于褐煤。

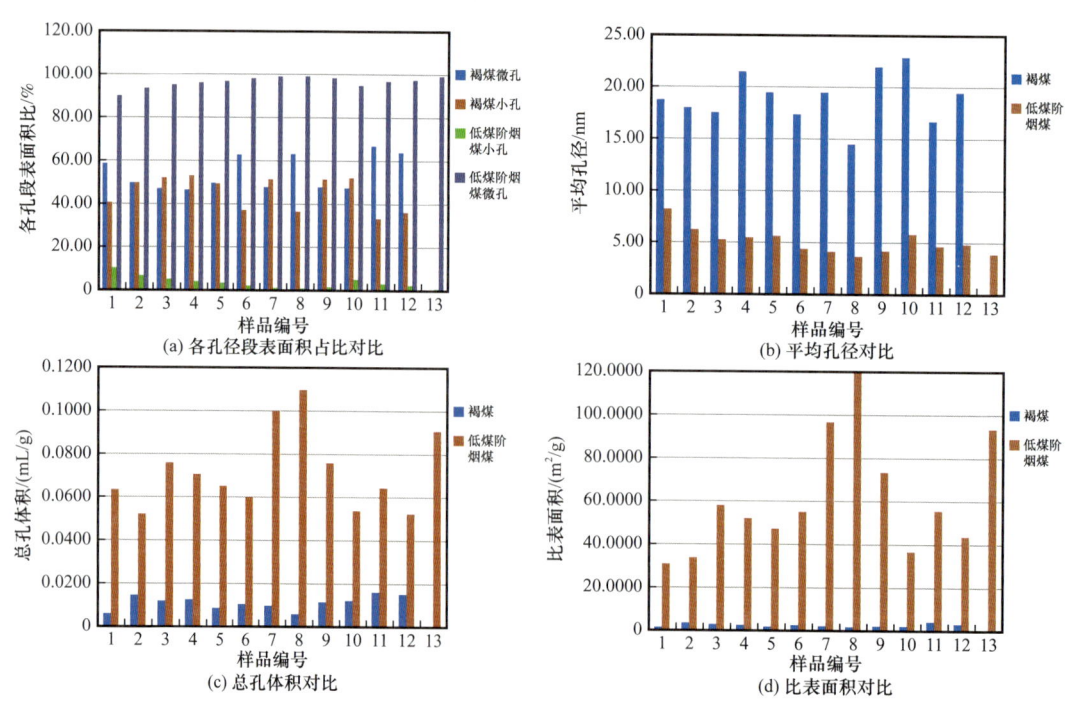

图10-1-2 低煤阶烟煤与褐煤孔隙结构参数对比直方图

分析低煤阶烟煤与褐煤压汞参数，结果表明，低煤阶烟煤的累计进汞饱和度和进汞效率小于褐煤，最大连通孔喉半径为0.23～25.30nm，平均值为12.31nm，表明低煤阶烟煤连通性较差。进一步结合分形维数，低煤阶烟煤分形维数为2.35～2.75（平均值为2.71），褐煤分形维数为2.46～2.55（平均值为2.50），可见低煤阶烟煤孔隙结构较褐煤更复杂。主要原因是低煤阶烟煤微小孔增加，造成煤的孔表面更加粗糙，孔径分布更加复杂，从而造成孔隙结构更复杂。

3. 含气性特征

二连盆地煤层气勘探程度较低，因此煤层含气性数据较少，仅有霍林河、吉尔嘎朗图、巴彦花等含煤区进行过煤层的含气量测定。霍林河含煤区煤炭钻孔中取样测试得到的含气量最高达到了7.7m³/t（表10-1-3）。煤层气井煤样测试含气量为0.26～6.53m³/t，煤层甲烷平均含量为91.47%。吉尔嘎朗图煤层气井煤样测定总含气量为0.4～3.83m³/t，一般为1～3.5m³/t，计算煤层吸附饱和度介于74%～91%，表明研究区煤层含气性较好。实测煤层气甲烷含量为75.16%～90.25%。

表10-1-3 二连盆地煤层气含量及成分统计

地区	井号	采样深度/m	煤层号	煤层气含量/m³/t	煤层气成分/%		
					CH_4	CO_2	N_2
霍林河	10-b8	259.67	Ⅲ	4.7①	35.63		64.37
	8-7	708.50	ⅣB	3.8①	92.66	3.52	3.82
	23-7	897.2	ⅢB	7.7①	86.0	3.70	10.30
	HD1	286.56	ⅣA	0.29	44.6	29.25	26.15
		308.7	ⅣA	0.57	88.62	0.77	9.99
		343.63	ⅣB	1.05	86.99	1.35	11.24
		416.5	ⅣC	1.5	57.18	2.49	31.76
	H1	903.02	ⅣC	6.53	91.26	1.36	6.98
	HU1	549.2	ⅢC	1.93			
		802.73	ⅣC	3.54			
吉尔嘎朗图	L4-5	390.39	Ⅳ	1.4	86.28	3.98	9.74
		585.62	Ⅴ	1.9	90.25	2.53	7.22
		595.37	Ⅴ	2.8	90.02	2.54	7.44
	JM2	341.07	Ⅲ	1.7	65.94	8.19	25.82
		474.04	Ⅳ	3.37	93.13	5.36	1.48
		604.73	Ⅴ	3.45	92.02	3.15	4.29

续表

地区	井号	采样深度/m	煤层号	煤层气含量/m³/t	煤层气成分/%		
					CH_4	CO_2	N_2
吉尔嘎朗图	JM1-3	239.74~328.38	Ⅲ	0.96~1.95			
	JM1-3	402.22~447.48	Ⅳ	1.41~2.6			
	JM1-3	768.02~785	Ⅵ	1.74~2.4			

① 煤孔测试数据。

垂向上，随着埋藏深度的增加，煤层含气量、甲烷含量均与埋深呈正相关关系，特别在250~300m以深含气量一般大于1m³/t，甲烷含量能达到80%以上，表明该区甲烷风化带深度介于250~300m（图10-1-3）。

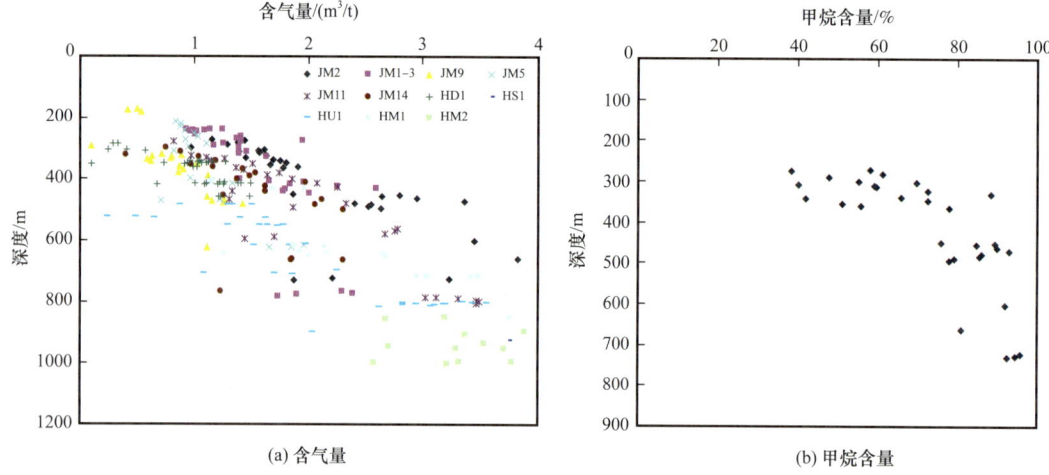

图10-1-3 霍林河凹陷、吉尔嘎朗图凹陷下白垩统煤层含气量、甲烷浓度随埋深变化图

平面上，煤层含气量的分布也具有分带性，在吉尔嘎朗图凹陷的中部富煤带煤层含气量最高，往西北陡坡带发育粗碎屑沉积，煤层沉积环境不稳定，在煤层分叉变薄的同时煤层含气性变差；往南东缓坡带，随着煤层埋深变浅，含气量逐渐变小，总体表现为受盖层及埋深影响。霍林河凹陷煤层含气量分布也具有类似的特点，煤层含气量由盆地变浅部向次级向斜部位增大。

共对研究区内不同凹陷的21个煤样进行了等温吸附实验，实验数据显示：朗格缪尔体积（平衡水分基）为1.9~7.4m³/t，平均值为3.96m³/t；朗格缪尔压力为2.3~7.83MPa，平均值为5.76MPa。

根据实测甲烷含气量与等温吸附测试数据对比分析，低煤阶煤赋存大量游离气。以霍试1井为例，朗格缪尔体积小，为3.4~5.6m³/t（表10-1-4）。含气饱和度大多在100%以上，处于过饱和状态，表明煤储层中存在大量的游离态气体。这种煤层气藏有利于开采，煤层气产量较高。

表 10-1-4　二连盆地煤层含气性特征等温吸附测试情况

煤样号	朗格缪尔体积 / m³/t	朗格缪尔压力 / MPa	地层压力 / MPa	饱和含气量 / m³/t	实际含气量 / m³/t	含气饱和度 / %
003	3.70	2.70	5.80	2.50	3.40	136
1-8	3.02	1.90	6.80	2.40	3.50	146
001	3.30	2.80	6.80	2.30	3.50	152
1-16	7.74	3.68	10.10	5.70	4.80	84
1-21	4.45	1.01	10.40	4.10	5.60	137

4. 盖层特征

低煤阶煤层气以吸附态为主，同时存在大量游离气，煤层顶底板岩层的封盖性能对煤层气的保存和富集具有十分重要的作用。埋深适中、稳定分布、顶底板封盖性好的煤层有利于煤层气的富集成藏。

以吉尔嘎朗图凹陷为例，主力煤组Ⅳ煤组顶板岩性为砂质泥岩、细砂岩、泥岩，砂岩分布范围相对较小，泥岩厚度在中部较大，局部达到 20m 以上，对煤层气赋存起到良好的封盖作用。吉尔嘎朗图凹陷中东部地区泥岩厚度较大，北部及西部小范围内出现厚泥岩盖层，区域盖层基本覆盖整个凹陷区域，对煤层气赋存具有良好的封盖作用（图 10-1-4）。

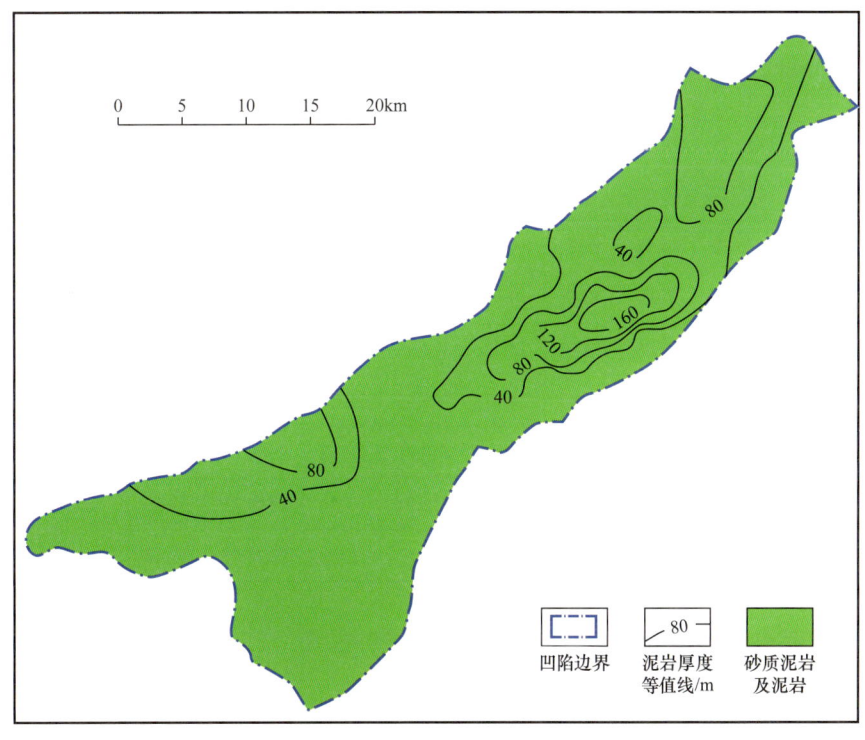

图 10-1-4　吉尔嘎朗图凹陷盖层厚度等值线图

通过对霍林河凹陷、吉尔嘎朗图凹陷主力煤层顶底板进行突破压力测试,其中霍林河凹陷煤层顶底板突破压力为 0.95~7.64MPa,平均为 2.53MPa;吉尔嘎朗图凹陷煤层顶底板突破压力为 1.67~3.75MPa。研究区煤层顶底板泥岩厚度较大,突破压力均大于 0.5MPa,整体对煤层的封盖性较好。

5. 水文地质条件

水文地质条件是影响低煤阶煤层富集成藏的重要因素之一,主要体现为影响次生生物气的生成,一般认为适于次生生物气生成的水文地质条件要求水介质低盐度和较低矿化度,pH 值范围前人研究不尽相同,一般认为 6.4~8 最好。二连盆地含水层主要有第四系松散含水层、煤系地层砂岩裂隙风化带含水层和煤系基底火山岩裂隙含水层,地下水的主要补给来源为露头区大气降水补给。研究区与煤层气关系密切的赛罕塔拉组含水层水化学类型多为 $NaHCO_3$ 型,煤层气井产出水矿化度为 4000~6400mg/L,pH 值范围为 7.32~7.76(表 10-1-5),利于次生生物气生气。霍林河凹陷和吉尔嘎朗图凹陷均为不对称箕状向斜,地层平缓,煤系地层发育多套隔水层,盆地中心煤系含水层总体为弱径流—承压环境,水动力侧向封堵利于煤层气富集。吉尔嘎朗图凹陷煤层气井注入/压降与钻杆测试(DST 测试)结果也显示地层超压,压力系数为 1.03~1.07MPa/100m,利于煤层气保存。

表 10-1-5 吉尔嘎朗图凹陷煤层水化学特征测试结果统计

井号	产层	离子含量 /(mg/L)								总矿化度 / mg/L	pH 值
		Na^+	K^+	Mg^{2+}	Ca^{2+}	Cl^-	SO_4^{2-}	HCO_3^-	CO_3^{2-}		
JM1	Ⅲ煤组	1309.05	58.00	11.76	20.59	558.40	26.45	2701.69	34.43	4720.37	7.60
JM2	Ⅲ煤组	1481.94	54.91	16.43	21.98	570.88	1.71	3185.52	50.46	5383.83	7.73
JM3	Ⅳ煤组	1476.88	60.70	7.08	24.49	792.85	7.19	2722.92	47.27	5193.38	7.76
JM4	Ⅳ煤组	1576.90	84.55	6.72	14.28	908.12	2.59	2751.90	51.14	5496.20	7.56
JM1-1	Ⅳ煤组	1102.02	7.93	8.07	19.12	423.26	31.54	2226.70	35.54	3854.18	7.67
JM1-2	Ⅳ煤组	1526.13	27.88	14.19	33.32	524.98	21.31	3281.54	58.50	5487.85	7.32
JM1-3	Ⅳ煤组	1431.94	27.18	11.47	24.71	549.53	38.39	3020.69	56.35	5160.26	7.55
JM1-4	Ⅳ煤组	1379.28	23.44	11.44	28.44	467.81	50.32	2980.02	35.28	4976.03	7.56
JM1-5	Ⅳ煤组	1191.35	19.68	8.07	24.51	414.01	35.84	2509.25	41.66	4244.37	7.49
JM9	Ⅳ煤组	1176.24	20.00	7.55	22.04	370.22	1.41	2594.56	41.45	4233.47	7.49

二、煤层气成藏主控因素及富集成藏模式

二连盆地为断陷盆地群,煤层厚度大,煤岩演化程度低,R_o 一般低于 0.5%,具备次生生物气生成条件是该区煤层气有利区优选的重要条件之一。同时保存条件亦相当关键,

在盆地边部或局部隆起的煤层露头区或浅层，因缺乏有效的盖层，煤层不含气或含气量极低，往往煤层埋藏 200~300m 以深煤层含气性逐渐变好。研究区断陷盆地群一般存在边界控盆断层，沿盆缘往往形成冲积扇、扇三角洲等沉积体，形成粗碎屑沉积，不利于成煤或成煤后煤层气的保存。而在盆地腹部和缓坡区主要发育湖沼相与浅湖相，形成厚煤层，且煤系地层泥岩段发育。

综合上述分析，研究区凹陷中部—缓坡带厚煤层发育，弥补含气量不足；富煤区顶板泥岩发育，盖层条件好；水文条件优越，利于生物气的生成，同时凹陷中部汇水承压区利于煤层气侧向封堵。提出巨厚煤层弥补低煤阶煤层含气量不足、具备生物气生成条件以及盖层条件优越为研究区低煤阶煤层气富集成藏的关键。在此基础上建立了研究区断陷盆地富煤区生物气 + 承压水封堵煤层气富集成藏模式。断陷盆地聚煤期构造格局相对稳定，地层封闭性好；水文条件优越，利于生物气生成，同时凹陷中部汇水承压区利于煤层气藏侧向封堵；富煤区顶板泥岩发育，盖层条件好。吉尔嘎朗图凹陷、霍林河凹陷和巴彦花凹陷低阶烟煤区均发育该类成藏模式。

三、煤层气规模开发区块优选

关于煤层气选区评价方法及指标，前人已开展大量研究，建立了我国不同煤阶煤层气选区评价参数及标准。本次研究结合二连盆地煤层气地质特征及煤层气富集主控因素，增加影响生物气生成的相关因素，并根据 DZ/T 0216—2010《煤层气资源/储量规范》优化了研究区煤层含气量标准，建立了适合研究区低煤阶煤层气规模开发区块选区评价标准（表 10-1-6），优选出吉尔嘎朗图凹陷、霍林河凹陷和巴彦花凹陷 3 个有利凹陷。

表 10-1-6　二连盆地低煤阶煤层气规模开发区块选区评价标准

类型	亚类	评价参数	评价标准		
			目标区	有利区	远景区
地质条件	区域地质	煤层埋深 /m	>600	400~600	300~400
		构造	构造简单，改造弱	构造中等，改造不强烈	构造复杂，改造强烈
		水文条件	滞留区或弱径流区，水质有利	弱径流区，水质较不利	径流区，水质不利
	含煤性	煤层厚度 /m	>10	5~10	<5
		腐殖组 /%	≥75	60~75	<60
		灰分 /%	<15	15~25	≥25
		储层分类	I	II—III	III
		顶板泥岩厚度 /m	≥5	2~5	0~2
	含气性	含气量 /（m³/t）	≥3	2~3	1~2
		甲烷含量 /%	≥80	70~80	<70

续表

类型	亚类	评价参数	评价标准		
			目标区	有利区	远景区
开采条件	储层可采性	含气饱和度/%	≥60	50~60	<50
		渗透率/mD	≥3	0.3~3	<0.3
	储层可改造性	煤体结构	原生—碎裂	碎裂—碎粒	碎粒—糜棱
		煤层与围岩关系	关系简单，煤层间距小，施工简单	关系较简单，煤层间距较小，施工中等	关系复杂，夹层多，间距大，施工复杂

1. 吉尔嘎朗图凹陷

吉尔嘎朗图凹陷位于二连盆地东部的乌尼特坳陷，呈北东走向，为一西北断、东南超的半地堑型凹陷，面积约1000km²。巴彦花群赛罕塔拉组发育巨厚煤层，是研究区主要的含煤地层，含6个煤组，其中Ⅱ、Ⅲ、Ⅳ煤组分布较广，吉尔嘎朗图凹陷煤层分布、含气性等煤层气地质特征已在第三章详细阐述，这里不再赘述。综合评价吉尔嘎朗图地区含气面积为320km²，煤层气资源量为$900\times10^8m^3$（表10-1-7），资源丰度为$2.81\times10^8m^3/km^2$。

表10-1-7 吉尔嘎朗图凹陷煤层气资源量计算

煤组	Ⅱ	Ⅲ	Ⅳ	Ⅴ	Ⅵ	合计
煤层厚度/m	3~71	10~160	10~80	10~40	10~30	120~160
含气量/(m³/t)	1.5	2.5	3	3.5	4	
煤密度/(t/m³)	1.29	1.30	1.3	1.3	1.30	
含气面积/km²	94.87	291.4	94.8	37.4	46.3	320
资源量/10⁸m³	55.07	615.58	147.9	34.03	48.15	900.73

优选出吉尔嘎朗图凹陷中部—缓坡区L12—S88有利区，有利区面积约100km²，资源量为$400\times10^8m^3$，资源丰度为$4\times10^8m^3/km^2$。该有利区完钻探井24口井，投产15口井，其中2口井日产气量均超过2000m³，先后10口井日产气量超1000m³，首次在我国低煤阶褐煤含气区取得勘探突破，初步证实我国低煤阶煤层气具备规模效益开发的潜力。

2. 霍林河凹陷

霍林河凹陷位于二连盆地东部的乌尼特坳陷，与吉尔嘎朗图凹陷类似，为一北东向展布的半地堑型断陷盆地，面积为540km²。构造呈"三洼二隆"的格局，盆地中主要的含煤层段为下含煤段，分为Ⅰ、Ⅱ、Ⅲ、Ⅳ四个煤组，可采煤层平均总厚度为76.91m。综合评价霍林河地区含气面积为380km²，煤层气资源量为$1008\times10^8m^3$（表10-1-8），资源丰度为$2.65\times10^8m^3/km^2$。

表 10-1-8　霍林河地区煤层气资源量计算

煤组	ⅡB	ⅢA	ⅢB	ⅣA	ⅣC	合计
煤层厚度 /m	4	10	8	7	20	37.0
含气量 /（m^3/t）	3.4	4.5	4.5	5	5	
煤密度 /（t/m^3）	1.28	1.30	1.28	1.31	1.30	
含气面积 /km^2	378	380	380	310	310	380
资源量 /$10^8 m^3$	66	222	175	142	403	1008

优选出霍林河凹陷翁能花有利区，有利区主力煤层平均厚度为 20m，有利区面积为 108km^2，资源量为 350×$10^8 m^3$，资源丰度为 3.24×$10^8 m^3$/km^2。

3. 二连盆地其他凹陷

除吉尔嘎朗图凹陷、霍林河凹陷以外，其他凹陷尚未开展煤层气勘探，煤层含气性不清。通过综合对比研究区各含煤凹陷构造背景、沉积特征、煤层分布、生物气潜力等条件，筛选出巴彦花、赛罕塔拉、包尔果吉、呼仁布其和阿南 5 个潜在煤层气有利目标，初步评价总资源量为 3172×$10^8 m^3$（表 10-1-9）。

表 10-1-9　二连盆地其他有利凹陷评价

凹陷	含煤面积 / km^2	煤层单层厚度 / m	最大累计厚度 / m	煤层埋深 / m	煤炭资源量 / 10^8 t	煤层气资源量 / $10^8 m^3$
巴彦花	650	5～44	110	10～1000	570	1120
阿南	1500	5～8	20	118～754	192	572
赛罕塔拉	900	5～20	40	300～600	100	260
呼仁布其	180	3～31	120	300～600	150	480
包尔果吉	420	3～39	39	>600	365	740
合计	3650				1377	3172

第二节　渤海湾盆地中低煤阶煤层气规模开发区块优选评价

大城凸起位于渤海湾盆地冀中坳陷东北部，沧县隆起北部的西翼。东、南以大城、静海断层为界与里坦凹陷相连，西北部以古近系尖灭线为界与文安斜坡和杨村斜坡接壤，南北长 120km，东西宽 20km，面积 2400km^2。

大城凸起煤岩厚 15～30m，平均厚 20m 以上，是华北地区石炭系—二叠系煤岩厚度最大的地区之一。大城凸起煤层纵向上分布在太原组和山西组，共划分为 6 个煤组。山西组为Ⅰ、Ⅱ、Ⅲ煤组,太原组为Ⅳ、Ⅴ、Ⅵ煤组。其中,Ⅵ煤组(相当于沁水盆地15号煤层)和Ⅲ煤组(相当于沁水盆地3号煤层)厚度大,分布稳定,是主要目的层;其次是Ⅱ、Ⅳ煤组;Ⅰ、Ⅴ煤组厚度较薄。

大城凸起单井钻遇煤层总数0~21层,聚煤中心位于大城凸起研究区北部。其中,大探6井钻遇煤层多达21层,总厚度为47.38m,单层最大厚度为8m,平均厚度为2.256m(图10-2-1)。

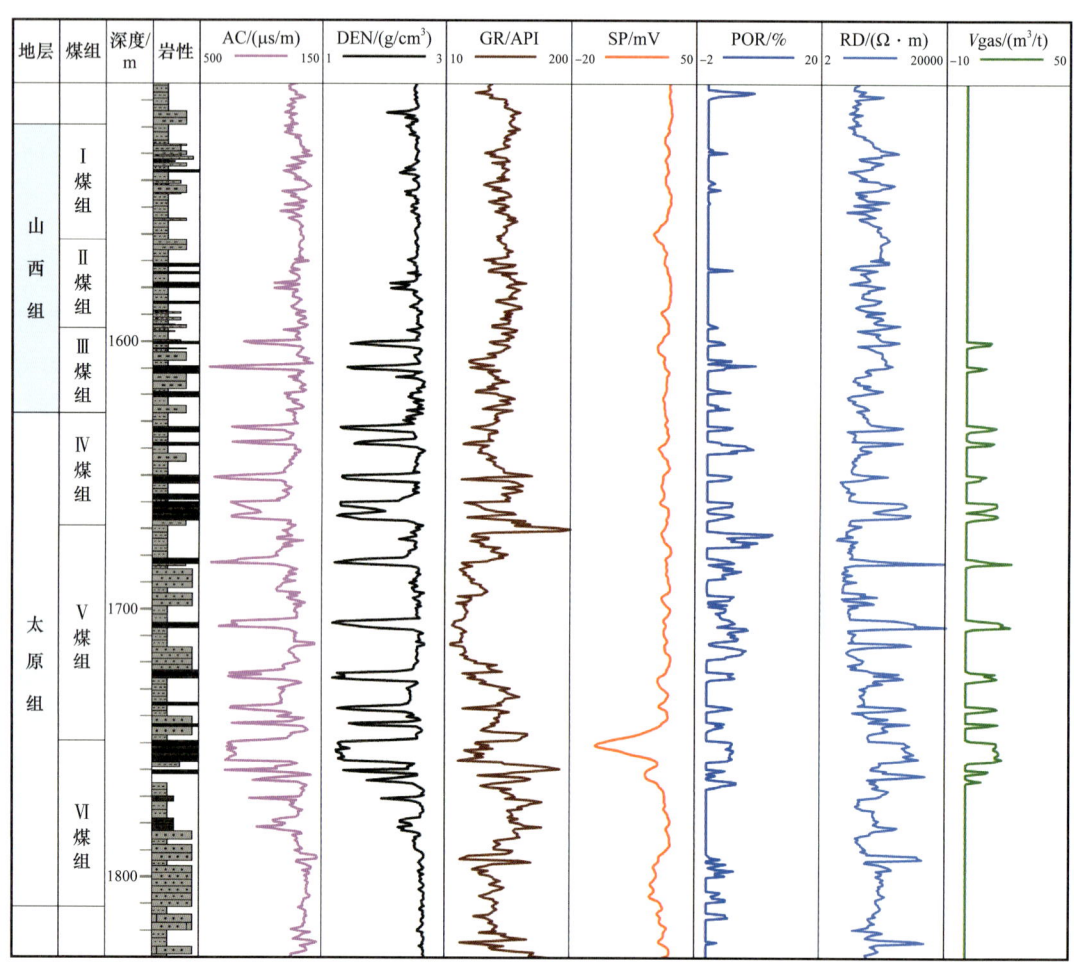

图10-2-1 大探6井综合柱状图

一、煤层气储层地质特征

1. 渤海湾盆地大城凸起煤层发育特征

在构造解释的基础上,编制煤组地层厚度图,对6个煤组地层分布特征进行分析。

Ⅰ煤组:地层总厚度为0~90m,地层厚度中心位于大5井及东南地区,最大厚度为90m左右。北部地层均衡发育,厚度变化小,厚度为25~45m;西部地层厚度变化大,厚度为10～60m，中部地层较薄。

Ⅱ煤组：地层总厚度为0～105m，地层厚度中心位于大5井及东南地区，继承性较好，最大厚度为105m左右。北部地层均衡发育，厚度变化小，厚度为20～45m；中东部地层厚度较薄，厚度为15～35m；西部地层厚度变化大，厚度为10～65m。

Ⅲ煤组：地层总厚度为0～120m，地层厚度中心位于大5井及东南地区，最大厚度为120m左右。高部位地层剥蚀尖灭，西部、中东部、北部地层均衡发育，厚度变化较小，厚度为25～45m。

Ⅳ煤组：地层总厚度为0～100m，地层厚度中心位于大5井及东南地区，最大厚度为100m左右。高部位地层剥蚀尖灭，北部地层均衡发育，厚度变化小，厚度为30～45m；西部地层厚度变化大，厚度为20～65m。

Ⅴ煤组：地层总厚度为0～100m，北部地区转化为沉积中心，地层较厚，厚度为40～90m。地层较厚的区域分布在北部大平7井及东部地区，最大厚度为90m左右；大5井及东南地区地层仍然较厚，最大厚度为100m左右；中部地层减薄，西部、南部地层变化大，厚度为10～85m。

Ⅵ煤组：地层总厚度为0～125m，厚度中心转移到大试1井及西北地区，最大厚度为125m左右。中北部地层均衡发育，厚度变化小，厚度为55～85m，中南部地层较薄。

2. 煤储层含气性预测

由于研究区煤层薄，横向变化快，煤层气产能变化大，研究区仅有二维地震资料等因素，煤层气含气性预测难度大。项目组组织了地质、物探、测井等方面的专家，多学科结合，对研究区煤层气含气性预测进行了多种方法攻关测试。最终选用频率域预测方法取得较好的预测效果，用此方法对研究区主力煤组（Ⅲ、Ⅳ、Ⅴ、Ⅵ煤组）进行了煤层含气性攻关预测。

研究总结了煤层含气性分频能量比预测的技术流程：（1）以地震资料为基础，首先进行叠后高分辨率处理；（2）对高分辨率地震资料进行频谱分析和分频扫描；（3）通过时频分解，提取低频调谐能量和高频调谐能量；（4）计算目的层段调谐能量比；（5）结合单井正演分析及煤层地质信息，分析煤层含气性特征；（6）煤层含气有利区预测。

从高分辨率处理的地震资料的频谱可见，有8～30Hz、26～40Hz、35～53Hz和47～62Hz 4个主要频率响应段（图10-2-2）。

分别取4个频段的主频，选择煤层气井（大探7井）和水井（大探2井）进行正演分析，如图10-2-3所示。目的层段20Hz低频增强现象明显，煤层气井低频能量更强；煤层气井［图10-2-3（b）］43Hz以上高频衰减明显，水井［图10-2-3（a）］高频衰减不明显。因此，可以通过调谐能量比进行煤层含气性预测。

通过煤层气井（大探7井）和水井（大探2井）目的层段的频谱分析，可见煤层气井的低频能量增加，高频能量衰减比水井更明显，如图10-2-4和图10-2-5所示。将大探7井和大探2井、大平1井目的层段的频谱包络线进行叠合，可见煤层气井——大探7井、大平1井的高频能量衰减明显，而大探2井的高频衰减不明显。

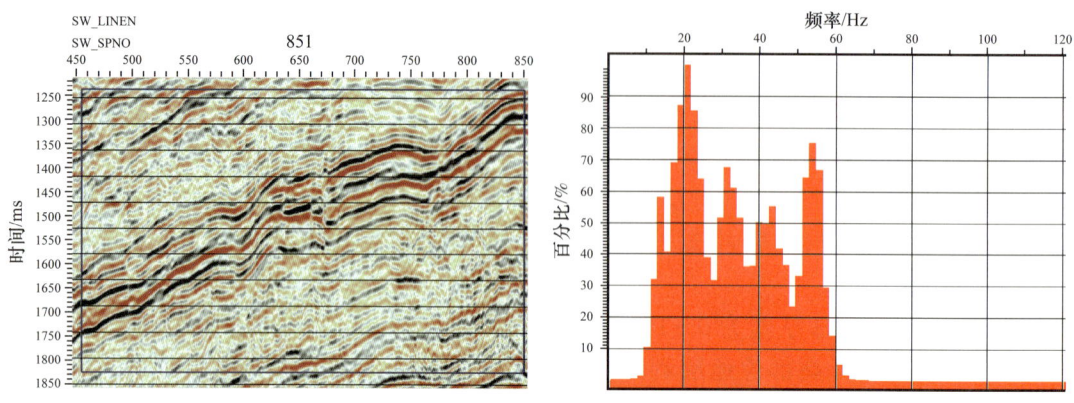

图 10-2-2　大城凸起 CX90-851.5 测线目的层段高分辨率处理后频谱分析图

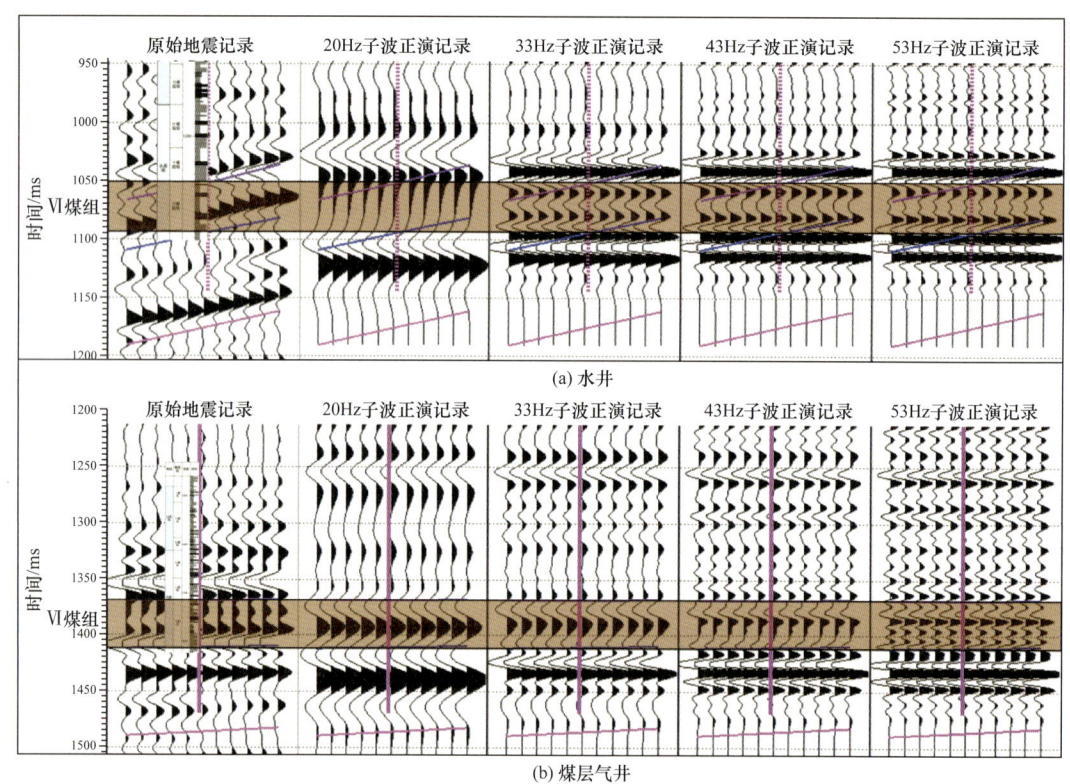

图 10-2-3　水井与煤层气井不同频率子波正演记录对比图

首先通过小波分解，得到主频为 20Hz 及 53Hz 的地震数据，再通过傅里叶变换，得到这两个数据体的调谐能量数据体，分别提取目的层段（Ⅵ煤组）的调谐能量，用高频调谐能量除以低频调谐能量，最终得到高低频调谐能量比，其低值异常区预测为煤层含气有利区。

对区内 18 口井进行验证，预测成果与钻井吻合率高（表 10-2-1），16 口井吻合，吻合率为 88.9%，预测成果可信度高。经分析对比，能量比小于 0.6 的区带是含气有利区带。煤层含气有利区分布于研究区北部、中西部和西南部，中东部含气性较差。中部和北部含气区是下步煤层气勘探开发的重点。

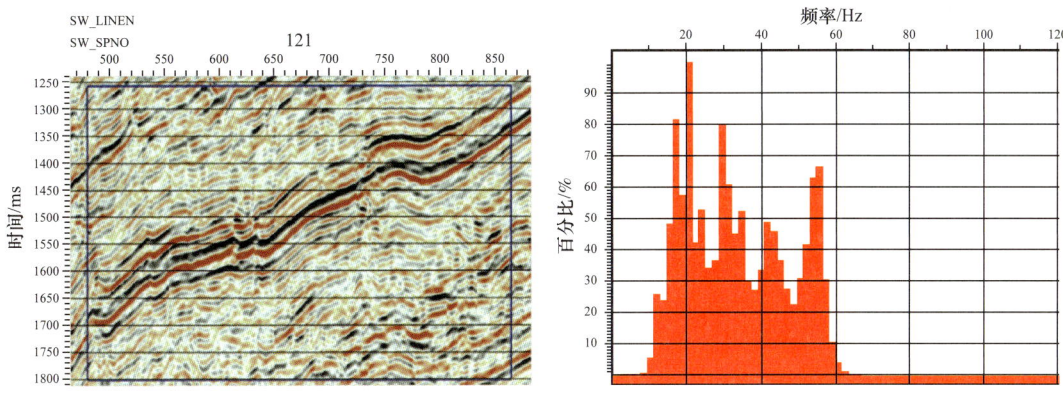

图 10-2-4　大城凸起 CX90-121 测线过大探 2 井目的层段频谱分析图

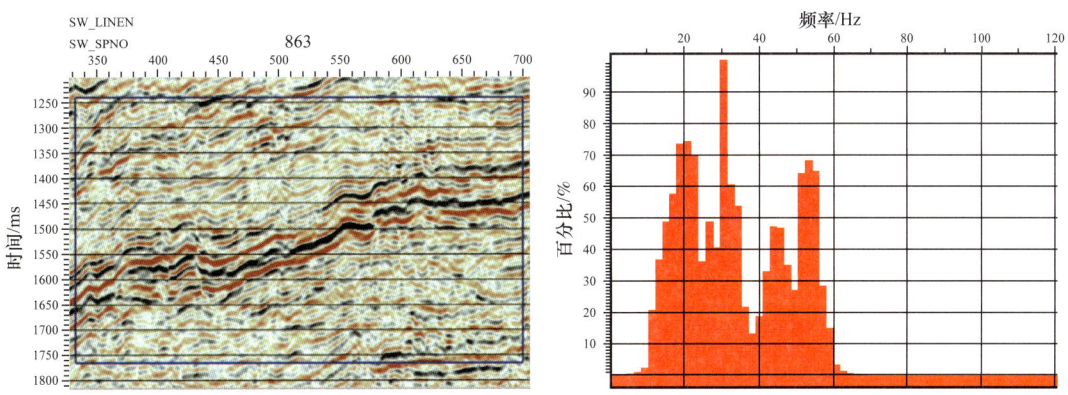

图 10-2-5　大城凸起 CX90-863 测线过大探 7 井目的层段频谱分析图

表 10-2-1　大城凸起 Ⅵ 煤组钻遇煤层含气性统计

井号	含气性	日产量（试采）/m³	预测能量比	吻合情况
大 8	含水	288（水）	0.667	吻合
大 10	含水	74.36（水）	0.711	吻合
大参 1	含气	微量（气）	0.761	吻合
大试 1	含水	3.96（水）	0.812	吻合
葛 8	含气	177.6（水）	0.660	吻合
胜 1	含气	干层	0.554	不吻合
大 2	可凝气层	未测试	0.838	吻合
大 3	可凝气层	15.5（水）	0.858	吻合
大 4	可凝气层	未测试	0.650	吻合
大 5	气侵	未测试	0.640	吻合
大 9	含水	42.23（水）	0.554	不吻合

续表

井号	含气性	日产量（试采）/m³	预测能量比	吻合情况
大平 1	含水	110（水）	0.735	吻合
大平 3	含气	325（气）	0.552	吻合
大探 2	高含水	未测试	1.098	吻合
大探 4x	含气	测试中	0.588	吻合
大探 6	含气	2898（气）	0.601	吻合
大探 7	含气	2898（气）	0.534	吻合
大探 9	含气	793.8（气）	0.559	吻合

Ⅲ煤组含气有利区分布在研究区北部、东北部和南部，中西部含气性较差。

Ⅳ煤组含气有利区主要分布在研究区北部、中西部和西部，南部、中部和东部含气性较差。

Ⅴ煤组含气有利区主要分布在研究区北部、中西部和南部，中南部和东部含气性较差。

二、煤层气成藏富集规律

从大城凸起区域地质、沉积背景、钻探、地震勘探、地下水分析化验等资料来看，整体上研究区南部含气性普遍差，如大试 1 井煤层测试含气量为 0，大 7、大 8 等井钻井气测录井未见异常，大 10 井含气量较少。研究区中部、北部煤层含气量相对较高，煤岩热演化程度较高，水文地质条件较好，煤层气保存条件较好，是下一步煤层气勘探开发的重点区带。综合分析认为，构造背景、煤岩厚度、煤层含气有利区、保存条件等因素是大城凸起煤层气藏的几个最主要控制因素。据前人成果，研究区属于承压水封堵型煤层气藏，模式图如图 10-2-6 所示。

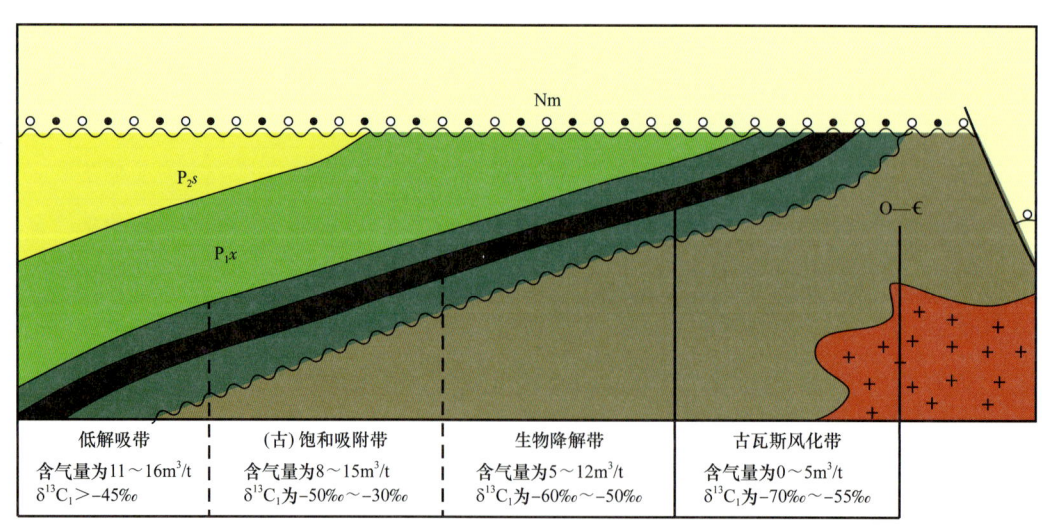

图 10-2-6　大城凸起煤层气藏基本模式图

1. 煤层气生储条件

大城凸起煤岩较厚，平均厚度在 20m 以上，是华北地区石炭系—二叠系煤岩厚度最大的地区之一。

据前人资料，研究区石炭系太原组、二叠系山西组总体为泥炭沼泽发育区，煤层发育，平均厚度大于 5m。早期整个华北聚煤区为滨海、潟湖沉积体系的砂泥岩相、煤相占主导地位，晚期则被河流、三角洲、滨岸粗碎屑岩相所占据，泥炭沼泽相曾一度遍布于全区各个角落。

早喜马拉雅期遭受过强烈剥蚀，二次改造后，在剥蚀面以上又沉积了 800~1000m 相对稳定的新生界。煤系地层埋深适中，成煤环境好。

石炭系—二叠系煤岩 R_o 主要为 0.66%~1.3%，煤阶以气、肥煤为主。煤岩割理发育，物性较好。热演化程度较高，煤层气生储条件具备。

2. 水文地质条件

区域发育新近系、石炭系—二叠系和奥陶系三套含水层系，各套含水层系自成独立的水动力系统。

新近系：矿化度等值线表现出自西向东、由南向北逐渐增大的变化趋势，整体上水动力条件较活跃。大城凸起水动力相对较弱。

奥陶系：王草庄凸起矿化度为 1000mg/L，水型为 $NaHCO_3$，是区域的供水区；向南矿化度逐渐增高，到大城凸起北部葛 8 井、胜 1 井一带矿化度达 10000mg/L；在大城高部位，受凸起剥蚀影响，矿化度降为 5200mg/L，总体属于弱交替区。在文安斜坡低部位及里坦凹陷，地层矿化度增高，水型为 $CaCl_2$，水动力较低。

石炭系—二叠系：补水区为东南部剥蚀带，水流由东向西径流，保存条件最好的区域在洼槽区；凸起中部地层水矿化度主要在 5000~7500mg/L 之间，相对有利。

石炭系底部铝土岩和下石盒子组顶部桃花泥岩是两套很好的隔水层，使石炭系—二叠系成为独立的水动力系统。

据石炭系—二叠系水样分析，水型以 $NaHCO_3$ 为主，矿化度一般大于 5000mg/L。由石炭系—二叠系地层水矿化度与距奥陶系顶面距离的关系可知，石炭系—二叠系距离奥陶系顶面大于 50m，则受其影响明显减弱，而石炭系—二叠系主力煤层距奥陶系顶面一般在 100m 以上，表明煤层不会受奥陶系水动力系统影响。

3. 煤层气保存条件

受水动力条件及埋深、热演化、温度、压力等条件的影响，可划分为（古）瓦斯风化带、生物降解带、（古）饱和吸附带和低解吸带。

据前人成果，瓦斯风化带不利于煤层气保存；饱和吸附带是煤层气勘探最有利区带。由盆地边缘（或单斜高部位）向腹部（或单斜低部位）划分为四个煤层气带：

（1）（古）瓦斯风化带：煤层主要含 N_2、CO_2，甲烷含量低于 80%，甲烷碳同位素 $\delta^{13}C_1$ 为 -70‰~-55‰。

（2）生物降解带：大气淡水与煤层水交替带，开采水中气量少，甲烷碳同位素 $\delta^{13}C_1$ 为 $-60‰\sim-50‰$。

（3）（古）饱和吸附带：处于承压水环境，煤埋藏适中，物性好，含气量大，含气饱和度高，是勘探的主要目标区带，甲烷碳同位素 $\delta^{13}C_1$ 为 $-50‰\sim-30‰$。

（4）低解吸带：煤层往往埋藏深，在压实作用下，煤储层物性差，尽管含气量大，但可解吸率低，甲烷碳同位素 $\delta^{13}C_1$ 大于 $-45‰$。

依据钻探和前人成果，研究区Ⅲ煤组瓦斯风化带下限确定在剥蚀面以下200m，6号煤层瓦斯风化带下限在剥蚀面以下500m，据此编制了Ⅲ、Ⅵ煤组吸附带分布图。瓦斯风化带成藏不利，Ⅲ煤组瓦斯风化带分布在大城凸起高部位，面积较大，Ⅵ煤组瓦斯风化带范围更大。而饱和吸附带是成藏最有利区带，在研究区内呈北东走向条带分布，向北部、西部延伸至工区以外。

大城地区主体部位煤层顶底板以泥岩为主，少量砂岩，局部出现石灰岩。煤系地层的底板以本溪组为主，地层厚度为50～60m，底部发育数层灰色铝土岩或铝土质泥岩，厚度为2～10m；中上部以灰黑色泥岩、碳质泥岩为特征，厚20～40m。太原组为灰色—深灰色泥岩夹粉砂岩，泥岩厚度为60～100m。山西组为灰色—浅灰色泥岩、粉砂岩夹碳质泥岩，泥岩厚度为40～80m。煤系地层上覆二叠系下石盒子组中粗砂岩与灰色泥岩及泥质粉砂岩互层，顶部有一套5～12m厚的桃花泥岩，被认为是该区域煤系地层的区域性盖层。

大城凸起主力煤组顶板岩性主要是泥岩、碳质泥岩（只有东南部D2、D3井区与砂岩接触），整体而言，顶底板岩性有利于煤层气保存。

综上所述，大城凸起煤层气藏成藏条件较好，储量规模大，开采条件具备，有望实现煤层气勘探开发的重大突破，体现在以下几个方面：

（1）煤层发育，埋深适中，R_o 主要为 $0.66\%\sim1.3\%$，煤阶以气、肥煤为主。

（2）煤岩割理发育，物性较好。

（3）单斜构造，地层产状比较平缓，构造相对稳定。

（4）主力煤组顶板岩性主要是泥岩、碳质泥岩，有利于煤层气保存。

（5）主力煤组水动力条件相对稳定，饱和吸附带分布范围大。

（6）煤储层含气性较好，煤层气井钻探取得较好效果。

三、煤层气规模开发区块优选评价

1. 有利区评价条件

在构造特征分析、沉积相研究、煤储层融合预测及含气性预测的基础上，对煤层气成藏条件进行了综合研究。结合前人成果，确定研究区有利区评价的基本条件如下：

（1）构造相对稳定，地层产状比较平缓。

（2）煤层厚度大，变质程度较高，资源丰度大。

（3）煤储层含气性预测较好的区带。

（4）试采效果好的区域。

（5）保存条件好，远离瓦斯风化带。

2. 煤层气有利区优选

主要针对主力煤组——Ⅵ煤组，在成藏条件分析的基础上，结合各项研究成果，应用单因素优选、多因素叠合的方法划分有利区。

以吸附带分布图为底图，叠合厚度图、含气有利区分布图，综合划分Ⅰ类有利区3个。北部A区面积为143.98km^2，中西部B区面积为47.28km^2，中北部C区面积为14.66km^2，总面积为205.92km^2；总资源量为360.91×10^{8}m^3，见表10-2-2。

表10-2-2 大城地区Ⅵ煤组Ⅰ类有利区资源量统计

计算单元		含气面积/km^2	平均厚度/m	煤视密度/(t/m^3)	含气量/(m^3/t)	资源量/10^{8}m^3
Ⅰ类有利区	A	143.98	9.5	1.4	14	268.09
	B	47.28	8	1.4	14	74.14
	C	14.66	6.5	1.4	14	18.68
合计		205.92				360.91

第三节 鄂尔多斯盆地深层煤层气规模开发区块优选评价

鄂尔多斯盆地是我国最大的沉积盆地之一，地跨陕西、甘肃、宁夏、内蒙古和山西五省（自治区），故又称陕甘宁盆地，面积约25×10^{4}km^2，周邻被渭河、银川、河套等地堑盆地所镶嵌，外围被秦岭、六盘山、贺兰山、大青山及吕梁山所环绕。广义的鄂尔多斯盆地包括周邻的渭河、银川、河套及六盘山等小型中—新生代盆地，总面积达36×10^{4}km^2。

一、煤层气储层地质特征

石炭系—二叠系宏观煤岩类型，中东部地区和西部地区有明显的区别，中东部宏观煤岩类型以光亮型煤为主，其次为半亮型煤，半暗型煤比例很小。其中，光亮型煤占58.8%～74.1%，半亮型煤占22.2%～41.2%，两者加起来占90%以上，未见暗淡型煤。西部任家庄一带宏观煤岩类型以暗淡型煤为主，约占总含量的66.7%，其次为半亮型煤和半暗型煤（表10-3-1）。

表10-3-1 C—P宏观煤岩类型统计 单位：%

地区	层位	光亮型煤	半亮型煤	半暗型煤	暗淡型煤
中东部	山西组5号煤层	58.8	41.2	—	—
	本溪组8号煤层	74.1	22.2	3.7	—
西部	山西组—本溪组	—	16.2	16.7	66.7

石炭系本溪组和二叠系山西组煤岩显微组分，中东部与西部存在较大差异，中东部地区煤岩显微组分构成，以镜质组为主，平均含量为78.4%～94.45%；其次为惰质组（丝炭），平均含量为5.55%～66.7%；稳定组平均含量为0～1.7%。西部任家庄一带煤岩显微组分构成中，镜质组平均含量为59.54%，明显低于中东部地区，而惰质组含量明显高于中东部地区，平均含量达38.92%，稳定组约为4.07%。煤阶跨越长焰煤、气煤、肥煤、焦煤、瘦煤、贫煤和无烟煤7个煤阶，煤层含气量为6～20m³/t。

煤岩水含量一般较低，平均含量为0.26%～3.10%，灰分为3.4%～34.49%，挥发分为11.3%～32.7%，随着镜质组含量的增加和镜煤反射率的增大，挥发分含量呈逐渐降低的趋势。

煤岩孔隙类型以气孔、植物组织孔为主，这些孔隙未被矿物充填，对煤层气储集有利。煤岩孔隙结构中，以大中孔隙为主，外生裂隙相当发育，孔、缝间连通性好，有利于煤层气的储集和开发。

鄂尔多斯盆地延安组以低级烟煤为主要煤种，水分为1.13%～20.47%，灰分为2.30%～33.97%，挥发分为20.97%～47.48%，全硫为0.06%～8.02%，发热量为11.19%～34.82MJ/kg，碳含量为66.72%～89.75%，氢含量为3.11%～6.35%，反映煤质在时空上有明显变化，这是由沉积环境的多样性所决定的。但是从主要含煤区可采煤层的分析结果来看，该类煤的基本性质均比较稳定，而且大部分具有"四低三高"的特性，即低中灰、低硫、低磷、低灰熔融性，高挥发分、高发热量、高二氧化碳转化率。

二、煤层气成藏富集规律

1. 煤层气顶底板及其封闭性能评价

煤层顶底板岩性不同，对煤层气聚集的控制作用各不相同。当煤层顶底板均为泥岩封盖时，对煤层气藏的垂向封堵效果较好，阻止顶板非煤系水与煤层水发生水力联系，使煤层含气量增加，从而形成高含气煤层气富集区。从沉积相角度讲，夹持在泥岩之间的煤层是原地成煤的产物，除煤层分布稳定外，煤岩不受氧化反应条件破坏，煤质纯，煤中灰分含量低。当煤层顶底板为砂岩时，此时所形成的煤层是异地成煤的产物，成煤物质被河水携带在废弃河道或间湾附近沉积，煤层不稳定，煤岩灰分含量高，对煤层气成藏而言，煤层顶板砂岩水与煤层水窜通，一方面会使煤层气含量降低，另一方面增加煤层气开发难度，煤层水难以抽排干净，达不到排水降压的目的，煤层气成藏条件差。煤层顶底板为石灰岩所处的构造位置，视石灰岩中的泥质含量而定，若石灰岩段位于稳定的地台区，石灰岩顶板对煤层气藏具有较强的封闭作用，如石灰岩段处在构造活动区或背斜构造的轴部，则封盖能力下降。石灰岩中的泥质含量越高，封闭能力越强；反之，则封盖能力变差。盆地延安组煤层顶底板岩性以泥岩为主，局部发育砂岩，煤层顶底板封盖性能较好。

2. 水文地质条件分析

良好的水文地质条件可阻止煤层气的侧向运移，起到侧向封堵煤层气的作用，形成承压水封堵型煤层气藏。

地下水以饱气带水、潜水和承压水三种类型存在。饱气带水是出露在地表的裂隙岩层中季节性存在的重力水；潜水是存在于各种成因类型松散沉积物中的水；承压水是山前平原及平原中的深层水。饱气带水沿东部边缘基岩裸露区分布，潜水在第四系和古近系—新近系松散沉积物内贮存，承压水在盆地内大面积存在。对于煤系地层，不同类型的水对煤层气成藏起着不同的作用，按沉积水的化学性质，可把地层水进一步分为$CaCl_2$型、$NaHCO_3$型和Na_2SO_4型三类。一般$CaCl_2$型水是深层成因水，往往位于承压区，低矿化度的Na_2SO_4型水是地表补给水的标志，处于供水区或泄水区附近，$NaHCO_3$型水介于前两者之间，位于径流区。据此，承压水封闭区，煤层围岩封闭条件较好，煤层气成藏条件有利；Na_2SO_4型水区煤层埋深较浅或侧向煤层已出露地表，它是地表水沿露头区渗入煤层后产生强水交替的产物，常常与甲烷风化带相对应，煤层气成藏条件差。$NaHCO_3$水型分布区煤层埋深为300~1000m，该带内煤层埋藏适中，水交替滞缓，在渗入水与地层水的接触面水流方向相反，产生局部阻滞带，地层水流动不畅而形成超压，从而形成承压水封堵型煤层气藏。

盆地延安组地层水在纵向上表现为两种明显不同的特征：一种是在盆地周边断裂隆起和地层出露区接收大气降水或地表水的补给区；另一种是向盆地内部构造稳定区的承压区或滞流区。沿边缘露头或古高地向盆地内部水化学分带明显，地层水矿化度随地层埋深的增加而增高。

地层水化学性质的平面变化与地层水的运动状态有关。延安组地层水化学性质的平面分布规律显示，高矿化度地层水主要分布于马岭油田及其周围。古潜山处水流滞缓，矿化度高，而古河道由于砂体发育，构成地下水流动通道，矿化度低。例如，位于盆地中部环县至吴旗间东西向的古河道区，地层水矿化度较低。

根据对延安组地层水的水化学、动力学特征分析，延安组煤层气的保存条件总体反映为：纵向上，延安组下部煤层的煤层气保存、成藏条件优于延安组上部煤层；平面上，盆地中部优于盆地边浅部。

三、煤层气规模开发区块优选评价

参考国内中低煤阶煤层气选区标准，鄂尔多斯盆地中低煤阶煤层气有利区选区标准主要考虑了煤层埋深、厚度、含气量和物性等参数（表10-3-2）。

鄂尔多斯盆地东缘石炭系—二叠系中低煤阶煤层气已进入规模开发阶段，本次研究主要是针对盆地东北部埋深2000~2500m的深层煤层气潜力分析。盆地东北部神木地区实施的孤1井山西组5号煤层厚度为4m，含气量为5.71~9.85m^3/t，含气饱和度为57.72%~99.93%；本溪组8号煤层厚度为14m，含气量为4.77~19.95m^3/t，含气饱和度高，表明盆地东北部深层煤层气具有良好的煤层勘探潜力。由于盆地东北部山西组5号煤层厚度较薄，主要评价了石炭系—二叠系本溪组8号煤层，在盆地东部煤层埋深2000~2500m范围内优选了煤层气有利区。有利区面积为11550km^2，资源量为14888.5×10^8m^3（表10-3-3）。

表 10-3-2 鄂尔多斯盆地中低煤阶煤层气勘探目标区评价标准

参数	等级划分	中煤阶评价标准	低煤阶评价标准
埋深 /m	Ⅰ	500~1000	300~500
	Ⅱ	>1000~1500	>500~800
	Ⅲ	>1500	>800
煤层厚度 /m	Ⅰ	>10	>20
	Ⅱ	5~10	10~20
	Ⅲ	<5	<10
含气量 /m³/t	Ⅰ	>15	>2
	Ⅱ	5~15	1~2
	Ⅲ	<5	<1
压力梯度 /kPa/m	Ⅰ	>9.8	
	Ⅱ	7~9.8	
	Ⅲ	<7	
渗透率 /mD	Ⅰ	>1	
	Ⅱ	0.1~1	
	Ⅲ	<0.1	
地面条件	Ⅰ	平原、戈壁	
	Ⅱ	丘陵	
	Ⅲ	山地	

表 10-3-3 鄂尔多斯盆地东北部深部煤层气有利区资源量计算

目标区	埋深 /m	面积 /km²	厚度 /m	密度 /g/cm³	含气量 /m³/t	资源量 /10⁸m³
盆地东北部	2000~2500	11550	7	1.45	12.7	14888.5

鄂尔多斯盆地侏罗系延安组煤层埋深 500~1500m 范围内，煤层气成藏条件有利，综合考虑煤层厚度、含气性等因素，优选了盆地侏罗系乌审旗、庆阳—黄陵两个低煤阶煤层气勘探有利区。

乌审旗有利区位于伊陕斜坡带，区域构造为一平缓的西倾单斜，地层角度小于 1°，内部结构简单，顶底板以泥岩为主，水型为 $CaCl_2$ 型和 $MgCl_2$ 型，利于煤层气保存与富集。延 7、延 6 煤层厚度为 2~9m，聚煤厚带总体呈带状展布，厚度大于 6m，煤层埋深

500～1300m，平面上自东向西埋深逐渐增大。

乌审旗地区针对延6煤层评价了煤层勘探目标区，评价出Ⅰ类区1个、Ⅱ类区5个，目标区面积为4828km²，资源量为1649.8×10⁸m³（表10-3-4）。

表10-3-4 乌审旗地区延6煤层目标区资源量计算

有利区	面积/km²	厚度/m	煤密度/(g/cm³)	含气量/(m³/t)	资源量/10⁸m³	资源丰度/(10⁸m³/km²)
Ⅰ	2906	5.4	1.3	5	1020	0.35
Ⅱ$_1$	217	4.15	1.3	6	70.2	0.32
Ⅱ$_2$	210	4.38	1.3	6	71.7	0.34
Ⅱ$_3$	651	4	1.3	6	203.1	0.31
Ⅱ$_4$	233	4	1.3	6	72.7	0.31
Ⅱ$_5$	611	4.45	1.3	6	212.1	0.35
合计	4828				1649.8	

乌审旗地区针对延7煤层评价了煤层勘探目标区，评价出Ⅰ类区2个、Ⅱ类区1个，目标区面积为6368km²，资源量为2236.6×10⁸m³（表10-3-5）。

表10-3-5 乌审旗地区延7煤层目标区资源量计算

目标区	面积/km²	煤层厚度/m	煤密度/(g/cm³)	含气量/(m³/t)	资源量/10⁸m³	资源丰度/(10⁸m³/km²)
Ⅰ$_1$	1252	4.2	1.28	5	336.5	0.27
Ⅰ$_2$	1953	5.62	1.28	5	702.5	0.36
Ⅱ	3163	4.93	1.28	6	1197.6	0.38
合计	6368				2236.6	

庆阳—黄陵有利区延9煤层顶面构造呈西倾单斜构造特征，构造相对平缓，地层倾角为2°～8°，局部发育小型鼻状隆起，幅度为20～30m。顶板岩性以泥岩为主，泥岩厚度为2～25m，水型以$CaCl_2$为主，为高矿化度承压地层水，利于煤层气保存。延9煤层厚度为0～14m，聚煤中心主要位于宁县—彬县一带，煤厚6～14m，埋深500～1500m，煤层厚度及埋深匹配良好，利于煤层气勘探开发。庆阳—黄陵地区评价出3个延9煤层勘探目标区，分别位于宁县、灵台和彬县北地区，目标区面积为1989km²，资源量为1530.7×10⁸m³（表10-3-6）。

开展了侏罗系延安组煤层生烃潜力评价，认为盆地延安组煤层平均产烃潜量为100～120m³/t，生气能力较强，并开展了盆地侏罗系煤系气勘探潜力研究，统计了鄂尔多斯盆地西南部578口井侏罗系气测值，筛选了庆阳、环县和定边3个气测异常带。

表 10-3-6 庆阳—黄陵延 9 煤层气目标区资源量计算

目标区	埋深/m	面积/km^2	煤层厚度/m	密度/g/cm^3	煤层含气量/m^3/t	煤层气资源量/10^{8}m^3
宁县	500~1300	787	12	1.34	5	632.7
灵台	1000~1500	646	13	1.34	5	562.7
彬县北	500~1000	556	9	1.34	5	335.3
合计		1989				1530.7

第四节 宁武盆地中低煤阶煤层气规模开发区块优选评价

宁武盆地位于山西地块中大同—宁武坳陷的南端，大同—宁武坳陷是指吕梁地块与恒山—五台山地块在东西两侧隆起，中间则相对形成一个坳陷地带，宁武盆地为晚古生代成煤期后在华北盆地上受构造运动抬升的构造盆地，呈狭长带状北北东向展布，区域上为华北盆地后期构造作用发展而成的山间构造盆地。该盆地长约130km，宽20~30km，面积约3120km^2。

宁武盆地东西两侧分别发育芦芽山与云中山两条相对隆起带。芦芽山隆起带、云中山隆起带与宁武复式向斜转换区域发育春景洼—西马坊断裂带和卢家庄—娄烦断裂带，这两条逆冲断裂构造带控制着宁武盆地的边缘，两者之间的宁武盆地以复式向斜构造形态保存了石炭纪—二叠纪与侏罗纪两套含煤岩系，石炭纪—二叠纪含煤岩系主要出露于宁武盆地的两翼；侏罗纪含煤岩系主要出露于宁武盆地的核部。

一、煤层气储层地质特征

1. 煤层分布

煤层主要分布在石炭系太原组、二叠系山西组，全区均有分布，一般分为10层，煤层总厚度为10~24m，分布特征为中间厚、东西两侧薄，一般厚度大于18m。

山西组自上而下编号为1号至4号4个煤层，其中4号煤层是煤层气主要勘探目的层。1号至3号煤层不稳定：1号煤层厚0~1.5m，仅个别地段可采；2号煤层厚0~0.95m，3号煤层厚0~1.95m，局部可采。4号煤层厚度一般为1.0~7.0m，横向分布稳定，总体趋势为西厚东薄，中东部厚度一般为1.0~3.0m，西部厚度一般为3.0~7.0m。

太原组自上而下编号为5号至10号6个煤层，其中9号煤层是煤层气主要勘探目的层。9号煤层之上的5号至8号煤层均为不稳定局部可采煤层，煤层厚0~2m；9号煤层之下的10号煤层亦属不稳定局部可采煤层，但厚度较大，为0~4.85m。

9号煤层厚度一般为10.0~16.0m，横向分布稳定，总体趋势为中部厚、东西两侧薄，中间最厚可达14~16m，两侧为8~12m。

宁武盆地南部 9 号煤层埋深一般为 300~2000m，埋深变化为北深南浅、两侧浅中间深。4 号煤层埋深趋势与 9 号煤层一致，略浅 60~70m。

2. 煤岩有机地球化学条件

据已钻井煤岩显微组分数据，镜质组为 57.4%~92.7%，一般大于 60%；惰质组为 4.4%~40.3%，一般小于 30%。煤层灰分含量一般小于 15%，以中低灰分煤为主（表 10-4-1）。

表 10-4-1　宁武盆地 9 号煤层煤岩特征

井号	煤阶	$R_o/\%$	显微组分 /%		工业分析 /%		
			镜质组	惰质组	水分	灰分	挥发分
武试 1	肥煤	0.95~1.10	58.9~78.3	16.1~37.0		5.84~22.20	
武试 2	肥煤	0.88~1.01	25.0~73.9	19.6~64.5		4.6~13.98	
武试 4	肥煤、焦煤	1.08~1.40	64.1~82.4	10.2~32.5		4.22~11.26	
武试 5	肥煤	1.02~1.12	68.2~72.8	12.6		5.24~13.99	
武试 9	肥煤	1.02~1.14	73.2~89.7	4.7~25.3	0.49~1.59	4.94~18.25	24.13~30.61
武试 10	肥煤	0.95~1.09	20.8~43.3	22.4~58.7	13.81~18.96	3.96~14.29	27.21~33.97
武试 11	肥煤	0.88~0.95	69.2~83.6	8.2~29	0.59~1.02	6.17~12.14	24.28~29.69
武试 12	肥煤	0.92~1.07	57.4~92.7	4.4~9.8	0.88~1.91	5.81~16.18	23.45~33.12
武 1-1	肥煤	0.92~1.14	57.5~66.3	23.2~40.3	0.46~0.67	5.66~16.83	22.38~27.09

煤岩镜质组反射率为 0.7%~1.66%，煤阶为中煤阶气煤、肥煤至焦煤。平面上，由盆地边缘向内部，随着埋藏加深，煤岩变质程度逐渐升高。

3. 煤岩类型与储集物性

宁武盆地南部 9 号煤层煤岩总体为半亮—半暗型和半亮—光亮型煤，以块状为主，局部含夹矸 1 层。煤心观察表明，该区多发育垂直煤层割理，割理密度为 3~10 条 /cm，缝宽 4~7μm，呈不规则分布，未充填，有利于疏通煤层孔隙，改善煤储层性能（图 10-4-1）。

据岩心测试，宁武盆地南部 9 号煤层孔隙以小孔为主，发育少量的中孔和大孔，孔隙中值半径为 0.1~63μm，孔隙度为 1.0%~5.4%。据注入 / 压降测试，渗透率为 0.01~0.86mD。

4. 含气性

据煤层气井和煤田钻孔资料表明，9 号煤层含气量最高 20.61m³/t，平均为 10.61m³/t（表 10-4-2），总体呈北高南低的趋势。该区主力煤层含气饱和度比较高，一般为 74.26%~88.7%，证实该区处于饱和吸附带，煤层气易解吸，开发潜力较大。

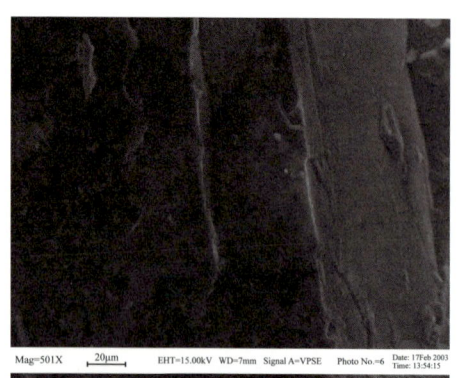 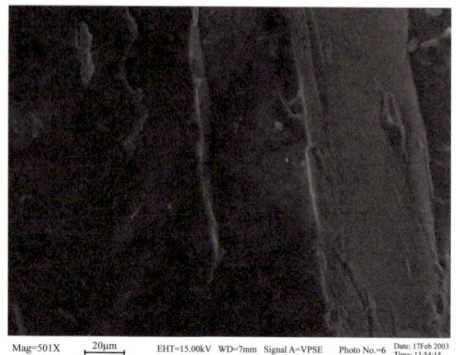

(a) 割理发育

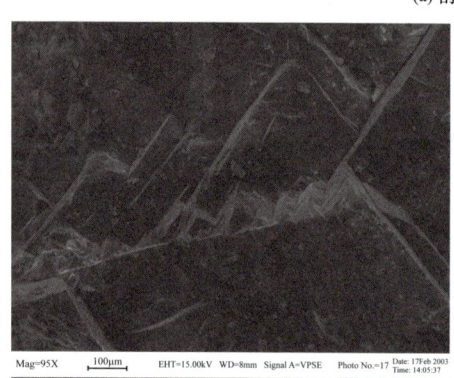 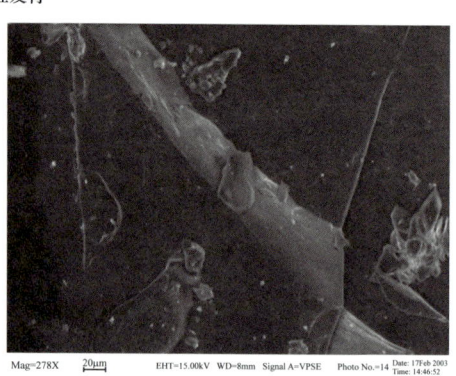

(b) 割理未充填

图 10-4-1　宁武盆地武试 1 井 9 号煤层煤心显微构造成像图

表 10-4-2　宁武盆地 9 号煤层含气量统计

井号	R_o/%	原煤含气量 /（m³/t）	含气饱和度 /%
武试 1	0.95～1.10	9.76～13.97	86.3
武试 2	0.88～1.01	3.91～5.66	59.09
武试 4	1.08～1.40	12.86～20.61	88.7
武试 5	1.02～1.12	8.11～11.85	—
武试 9	1.02～1.14	9.26～12.76	83.38
武试 10	0.95～1.09	3.84～7.05	44.46
武试 11	0.88～0.95	3.44～6.59	49.22
武试 12	0.92～1.07	5.73～9.02	74.26
武 1-1	0.92～1.14	6.32～13.39	74.43

　　解吸气主要成分为甲烷，含量为 66.3%～95.1%，并含有极少量的 CO_2 和 N_2，属优质煤层气。$\delta^{13}C_1$ 为 -44.34‰～-74.03‰，以热成因气为主，浅层具有生物气特征。

5. 盖层特征及水文地质条件

宁武盆地南部 9 号煤层顶板以泥岩为主，厚度为 2～18.0m，局部地区有石灰岩分布，泥岩厚度大、质纯、致密坚硬，其泥岩突破压力为 8～15MPa，是一套非常好的封盖层；底板以泥岩为主，局部发育碳质泥岩，总体封闭条件好。其中，武试 1 井顶板直接盖层以石灰岩为主，武试 5 井—武试 4 井顶板直接盖层以泥岩盖层为主，厚度大于 20m，泥岩较致密，具有较强的封盖能力。

该区主要含水层有中奥陶统马家沟组石灰岩岩溶裂隙含水层、太原组含水层、山西组砂岩孔隙裂隙含水层和新生界孔隙含水层。根据试验，9 号煤层矿化度为 0.42～1.34g/L，水化学类型为 $HCO_3^- \cdot Cl^- - Na^+$ 和 $HCO_3^- \cdot Cl^- - Na^+ \cdot Mg^{2+}$ 型，属于弱富水性含水岩组。

宁武盆地的地表水动力学条件的基本格局是大致以宁武县城以南 10km 处的山峰为界，分为南北两个水系，北部水系向北流向阳方口方向；南部水系向南流向静乐和汾河水库方向。沿宁武盆地两侧高处的奥陶系石灰岩中均有地表泉水出露，依据宁武盆地的地下水动力学特点，大体在盆地的南部区形成一个地下水滞流或滞缓区。

6. 储层渗透率

宁探 1 井采用注入 / 压降试井方法，测试煤层的有效割理渗透率为 1.810mD，属于中等渗透率储层。压裂后 3 次测试有效渗透率分别为 28.171mD、23.839mD 和 25.369mD，说明压裂效果较好，有效改善了地层渗透性。压裂后的有效渗透率数值相近，反映出煤层的均质性较好。4 次测试的闭合压力数值相近，也侧面反映出煤层的均质性较好。4 次测试地面均反映出破裂压力不明显，而井下实测均反映出明显的破裂压力；压裂后 3 次测试均反映出明显的延展压力，充分说明煤层的压裂是有效的，同时反映出煤层的割理不十分发育。

二、煤层气成藏富集规律

通过开展针对性的资源评价，结合前期钻探情况及排采试验结果，认为宁武盆地南部勘查区具有良好的煤层气勘探评价条件。主要认识如下：

（1）煤层厚度大，分布稳定。宁武盆地煤层主要分布在石炭系太原组、二叠系山西组，全区均有分布，共 10 层，总厚度为 10～24m，一般大于 18m。山西组自上而下编号为 1 号至 4 号 4 个煤层；太原组自上而下编号为 5 号至 10 号 6 个煤层。其中，9 号煤层厚度一般为 10.0～16.0m，横向分布稳定，总体趋势为中部厚、东西两侧薄，中间最厚可达 14～16m，两侧为 8～12m。埋深一般为 300～2000m，具有北深南浅、两侧浅中间深的特点。

（2）热演化程度为中煤阶煤，煤岩类型好。宁武盆地南部 9 号煤层镜质组反射率为 0.7%～1.66%，煤阶为中煤阶气煤、肥煤至焦煤。平面上，由盆地边缘向内部，随着埋藏加深，煤变质程度升高。9 号煤层煤岩总体为半亮—半暗型和半亮—光亮型煤，以块状为主，局部含夹矸 1 层。显微组分中镜质组含量一般大于 60%，惰性组含量小于 30%，煤层灰分含量一般小于 15%，以中低灰分煤为主。

（3）煤储层物性好，含气量高。据岩心测试，宁武盆地南部 9 号煤层孔隙以小孔为主，发育少量的中孔和大孔，孔隙中值半径为 0.1~63μm，孔隙度为 1.0%~5.4%。据注入/压降测试，9 号煤层渗透率一般为 0.01~0.86mD。煤心观察表明，该区多发育垂直煤层割理，割理密度为 3~10 条/cm，缝宽 4~7μm，呈不规则分布，未充填，有利于疏通煤层孔隙，改善煤储层性能。宁武盆地南部 9 号煤层含气量为 3.44~20.61m³/t，平均为 10.6m³/t；含气饱和度为 74.26%~88.7%。气测异常值一般为 30%~90%，其中武 1-5 井气测异常值达 93.7%。

（4）保存条件有利，主要为热成因气。宁武盆地南部 9 号煤层顶板以泥岩为主，厚度为 2~18.0m，局部地区有石灰岩分布；底板以泥岩为主，局部发育碳质泥岩，总体封闭条件好。供水区沿边部断层展布，强径流区—弱径流区—承压区由边部向盆地中心依次过渡，煤层气保存由差变好。煤层顶板为泥岩，富水性差，利于煤层气保存。例如，武试 5 井煤层顶板为泥岩，地层水矿化度为 5081mg/L，说明处于地下水弱径流—滞留区；而武试 3 井顶板为砂岩，富水性强，地层水矿化度为 985mg/L，处于地下水径流区，不利于煤层气保存。

9 号煤层气体组分中甲烷含量高，属于优质煤层气；甲烷碳同位素值表明，$\delta^{13}C$ 主要为 -47.25‰~74.03‰，1000m 以深为热成因气，1000m 以浅具有生物气特征。

（5）总体试采效果好，煤层气勘探潜力大。宁武盆地南部共排采井 44 口，其中产气井 29 口，日产气量大于 1000m³ 的井有 12 口，均位于勘探有利区范围内，最高日产气量达 3883m³（表 10-4-3），展现了该区良好的煤层气勘探前景。早期排采制度不完善，导致部分钻井试采效果差。主要表现在以下几个方面：一是排水期短、降液面快，提产放气速度快，形成气锁，导致难以稳产；二是部分井解吸后未能连续降液面，仍在解吸压力附近；三是因资金或环保限制，试采时间短，且不能连续排采。因此，加强排采管控，合理试采将是宁武盆地煤层气勘探取得突破的重要因素。

表 10-4-3　宁武盆地南部煤层气井试采成果

井号	投产时间	射孔段/m	日产水量（2018 年底）/m³	累计产水量/m³	日产气量/m³		累计产气量/m³
					2018 年底	最高	
武 1-1	2012-01-02	1163~1169	8.7	7481.8	0	780	121980
武 1-2	2012-01-01	1152~1159	2.9	3422.4	0	1191	43270
武 1-3	2012-01-06	1208~1215	7.5	9424.8	171	2546	163634
武 1-4	2012-05-26	1208~1216	7.7	2991	0	1616	112602
武 1-5	2012-08-07	1186~1194	3.1	1127.2	0	1219	57223
武 1-6	2012-05-26	1153~1159	9.3	5436.2	202	3883	168902
武 2-1	2013-08-17	1190~1195	7.2	345			未解吸
武 2-2	2013-08-17	1295~1300	6	329.2			未解吸

续表

井号	投产时间	射孔段 /m	日产水量 （2018年底）/ m³	累计 产水量 / m³	日产气量 /m³		累计 产气量 / m³
					2018年底	最高	
武2-3	2013-08-13	1262~1268	6.8	247.9			未解吸
武2-4	2013-08-15	1211~1215	7				未解吸
武2-5	2013-08-14	1230~1234	7.7	340.7			未解吸
武试5	2008-12-01	980.0~991.6	3.9	534.2	1012	2320	63978
武5-1	2009-02-13	971.3~978.95	4.15	143.17	可燃		
武5-2	2008-12-16	984.6~996.8	7.57	623.89	可燃		

宁武盆地煤层气富集的主控因素首先是构造因素，该区石炭系—二叠系早期稳定成煤，后期运动改造，构造为煤层气富集主要控制因素。宁武盆地为华北盆地后期构造作用发展而成的山间构造盆地，为一北东向展布的复式向斜盆地，东西两翼地层陡，地层倾角大于30°；南北两端及腹部平缓，地层倾角为10°~15°，盆地南部构造整体呈现西南向东北倾斜，构造较为平缓，有利于煤层气保存，构造上斜坡带煤层气为富集高产区，上斜坡带为低势区，是油气运移主要指向区，在整体降压情况下煤层气井具有输入型的产气特征。

煤层气富集的主控因素其次是构造应力场的影响，构造应力场是控制煤层渗透性的最主要因素。古应力场相对低值区煤层割理裂隙分布密度大，构造地应力低值区煤层渗透性好，易形成煤层气的富集。从9号煤层区域应力场的分布图来看，陡坡带古应力场处于高值区，应力集中反映储层结构破碎、渗透性差。西南斜坡带古应力场处于低值区，反映煤储层渗透性好，有利于煤层气的富集和开采。北部深层洼槽区古应力场处于过渡区，整体应力应变值较低，局部发育高值区。

南部煤层气有利区为斜坡中段向斜区水力封堵的成藏模式。向斜的核部洼槽区，为厚煤层和高含气区。受斜坡上段水力和断层封堵形成煤层气富集区（图10-4-2）。

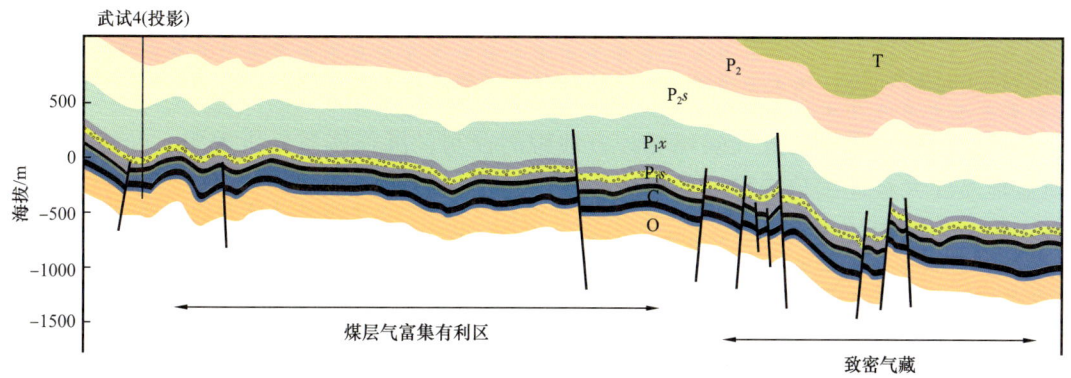

图10-4-2 宁武盆地南部煤层气成藏模式图

三、煤层气规模开发区块优选评价

根据构造活动和古应力场分析，宁武盆地南部煤层气富集的有利方向为深部洼槽区和斜坡中南部。首先按照含气量和埋深对有利区进一步优选，含气量大于 $8m^3/t$、埋深小于 1500m 的区域认为是煤层气相对富集区，位于矿权区西南部，该区地层产状平缓、构造相对简单，面积为 $164.65km^2$。含气量大于 $8m^3/t$，埋深大于 1500m 小于 2000m 的区域认为是煤层气较富集区，但储层物性差，作为勘探接替区。主要位于矿权区中部，该区煤层埋藏相对较深，面积为 $272.21km^2$。

然后，再根据水文地质条件和储层含气性预测综合确定煤层气最富集区域（"甜点区"）。通过对该区水文地质条件的重新评价，认为西南边缘属于强—弱径流区，地层水量偏大。向斜斜坡边缘较陡的部位已钻井（武试2、武试3、武试6、武试10、武试11、武试12）试气产水量大（日产水 160～$440m^3$），气少量。宁武南约 50% 的井最高日产水量超过 $30m^3$。和前期认识相比，本次研究认为强—弱径流区范围往东北方向有扩大的趋势。但部分井产水量高，同时产气效果也比较好，比如武试1井日产水 40～$200m^3$，换泵前日产水量一般为 40～$70m^3$，换泵后日产水量为 100～$200m^3$。试气时间 56 天，日产气量最高达 $3112m^3$，关井前日产气 $1120m^3$。武 1-3 井试气日产水量最高达 $46m^3$，但最高日产气量达 $2464m^3$，累计产气 $16×10^4m^3$。

根据构造、储层埋深、含气量、水文地质、储层预测等要素综合确定煤层气"甜点区"，原则是构造稳定、埋深小于 1500m、含气量大于 $8m^3/t$，位于弱径流—承压区、储层预测有利（煤层厚度大、古应力低值区、地层衰减梯度大等），最后划定有利富集区面积约 $84km^2$，预测优质储量 $142×10^8m^3$。"甜点区"再根据储层厚度、含气量、水文条件和构造活动因素进一步判断北部要好于南部已钻井区。

第五节 吐哈—三塘湖盆地煤系气有利区块优选评价

一、吐哈—三塘湖盆地煤层气成藏主控因素

1. 古地貌和古环境控制了煤岩的发育程度

煤岩的发育程度受古气候环境和古地貌的控制，沉积体系分析表明，吐哈—三塘湖盆地厚度大且连续分布稳定的煤岩主要为辫状河三角洲和湖泊沼泽沉积，河流相和扇三角洲相沉积的煤岩厚度小、横向变化快。从煤岩厚度分布来看，吐哈—三塘湖盆地厚度较大的煤岩主要沿着凹陷偏北分布，凹陷南部煤层不发育。从三塘湖盆地西山窑组早期古地貌（图 10-5-1）分析，马北区块在这一时期地势最缓，湖盆水体较浅，在潮湿气候环境下沉积了巨厚的煤岩，煤岩厚度越大，煤层气资源量越大，资源丰度越高。

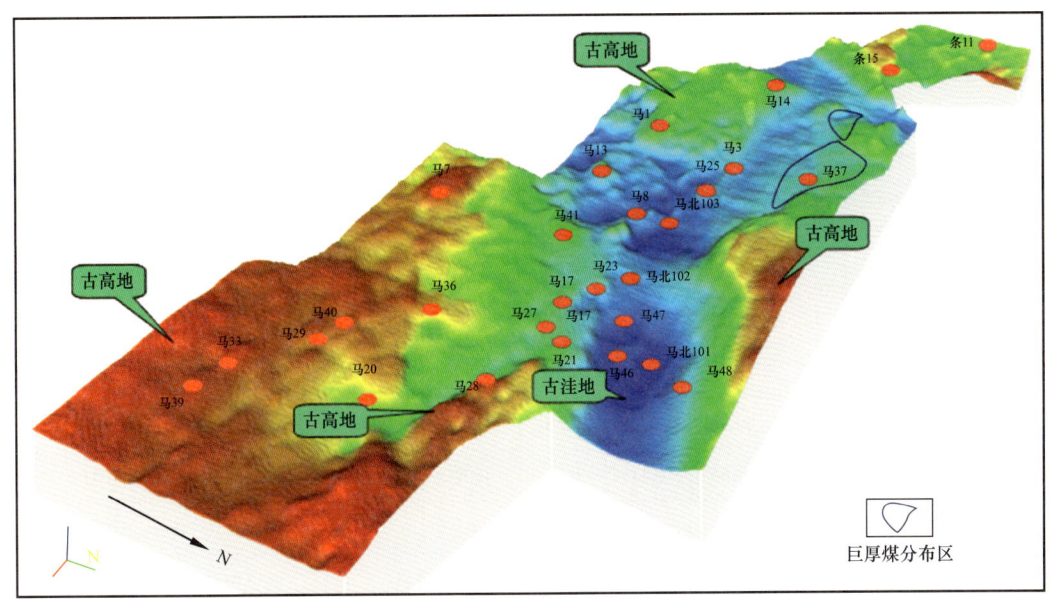

图 10-5-1 三塘湖盆地马朗凹陷西山窑组沉积时期古地貌图

2. 不同埋藏深度和演化程度的煤岩控制煤层气成因和含气量

吐哈—三塘湖盆地煤岩埋藏深度在不同地区差异较大，吐哈盆地西山窑组下部主力煤层最大埋藏深度达到 7500m，大部分埋藏深度在 2000m 以上，埋深在 2000m 以下的煤层主要分布在大南湖、沙尔湖、疙瘩台南缘、哈密西北缘、核桃沟和托北等地区，但北部核桃沟地区的煤岩早期埋藏较深，煤岩的演化程度较高，达到中煤阶煤，与北部山前带其他地区一致。从吐哈盆地煤岩镜质组反射率分布来看，凹陷主体区煤岩演化程度达到气煤，甚至肥煤阶段，煤岩中的煤层气以热成因为主；核 5 井气样组分分析（表 10-5-1），气体烃类组分齐全；柯 19 井煤层气样品组分分析，气体烃类组分齐全，煤层间砂岩气样品分析，甲烷碳同位素为 –41.4‰～–38.4‰，乙烷碳同位素为 –29.2‰～–27.6‰，氢同位素为 –222‰，体现为热成因煤成气。对于埋藏深度在 1000m 以浅的凹陷边缘、沙尔湖、马北等区块，煤岩演化程度较低，R_o 为 0.35%～0.65%，以褐煤—长烟煤为主，煤层气主要为生物成因气，煤层气组分以甲烷为主，乙烷含量极少，无其他烃类组分；气体样品碳同位素分析，沙尔湖甲烷碳同位素为 –70.7‰～–59.6‰，乙烷碳同位素为 –43.7‰～–33.9‰；条 15 井煤层气碳同位素分析，甲烷碳同位素为 –53.05‰～–52.84‰，体现生物成因气特征。

同时，煤岩热演化程度对煤岩的生烃和吸附性能有重要影响，申建等（2017）对吐哈盆地的煤岩热演化进行了热模拟实验，结果表明，随着煤阶和模拟温度的升高，气态烃的产率呈幂指数形式增大，生烃门限 R_o 介于 0.4%～0.6%（图 10-5-2）。秦勇等（2010）对全国 30 余座煤矿的煤阶和煤层甲烷含量统计发现，煤岩的吸附性能随着煤岩热演化程度的增高而增大。一般情况下，低煤阶褐煤和长焰煤（R_o 为 0.3%～0.7%）含气量为 1～7m³/t，中煤阶的气煤、肥煤、焦煤和瘦煤（R_o 为 0.7%～1.9%）含气量为 8～16m³/t，高煤阶的贫煤和无烟煤（R_o为1.9%～4.5%）含气量为8～35m³/t，到无烟煤Ⅲ号—石墨的含气量迅速下降。随着深度的增加，热演化程度增强，产烃率和含气量增加。

表10-5-1　吐哈—三塘湖盆地煤层气组分分析数据

井号	井段/m	层位	甲烷/%	乙烷/%	丙烷/%	异丁烷/%	正丁烷/%	异戊烷/%	正戊烷/%	CO_2/%	N_2/%
柯19	3180～3195	J_2x	80.46	9.44	4.03	1.45	1.83	0.67	0.52	02	0.79
	3338～3361		85.55	8.52	2.57	0.55	0.53	0.19	0.16	1.03	0.41
	3393～3410		79.07	9.91	4.58	1.37	1.5	0.68	0.61	0	0.32
核5	1812～1822	J_2x	80.96	2.75	0.53	0.11	0.04	0.02	0.01	13.59	1.98
核6	1099～1106	J_2x	96.65	0.11	0.07	0.02	0.01	0	0	0.71	2.43
条15	843.7～848	J_2x	80.18	0	0	0	0	0	0	0.93	18.89
马491	1489～1498	J_2x	83.04	0.52	0.07	0.4344		0.0129		4.61	11.73
塘1-5	1080～1105	J_2x	92.07	0.04	0	0.13		0		1.69	6.19
塘1	993～998	J_2x	92.01	0.45	0	0	0	0	0	1.21	6.32
沙煤5	530～624	J_2x	93.04	0.29	0	0	0	0	0	0.68	5.78
沙煤3	994～995	J_2x	7.11	0.13	0	0	0	0	0	2.38	90.38
沙煤7	890～948	J_2x	64.97	0.24	0	0	0	0	0	8.07	26.72

3. 稳定的构造背景和正向构造控制煤层气富集程度

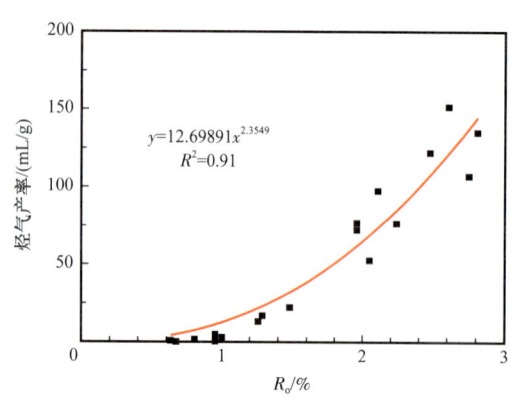

图10-5-2　吐哈盆地R_o与烃气产率关系

从钻井和录井揭示主力煤层段气测异常分布来看，吐哈—三塘湖盆地存在7个气测异常高值区，分别是北部山前带核桃沟、鄯勒、红旗坎、温吉桑、疙瘩台、西峡沟—马北和条湖等区块。核桃沟区块气测值为20%～50%，最高值达到84.83%（核6井1410～1416m井段），温吉桑区块气测值为20%～80%，红旗坎区块气测值为10%～50%，疙瘩台区块气测值为20%～60%。这7个区域都对应着7个正向构造带，钻井揭示其煤层附近砂岩均见油气显示。气测异常值直接体现了煤层的含气饱和度，气测异常值越高，煤层的含气饱和度越高，对应的含气量也越高。气测异常高值区集中分布于构造较高部位，向构造翼部气测异常值降低，正向构造控制煤层气富集程度。

上述7个区块有一个共同特点，构造形态比较稳定，构造高部位断层不发育，气测显示好,预测含气量高。对于构造相对比较破碎、断层比较发育的地区,气测值低,煤岩的含气量低。大南湖凹陷钻探的合1井,主力煤层厚度为16.3m,煤层的埋藏深度为1225m,煤层气测全烃峰值为1.639%,煤岩岩心测试原煤基含气量为0.57~0.95m³/t,究其原因,除了水文条件差导致风氧化带深度大以外,最主要的原因还是构造比较破碎,断裂发育。

构造活动剧烈的地区,地层发生剧烈抬升,煤层上覆地层遭到大量剥蚀,煤层出露或者接近地表,会形成瓦斯风化带,不利于煤层气的保存。沙尔湖地区沙煤3井和沙煤7井,煤层现今埋藏深度达到950~1000m,气组分分析表明,处于风氧化带的N_2带和N_2—CH_4带。

4. 良好的顶底板条件控制煤层气富集

顶底板的封闭性取决于其岩性和厚度。对于大部分煤层气藏,煤储层基本为欠压—正常压力,因此,盖层厚度3m即可封闭甲烷的垂向运移。煤层顶底板岩性的分布,主要受控于盆地内沉积环境的变迁,西峡沟—马北、条湖中部、核桃沟、柯柯亚、温吉桑和疙瘩台等地区顶底板岩性主要为泥岩和碳质泥岩,因其塑性较强,突破压力较大,突破时间较长,发挥了很好的封闭作用;局部地区发育辫状河三角洲前缘砂体,而封闭能力变差,砂岩往往见气测异常和油气显示,如山前带柯19井,3180~3395m井段煤层间砂岩油气显示比较好,气测值比较高,常规试油日产气12742m³;条35井2527~2544m井段砂岩气测异常值可达4.62%,测井解释为干层,可能含气。条东斜坡、条湖南缘、汉水泉南缘、红连、托北等地区顶板或底板岩性以砂岩为主,对煤层气的封闭性较差,在这些区域油气探井煤层段,气测显示较低甚至极低,表明煤岩的含气量较低。

5. 水文地质条件控制煤层气富集规模

水文地质条件对煤层气的控制作用包含两个方面:一方面是控制风氧化带的深度,活跃的水动力在水驱、水溶的作用下,破坏煤层气藏的吸附、溶解和游离气三者之间的动态平衡,影响煤层气的保存,进而影响煤层气富集的规模;另一方面地表水的补给,形成了低盐度、低矿化度的地层水,这类水带入了大量的甲烷菌,在煤层中大量繁殖,有利于大量的生物成因气生成和运移,达到一定的深度,补给水活动变弱,甚至滞留,煤层水矿化度由低到高,形成水力封挡,对煤层气起到保存作用。另外,高矿化度的地下水既破坏低煤阶甲烷菌的生长和生物气的生成,又会降低该区的煤层气吸附能力。

吐哈—三塘湖盆地自新生代以来,由于气候干旱,地表蒸发量大,是否有地表水的补给,直接关系到煤层气富集的程度和规模。瓦斯风化带除了与上覆地层厚度有关之外,很重要的一个因素是,区域水文地质的作用。如果煤层所处区域地下水动力强,就会对煤层气造成水洗,使甲烷随着地下潜流水运移,造成煤层含气量降低。在地表露头附近,地表水与煤层水发生重力循环作用,将大气中的氮气、二氧化碳等带入煤层中富集,甲烷被替换解吸而散失。瓦斯风化带深度越大,煤层气勘探有利区带越小,勘探难度越大。

吐哈盆地的瓦斯风化带深度在不同凹陷和不同构造带差别较大。吐哈盆地南部长期处于干旱气候条件下，无地表径流及其他水体，月平均蒸发量为419mm，降水量为0.82mm，蒸发量远远大于补给量，导致潜水面很深，煤层水矿化度较高，进一步影响到风氧化带的深度。从钻井情况来看，大南湖凹陷、沙尔湖凹陷西洼槽、三堡凹陷东部斜坡、艾丁湖斜坡等地区瓦斯风化带深度较大，分布范围较广，对煤层气藏造成了较为严重的破坏。

例如，大南湖凹陷的钻井取心分析的结果表明，基本都处在瓦斯风化带，煤层埋藏最深的合1井，1241.33～1241.63m井段，甲烷含量为50.78%，氮气含量为37.61%，二氧化碳含量为3.54%，氢气含量为8.03%，处于氮气—甲烷带。东洼槽煤层埋藏浅于500m区域，基本不含甲烷，气体组分以氮气和二氧化碳为主。综合判断该凹陷瓦斯风化带深度在1300m左右。

沙尔湖西洼槽瓦斯风化带深度1100m，东洼槽煤层水矿化度最高达到36277mg/L，水型为$CaCl_2$，水力封堵条件良好，有利于煤层气的保存，其瓦斯风化带深度为500m。台北凹陷艾丁湖斜坡瓦斯风化带深度为1200m。三堡凹陷东部斜坡瓦斯风化带深度为1000m，洼槽区瓦斯风化带深度为700m。

三塘湖盆地南缘界山常年积雪，地势南高北低，侏罗系煤层沿凹陷沉积中心向北抬升，地表水可能沿着北部边缘渗入地下煤层，发挥一定的补充作用，导致三塘湖盆地整体保存条件较好，随着深度的增加，煤层水矿化度逐渐增加，地下水对煤层气藏的破坏作用较弱，保存条件增强。从钻井情况来看，马朗凹陷、条湖凹陷的瓦斯风化带深度为300～400m，汉水泉凹陷瓦斯风化带深度可能较深，在600m左右。

二、吐哈—三塘湖盆地致密砂岩气成藏主控因素

致密砂岩气藏富集高产的控制因素主要包括气源岩、构造和沉积体系三个方面，气源岩控制天然气宏观分布，构造背景控制天然气的富集，沉积体系有利相带控制天然气的富集和产能。吐哈盆地已发现的致密砂岩气藏主要分布在北部山前带柯柯亚和南部的温吉桑地区，针对这两个区域探讨致密砂岩气成藏主控因素。

1. 气源岩（煤岩、高碳泥岩）的分布控制天然气的宏观分布

吐哈盆地台北凹陷是吐哈—三塘湖盆地天然气生成的主力气源区，所有的侏罗系油气田均分布在其周缘或内部。柯柯亚和温吉桑致密砂岩气来自胜北洼陷凹陷侏罗系水西沟群煤系地层烃源岩。台北凹陷侏罗系水西沟群烃源岩埋深大于4400m，较深处可大于5000m，前人研究表明，水西沟群烃源岩具有比较强的生气能力，其生气强度为$(30～40)×10^8m^3/km^2$。煤岩现今仍处于生气期，为该区气源之一，含气程度高的气层附近煤岩厚度也大，且气测异常幅度大。

柯柯亚致密气藏位于水西沟群煤岩和高碳泥岩最为发育的地区，西山窑组厚煤层直接或间接与气层互层，煤岩生成的天然气可直接排到储层中，这种生储互层方式的排烃、聚集效率最高，非常有利于烃源岩上下储层成藏，还有利于改善砂岩储层的储集物性。同时，西山窑组高阻煤岩厚薄程度影响其对下部气层的封盖能力，30m以上的煤层可以

起到很好的封盖作用。因此，煤层和高碳泥岩越厚的区域往往天然气产量也越高，表明天然气明显地为近源聚集。一般而言，距离气源越近，天然气充注强度也就越强。

2. 构造背景（构造高部位）控制天然气的富集

柯柯亚、温吉桑构造带自燕山期形成以来，就开始汇集凹陷侏罗系生成的石油，到喜马拉雅期聚集侏罗系生成的天然气。断裂与砂体共同构成了油气运移的输导体系，断背斜和断块等类型圈闭是天然气良好的聚集场所。

柯柯亚西山窑组和三工河组粗粒级砂体天然气富集、高产基本受断背斜、断块等圈闭的控制（图10-5-3），在圈闭范围内的砂体一般产气量比较高。但断裂侧向遮挡能力相对较差，即使在圈闭内一般也不会全部充满，而且在低部位不产气。例如，柯19井区断块闭合度为620m，但气柱高度只有200m左右；柯23井区气柱高度为200m，柯24井区气柱高度为250m。断层封闭性不如盖层，不能封闭气柱高度太大的气藏，所以在断裂发育区不易形成大规模、高产气藏。整体来看，该区构造背景（构造高部位）控制着天然气富集。

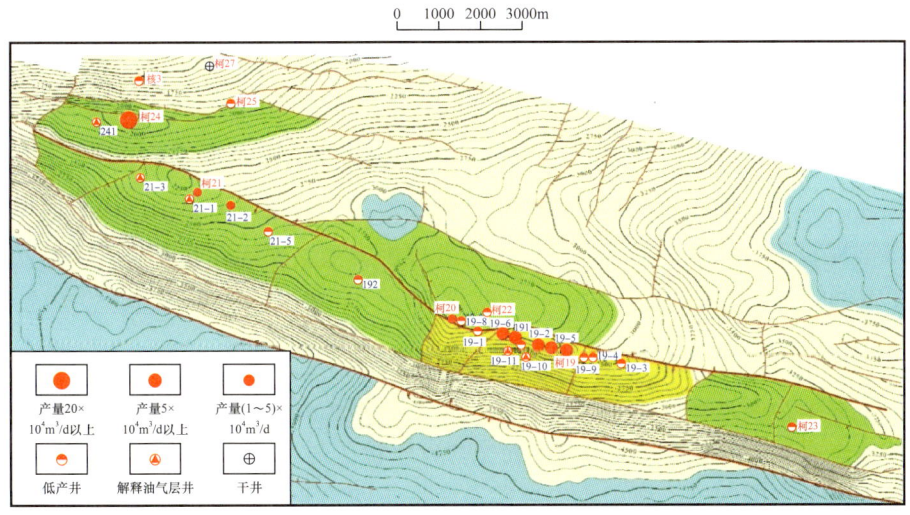

图10-5-3 柯柯亚地区不同产率气井分布图

3. 有利沉积相带和裂隙发育程度及其配置关系控制气富集和产能

从柯柯亚试气结果和岩心观察来看，在基本相同的构造条件下，高产井储层段不仅岩性粗、物性好，而且裂缝发育。柯24井3113～3120m井段酸化后，日产凝析油7.46t，日产天然气208800m^3，日产水5.44m^3。粒度粗、裂缝较发育的储层一般为中产，柯19井3393.8～3410m压裂后日产油19.76t，日产天然气53682m^3，日产水5.44m^3。储层粒度中等、裂缝发育则为中低产，柯21井3460～3475m酸化后日产油5.04t，日产气22026m^3，日产水7.12m^3。粒度细、裂缝不发育的储层一般为干层，柯22井3681～3688m酸化压裂不产液。因此，砂岩粗相带与裂缝发育带的有效配合是获得高产能的关键因素。

在平面上，粗相带（主流线附近）控制着天然气高产带的分布。柯柯亚地区粗砂岩分布范围与试油结果叠合图上显示，在基本相同的构造背景下，高产井多分布在主河道上，砂体粒级相对粗大，可以看出，砂岩粒度粗细是决定产能高低的基础。柯柯亚地区沉积体系类型属典型的辫状河三角洲沉积体系，砂体成因类型主要为水下分流河道、河口坝砂体，厚层砂体多为不同成因砂体相互叠置和拼合而成。水下分流河道中下部、河口坝上部岩性粗，为有利储集相带，物性较好。

岩性粗的砂体不仅孔隙度较好，其渗透率更好。主要是因为水动力较强，矿物颗粒淘洗得干净，塑性岩屑含量低，伊利石含量也低，杂基含量更低，柯19井区位于三角洲主流线附近岩性较粗，物性较好；柯20井区位于三角洲侧缘岩性较细，物性则偏差；柯22井区表现得更为明显，岩心为中—细砂岩，伊利石相对含量高达93%以上，渗透率绝大部分小于0.05mD。

另外，裂隙发育程度控制致密气的产气量。从构造轴线高部位钻井岩心观察，岩心裂隙发育较好，致密气产量高。位于构造轴部的柯24井岩心裂隙密度为3.2条/m，改造后天然气日产量达到208800m^3；柯191井岩心裂隙密度为5.2条/m，改造后日产天然气99424m^3，日产油13.7m^3；柯19井岩心裂隙密度为1.0条/m，改造后日产天然气53682m^3，日产油19.76m^3。而处于构造翼部或较低部位井岩心裂隙欠发育，改造效果差，产量低。柯19-9、柯19-3等井位于构造较低部位，裂隙欠发育，压裂后分别日产气309m^{3}和1000m^3。

三、吐哈—三塘湖盆地煤系气成藏模式

依据吐哈—三塘湖盆地区域构造背景、坳隆格局、水文地质条件、煤系地层的埋藏深度、煤砂发育程度和组合关系以及可能的气成因类型，来构建吐哈—三塘湖盆地重点区块煤层气或煤系气成藏富集模式。

1. 三塘湖盆地煤系气成藏模式

三塘湖盆地包含马朗凹陷、条湖凹陷、汉水泉凹陷和淖毛湖凹陷4个沉积凹陷，煤系地层比较发育，具备形成多种煤层气和煤系气气藏。

三塘湖盆地马朗凹陷，西山窑组煤层主要位于凹陷北部斜坡区，根据地层压力及区域水文地质资料推测，马朗凹陷的瓦斯风化带深度为400m。斜坡带顶部由于受地表水的侵入形成瓦斯风化带，加上该区域地层抬升幅度大，煤层气发生解吸逸散，造成煤层甲烷含量低。向斜坡构造低部位，煤层埋藏深度大于400m的区域，地下水动力快速减弱，处于滞留封闭环境，甲烷受到承压水封存作用，逐渐富集成藏。在洼槽区靠近凹陷陡坡带一侧，由于受到扇三角洲沉积影响，煤层顶底板为砂岩，其封盖作用变差，煤层气发生纵向逸散作用，含气量降低（主要根据是湖202井煤层段气测值降低），形成煤层气低丰度区。

三塘湖盆地条湖凹陷发育西山窑组和八道湾组两套煤岩，西山窑组发育多套煤岩，煤岩主体位于凹陷中间；而八道湾组发育一套较厚煤岩，煤岩主体位于凹陷北缘斜坡；西山窑组和八道湾组煤岩分别向北、向南尖灭，叠合区域少。依据煤砂分布及其组合特征、埋藏深度和所处凹陷位置，条湖凹陷可形成多种煤系气成藏类型（图10-5-4）。

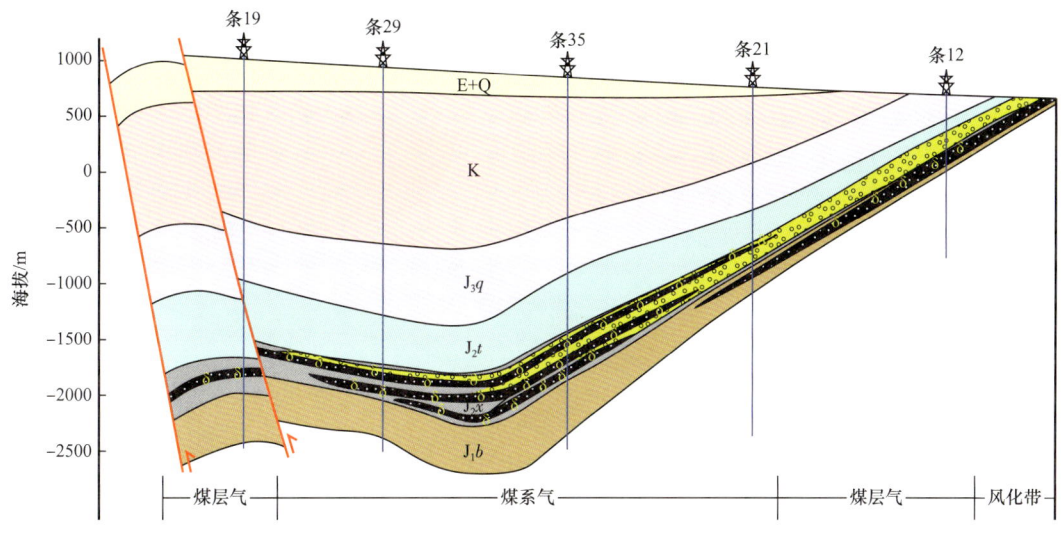

图 10-5-4 条湖凹陷煤层气、煤系气成藏模式图

对于整个条湖凹陷,西部断阶带主要为煤层发育,为煤层气成藏区,该区域煤层厚度薄,埋藏深度较大,资源丰度较低,勘探难度较大;洼槽区西山窑组主要为煤层与砂岩、煤层与碳质泥岩互层沉积模式,条 35 井 2527~2544m 井段砂岩气测异常值可达 4.62%,测井解释为干层,可能含气;北小湖北 2、北 101、北 102 等井除了煤砂组合外,还发育煤和碳质泥岩组合,碳质泥岩均见气层异常,无论是煤砂组合,还是煤与碳质泥岩组合,均有可能形成煤系气富集区;凹陷东部斜坡区,薄煤层、多层叠置,可形成煤层气成藏有利区。

2. 吐哈盆地煤系气成藏模式

吐哈盆地包括台北凹陷和哈密三堡凹陷两个主体凹陷,以及沙尔湖、大南湖等南部残余凹陷,但都沉积了相当厚度的煤岩,均有可能形成煤层气或煤系气气藏。

吐哈盆地台北凹陷南缘斜坡疙瘩台地区与条湖凹陷相似,受构造背景、埋藏深度、煤层及煤砂组合特征的控制,可形成斜坡煤层气和凹陷区煤系气气藏,因南缘带缺乏地表水补给,风氧化带的深度可能较深,推测可能在 1000m 左右。

吐哈盆地台北凹陷北部山前,结合煤岩热演化成熟度分析,煤层气已进入热成因气阶段,气测组分中含有甲烷、乙烷、丙烷等气体,煤层生气量大,一部分保留在煤层中,另一部分呈游离气状态运移到附近的砂岩中,并聚集成藏。煤层气测全烃值整体随着热演化成熟度增加而增大,煤层含气量不受构造控制,受热成熟度控制明显;同样,离煤层越近的砂岩,其气测值越高,为典型热成因气成藏模式(图 10-5-5),可进行煤系气立体勘探,柯柯亚已在煤层和砂层中获得气流,气样试验分析均为煤系气。

哈密三堡凹陷煤层埋藏较浅,镜质组反射率和地层水矿化度相对较低,水型以 $NaHCO_3$ 型为主,适合生物成因气大量生成,甲烷 $\delta^{13}C$ 同位素值为 $-62.97‰$~$-63.69‰$。南缘地区 1000m 以浅煤层气以生物气为主,局部存在热成因气补充,深部逐渐进入热成因气阶段。受构造背景的控制,形成以洼槽区—东北斜坡带形式的煤层气成藏模式。

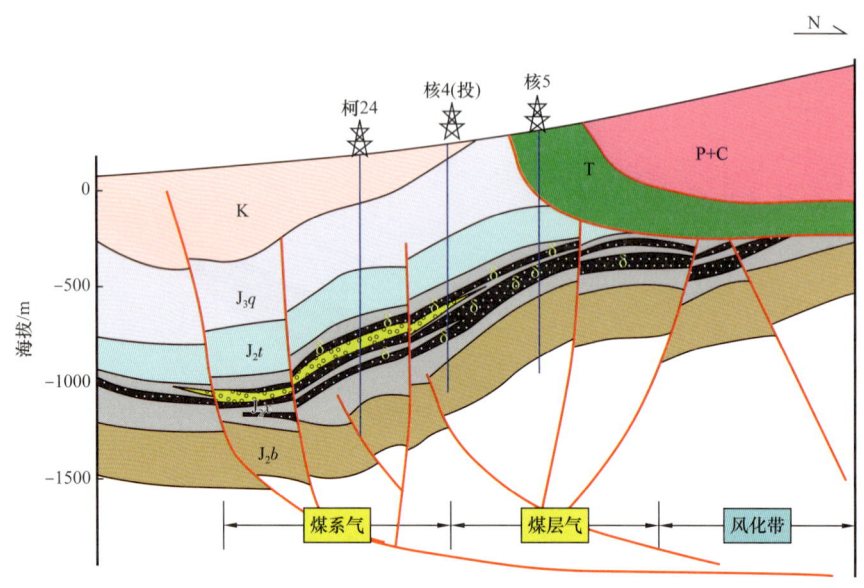

图 10-5-5 吐哈盆地台北凹陷北部山前带煤层气—煤系气成藏模式图

δ 表示甲烷

沙尔湖凹陷是独立的侏罗系残余沉积凹陷，发育两个洼槽，东洼槽沉积了巨厚的煤层，保存条件比较好，钻井和试采取样分析，地层水矿化度较高，最高达到 36277mg/L，水型为 $CaCl_2$，反映了沙尔湖是一个孤立含水系统，封闭条件比较好，形成洼槽式深部承压煤层气成藏类型（图 10-5-6），因没有地表水的补给，风氧化带的深度比较大，初步推测其风氧化带深度为 600m。西洼槽因早期构造活动地层抬升较高，剥蚀量大，尽管后期煤层埋藏较深，在缺乏补给水的情况下，煤层整体处于古风氧化带，不具备煤层气勘探价值。

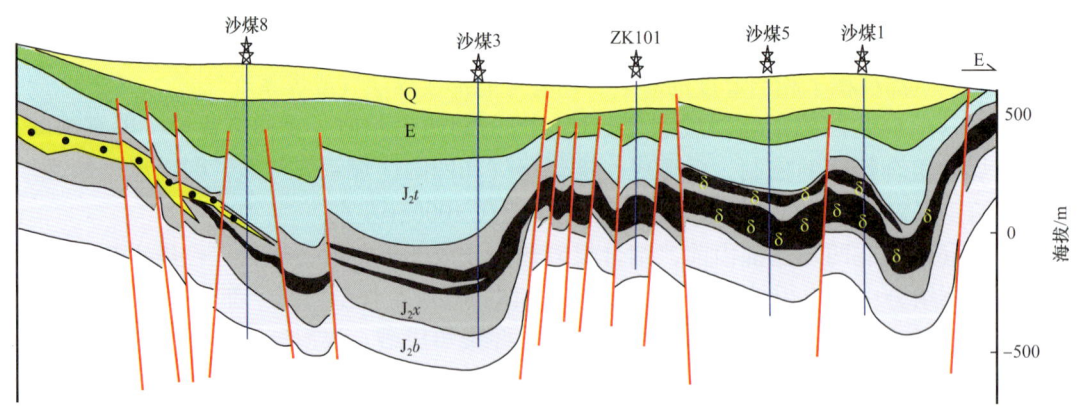

图 10-5-6 沙尔湖凹陷煤层气成藏模式图

四、吐哈—三塘湖盆地煤系气资源与有利勘探区优选评价

1. 吐哈—三塘湖盆地煤层气资源量估算

吐哈—三塘湖盆地为典型的富煤盆地，煤层分布面积 13993km²，发育北部山前、三

道岭、艾丁湖、沙尔湖、大南湖、条湖、马朗和淖毛湖 8 个聚煤中心，煤层主要分布在侏罗系八道湾组和西山窑组，并以西山窑组为主，钻井揭示吐哈盆地 J_2x 煤层多，一般为 10～30 层，8m 以上厚煤层少，单煤层最厚达 144m（沙煤 5 井），煤层累计最厚可达 217m；三塘湖盆地 J_2x 煤层少，但厚煤集中发育，单层最厚达 60.7m（马 53 井），煤炭资源相当丰富。

依据前文描述的吐哈—三塘湖盆地煤岩区域地质特征和重点区块煤岩储层参数，估算吐哈—三塘湖盆地各区块煤层气资源量为 $8023.7×10^8m^3$（表 10-5-4），资源丰度为 $0.58×10^8m^3/km^2$。

吐哈—三塘湖盆地煤层气资源较丰富，但分布极不均衡。从凹陷资源分布看，沙尔湖因煤层巨厚，资源丰度最高，达到 $1.08×10^8m^3/km^2$；其次是条湖凹陷和台北凹陷，资源丰度分别为 $0.8×10^8m^3/km^2$ 和 $0.76×10^8m^3/km^2$。从区带资源丰度看，沙尔湖凹陷东洼槽资源丰度为 $3.21×10^8m^3/km^2$；其次为台北凹陷北部山前西段，资源丰度为 $2.8×10^8m^3/km^2$；第三是马朗凹陷马北斜坡，最有利区资源丰度为 $2.43×10^8m^3/km^2$；随后是条湖凹陷条东—西峡沟区块，资源丰度为 $1.62×10^8m^3/km^2$。上述区块资源量占总资源量的 66.2%，是煤层气勘探的有利区域。

2. 吐哈—三塘湖盆地煤系气区带评价优选及"甜点"预测

依据我国煤层气选区评价参数及标准，结合吐哈—三塘湖盆地煤层气和致密砂岩气勘探实际，选取主煤层厚度、含气量、资源丰度、埋藏深度、顶底板条件、构造、水文条件、相带位置、岩性、砂岩有效厚度、孔隙度、渗透率、构造圈闭、油气显示 14 项参数，对每一项参数赋予系数分值，采用专家打分法进行综合评价，优选出有利目标区带（表 10-5-2、表 10-5-3）。

表 10-5-2 吐哈—三塘湖盆地煤系气评价参数及其评价系数

类型	参数		评价级别（系数）		
			Ⅰ类（1.0）	Ⅱ类（0.75）	Ⅲ类（0.5）
煤层气	主煤层厚度（低煤阶煤）/m		≥15	10～15	<10
	含气量 /（m^3/t）		≥3.0	1.25～3.0	<1.25
	资源丰度 /（$10^8m^3/km^2$）		≥1.0	0.5～1.0	<0.5
	目的层埋深 /m	低煤阶煤	风氧化带～1500	1500～2000	>2000
		中煤阶煤	风氧化带～2000	2000～3500	>3500
	顶底板岩性		泥岩	粉砂质泥岩	粉砂岩、砂岩
	构造形态		简单、完整	较复杂	破碎
	水文条件		滞留区	弱潜流区	潜流区

续表

类型	参数	评价级别（系数）		
		Ⅰ类（1.0）	Ⅱ类（0.75）	Ⅲ类（0.5）
致密砂岩气	沉积相带	三角洲前缘	三角洲平原、滨浅湖	河流
	岩性	中—粗砂岩	砂砾岩、含砾砂岩	粉砂岩、细砂岩
	有效厚度 /m	>50	30～50	<30
	孔隙度 /%	>6.0	4.0～6.0	<4.0
	渗透率 /mD	>0.1	0.01～0.1	<0.01
	构造圈闭	圈闭落实	较落实	不落实
	油气显示	已发现商业气流	见低产气流	仅见油气显示

表 10-5-3　吐哈—三塘湖盆地煤系气系数分类评价

类型	评价级别	评价系数		
		Ⅰ	Ⅱ	Ⅲ
煤系气	煤层气	≥0.70	0.40～0.70	≤0.40
	砂岩气	≥0.75	0.50～0.75	≤0.50
	煤砂共生气	≥1.45	0.90～1.45	≤0.90

在确定吐哈—三塘湖盆地各区带煤系地层地质参数的基础上，利用上述标准和方法，进行系统打分，综合评价优选出有利目标区，其结果如下（表 10-5-4）：

表 10-5-4　吐哈—三塘湖盆地各区带地质参数和综合评价数据

类型	参数	评价数据			
		北部山前带西段	北部山前带东段	疙瘩台南缘	沙尔湖东
煤层气	主煤层厚度 /m	15～69.9/46.5	30～70	10～60/25	40～220/140
	含气量 /（m³/t）	2.68～10.96	1～3	3.0～8.53	0.4～3.0/1.7
	资源丰度 /（10⁸m³/km²）	2.8	1.26	1.05	3.21
	目的层埋深 /m	风氧化带～3500	2500～4000	1500～3200	<900
	顶底板岩性	泥岩	泥岩、砂岩	泥岩、砂岩	泥粉、泥岩
	构造形态	完整—较复杂	较复杂	单斜区	较复杂
	水文条件	滞留区	滞留区	滞留区	滞留区

续表

类型	参数	评价数据			
		北部山前带西段	北部山前带东段	疙瘩台南缘	沙尔湖东
致密砂岩气	沉积相带	三角洲前缘	扇三角洲	三角洲平原	河流、冲积扇
	岩性	中—粗砂岩	含砾砂岩、细砂岩	细砂岩	含砾细砂岩
	有效厚度/m	44~200/115	3.2~228/120	29~62.5	8~20
	孔隙度/%	2.2~10.4/5.6	2.56~12.2	4.7~11.8	
	渗透率/mD	0.002~11.1/0.55	0.05~3.91	0.1~4.19	
	构造圈闭	圈闭落实	较落实	较落实	落实
	油气显示	已发现商业气流	见油气显示	未见油气显示	未见油气显示
系数分值	煤层气	0.75	0.359	0.42	0.675
			1.5		0.57		0.525		0.7375
	致密砂岩气	0.75	0.211	0.105	0.0625
	评价级别	Ⅰ+Ⅰ/Ⅰ	Ⅲ+Ⅲ/Ⅲ	Ⅱ+Ⅲ/Ⅱ	Ⅱ+Ⅲ/Ⅱ

类型	参数	评价数据			
		马北	条东—西峡沟	条湖洼槽区	淖毛湖
煤岩	主煤层厚度/m	5~60.9/40	15.8~31.5/24.5	158~49.6/32	10~35
	含气量/(m³/t)	3.46~6.14/4.17	3.41~4.0	3.0~5.0	0.8~1.6
	资源丰度/(10⁸m³/km²)	2.43	1.26	1.22	0.25
	目的层埋深/m	风氧化带~1500	风氧化带~1500	1500~2500	600~1200
	顶底板岩性	泥岩	泥岩、砂岩	泥岩、砂岩	泥粉、泥岩
	构造形态	单斜	较复杂	单斜—洼槽	较复杂
	水文条件	滞留区	滞留区	滞留区	过渡带
砂岩	沉积相带	三角洲前缘	扇三角洲	三角洲前缘	扇三角洲
	岩性	中—细砂岩	含砾砂岩、细砂岩	细砂岩	细砂岩
	有效厚度/m	5~54.5	14~81/38	23~122/51	22
	孔隙度/%	11.4~16.32/13.7	13.8~14.4	6.0~18	10
	渗透率/mD	0.53~9.43/2.8	0.62~0.91	0.1~8.4	4.65
	构造圈闭	圈闭落实	较落实	较落实	落实
	油气显示	见油气显示	见油气显示	见油气显示	未见油气显示
系数分值	煤岩	1	0.765	0.675	0.097
			1.2025		1.065		0.8625		0.15
	砂岩	0.205	0.3	0.1875	0.053
	评价级别	Ⅰ+Ⅲ/Ⅰ	Ⅰ+Ⅲ/Ⅱ	Ⅱ+Ⅲ/Ⅱ	Ⅲ+Ⅲ/Ⅲ

综合吐哈—三塘湖盆地各区块煤系气中煤层气和致密砂岩气各参数系数分值所确定的评价结果表明，吐哈盆地台北凹陷北部山前带西段是进行煤层气和致密砂岩气立体勘探的最有利目标；三塘湖盆地马北区块是进行煤层气勘探最有利区块；其次，条东—西峡沟、条中、沙尔湖东洼槽、疙瘩台南缘是进行煤层气勘探较有利区。

第十一章　煤层气产业发展趋势

煤层气的开发利用对提高瓦斯事故的预防水平和安全效益，有效减少煤层气的排放起着重要作用。我国煤层气资源丰富，集中开发利用前景广阔。煤层气勘探的开发，是对常规天然气的重要补充。经过 20 年来的探索，取得了一系列成果，但加快煤层气开发也面临诸多挑战。

第一节　面临的挑战与攻关方向

一、主要挑战

随着国民经济的持续快速增长和人们生活水平的日益提高，油气作为优质高效能源资源需要快速增长，国内油气供给安全形势面临严峻考验，煤层气勘探开发进入战略机遇期。

从国家能源发展战略出发，需要加快推进非常规油气的产业化发展。在煤层气方面，2007 年财政部颁布了《关于煤层气（瓦斯）开发利用补贴的实施意见》（财建〔2007〕114 号），中央财政按 0.2 元 /m³ 煤层气标准对煤层气开采企业进行补贴；为进一步鼓励煤层气开发利用，根据《国务院办公厅关于进一步加快煤层气（煤矿瓦斯）抽采利用的意见》（国办发〔2013〕93 号）等文件精神，"十三五"期间煤层气（瓦斯）开采利用中央财政补贴标准从 0.2 元 /m³ 提高到 0.3 元 /m³。

2021 年以来，非常规天然气补贴实行增量补贴。2021 年，中央财政下达清洁能源发展专项资金，支持包括煤层气在内的非常规天然气开采，其中考虑到煤层气抽采利用的多重效益，在测算奖补气量时，煤层气的比例系数是页岩气和致密气（相比 2017 年的增量部分）的 1.2 倍。在增税收方面，对利用煤炭开采过程中产生的煤层气（煤矿瓦斯）发电，符合条件的实行增值税即征即退政策。对煤层气抽采企业的增值税，一般纳税人抽采销售煤层气实行增值税先征后退政策。深入推进增值税改革，持续下调增值税税率，油气开发企业增值税税率由 2018 年的 17% 下调至目前的 13%。在资源税方面，煤炭开采企业因安全生产需要抽采的煤成（层）气免征资源税。对从低丰度油气田开采的天然气，减征 20% 资源税；对高含硫天然气、三次采油和从深水油气田开采的天然气，减征 30% 资源税；从衰竭期矿山开采的矿产品，减征 30% 资源税。开采共伴生矿、低品位矿、尾矿，资源税法授权省、自治区、直辖市可以决定减免或者免征资源税。在关税和进口环节增值税方面，自 2021 年 1 月 1 日至 2025 年 12 月 31 日，对在我国境内进行煤层气勘探开发作业的项目，进口国内不能生产或性能不能满足需求的，并直接用于勘探开发作业的设备、仪器、零附件、专用工具，免征进口关税和进口环节增值税。上述政策属于长期执行的政策。符合条件的油气企业均可依法享受相关财政、税收支持政策。财政、税务等部门将持续推动落实和完善现行各项优惠政策，支持煤层气产业发展。

受地理和地质等条件限制，中国煤层气勘探开发面临资源品位相对较差、采收率偏低和开发成本相对较高等主要挑战。

（1）煤层气资源品位较差，煤层气后备领域不足，发展不均衡。

我国煤系地层经历多期次的构造运动，地质条件复杂，非均质性严重，渗透性差，给煤层气勘探开发部署及现场实施带来很大的挑战。构造煤发育，渗透率偏低，单井产量低，受构造活动影响，中低煤阶含气量偏低。煤层气勘探开发，必须坚持地质与工程相结合，综合地质精细研究，细化开发单元，摸清煤岩煤质、含气量、含气饱和度、水动力等特征，揭示不同地质条件下煤层气井产气规律，作为单井压裂及排采工艺设计的基础；加强对适用钻完井、压裂及排采工程工艺技术研究，评价工程工艺技术效果，反过来指导地质研究。

煤层气开发主要集中在沁水盆地南部、鄂尔多斯盆地东缘和蜀南中高煤阶地区，优质区块已全部投入开发。而外围地区煤层气资源丰富，但勘探开发程度低，亟须加大外围地区勘探评价，优选出可供规模开发区块，做好产能接替。

已投入开发的多为煤层埋深较浅、含气量较高、储层物性较好的有利区，剩余资源多位于构造复杂区、埋藏深低渗透率区，动用难度大，针对这些剩余难动用资源的经济有效开发技术尚不成熟，难以快速动用。

（2）煤层气现有工程技术不能完全满足效益开发的需要，采收率普遍偏低，开发成本较高。

经过持续攻关研究和现场试验，已基本形成了以直井／丛式井压裂为主的800m以浅煤层气勘探开发配套技术系列，并已在各开发区块推广应用。但是，由于我国含煤地层经历多期构造运动改造，煤层气赋存条件区域性差异大，总体呈现煤岩类型多、埋深偏大、构造复杂、压力偏低、渗透率低、饱和度低的特点，800m以浅煤层气现有开发技术及装备水平距效益开发要求还有较大差距，直井／丛式井平均单井日产量在1500m^{3}左右，单井产量偏低；水平井对地质条件和工程工艺技术要求高，规模应用水平井还存在技术瓶颈，2008年实施45口羽状水平井，设计产能3×10^8m^3/a，实际日产气20×10^4m^3，折算产能仅0.7×10^8m^3/a。

煤层气评价指标体系主要是借鉴常规气和国外煤层气开发特征而制定的，但多年开发实践表明，煤储层地质条件不仅与常规气开发有着天壤之别，与国外煤层气也存在较大差异，在开发指标上突出表现在产能到位率、单井产量、生产年限等关键参数上。由于煤层气井生产时间普遍在15年以上，年亿立方米产能建设投资、折旧年限等影响经济评价体系的几个关键参数的指标设计需要在实践中不断改进完善。

通常情况下，中高煤阶煤层气的采收率为30%～50%。煤层气资源富集区地层地表条件复杂，钻完井难度大，有效开发成本仍然较大，水资源环境脆弱。复杂的地表条件使"工厂化"作业面临挑战。

中国石油在沁水、鄂东和蜀南地区近一半的产能处于低效开发状况，多为富气低渗透储层，工程技术适应性差，造成大量开发井低产，制约开发成效。以郑庄东北部、沁南东部、韩城、大宁—吉县等为代表的富气低渗透带地面设施完备，如能实现效益开发，将大大提高煤层气产量。近年来，上述区域相继开展了技术适应性的调整试验，在部分区域取得了一定成绩和认识，但尚未形成突破性的进展，亟须持续加强攻关，尽快形成低效区改造技术，提高开发效益，实现"扭亏为盈"。

（3）煤层气行业管理仍存在制约因素。

① 矿权重叠问题依然存在。煤层气和煤炭的矿业权重叠问题依然存在。中国石油在山西省境内煤层气矿业权与36家煤炭企业矿业权重叠，与其中的23家签署了协议，矿业权重叠面积570.79km^2，13家未签署协议，重叠矿权面积不详。另外，中国石油煤层气企业被侵权的情况仍多次出现。部分煤炭矿业权人在不拥有煤层气矿业权的情况下大肆从事煤层气地面开发，干扰了中国石油煤层气矿业权区块内正常的勘探开发作业。

② 煤层气开发手续烦琐，办理周期长。按照国家现行矿产资源管理办法的要求，煤层气开发必须首先拿到国家批复的煤层气探明储量，其后是编制开发方案，之后才能申请采矿证。而提交探明储量前，要求必须达到规定的试采产量且稳产3~6个月。申请采矿证前，根据国家环保部门的要求，还要对地下水专门钻井进行为期2年的水质监测，监测合格后才能获得环评批复。这些规定导致企业在提交探明储量后的2~3年内很难拿到采矿证，而恰恰在这2~3年间，企业根据煤层气的开发特点又不得不采，政府相关部门按国家规定进行检查又存在手续不健全违规开采的现象，当前这是一对很难解决的矛盾。

③ 用地审批仍然是制约产能建设速度的重要难题。井距小、井网密、用地多是煤层气开发的又一特点，以直井开发为例，煤层气单井日配产在1800m^{3}左右，建1×10^8m^3/a产能要钻170口井。尽管中国石油尝试努力通过钻井技术的优化，减少井场占地、道路占地等，但用地审批仍然是制约产能建设速度的重要难题。

同时，省级财政补贴难以落实。根据陕西省财政厅、陕西省发展和改革委员会、煤炭生产安全监督管理局印发的《关于印发〈省级煤层气（瓦斯）开发利用补贴资金管理办法〉的通知》（陕财办建〔2014〕164号）中第五条：省级财政按0.1元/m^{3}煤层气（折纯）补贴标准进行补贴。中国石油多次反映仍未享受到陕西省省级财政补贴政策。

二、主要攻关方向

"十三五"以来，煤层气取得了较大突破和进展，煤层气行业前景广阔，但仍处于起步阶段，发展存在诸多难题。但也面临现实需求，随着环保政策约束力增强，国家提出力争2030年二氧化碳排放达到峰值、争取2060年实现碳中和的目标。数据显示，"十三五"期间利用煤层气量相当于减排二氧化碳5.9×10^8t，实现"3060"目标煤层气减排潜力巨大。但实现煤层气产业化发展仍需技术突破。建议在高产老区稳产上产，低产低效老区改造，低煤阶、构造复杂区效益开发，深部及煤系气综合开发等领域技术攻关，力争实现煤层气产业大突破。

（1）攻克多层叠置构造复杂区，低煤阶煤层气高效开发，有效提高单井产量。

我国煤层气藏与国外相比具有低渗透、低饱和、低储层压力和高含气量的特点。低煤阶勘探程度低，煤层气富集机理和成藏模式缺乏研究；低煤阶煤层气源以生物气为主，生气潜力缺乏研究；低煤阶含煤盆地类型多、分布广，构造复杂，富集机制差异大；煤层层数多，单层厚度大，地层产状陡，压裂改造困难。

多层叠置构造复杂区煤层多且薄，煤体结构复杂多变，针对性的低成本丛式水平井钻完井技术急需发展；层组开发经济性有待提高，弱含水、高应力、多层叠置薄煤层纵向高效动用增产改造技术亟待攻关；不同含气系统间相互干扰性强，煤层含水性弱，产气量衰减快，适应此开发条件的精细化排采技术亟待优化；地面条件复杂，针对性的低成本地面集输工艺技术急需解决。

煤层地质的差异性一定程度上决定了煤层气井增产改造技术不能简单复制，沁水盆地郑庄、郑北区块的后期扩建工程中应用了相同技术系列，同樊庄相比，相同阶段平均单井产气量远低于设计指标。由此可见，煤层地质特征参数的变化对产量的影响较大，工程技术须适应主体改造对象的基本特征。前期的开发实践一直都从压裂技术上找原因，缺少从煤层气开发机理上梳理问题，难以取得突破。

在现阶段产业刚刚起步，整体表现为单井产量低，这种"低产多井"的开发方式，导致投入大、产出低，操作成本高，投资回收期长。特别是其开发成本一直居高不下，中国石油煤层气年亿立方米产能建设投资是常规天然气的2～4倍。要实现煤层气效益开发，不仅需要采用经济适用的工程配套技术，切实大幅度提高单井产量并稳产10年以上，而且需要合适的销售价格及一定的扶持政策保证销售收入。

虽然国家陆续出台了不少优惠扶持政策，但现阶段真正能受益的政策还较少。例如，按照国家规定，煤层气价格不执行国家定价，不受天然气价格约束，可由供需双方协商确定；但实际上，煤层气价格执行的是和天然气挂钩价格，由于天然气涉及民生领域，其价格一直在低位徘徊，甚至一些地方政府干预煤层气价格，造成煤层气的价格比天然气还低。

经过几年实践，形成了支撑煤层气开发技术系列，产能建设选区已有较大进步，低成本可控水平井技术也在探索中取得初步成效，改造增产技术以直（丛式）井为主体的水力压裂技术也实现了更新换代见到成效，但仍然面临着有效提高单井产量的巨大挑战，煤层气井增产改造仍未达预期效果。

（2）攻关已开发区增产和提高采收率技术，实现低效区有效盘活与增效。

地质、工程、排采综合控制煤层气产气，低产原因类型划分难度较大；初次压裂工艺与井网井距匹配性差，单井控制面积小；二次压裂成功率低，增产改造技术有待完善；排采工作制度对产能影响未进行量化；不同地质单元产量控制的主控因素不明确。

沁水盆地南部高煤阶煤储层压力低，以欠压为特征，渗透率普遍低于国外开发盆地煤储层。已经成熟开发的沁水煤层气田樊庄区块整体处于稳定产气阶段，但仍存在近1/3的低效区。郑庄、韩城、大宁—吉县等区块达产率低，平均单井日产气500～600m^3，低产井占比60%～75%，整体开发效果较差。

后续开发的煤储层更为复杂的郑庄区块，低效区的范围更大，近 2/3 开发井属于低产井。国内其他主要开发煤层气单位的开发区块也存在类似问题（如古交、和顺、柿庄等区块），无疑降低了煤层气田整体的开发效益。

中国煤层气建设的年产能只有 40% 的产能建设到位率，没有考虑不同的地质特征采取差异化技术系列，有超半数的产能处于低效开发，这些区域已经建成配套管网，设施较为齐全，储量落实，急需针对性技术措施彻底恢复产能，实现效益开发。因此，提升现有低效区产能是煤层气开发面临的另一大挑战。

为了改善低效井开发效果，提高区块产量规模开展低效区盘活工程、低产井增产改造试验等。总结提炼主体开发技术和适应地质条件，形成可规模推广应用的低效井盘活技术，有效改善低效区块开发效果。

（3）如何有效动用深层煤层气资源？

中国煤层气资源评价深度下限是 2000m，2000m 以深煤层气资源缺乏系统评价。深部煤层气富集模式研究处于起步阶段，适合深部煤层气的勘探开发评价方法还需要进一步攻关。

中国石油"十三五"规划新增探明煤层气储量 $2000 \times 10^8 m^3$（沁水盆地南部 $400 \times 10^8 m^3$，鄂尔多斯盆地东部 $1100 \times 10^8 m^3$，蜀南 $500 \times 10^8 m^3$），但是沁水盆地南部和鄂尔多斯盆地东部中浅层（小于 800m）煤层气资源大部分已投入勘探开发，实现难度大，需向深部挺近。

深部煤岩压实作用强，储层物性差，孔隙度一般不足 5%，且连通性较差，割理多被矿物充填；试井渗透率普遍较低，介于 $0.002 \sim 16.17 mD$，平均为 $0.97 mD$，以 $0.1 \sim 1 mD$ 为主，小于 $0.1 mD$ 的占 35%，$0.1 \sim 1 mD$ 的占 37%。由于物性差，单井产气量低，深部煤层气资源高效开发难度大，对技术创新要求更高。

适用于沁水盆地南部和鄂尔多斯盆地东缘 800m 以浅的开发技术难以简单复制推广。800m 以深的复杂地质条件的针对性适用开发技术还需攻关研究。

（4）如何实现煤系"三气"高效合采？

以煤层气、致密砂岩气和页岩气共生为特征的煤系"三气"是重要的非常规天然气资源。国内外学者通过对煤系"三气"成藏机理的研究，认为煤系"三气"具有同源共生的特点。从提高储量动用程度、降低单层开采成本、提高单井经济产量角度出发，对煤系气藏的开发应采用合层开采的方式，但是，煤层气排采降压解吸生产，天然气弹性能量生产，二者产气机理差异大；综合开发缺乏关键共采工艺；煤层气初始产量低、生产周期长，天然气初始产量高、生产周期短，二者共采管理机制还未建立；综合开发地面集输配套工艺尚未建立。

煤系"三气"中页岩气为干气，含水饱和度低，在实际生产中不产水或产水少；致密砂岩气一般有较高含水饱和度，在开发过程中存在气、水两相流，对气体产量影响较大；煤层气在生产中实施的是排水降压方法，生产周期依次分为初期排水降压阶段、控压产气阶段、稳产阶段和衰竭阶段。由此可见，三种气藏在开采机理方面存在很大差异。并且，不同类型气藏开采工艺差异较大，这使得煤系"三气"共采难度加大。

需要进行以下攻关：① 对煤系"三气"的共生特性进行研究，包括"三气"叠层成藏的共生规律、开采可控地质条件、多层含气系统的流体压力等；② 发展针对煤系"三气"共生特点的共探方法，从而有效识别"三气"叠置含气系统、产气来源以及产气贡献等；③ 积极开展无水压裂增产理论和工程应用等相关方面研究，为煤系"三气"的勘探开发提供有力支持。

（5）积极探索中深层煤地下原位清洁转化、二氧化碳封存—驱替强化煤层气开发技术。

中深层煤地下原位清洁转化技术是将煤转化为产品气的工业过程。在气化过程中，煤炭、氧气和水/水蒸气在煤层高温条件下发生反应，生成以 CO、H_2、CH_4 和 CO_2 为主要成分的合成气。

煤介质具有特殊的双重孔隙结构，对 CO_2 具有很强的吸附能力，且大于煤介质吸附 CH_4 的能力。CO_2 地质封存与 CO_2 强化煤层甲烷产出可显著地提高煤层气产量，提高煤层气采收率，实现 CO_2 地质永久埋藏。

三、基本措施

（1）强化煤层气基础理论研究。

地质因素，尤其是构造、储层参数、煤体结构及水文条件等是影响煤层气产能的主控因素，很多地区煤层气开发效果不好，归根结底还是由于地质研究不完善，煤层气开发地质条件认识不清楚，缺乏对有利区的优选。因此，应该加强煤层气地质研究，完善煤层气地质评价和煤层气资源富集规律等基础理论研究，通过二维、三维精细化地震勘查、测井分析、储层参数测试、煤体结构分析及含水性分析等地质研究方法，充分认识煤层气开发地质条件。

在充分总结现有技术的基础上，加大经济适用的开发技术试验，不断探索提高单井产量的有效措施，保障煤层气有效开发。探索多种钻完井技术，水平井要从当前不能作业向低成本、可维护方向开展攻关试验；探索沿煤层钻井、洞穴完井等多种适用技术；探索经济适用的试验增产改造措施，开展多级加砂、复合压裂、支撑剂组合、快速返排、低比例前置液和活性水裂缝疏通等压裂体系技术试验，提高改造效果；探索水力喷射、间接压裂、微生物增产等多种技术方法，努力提高单井产量。

（2）坚持勘探开发一体化、地质工程一体化，加强环境保护。

坚持科学的前期评价与产能建设程序，将前期科学评价与试采、大井组评价与开发前期排采紧密结合，在储量可靠、产能清楚、开发方式与井型井网明确、主体技术落实的基础上，靠实开发指标，确保开发方案指标科学合理、经济评价指标真实可靠，为项目投资奠定良好的基础。

加强监督，进一步规范市场化运作、项目化管理运行模式，在严格执行相关程序、标准基础上，严把质量关，尤其是对直接关乎煤层气井产能的钻完井和压裂环节，必须着重加强质量监督管理，确保实现方案设计的各项指标。

加强对外合作区块监督与管理，力促实现规划目标。鉴于对外合作区块煤层气勘探开发工作进度明显滞后于相邻自营区块，"十三五"期间中国石油加强了对外合作区管理，避免让外方有机可乘。另外，对于勘探期外方达不到合同规定最低投入的要按程序坚决予以清退。

按照"预防为主，保护优先，施工与保护并重"的环保工作方针，以创建资源节约型和环境友好型煤层气开发环境为目标，严格履行各种环境评价和审核手续，严格实行环保设施与主体工程的"三同时"制度；统筹规划、科学实施，做好"三废"处理，最大限度地保护环境，展现一个负责任的中国石油。

（3）加大勘探开发力度，保障煤层气业务持续发展。

煤层气地面开采能有效降低煤层含气量，不仅确保了井下安全生产，也降低了煤炭生产费用（井下每降低 $1m^3$ 瓦斯含量，治理费用降低 10~12 元），实现了两个产业共赢发展及煤层气资源的充分利用。

但煤层气达产时间长，总体效益有待提高。今后需要进一步加强煤层气勘探开发技术和管理水平的提升，并希望国家出台更加优惠的支持政策，拓展煤层气发展空间。中国石油也将努力实现对煤层气业务的稳定投入，确保其持续、稳定、健康发展。

第二节 中深层煤地下原位清洁转化技术

中深层煤地下原位清洁转化技术是将煤转化为产品气的工业过程。该技术可以充分挖掘地下巨大的煤炭资源，而这些资源是之前采用常规开采技术无法获得经济效益的那一类深层煤炭。在气化过程中，煤炭、氧气和水/水蒸气在煤层高温条件下发生反应，生成以 CO、H_2、CH_4 和 CO_2 为主要成分的合成气，合成气的组分构成主要取决于煤层质量、埋深和注入的氧化剂构成。

一、中深层煤地下原位清洁转化技术原理及技术体系

煤炭地下气化反应包括氧化反应、还原反应和热解反应，均发生于气化通道中，如图 11-2-1 所示。

与地面气化技术相比，煤炭地下气化技术具有如下特征：

（1）煤层的位置是固定的，进行原位气化反应，而气化工作面在煤层中向气化通道四周扩展；

（2）地下气化过程中当反应区扩展到一定程度后，由于受气化炉结构（孔间距）、煤层厚度和煤层渗透性限制，气化区产生缺损，且顶板冒落，惰性岩石和水进入气化区，影响气化区温度和有效的气固反应；

（3）地面固定床气化过程中，各化学反应区域在反应强度和空间位置上均处于稳态，而地下气化过程中各反应区随着气化工作面的推进，在原位煤层中不断地进行横向、纵向扩展，气化过程可以达到相对稳态；

（4）煤层在氧化、还原和干馏过程中，必然要产生无机及有机污染物，污染物在燃空区冷凝水及气化残留物中富集，并有可能向周围地质体中迁移而影响地下环境。

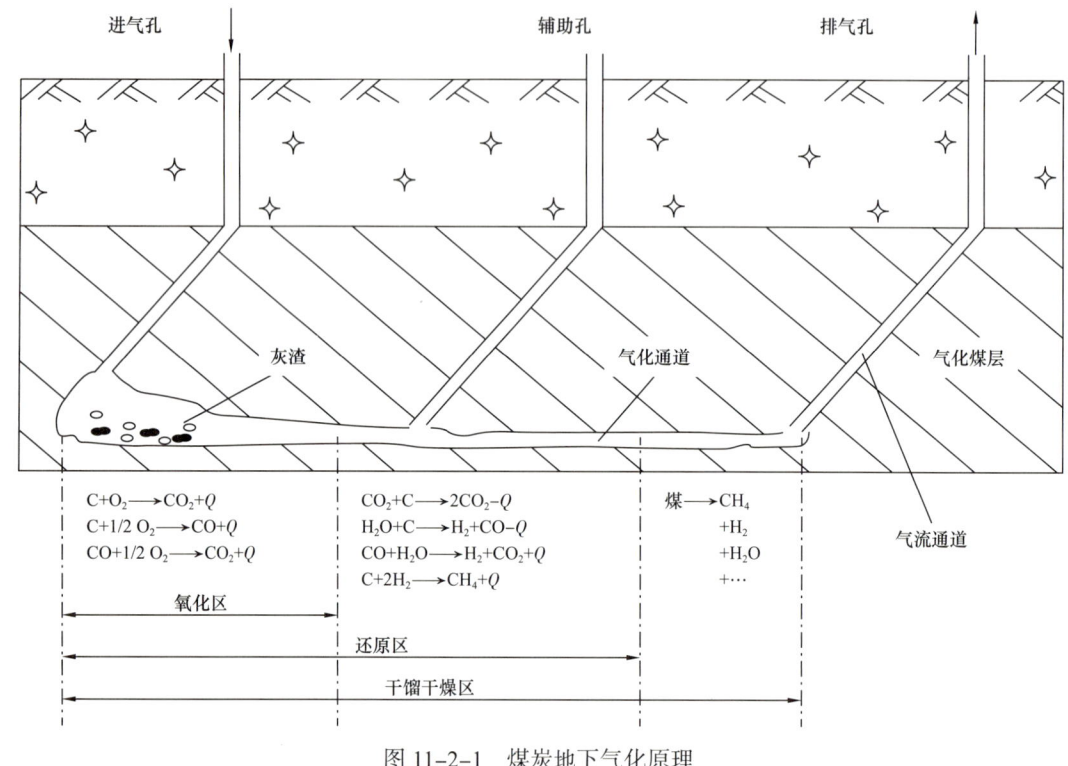

图 11-2-1　煤炭地下气化原理
Q—热量

二、地下气化炉

地下气化炉位于原位的煤层中，主要由进气井（通道）、出气井（通道）、气化通道和集气（气流）通道四要素组成。地下气化炉按施工方法可分为矿井式和钻井式两大类。

钻井式气化，又称无井式气化，是指利用定向井或火力贯通、水力压裂贯通、电力贯通等特殊技术施工气化通道、集气（气流）通道，在地面布置操作与控制设备。钻井式气化完全避免了人工在井下作业，一般适用于原始煤层的开采。

地下气化炉有单工作面气化炉和多工作面气化炉，单工作面气化炉由一个进气井、一个气化通道和一个出气井组成，是地下气化炉最小的工作单元。为了达到工业化生产规模，可由多个单工作面气化炉并联生产，或者构建多工作面气化炉，多工作面气化炉由多个进气井、多个气化通道、一个集气通道和一组出气井组成。

气化炉的边界或密闭层由煤层顶板、底板和煤柱组成。煤层的上覆岩层称为煤层的顶板，下伏岩层称为底板，主要为黏土岩（泥岩和页岩）、粉砂岩、砂岩和石灰岩等，煤层顶底板岩石的容重、厚度、力学性质、热参数及含水性对气化炉设计有一定的影响。要求顶板岩层能够完全覆盖气化煤层，其厚度大于燃空区冒落形成的"三带"高度。地下气化炉的外界一般有含水层，覆盖在顶板上面的含水层为气化炉上含水层，下伏在顶板下面的含水层为气化炉下含水层，含水层是地下气化炉的第二层密闭层。

三、地下气化工艺

根据煤气生产质量的要求，地下气化工艺主要有空气气化工艺、富氧气化工艺、富氧（纯氧）—水蒸气气化工艺和富氧—CO_2气化工艺等。

（1）空气气化工艺，是一种连续向气化炉内注入空气生产空气煤气的地下气化工艺，由于空气中氮气含量较高，使煤气中可燃组分含量相对较低，只能生产热值在 $4.18MJ/m^3$ 左右的低热值的空气煤气，该煤气可作为燃料用于锅炉燃烧或发电。

（2）富氧气化工艺，是一种向气化炉内连续注入富氧空气（或纯氧）生产富氧煤气的地下气化工艺，该工艺煤气有效组分（$H_2+CO+CH_4$）和热值随氧气浓度的增加而有所提高，可作为燃料用于工业窑炉燃烧或发电，也可用于分离 H_2 和 CH_4。

（3）富氧（纯氧）—水蒸气气化工艺，是一种向气化炉内连续注入富氧和水蒸气（或纯氧和水蒸气）生产半水煤气的地下气化工艺。该工艺煤气中 H_2 含量显著提高，除作为燃料外，也可作为化工合成气。但地下气化煤层距离地面几百米到上千米，水蒸气在钻孔中冷凝，到达煤层后大部分冷凝成水而难以到达气化工作面，因此在注入富氧（纯氧）同时向气化炉内注水是地下气化常用的工艺。富氧（纯氧）—水气化可得到与富氧（纯氧）—水蒸气气化工艺相同质量的煤气。

（4）富氧—CO_2气化工艺，是一种向气化炉内连续注入氧气和 CO_2 生产合成气的地下气化工艺，在氧气中加入 CO_2 可减少富氧空气气化 N_2 对合成气组分的影响。

（5）两阶段气化工艺，是根据气化工艺要求，将由空气、氧气和氮气自由组合而成的气化剂和水蒸气交替输送到气化通道的工艺。在气化过程中，首先将由空气、氧气和氮气自由组合而成的气化剂鼓入气化炉，使煤层燃烧、升温，产生低热值煤气，为下一阶段中水蒸气与煤层的还原反应创造高温反应条件；然后停止鼓入上述气化剂，将水蒸气输送到气化炉，生产富氢煤气。该工艺须可交替生产低热值鼓风煤气和中热值地下水煤气。

在上述工艺的基础上，为提高煤层气化率和气化过程的稳定性，煤炭地下气化过程稳定控制工艺有正向气化工艺、逆向气化工艺、脉动注气气化工艺和控制后退注气点气化工艺等。

（1）正向气化工艺，是指气相流动方向与气化工作面移动方向相同的一种气化方式。正向气化时，煤层的初始气化位置位于进气口与气化通道的交叉点，由进气井注入气化剂，气化反应区随气流方向推进而逐渐移动到气化通道末端，即氧化区逐渐移动到出气井一侧。

（2）逆向气化工艺，是指气相流动方向与气化工作面移动方向相反的一种气化方式。逆向气化时，煤层的初始气化位置位于出气口与气化通道的交叉点，通过控制气化剂的流量控制气化剂在气化区的流速，当煤层燃烧的放热量大于下游带走的热量（包括气相带走的热量和以导热、辐射向下游传递的热量）时，气化工作面（火焰）则逆着气流方向移动，即气化工作面向进气井方向移动。试验表明，当气体流速小于 1m/s 时则会出现逆向气化。逆向气化要控制气流速度，因此单工作面产能受到了限制。逆向气化是煤炭地下气化点火和火区扩展的重要方法。

（3）后退式气化工艺［控制后退注气点（Controlled Receding Injection Point，CRIP）气化工艺］。煤炭地下气化料层不能移动，而要依靠气化工作面的移动来保持气化过程的连续，在正向气化工艺和逆向气化工艺中，气化工作面的移动是依靠气流自然推进，可控性差。利用注气点的后退移动注气可人为控制气化工作面的移动，从而实现对气化工作面的有效控制。控制后退移动注气点的方法是在气化通道中设置注气管，利用注气管间断后撤，实现注气点间断后退移动。

美国劳伦斯国家实验室首先采用了CRIP工艺。该工艺中，生产井为直井，注入井为连通了生产井的定向井，一旦井之间的通道建立起来，供氧管直接将氧气和水蒸气送到气化工作面，注入井末端在煤层内的水平段处开始进行气化反应，当反应腔附近的煤燃烧用尽后，采用切管的方法将注气点后退一定的距离，重新点火，形成新的气化反应区，控制注气点随着气化工作面的移动而后退。

CRIP工艺为间断式后退工艺，在形成新的气化工作面时会导致煤气组分的波动，为此中国矿业大学（北京）煤炭工业地下气化工程研究中心开发了一种新的气化工艺——分离控制注气点后退—水雾化气化工艺（Discrete Control Technology of Receding Injection Point and Water Atomization for UCG，DCRA），其气化系统如图11-2-2所示。

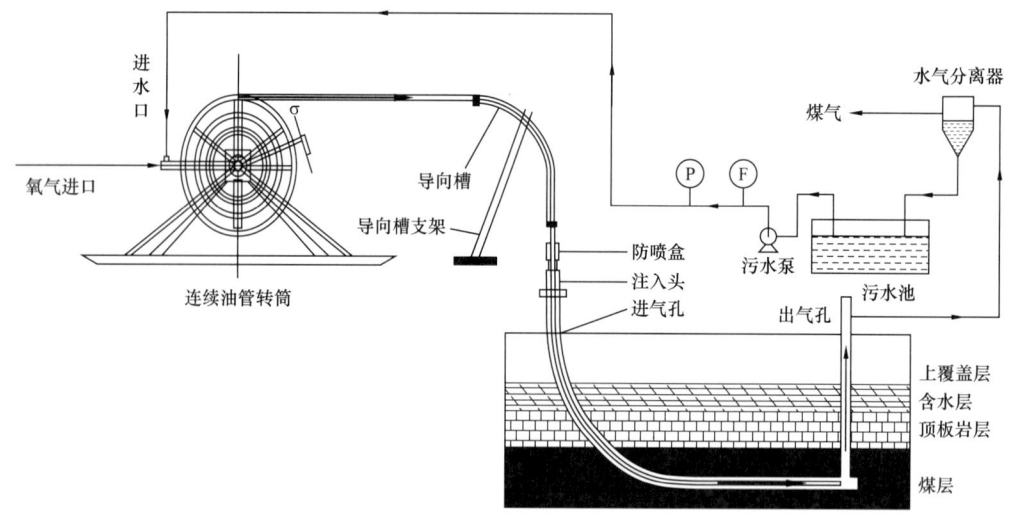

图11-2-2 分离控制注气点后退—水雾化气化系统

第三节 CO_2 封存—驱替煤层气强化开发技术

CO_2地质封存与CO_2强化煤层甲烷产出成为近年来国际研究的一大热点（Larsen，2004；Prinz et al.，2005；Freund，2006；Karacan，2007；Day et al.，2007；Siemons et al.，2007；Durucan et al.，2008；Connell et al.，2008）。煤层气开采注入CO_2可提高煤层气采收率，缓解经济发展与能源不足的矛盾，又能实现CO_2地质永久埋藏，具有能源与环

境的双重意义。我国煤炭和煤层气资源丰富，但煤层渗透性较差，煤层气采收率相对较低。在此情况下，开展 CO_2 强化煤层气开采及地质储存技术研究具有重要意义，我国已在山西沁水盆地南部实施了单井注入 CO_2 提高煤层气采收率的先导性试验（马志宏等，2001；吴建光等，2004；崔永君等，2005；于洪观，2005；唐书恒等，2006；叶建平等，2007）。结果表明，煤介质具有特殊的双重孔隙结构，对 CO_2 具有很强的吸附能力，且大于煤介质吸附 CH_4 的能力。大部分 CO_2 被煤层吸附，显著地提高了煤层气产量，同时实现了埋藏 CO_2 的目标（图 11-3-1）。

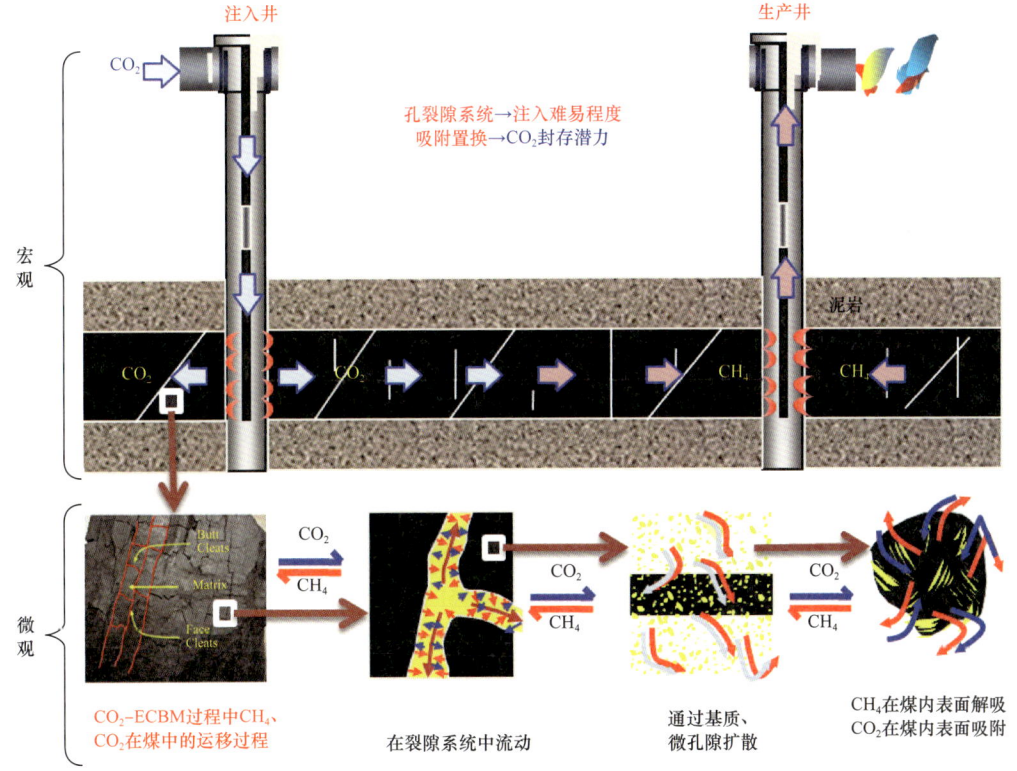

图 11-3-1　CO_2 封存—驱替煤层气强化开发技术示意图

注入 CO_2 增产煤层气的机理在本质上包括驱动与置换两方面效应。

煤中微孔隙及其比表面积较大，孔隙表面存在不饱和能，其与非极性气体分子之间存在范德华力，从而对气体分子具有吸附能力。不同气体分子与煤孔隙表面之间作用力的差异，导致煤对不同气体组分的吸附能力有所不同。与 CH_4 相比，CO_2 具有优先吸附、滞后解吸的特征；在高压条件下，煤的亲 CO_2 性最强。因此，向煤层注入 CO_2，可同时起到竞争吸附与降低 CH_4 有效分压的作用，更为高效地置换 CH_4，并在一定程度上提高煤层气扩散速率、渗流速度和采收率。

CO_2 被注入煤层之后，会与煤基质微孔中 CH_4 发生竞争吸附，CO_2 组分的吸附速率是先快后慢，而 CH_4 组分的吸附速率先慢后快，解吸时则相反，反映出 CO_2 在与 CH_4 的竞争吸附中占据优势。注入 CO_2 气体的数量越大、相对浓度越高，单位压降下 CH_4 解吸

率和 CO_2 吸附率就越高。不同煤阶煤吸附 CH_4、N_2 和 CO_2 三种单组分气体的特征有差异性。Day 等（2007）发现，超临界条件下 CO_2 吸附能力随煤阶增高而减小，在镜质组反射率为 1.2% 左右时达到最低值，随后升高；煤的孔隙性与其吸附能力趋于正相关关系，推测是由于好的孔隙提供通道，保证了吸附位被充分利用。于洪观（2005）对晋城煤样做了 CO_2 驱替 CH_4 实验，发现 CH_4 解吸主要发生在注 CO_2 之后，占 CH_4 总吸附量的 67%；采用常规降压法，仅能解吸 22% 的 CH_4 量。由此可知，煤层注入 CO_2 使得 CH_4 解吸速度和解吸量大大增加，提高了煤层气采收率。

2004 年 4 月，中联煤层气有限责任公司与加拿大 ARC 公司合作，成功完成了沁水盆地南部 TL-003 井 CO_2 注入试验，取得了满意的效果。阜新煤田作为国内另一个进入商业化开发的中煤阶煤层气田，也开展了类似的试验研究。对于沁水盆地 CO_2-ECBM 微型先导性试验，TL-003 井产气量在注入 CO_2 前的预生产阶段为 $218\sim824m^3/d$，平均为 $490m^3/d$；在注入后重新生产阶段，产气量达到 $998\sim1466m^3/d$，平均为 $1186m^3/d$。

CO_2 地质储存的基本原理就是利用上覆盖层压力，将注入的 CO_2 有效压缩于地下构造中。煤层作为 CO_2 的储层，与其他地质储层相比，既有很大的相似之处，也有其不同的特征。一方面，当 CO_2 注入后，上覆的页岩和黏土质岩类由于其低渗透性，阻挡 CO_2 向上流动，形成一个压力捕获箱，通过上覆岩层压力实现 CO_2 地质储存；另一方面，煤层这种特殊的储层，其渗透能力存在各向异性，导致 CO_2 在注入煤层以后沿着一定的裂隙方向运动。在 CO_2 运移过程中，其与煤表面充分接触而被煤表面以吸附形式所捕获，进而实现 CO_2 在煤层中相对"永久固定"。只要压力和温度保持稳定，那么 CO_2 将长期保持俘获状态。

CO_2 在煤层中地质处置的过程可以简化为煤层气开采的逆过程，其核心机制是 CO_2 吸附及驱替 CH_4 动力学的过程。因此，深部煤层处置 CO_2 的机理，实质上是关于 CO_2 在煤层孔隙结构中吸附—解吸作用的机制。

CO_2 强化石油开采（CO_2-EOR）、CO_2 强化煤层气开采（CO_2-EGR）和 CO_2 强化甲烷开采（CO_2-ECBM）等技术尚不成熟，成本较高，企业更多地关注常规油气和煤层气的采收率，CO_2 现有埋存量相对有限，但前景可观。从加拿大韦本（Weyburn）油田、阿尔及利亚因萨拉赫（In Salah）地区实施 CO_2-EGR 技术研究情况来看，每天以 $3000\sim5000t$ 的速度将 CO_2 注入地下储层，估计 10 年内两者累计最终埋存 CO_2 量可达 3700×10^4t 左右，相当于 1996—1997 年中国 CO_2 排放总量的 1/72（WRI，2002）。伴随着更多 CO_2-EOR 和 CO_2-EGR 项目的实施，CO_2 地下埋存量将会更大。

CO_2 地质埋存过程相当复杂，必然存在一些客观和主观因素造成 CO_2 渗漏，比如废弃井的不完善或不合理处置、地层断裂系统和水动力系统及地震所造成的渗漏等，由此可能会对生态环境造成危害。因此，可靠经济的监测是保证 CO_2 安全有效封存的重要环节。监测的目的包括追踪 CO_2 的位置、掌握 CO_2 由储层泄漏的情况、了解大气和地下水化学成分的变化等，以确保生态系统安全及公众健康。但 CO_2 地质埋存在成本、环境、安全和风险等方面面临挑战。虽然 CO_2-EOR、CO_2-EGR 和 CO_2-ECBM 等技术尚不成熟，但潜力巨大。

参 考 文 献

白振瑞，张抗，2015.中国煤层气现状分析及对策探讨［J］.中国石油勘探，20（5）：73-80.

常锁亮，杨起，刘大锰，等，2008.煤层气储层物性预测的AVO技术对地震纵波资料品质要求的探讨［J］.地球物理学进展（4）：1236-1243.

陈信平，霍全明，林建东，等，2013.煤层气储层含气量与其弹性参数之间的关系——思考与初探［J］.地球物理学报，56（8）：2837-2848.

陈振宏，宋岩，2007.高、低煤阶煤层气藏成藏过程及优势地质模型［J］.新疆石油地质，28（3）：275-278.

崔永君，张群，张泓，等，2005.不同煤级煤对CH_4、N_2和CO_2单组分气体的吸附［J］.天然气工业，25（1）：61-65.

东振，鲍清英，张继东，等，2017.低煤阶厚煤层水平井方位及选层——以吉尔嘎朗图地区为例［J］.煤炭学报，42（S2）：417-427.

冯三利，胡爱梅，霍永忠，等，2003.美国低阶煤煤层气资源勘探开发新进展［J］.天然气工业，23（2）：124-126.

傅雪海，陆国桢，秦杰，等，1999.用测井响应值进行煤层气含气量拟合和煤体结构划分［J］.测井技术（2）：112-115.

郝乐伟，王琪，唐俊，2013.储层岩石微观孔隙结构研究方法与理论综述［J］.岩性油气藏，25（5）：123-128.

侯海海，邵龙义，唐跃，等，2014.基于多层次模糊数学的中国低煤阶煤层气选区评价标准——以吐哈盆地为例［J］.中国地质，41（3）：1003-1009.

降文萍，崔永君，张群，等，2006.煤表面与CH_4，CO_2相互作用的量子化学研究［J］.煤炭学报，31（2）：237-240.

兰凤娟，秦勇，林玉成，2009.煤层气组分浓度异常及其地球化学成因［J］.中国煤炭地质，21（4）：27-30，43.

雷怀玉，孙钦平，孙斌，等，2010.二连盆地霍林河地区低煤阶煤层气成藏条件及主控因素［J］.天然气工业，30（6）：26-30.

李勇，曹代勇，魏迎春，等，2016.准噶尔盆地南缘中低煤阶煤层气富集成藏规律［J］.石油学报，12（37）：1472-1482.

李五忠，田文广，陈刚，等，2010.不同煤阶煤层气选区评价参数的研究与应用［J］.天然气工业，30（6）：45-47.

李相臣，康毅力，2010.煤层气储层微观结构特征及研究方法进展［J］.中国煤层气，7（2）：13-17.

梁宏斌，林玉祥，钱铮，等，2011.沁水盆地南部煤系地层吸附气与游离气共生成藏研究［J］.中国石油勘探（2）：72-78.

林建东，陈信平，胡超元，等，2012.煤层气勘探开发从"以工程为主导"到"预测指导下的工程"之转变［J］.中国煤炭地质，24（3）：48-52.

林建东，张兴平，孙宇菲，等，2017.利用弹性多参量反演技术预测煤矿瓦斯富集区［J］.中国煤炭地质，

27（11）：57-61.

蔺金太，郭勇义，吴世跃，2001.煤层气注气开采中煤对不同气体的吸附作用［J］.太原理工大学学报，32（1）：18-20.

刘日武，苏中良，方虹斌，等，2010.煤层气的解吸/吸附机理研究综述［J］.油气井测试（6）：37-44.

马志宏，郭勇义，吴世跃，2001.注入二氧化碳及氮气驱替煤层气机理的实验研究［J］.太原理工大学学报，32（4）：335-338.

穆福元，仲伟志，赵先良，等，2015.中国煤层气产业发展战略思考［J］.天然气工业，35（6）：1-7.

彭苏萍，高云峰，杨瑞召，等，2005.AVO探测煤层瓦斯富集的理论探讨和初步实践——以淮南煤田为例［J］.地球物理学报，48（6）：1475-1486.

钱凯，赵庆波，汪泽成，等，1997.煤层甲烷气勘探开发理论与实验测试技术［M］.北京：石油工业出版社：125-127.

秦勇，2012.中国煤层气成藏作用研究进展与述评［J］.高校地质学报（3）：405-418.

秦勇，姜波，王继尧，等，2008.沁水盆地煤层气构造动力条件耦合控藏效应［J］.地质学报（10）：1355-1362.

秦勇，吴财芳，韦重韬，等，2010.基于动力学条件的煤层气富集高渗区优选理论与方法［C］//孙粉锦，冯三利，赵庆波．煤层气勘探开发理论与技术——2010年全国煤层气学术研讨会论文集.北京：石油工业出版社：11-17.

秦朝葵，高顶云，2003.天然气压缩因子的计算与体积计量［J］.天然气工业，23（6）：130-134.

桑树勋，朱炎铭，张井，等，2005.煤吸附气体的固气作用机理（Ⅱ）——煤吸附气体的物理过程与理论模型［J］.天然气工业（1）：16-18，21.

申建，杜磊，秦勇，等，2015.深部低阶煤三相态含气量建模及勘探启示——以准噶尔盆地侏罗纪煤层为例［J］.天然气工业（3）：30-35.

申建，张春杰，秦勇，等，2017.鄂尔多斯盆地临兴地区煤系砂岩气与煤层气共采影响因素和参数门限［J］.天然气地球科学，28（3）：479-487.

苏现波，陈江峰，孙俊民，等，2001.煤层气地质学与勘探开发［M］.北京：科学出版社：43-53.

孙粉锦，李五忠，孙钦平，等，2017.二连盆地吉尔嘎朗图凹陷低煤阶煤层气勘探［J］.石油学报，38（5）：485-492.

汤达祯，刘大锰，唐书恒，等，2014.煤层气开发过程储层动态地质效应［M］.北京：科学出版社.

汤达祯，秦勇，胡爱梅，2003.煤层气地质研究进展与趋势［J］.石油实验地质，25（6）：644-647.

唐书恒，马彩霞，叶建平，等，2006.注二氧化碳提高煤层甲烷采收率的实验模拟［J］.中国矿业大学学报，35（5）：607-611.

唐书恒，汤达祯，杨起，2004.二元气体等温吸附—解吸中气分的变化规律［J］.中国矿业大学学报，33（4）：448-453.

王帅，邵龙义，孙钦平，等，2017.二连盆地吉尔嘎朗图凹陷煤层气储层特征及勘探潜力［J］.煤田地质与勘探，45（4）：63-69.

王佟，王庆伟，傅雪海，2014.煤系非常规天然气的系统研究及其意义［J］.煤田地质与勘探，42（1）：24-27.

王博洋, 秦勇, 申建, 等, 2017. 我国低煤阶煤煤层气地质研究综述 [J]. 煤炭科学技术, 45（1）: 170-179.

王继仁, 赵庆波, 邓存宝, 等, 2008. 煤表面对多种气体分子混合吸附的微观机理 [J]. 计算机与应用化学, 25（4）: 390-394.

王振华, 陈刚, 李书恒, 等, 2014. 核磁共振岩心实验分析在低孔渗储层评价中的应用 [J]. 石油实验地质, 36（6）: 773-779.

温声明, 周科, 鹿倩, 2019. 中国煤层气发展战略探讨——以中石油煤层气有限责任公司为例 [J]. 天然气工业, 39（5）: 129-136.

吴建光, 叶建平, 唐书恒, 2004. 注入CO_2提高煤层气产能的可行性研究 [J]. 高校地质学报, 10（3）: 463-467.

肖立志, 陆大卫, 柴细元, 等, 2001. 核磁共振测井资料解释与应用导论 [M]. 北京: 石油工业出版社.

谢然红, 肖立志, 傅少庆, 2008. 饱和水岩石核磁共振表面弛豫温度特性 [J]. 中国石油大学学报, 32（2）: 45-52.

解洁清, 2017. 蚂蚁+RGB属性融合技术在淮北QD矿断层解释中的应用 [J]. 中国煤炭地质, 29（5）: 65-68.

许浩, 汤达祯, 唐书恒, 等, 2010. 鄂尔多斯盆地西部侏罗系煤储层特征及有利区预测 [J]. 煤田地质与勘探, 38（1）: 26-28.

姚艳斌, 刘大锰, 2007. 华北重点矿区煤储层吸附特征及其影响因素 [J]. 中国矿业大学学报（3）: 308-314.

姚艳斌, 刘大锰, 2016. 基于核磁共振弛豫谱的煤储层岩石物理与流体表征 [J]. 煤炭科学技术, 44（6）: 14-22.

姚艳斌, 刘大锰, 蔡益栋, 等, 2010. 基于NMR和X-CT的煤的孔裂隙精细定量表征 [J]. 中国科学: 地球科学, 40（11）: 1598-1607.

叶建平, 冯三利, 范志强, 等, 2007. 沁水盆地南部注二氧化碳提高煤层气采收率微型先导性试验研究 [J]. 石油学报, 28（4）: 77-80.

叶建平, 史宝生, 张春才, 1999. 中国煤储层渗透率及其主要影响因素 [J]. 煤炭学报, 24（2）: 118-122.

伊向艺, 邱小龙, 卢渊, 等, 2014. 煤中游离甲烷气含量的模拟试验 [J]. 煤田地质与勘探（1）: 28-30.

尹淮新, 谈红梅, 坛俊颖, 等, 2009. 新疆低煤阶煤层气勘探选区评价标准的探讨 [J]. 中国煤层气, 6（6）: 9-13.

于洪观, 2005. 煤对CH_4、CO_2、N_2及其二元混合气体吸附特性、预测和CO_2驱替CH_4的研究 [D]. 青岛: 山东科技大学.

于洪观, 范维唐, 孙茂远, 等, 2004. 煤中甲烷等温吸附模型的研究 [J]. 煤炭学报（4）: 463-467.

于赞舟, 1998. 煤层气地震解释误区之一——"底辟构造" [J]. 中国煤田地质, 10（2）: 72.

员争荣, 韩玉芹, 李建武, 等, 2003. 中外低煤阶盆地煤层气成藏及资源开发潜力对比分析——以中国吐哈盆地和保德河盆地为例 [J]. 煤炭地质与勘探, 31（5）: 27-29.

张洲, 鲜保安, 连小华, 等, 2018. 低渗煤储层背景下高渗带主控地质因素及模式 [J]. 天然气地球科学,

29（11）：108–115.

张春雷，李太任，熊琦华，2000.煤岩结构与煤体裂隙分布特征的研究［J］.煤田地质与勘探，28（5）：26–30.

张晓辉，康志勤，要惠芳，等，2014.基于CT技术的不同煤体结构煤的孔隙结构分析［J］.煤矿安全，（8）：203–206.

张晓逵，宋党育，2009.煤层气解吸特征研究进展［J］.中国煤层气，6（5）：17–20.

张新民，韩保山，李建武，2006.褐煤煤层气储集特征及气含量确定方法［J］.煤田地质与勘探，34（3）：28–30.

郑贵强，凌标灿，郑德庆，等，2014.核磁共振实验技术在煤孔径分析中的应用［J］.华北科技学院学报，11（4）：1–7.

钟玲文，2004.煤的吸附性能及影响因素［J］.地球科学——中国地质大学学报，29（3）：327–332.

Bakermans C，Madsen E L，2002. Diversity of 16S rDNA and naphthalene dioxygenase 97 genes from Coal-Tar-Waste-Contaminated Aquifer Waters［J］. Microbial Ecology，44（2）：95–106.

Baldocchi D D，2003. Assessing the eddy covariance technique for evaluating CO_2 exchange rate of ecosystems：Past present and future［J］. Global Change Biology，9（4）：479–492.

Beecy D，Kuuskran V，2001. Status of U.S geologic carbon sequestration research and technology［J］. Environmental Geosciences，8（3）：152–159.

Ceglarska S G，Zarebska K，2005. Sorption of carbon dioxide methane mixtures［J］. International Journal of Coal Geology，62：211–222.

Cheng L，Rui J P，Li Q，et al.，2013. Enrichment and dynamics of novel syntrophs in a methanogenic hexadecane-degrading culture from a Chinese oilfield［J］. FEMS Microbiology Ecology，83（3）：757–766.

Coates G R，Xiao L Z，Prammer M G，1999. NMR logging principles and applications［M］. Houston：Gulf Professional Publishing.

Connell L D，Detournay C，2008. Coupled flow and geomechanical processes during enhanced coal seam methane recovery through CO_2 sequestration［J］. International Journal of Coal Geology，77：222–233.

Cunningham R E，1980. Diffuse in Gas and Porous Media［M］. New York：Plenum Press：153–154.

Dahle H，Birkeland N K，2006. Thermovirga lienii gen. nov.，sp. nov.，a novel moderately thermophilic，anaerobic，amino-acid-degrading bacterium isolated from a North Sea oil well［J］. International Journal of Systematic and Evolutionary Microbiology，56（7）：1539–1545.

Day S，Fry R，Sakurovs R，2007. Swelling of Australian coals in supercritical CO_2［J］. International Journal of Coal Geology，74：41–52.

Denis J，Pone N，Michael Hile，et al.，2008.Three-dimensional carbon dioxide-induced strain distribution within a confined bituminous coal［J］. International Journal of Coal Geology，77：103–108.

Durucan S，Shi J Q，2008. Improving the CO_2 well injectivity and enhanced coalbed methane production performance in coal seams［J］. International Journal of Coal Geology，77：214–221.

Freund P，2006. International developments in geological storage of CO_2［J］. Exploration Geophysics，37：1–9.

Gieg L M, Duncan K E, Suflita J M, 2008. Bioenergy production via microbial conversion of residual oil to natural gas [J]. Applied and Environmental Microbiology, 74 (10): 3022-3029.

Gray N D, Sherry A, Grant R J, et al., 2011. The quantitative significance of Syntrophaceae and syntrophic partnerships in methanogenic degradation of crude oil alkanes [J]. Environmental Microbiology, 13 (11): 2957-2975.

Gruszkiewicz M S, Naney M T, Blencoe J G, et al., 2008. Adsorption kinetics of CO_2, CH_4, and their equimolar mixture on coal from the Black Warrior Basin, West-Central Alabama [J]. International Journal of Coal Geology, 77: 23-33.

Guo H, Liu R, Yu Z, et al., 2012. Pyrosequencing reveals the dominance of methylotrophic methanogenesis in a coal bed methane reservoir associated with Eastern Ordos Basin in China [J]. International Journal of Coal Geology, 93 (1): 56-61.

Jones D M, Head I M, Gray N D, et al., 2008. Crude-oil biodegradation via methanogenesis in subsurface petroleum reservoirs [J]. Nature, 451 (7175): 176-180.

Karacan C O, 2007. Swelling-induced volumetric strains internal to a stressed coal associated with CO_2 sorption [J]. International Journal of Coal Geology, 72: 209-220.

Karacan C O, Kandan E, 2000. Assessment of energetic heterogeneity of coals for gas adsorption and its effect on mixture predictions for coalbed methane studies [J]. Fuel, 79 (15): 1963-1974.

Larsen J W, 2004. The effects of dissolved CO_2 on coal structure and properties [J]. International Journal of Coal Geology, 57 (1): 63-70.

Lewis E R, Schwartz S E, 2004. Sea salt aerosol production: Mechanisms, methods, measurements and models —A critical review [J]. Geophysical Monograph Series, 152: 413.

McInerney M J, Struchtemeyer C G, Sieber J, et al., 2008. Physiology, ecology, phylogeny, and genomics of microorganisms capable of syntrophic metabolism [J]. Annals of the New York Academy of Sciences, 1125 (1): 58-72.

Nghiem L, Sammon P, Grabenstetter J, et al., 2004. Modeling CO_2 storage in aquifers with fully-coupled geochemical EOS compositional simulator [C]. SPE/DOE Symposium on Improved Oil Recovery.

Nishino J, 2001. Adsorption of water vapor and carbon dioxide at carboxylic functional groups on the surface of coal [J]. Fuel, 80: 757-764.

Pang Z, Reed M, 1998. Theoretical geochemical thermometry on geothermal waters problems and methods [J]. Geochimicaet Cosmochimica Acta, 62 (6): 1083-1091.

Parkash S, Chakrabarrtly S K, 1986. Porosity of coal from Alberta Planes [J]. International Journal of Coal Geology, 6: 55-70.

Prinz D, Littke R, 2005. Development of the micro- and ultramicroporous structure of coals with rank as deduced from the accessibility to water [J]. Fuel, 84: 1645-1652.

Reucroft P J, Patel H, 1986. Gas-induced swelling in coal [J]. Fuel, 65: 816-820.

Reucroft P J, Sethuraman A R, 1987. Effect of pressure on carbon dioxide induced coal swelling [J]. Energy Fuels, 1987 (1): 72-75.

Sakai S, Ehara M, Tseng I C, et al., 2012. Methanolinea mesophila sp. nov., a hydrogenotrophic methanogen isolated from rice field soil, and proposal of the archaeal family Methanoregulaceae fam. nov. within the order Methanomicrobiales [J]. International Journal of Systematic and Evolutionary Microbiology, 62(6): 1389-1395.

Shi J Q, Durucan S, 2004. Drawdown induced changes in permeability of coalbeds: A new interpretation of the reservoir response to primary recovery [J]. Transport in Porous Media, 56: 1-16.

Shimizu S, Akiyama M, Naganuma T, et al., 2007. Molecular characterization of microbial communities in deep coal seam groundwater of northern Japan [J]. Geobiology, 5(4): 423-433.

Siddique T, Penner T, Semple K, et al., 2011. Anaerobic biodegradation of longer-chain n-alkanes coupled to methane production in oil sands tailings [J]. Environmental Science & Technology, 45(13): 5892-5899.

Siemons N, Busch A, 2007. Measurement and interpretation of supercritical CO_2 sorption on various coals [J]. International Journal of Coal Geology, 69: 229-242.

Siriwardane H J, Gondle R K, Smith D H, 2008. Shrinkage and swelling of coal induced by desorption and sorption of fluids: Theoretical model and interpretation of a field project [J]. International Journal of Coal Geology, 77: 188-202.

Strapoc D, Ashby M, Wood L, et al., 2011. How specific microbial communities benefit the oil industry: significant contribution of methyl/methanol-utilising methanogenic pathway in a subsurface Biogas Environment [M]. Springer Science+Business Media.

Tang Y Q, Ji P, Lai G L, et al., 2012. Diverse microbial community from the coalbeds of the Ordos Basin, China [J]. International Journal of Coal Geology, 90-91(1): 21-33.

Tischer K, Kleinsteuber S, Schleinitz K M, et al., 2013. Microbial communities along biogeochemical gradients in a hydrocarbon-contaminated aquifer [J]. Environmental Microbiology, 15(9): 2603-2615.

Walker P L, Verma S K, Rivera U J, et al., 1988. A direct measurement of expansion in coals and macerals induced by carbon dioxide and methanol [J]. Fuel, 67: 719-726.

Wang G X, Massarotto P, Rudolph V, 2008. An improved permeability model of coal for coalbed methane recovery and CO_2 geosequestration [J]. International Journal of Coal Geology, 77: 127-136.

Zarrouk S J, Moore T A, 2008. Preliminary reservoir model of enhanced coalbed methane (ECBM) in a subbituminous coal seam, Huntly Coalfield, New Zealand [J]. International Journal of Coal Geology, 77: 153-161.

Zofia M, Grażyna C S, Stanistaw M, et al., 2008. Binary gas sorption/desorption experiments on a bituminous coal: Simultaneous measurements on sorption kinetics, volumetric strain and acoustic emission [J]. International Journal of Coal Geology, 77(1-2): 90-102.